普通高等教育中医药类"十三五"规划教材

全国普通高等教育中医药类精编教材

U0181070

（以姓氏笔画为序）

王　平	王　键	王占波	王瑞辉	方剑乔	石　岩
冯卫生	刘　文	刘旭光	严世芸	李灿东	李金田
肖鲁伟	吴勉华	何清湖	谷晓红	宋柏林	陈　勃
周仲瑛	胡鸿毅	高秀梅	高树中	郭宏伟	唐　农
梁沛华	熊　磊	冀来喜			

普通高等教育中医药类"十三五"规划教材

全国普通高等教育中医药类精编教材

药用植物学

（第2版）

（供中药、药学、农学、林学类专业用）

主　编

赵志礼　严玉平

副主编

马　琳　石晋丽　刘守金
严铸云　谷　巍　周日宝
晋　玲　晁　志　郭庆梅

上海科学技术出版社

图书在版编目（CIP）数据

药用植物学 / 赵志礼，严玉平主编. -- 2版. -- 上
海 : 上海科学技术出版社，2020.12 (2023.5重印)
普通高等教育中医药类"十三五"规划教材　全国普
通高等教育中医药类精编教材
ISBN 978-7-5478-5114-2

Ⅰ. ①药… Ⅱ. ①赵… ②严… Ⅲ. ①药用植物学－
高等学校－教材 Ⅳ. ①Q949.95

中国版本图书馆CIP数据核字(2020)第200020号

药用植物学（第2版）
　主编　赵志礼　严玉平

上海世纪出版（集团）有限公司
上 海 科 学 技 术 出 版 社　出版、发行
（上海市闵行区号景路 159 弄 A 座 9F - 10F）
邮政编码 201101　www.sstp.cn
常熟高专印刷有限公司印刷
开本 787×1092　1/16　印张 23.75
字数 550 千字
2009 年 5 月第 1 版
2020 年 12 月第 2 版　2023 年 5 月第 4 次印刷
ISBN 978 - 7 - 5478 - 5114 - 2/R · 2198
定价：68.00 元

普通高等教育中医药类"十三五"规划教材
全国普通高等教育中医药类精编教材

普通高等教育中医药类"十三五"规划教材
全国普通高等教育中医药类精编教材

新中国高等中医药教育开创至今历六十年。一甲子朝花夕拾,六十年砥砺前行,实现了长足发展,不仅健全了中医药高等教育体系,创新了中医药高等教育模式,也培养了一大批中医药人才,履行了人才培养、科技创新、社会服务、文化传承的职能和使命。高等中医药院校的教材作为中医药知识传播的重要载体,也伴随着中医药高等教育改革发展的进程,从少到多,从粗到精,一纲多本,形式多样,始终发挥着至关重要的作用。

上海科学技术出版社于1964年受国家卫生部委托出版全国中医院校试用教材迄今,肩负了半个多世纪的中医院校教材建设和出版的重任,产生了一大批学术深厚、内涵丰富、文辞隽永、具有重要影响力的优秀教材。尤其是1985年出版的全国统编高等医学院校中医教材(第五版),至今仍被誉为中医教材之经典而蜚声海内外。

2006年,上海科学技术出版社在全国中医药高等教育学会教学管理研究会的精心指导下,在全国各中医药院校的积极参与下,组织出版了供中医药院校本科生使用的"全国普通高等教育中医药类精编教材"(以下简称"精编教材"),并于2011年进行了修订和完善。这套教材融汇了历版优秀教材之精华,遵循"三基""五性""三特定"的教材编写原则,同时高度契合国家执业医师考核制度改革和国家创新型人才培养战略的要求,在组织策划、编写和出版过程中,反复论证,层层把关,使"精编教材"在内容编写、版式设计和质量控制等方面均达到了预期的要求,凸显了"精炼、创新、适用"的编写初衷,获得了全国中医药院校师生的一致好评。

2016年8月,党中央、国务院召开了新世纪以来第一次全国卫生与健康大会,印发实施《"健康中国2030"规划纲要》,并颁布了《中医药法》和《〈中国的中医药〉白皮书》,把发展中医药事业作为打造健康中国的重要内容。实施创新驱动发展、文化强国、"走出去"战略以及"一带一路"倡议,推动经济转型升级,都需要中医药发挥资源优势和核心作用。面对新时期中医药"创造性转化,创新性发展"的总体要求,中医药高等教育必须牢牢把握经济社会发展的大势,更加主动地服务和融入国家发展战略。为此,精编教材的编写将继续秉持"为院校提供服务、为行业打造精品"的工作要旨,在全国中医院校中广泛征求意见，多方听取要求，全面汲取经验，经过近一年的精心准备工作，在"十三五"开局之年启动了第三版的修订工作。

本次修订和完善将在保持"精编教材"原有特色和优势的基础上，进一步突出"经典、精炼、新颖、实用"的特点，并将贯彻习近平总书记在全国卫生与健康大会、全国高校思想政治工作会议等系列讲话精神，以及《国家中长期教育改革和发展规划纲要(2010—2020)》《中医药发展战略规划纲要(2016—2030年)》和《关于医教协同深化中医药教育改革与发展的指导意见》等文件要求，坚持高等教育立德树人这一根本任务，立足中医药教育改革发展要求，遵循我国中医药事业发展规律和中医药教育规律，深化中医药特色的人文素养和思想情操教育，从而达到以文化人、以文育人的效果。

同时，全国中医药高等教育学会教学管理研究会和上海科学技术出版社将不断深化高等中医药教材研究，在新版精编教材的编写组织中，努力将教材的编写出版工作与中医药发展的现实目标及未来方向紧密联系在一起，促进中医药人才培养与"健康中国"战略紧密结合起来，实现全程育人、全方位育人，不断完善高等中医药教材体系和丰富教材品种，创新、拓展相关课程教材，以更好地适应"十三五"时期及今后高等中医药院校的教学实践要求，从而进一步地提高我国高等中医药人才的培养能力，为建设健康中国贡献力量！

教材的编写出版需要在实践检验中不断完善，诚恳地希望广大中医药院校师生和读者在教学实践或使用中对本套教材提出宝贵意见，以敦促我们不断提高。

全国中医药高等教育学会常务理事、教学管理研究会理事长

谢鸣毅

2016年12月

普通高等教育中医药类"十三五"规划教材、全国普通高等教育中医药类精编教材《药用植物学》(第2版)编写委员会,由全国中医药类及相关高校35位专家组成。在2018年6月召开的编委会上,在听取了主编的"编写说明"及"修订思路",审阅了新拟的"编写大纲"基础上,专家们进行了认真讨论,并表示遵循"经典、精炼、新颖、实用"的编写宗旨,在上一版教材基础上,力争为本学科教学呈现一部科学性强、图文并茂的精编教材。

上一版教材为此版教材的修订工作打下了坚实的基础。在保留原教材基本架构的同时,此次修订主要工作有:① 内容的更新,纳入学科发展新内容。② 对部分墨线图进行修改与重绘。③ 裸子植物增加了各纲特征彩色图版,被子植物各科亦增加了科特征彩色图版(植物习性及繁殖器官解剖图等)。④ 增加了药用植物中文名称及拉丁学名索引,以利查阅学习。

本教材共收录被子植物62科,木兰科、豆科及龙胆科等采用广义科的概念。各类群的排列主要参考了经典的恩格勒分类系统(被子植物部分),但未设"目"一级分类单位。被子植物其他分类系统及新系统APG Ⅳ等在"附录一"中均有介绍,以利学生拓展学习。各院校在具体教学中,可根据地区、专业、总课时及教学对象的不同对相关教学内容进行适当调整。

本教材编写委员会均由全国高等中医药类及相关高校的一线教师组成,具体分工如下:绪论由赵志礼编写;第一章、第二章由谷巍、杨成梓、许亮编写;第三章、第九章由郭庆梅、宋军娜、杨耀文编写;第四章、第五章由马琳、齐伟辰、龙庆德编写;第六章、第七章由晋玲、朱芸、李建银编写;第八章由严玉平、张水利、赵波编写;第十章、第十一章、第十二章由刘守金、刘计权、郭敏编写;第十三章、第十四章由严铸云、汪文杰、严寒静、丹珍卓嘎编写;第十五章概述至双子叶植物纲离瓣花亚纲由晁志、张新慧、田恩伟编写,合瓣花亚纲由石晋丽、刘长利、徐艳琴、白贞芳编写,单子叶植物纲由周日宝、白吉庆、纪宝玉编写;附录一由吴靳荣、倪梁红编写;附录二由严玉平、张水利、赵波编写。

本教材编写过程中,得到上海科学技术出版社的悉心指导及上海中医药大学的鼎力支持。在书稿付梓之际,编写委员会向第1版全体编者的工作表示敬意,并向所有为提升第2版教材品质付出辛勤劳动的人员表示深深的谢意!

编写过程中,几易其稿,反复校阅,但不妥之处难免,望读者及时反馈,以便再版时订正。另外,书中各彩图均为原创,读者若需引用,需得到作者授权。

《药用植物学》编委会

2019 年 10 月

61. 姜科　Zingiberaceae / 290
62. 兰科　Orchidaceae / 293

绪　论

　　长期的生活与医疗实践活动中，人们观天地之变化，辨五材之药性，逐渐认识了药用植物、药用动物及药用矿物；在系统总结的基础上，以中医典籍和"本草"为载体，将珍贵的临床应用经验，对人、环境、健康、疾病、药物及其相互联系等的深入思考，不断记录与应用、传承与发扬。

　　历代药物著作中，所收载品种均以植物为其主要来源，正如《蜀本草》所言："药有玉、石、草、木、虫、兽，而云本草者，为诸药中草类最多也。"故"本草"，即为传统的药物著作或药物学。

　　我国地域辽阔、物种丰富、植被类型多样，就维管植物而言，达3万多种。自古以来，人们在对周围草木的食用、药用与经济价值不断感知的同时，逐步提高利用植物防病、治病、保健与养生的科学认知，为药用植物学学科体系的构建与发展奠定了坚实的实践和理论基础。

一、植物、药用植物及药用植物学

　　植物(plant)，地球生态系统中的一大类生物体，细胞具细胞壁，并常具光合作用色素，自养，在维持大气碳-氧平衡中具有不可替代的作用。同时，直接或间接地为各种动物提供多样的食物产品。

　　药用植物(medicinal plant)，指具有预防、治疗疾病，对人体有补益、调养功能的植物。药用植物构成中药资源的主体，有关资源调查结果表明，我国有药用功效记载的植物、动物和矿物达1万多种，其中药用植物占中药资源总数近90%。

　　药用植物学(Pharmaceutical Botany)，是应用植物形态学、解剖学及分类学等知识和方法来研究药用植物的形态结构、物种鉴定及资源分布规律等的一门学科。

　　药用植物学既是植物学重要的分支学科，也是植物学与中药学等知识交叉与高度融合的应用学科。在现代科学技术迅速发展的今天，作为一门基础性学科，其内涵和应用领域正得到显著的提升和扩展。

二、药用植物学的发展简史

　　药用植物学的形成和发展，与本草的发展有着极为密切的关系。

　　秦汉时期的《神农本草经》(《本经》)是我国现存最早的药物学专著，总结了汉代以前的药物知识，收载药物365种，按上品、中品、下品分类，其中来源于植物的有237种。《本经》开本草著作之先河，为后世本草的修订与发挥打下了坚实的基础，构成了本草学发展辉煌历史画卷的底色。原书失传，主要内容保存于后世本草之中，现存有多种辑本。

　　20世纪初至90年代在甘肃河西汉代烽燧遗址出土的2万多枚"敦煌汉简"(公元前1世纪至公元1世纪)，有一部分涉及医药内容，使我们有幸穿越千年时空，触摸到熟悉的中药名，了解其应用等。如2001号简"大黄主糜谷去热，葶苈……"2000号简"治马伤水方：姜、桂、细辛、皂荚、附子

各三分,远志五分,桔梗……"(图绪-1)

梁代陶弘景以《神农本草经》为基础,补入《名医别录》,编著《神农本草经集注》,成书于公元492—500年。首创药物自然属性与应用性相结合的分类方法,将所载药物分为玉石、草木、虫兽、果、菜、米食及有名未用7类。后世本草的药物分类均沿用此思路或略有发挥。原书亡佚,现有尉迟卢麟抄写于开元六年(公元718年)的《本草集注第一序录》甘肃敦煌残卷:"以《神农本经》三品,合三百六十五为主,又进《名医》副品,亦三百六十五,合七百卅种……"(图绪-2)因抄录时间仅晚于原书问世约200年,其史料价值不言而喻。

图绪-2　抄写于公元718年的《神农本草经集注》敦煌残卷

(编号:龙530)

《唐本草》(《新修本草》)由苏敬等人合作编纂,659年完成,官方颁布,被认为是我国和世界上的第一部国家药典。全书共54卷,收载药物844种,由3部分组成:除"正经(本草)"20卷,增"药图"25卷,并附以"图经"7卷加以说明,另有"正经目录"及"图录"各1卷。《唐本草》首次将图鉴方式应用于本草编著之中,即据实物绘制药图,图经文字相互对应加以说明,对真伪鉴定及品种考证尤为珍贵。但正经及药图等原书均亡佚,现存有敦煌古抄甲戌本及乙本等部分残卷。"胡麻,味甘,平,无毒。主伤中虚羸,补五内,益气力,长肌肉……一名巨胜,一名狗虱,一名方茎,一名鸿藏。叶名青蘘。生上党川泽。"(图绪-3)《唐本草》以其官修的权威性,本草学研究的学术性、药图与图经的实用性等在本

2001　　2000

图绪-1　汉简

草学发展史上占有重要地位并广为流传。公元731年即传入日本,现存有仁和寺手抄残本10卷。

《经史证类备急本草》,宋代唐慎微所撰,约成书于1082年。1108年经艾晟等重修;1116年由曹孝忠重加校订;1249年张存惠将《本草衍义》随文散入其中作为增订,改名为《重修政和经史证类备用本草》。现存刊本以张存惠原刻晦明轩本为最佳,该刊本30卷,收载药物1 746种,内容详博,方药并举,图文并茂。其所绘部分药图,对药物基原形态特征的把握有相当水准,如对蕨类植物金星草羽片背面孢子囊的图文描述及被子植物百合鳞茎、花部结构的准确绘制等(图绪-4)。书中大白字(黑底)部分,为直接引用《本经》之内容。

明代李时珍数十年呕心沥血,经3次大修,终于1587年编成《本草纲目》。该书集历代本草之大成,全书52卷,1 892种药物,来源于植物的有1 100多种,附方11 000余条,并附药图。将药物分为水、火、土、金石、草、谷、菜、果、木、服器、虫、鳞、介、禽、兽及人16部(为纲),60类(为目),实为当时最先进的分类方法。1596年《本草纲目》得以出版,先后有金陵本、江西本及杭州本等多种版本,其中金

图绪-3　《新修本草》敦煌残卷
(编号:S·4534)

陵本为首刻本,最为接近李时珍《本草纲目》之原貌(图绪-5)。该书被英国生物学家达尔文称之为"中国古代百科全书",2011年被联合国教科文组织列入"世界记忆名录"。

《植物名实图考》,清代吴其濬编著,1848年初刻本问世,全书38卷。1 714种植物分为谷、蔬、山草、隰草、石草、水草、蔓草、芳草、毒草、群芳、果、木12类,其中药用者占相当比例。该书图说兼备,尤以详细绘制的图谱见长。作者重视植物标本采集与实际观察,把握植物营养器官形态,亦注意繁殖器官特征的记录,如蕨类植物的孢子囊群(金星草、贯众等),裸子植物的大孢子叶球(松、沙木等)及被子植物花部的特征,使得相当一些图谱可以鉴定科或属,如丹参:花冠二唇形;雄蕊2;花柱细长等;据此,推断为唇形科Labiatae鼠尾草属Salvia植物(图绪-6)。同时出版的《植物名实图考长编》为《植物名实图考》之初稿,收载植物788种。大量引用历代本草等相关资料,均注明原文出处,具很高的文献研究价值。《植物名实图考》与《植物名实图考长编》为近代药用植物品种的考证研究提供了宝贵的史料。

进入20世纪,西学东渐,对药用植物学发展亦产生影响。1931—1932年,赵燏黄出版《中国新本草图志》,基于本草学考证、基原植物分类学及生药学研究,对甘草、黄耆(芪)及人参等品种进行系统整理。鉴定基原植物并给出科名及拉丁学名,如五加科Araliaceae人参Panax ginseng C. A. Mey.等;显微镜观察药材横切面植物组织特征,照相机拍摄原植物、药材外形及组织显微特征图,描述所含化学成分等。

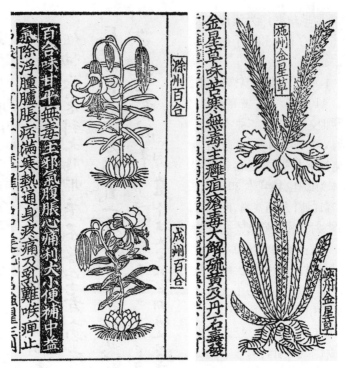

图绪-4 张存惠原刻晦明轩本

（左图：百合，右图：金星草）

图绪-5 《本草纲目》金陵本(卷丹)

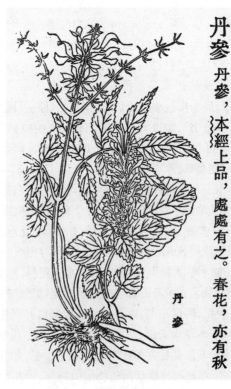

图绪-6 《植物名实图考》(丹参)

1939 年裴鉴出版《中国药用植物志》第 1 册，记载药用植物 50 种。每种植物均有科名及拉丁学名、详尽准确的形态学描述与精细的墨线特征图，如木通科 Lardizabalaceae 木通 *Akebia quinata*（Thunb.）Decne. 等（图绪-7）。结合近代植物分类学方法研究本草学，体现了药用植物学发展的新阶段。

中华人民共和国成立后，中医药事业得到了迅速的发展和提高。中药及药用植物学科研和教育工作者，开展了大量的中药基础研究，取得丰硕成果。先后编撰出版的专著主要有 1951—1985 年出版的《中国药用植物志》第 2～9 册，图文对照，共收载药用植物 400 个分类群。1959—1961 年的《中药志》及其后来的修订版 6 册，收载植物药 637 种，药用植物 2 100 余种。1975 年的《全国中草药汇编》，2014 年已有第 3 版，收载种类 3 880 种。1977 年的《中药大辞典》收载植物药 4 773 种。1994 年的《中国中药资源志要》，1995 年的《中国中药资源》及《中国药材资源地图集》等。自 1953 年以来，《中华人民共和国药典》已颁布第 11 版，其中均记载有大量植物药。1996 年出版了巨著《中华本草》，载

图绪-7　《中国药用植物志》

（第二十四图　木通）

药 8 980 种，还有《新华本草纲要》以及地方性中药志等，不断丰富了药用植物学的内容。中医药教育事业的发展进一步促进了药用植物学科及其教材建设。先后由孙雄才、丁景和、谢成科、杨春澍及姚振生等主编的《药用植物学》教材，陆续在全国中医药院校中使用，不断的教学实践积累，使药用植物学步入教学体系逐步完善的新阶段。

现代科学发展的重要特点之一是各学科之间的相互渗透和支撑，生物学、医学、药学、化学、数学及物理学等学科不断取得的科研新进展，为药用植物学注入了新的活力，并促进了一些新学科如药用植物栽培学、药用植物资源学及药用植物化学分类学等学科的分化和发展。

三、药用植物学的主要研究内容和任务

（一）鉴别植物类药材基原，为临床用药、制药生产及科学研究提供真实优质的原料（实验材料）

我国是世界上最早利用植物防病治病的国家之一。长期的医疗实践，历代先贤们不断传承与创新，形成了独具特色的中药"品种"概念：① 一品种一来源，如当归，伞形科当归 *Angelica sinensis*（Oliv.）Diels 的根。② 一品种多来源，如秦艽，龙胆科 4 种植物秦艽 *Gentiana macrophylla* Pall.、小秦艽 *G. dahurica* Fisch.、粗茎秦艽 *G. crassicaulis* Duthie ex Burk. 或麻花秦艽 *G. straminea* Maxim. 的根。③ 多品种一来源(不同部位)，如莲子、莲子心、莲房、莲须、藕节及荷叶，睡莲科植物莲(荷花)*Nelumbo nucifera* Gaertn. 的成熟种子，种子中的幼叶及胚根，花托、雄蕊、根状茎节部及

叶分别入药。④ 根据产区或地域不同,形成相关品种,如五味子,果实入药,有(北)五味子[基原物种:木兰科五味子属五味子 Schisandra chinensis (Turcz.) Baill.]及南五味子(基原物种:同科同属的华中五味子 S. sphenanthera Rehd. et Wils.)两个品种之分。牛膝,根入药,有牛膝(基原物种:苋科牛膝属牛膝 Achyranthes bidentata Bl.)及川牛膝(基原物种:苋科杯苋属川牛膝 Cyathula officinalis Kuan)两个品种。⑤ 其他情况,如地骨皮,茄科枸杞 Lycium chinense Mill. 或宁夏枸杞 L. barharum L. 的根皮(两种基原植物);枸杞子,宁夏枸杞 L. barbarum L. 的果实,枸杞 L. chinense Mill. 则不用。

中药"品种"的内涵丰富多样,同时我国民族众多,各地方言有别,地区用药习惯及名称可能不同等,数千年来,一直存在着同名异物、同物异名现象,应充分认识中药品种及其基原植物鉴定的复杂性及必要性。

中药"贯众"一名在《本经》中就有记载,列为下品。书中及后世本草中对其植物特征及产地等的描述有限,似为蕨类植物。从清《植物名实图考》贯众的图文来看,应为鳞毛蕨科贯众属 Cyrtomium 植物。近年来,相关研究表明各地使用的商品贯众,品种相当复杂,来源涉及蕨类植物门鳞毛蕨科的粗茎鳞毛蕨 Dryopteris crassirhizoma Nakai、贯众 Cyrtomium fortunei J. Sm.、异羽复叶耳蕨 Arachniodes simplicior (Makino) Ohwi,蹄盖蕨科中华蹄盖蕨 Athyrium sinense Rupr.,紫萁科紫萁 Osmunda japonica Thunb.,乌毛蕨科乌毛蕨 Blechnum orientale L.,桫椤科桫椤 Alsophila spinulosa (Wall. ex Hook.) R. M. Tryon,球子蕨科荚果蕨 Matteuccia struthiopteris (L.) Todaro 等多个科数十种不同植物。2020 年版《中华人民共和国药典》将鳞毛蕨科植物粗茎鳞毛蕨 Dryopteris crassirhizoma Nakai 作为绵马贯众的基原,紫萁科植物紫萁 Osmunda japonica Thunb. 作为紫萁贯众的基原。

中药材半夏,来源于天南星科植物半夏 Pinellia ternata (Thunb.) Breit. 的干燥块茎。但由于药材市场半夏的货源不足等原因,一些地区出现以同科植物鞭檐犁头尖 Typhonium flagelliforme (Lodd.) Blume 的块茎(水半夏)做半夏销售使用。利用药用植物分类鉴定的知识与方法,可以明确两者虽系同科但非同属同种,两种植物的形态特征、块茎性状和化学成分均有明显区别,水半夏不可替代半夏使用。

中药材冬虫夏草为麦角菌科冬虫夏草菌 Cordyceps sinensis (BerK.) Sacc. 寄生在蝙蝠蛾科昆虫幼虫上的子座、菌核及幼虫尸体的干燥复合体。生长于青藏高原,野生资源及药材产量有限,供需不平衡,价格居高不下。市场出现多种伪品,基原植物涉及凉山虫草 Cordyceps liangshanensis、古尼虫草 C. gunnii 等。

在开展中药的活性成分、药理作用及质量标准制定等深入的科学研究时,药材基原至关重要,准确鉴定是基础,以保证工作的科学性。

混乱的中药名称和药材基原实难保证临床用药的安全、有效,必须应用药用植物学及本草学等学科知识对其进行系统的考证,确定主流品种,并对商品药材基原进行准确的鉴定。

(二)调查研究药用植物资源,为资源的保护和可持续利用提供科学依据

开展药用植物资源的调查研究、合理利用以及实施科学保护,是药用植物学的重要任务之一。

我国多样的地质地貌、气候条件与植物区系,孕育了极为丰富的药用植物资源。全国曾分别于 1958 年、1966 年和 1983 年进行了 3 次全国性的中药资源普查和多个地区性或专项调查,相继发掘了新的药用植物资源,在一定程度上缓解或解决了部分药材原来依靠进口的状况,保证了医药市场供应,为中医药防病治病提供了新的物质保障。目前,第 4 次全国中药资源普查工作正在进行,将为国家和地区制定中药资源合理开发和保护管理的方针政策等提供更为翔实的科学资料。

随着人类对生活与健康质量要求的不断提高,对药用植物资源开发利用的力度也不断加大。过度采挖,种群数无法自然恢复平衡,必然导致资源枯竭,造成生态环境恶化,并有可能殃及自然生态系统。如何合理开发、可持续利用,如何保护药用植物物种多样性,人与自然如何和谐共生,值得深层次思考。

中医药蕴含了中华民族深邃的哲学思想,"道法自然,天人合一",人与自然、人与社会相互联系,不可分割。尊重自然,顺应自然,保护自然,合理利用自然资源,是中医药重要理念之一。"天育物有时,地生财有限"。

因此,需要利用药用植物学等多学科知识和技术,开展资源动态监测、优良种质保存、药材栽培生产、物种就地保护等多方面积极的保护和繁育工作,确保有限的药用植物物种资源的可持续利用。

(三) 探索药用植物资源形成的规律,为寻找和发掘新资源提供有效途径

千百年来,药用植物一直是人类获取药物的主要来源,随着人类疾病谱的变化,医疗模式已由单纯的治疗转变为防治结合、注重保健的综合模式,开发研制新型药物、保健药品、功能食品,药用植物始终发挥着重要作用。因而,进一步探索研究药用植物资源的形成和发展规律,从传统的中医药宝贵遗产、民间和民族药中开发高效、低毒的新资源,是药用植物学学科的重要任务之一。

根据"植物亲缘关系相近,化学成分可能相似"的原理,研究活性物质在植物界的分布规律,对中药基原植物及其同属或同科近缘类群进行比较分析,是开发新资源的有效途径之一。1971 年,国外学者从红豆杉科红豆杉属植物短叶红豆杉 *Taxus brevifolia* Nutt. 树皮中首次分离得到具紫杉烷环(taxane ring)结构类型的抗肿瘤活性成分紫杉醇(taxol),进一步研发出临床抗肿瘤药物上市。之后,我国学者对国产红豆杉属植物进行分析研究,从红豆杉 *Taxus chinensis* (Pilger) Rehd. 及云南红豆杉 *Taxus yunnanensis* Cheng et L. K. Fu 等数种近缘植物中亦得到紫杉醇及其类似物。目前,临床药物有紫杉醇注射液及注射用紫杉醇(白蛋白结合型)。

同时,对药用植物的非传统药用部位做深入研究,有望形成药用植物新资源。如人参采根、杜仲采树皮入药为传统用法,通过对人参叶及杜仲叶的系统科学评价后,以"人参叶"及"杜仲叶"之名分别被收载于《中华人民共和国药典》。

综上所述,没有扎实的药用植物学知识,就无法进行中药材真伪优劣的品质评价,无法进行药用植物的资源调查,无法开展药用植物资源的开发利用与科学保护等工作。

四、药用植物学的课程性质及其教学方法

(一) 课程性质

药用植物学是中药、药学及其相关专业的专业基础课,与中药鉴定学、中药化学、中药资源学、生药学及中药学等专业课程密切相关。

(二) 教学方法

药用植物学课程实践性强。教学者应在理解基本理论、基本知识的基础上多实践,才能更好地掌握其主要的内容与方法,达到课程教学目标。教学中应注意以下几点。

1. *循序渐进,打好基础*　药用植物学的教学特点之一是先细胞、组织,再器官的由微观到宏观

的渐进教学,掌握了细胞的相关学习内容才能更好地理解组织和器官的构造特点;掌握了植物器官的形态,才能更好地领会分类学部分各植物类群的特征。

2. 注重实践,分类比较 多观察周围环境中的植物,通过实验课及野外采药实习等多种教学方式和手段,加深对理论知识的理解;学会类群及个体间形态特征的比较,感悟检索表的编制思路;同类相聚,分合有度,纲目科属,排列有序。

3. 立足教材,拓展学习 教材容量有限,就被子植物而言,仅涉及 62 科,而国产被子植物远不止这些。把握它们之间密切的植物系统发育关系,学好药用植物学,注意分享《中国植物志》网络资源(http://www.iplant.cn/frps2019)等,阅读《中华人民共和国药典》及由全国科学技术名词审定委员会批准,2019 年 9 月正式出版的《植物学名词》(第二版)等参考书。近年来,基于 DNA 分子结构、功能等进化研究,探讨植物各类群间的亲缘关系等,研究成果在构建物种 DNA 条形码及种内指纹谱等多方面得到广泛应用,可查阅相关文献深入学习。

(赵志礼)

第一章 植物的细胞

导学

植物细胞是构成植物体形态结构和生命活动的基本单位,其形态、大小多样,生理功能各异。典型的植物细胞由原生质体、细胞后含物和生理活性物质、细胞壁三部分组成。质体、液泡、细胞壁是植物细胞的特有结构。细胞器是细胞质中具有一定形态结构、成分和特定功能的微小器官。细胞后含物主要包括贮藏物质和结晶体两类,对于中药材的鉴定具有重要意义。

本章学习目标:

掌握植物细胞的基本构造。熟悉可供中药显微鉴别的主要后含物(淀粉粒、菊糖、结晶体等)的形态特征,细胞壁的特化类型及其鉴别方法。了解植物细胞的超微结构。

植物细胞(cell)是植物体形态结构组成和生命代谢活动的基本单位。单细胞植物体由一个细胞构成,一切生命活动都在一个细胞内完成。多细胞植物体由许多形态和功能不同的细胞所组成,这些细胞相互依存,彼此协作,共同完成植物体的所有生命活动。

第一节 植物细胞的形状和大小

一、植物细胞的形状

植物细胞的形状多种多样,并随植物种类及其存在部位和功能不同而异。分离的单个细胞或单细胞植物体处于游离状态,常呈类圆形、椭圆形或球形;组织中排列紧密的细胞呈多面体形或其他形状;执行支持作用的细胞,细胞壁常增厚,多为纺锤形、圆柱形等;执行输导作用的细胞则多呈长管状。

二、植物细胞的大小

植物细胞的大小差异很大,一般细胞直径在 $10 \sim 100\ \mu m$ 之间($1\ mm = 1\ 000\ \mu m$)。最原始的细菌细胞直径只有 $0.1\ \mu m$。少数植物的细胞较大,如番茄、西瓜的果肉细胞贮藏了大量水分和营养物质,其贮藏组织细胞直径可达 1 mm。苎麻纤维一般长达 200 mm,有的甚至可达 550 mm。最长的细胞是无节乳汁管,长达数米至数十米不等。

一般观察植物的细胞必须借助显微镜。用光学显微镜观察到的内部构造称为显微结构(microscopic structure)。光学显微镜的分辨极限不小于 0.2 μm,有效放大倍数一般不超过 1 200倍。电子显微镜的有效放大倍数已超过 100 万倍,可以观察到更细微的结构。在电子显微镜下观察到的结构称为超微结构(ultramicroscopic structure)或亚显微结构(submicroscopic structure)。

第二节 植物细胞的基本结构

不同植物细胞的形状和构造是不相同的,同一个细胞在不同的发育阶段,其构造也是不一样的。为了研究和学习方便,通常将各种植物细胞的典型构造集中在一个假想的细胞内加以说明,该细胞即称为典型植物细胞或模式植物细胞。

一个典型植物细胞由原生质体、细胞后含物和生理活性物质、细胞壁三部分组成(图 1-1)。细胞外面包围着一层比较坚韧的细胞壁,壁内的生活物质总称为原生质体,主要包括细胞质、细胞核、质体、线粒体等;其内含有多种非生命的物质,它们是原生质体的代谢产物,称为后含物;细胞内还存在一些生理活性物质。

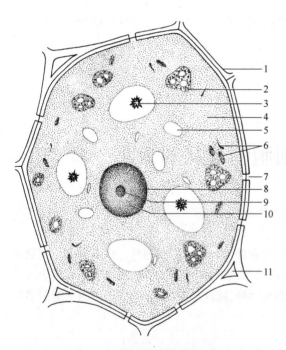

图 1-1 典型的植物细胞构造

1. 细胞壁　2. 具同化淀粉的叶绿体　3. 晶体　4. 细胞质　5. 液泡　6. 线粒体　7. 纹孔　8. 细胞核　9. 核仁　10. 核液　11. 细胞间隙

一、原生质体

原生质体(protoplast)是细胞内有生命物质构成部分的总称,包括细胞质、细胞核、质体、线粒体、高尔基体、核糖体、溶酶体等,它是细胞的主要组成部分,细胞的一切代谢活动都在这里进行。

构成原生质体的物质基础是原生质(protoplasm)。原生质是细胞结构和生命物质的基础,由于它是生活物质,不断地进行代谢活动,化学成分十分复杂,组成成分也在不断地变化。它的重要化学成分是蛋白质、核酸、类脂和糖等,其中蛋白质与核酸(nucleic acid)为主的复合物是最主要的化学组成。核酸有两类,一类是脱氧核糖核酸(deoxyribonucleic acid),简称 DNA,是决定生物遗传和变异的遗传物质;另一类是核糖核酸(ribonucleic acid),简称 RNA,是把遗传信息传送到细胞质中去的中间体,它直接影响着蛋白质的合成。DNA 和 RNA 在化学结构上的区别有以下三点:一是 DNA 所含的是 D-去氧核糖,而 RNA 所含的是 D-核糖;二是 DNA 所含的 4 种碱基是 AGCT(腺嘌呤、鸟嘌呤、胞嘧啶、胸腺嘧啶),而 RNA 所含的 4 种碱基是 AGCU,其中 AGC 与 DNA 一样,只是 U(尿嘧啶)代替了胸腺嘧啶;三是 DNA 分子是含有 2 条多核苷酸长链,沿着一共同轴旋绕成螺旋梯级状的构型,而 RNA 分子则是 1 条单链。

原生质的物理特性表现在它是一种无色半透明、具有弹性、略比水重(相对密度为 1.025~1.055)、有折光性的半流动亲水胶体(hydrophilic colloid)。原生质的化学成分在新陈代谢中不断地变化,其相对成分为:水 85%~90%,蛋白质 7%~10%,脂类 1%~2%,其他有机物 1%~1.5%,无机物 1%~1.5%。在干物质中,蛋白质是最主要的成分。

原生质体根据形态、功能的不同,可分为细胞质和细胞器。

(一)细胞质(cytoplasm)

细胞质充满在细胞壁和细胞核之间,是原生质体的基本组成部分,为半透明、半流动、无固定结构的基质。在细胞质中还分散着细胞器如细胞核、质体、线粒体和后含物等。在年幼的植物细胞里,细胞质充满整个细胞,随着细胞的生长发育和长大成熟,液泡逐渐形成和扩大,将细胞质挤到细胞的周围,紧贴着细胞壁。细胞质与细胞壁相接触的膜称为细胞质膜或质膜,与液泡相接触的膜称作液泡膜。它们控制着细胞内外水分和物质的交换。在质膜与液泡之间的部分称作中质(基质、胞基质),细胞核、质体、线粒体、内质网、高尔基体等细胞器分布在其中。

细胞质有自主流动的能力,这是一种生命现象。在光学显微镜下,可以观察到叶绿体的运动,这就是细胞质在流动的结果。细胞质的流动能促进细胞内营养物质的流动,有利于新陈代谢的进行,对于细胞的生长发育、通气和创伤的恢复都有一定的促进作用。

在电子显微镜下可观察到细胞质的一些细微和复杂的构造,如质膜和内质网等。

1. 质膜(细胞质膜,plasmic membrane) 质膜是指细胞质与细胞壁相接触的 1 层薄膜,是原生质体最外侧的结构,但在光学显微镜下不易直接识别。在电子显微镜下,可见质膜具有明显的 3 层结构,两侧成 2 个暗带,中间夹有 1 个明带。3 层的总厚度为 5~7 nm,其中两侧暗带各厚约 2 nm,主要成分为脂类;中间的明带厚 3~5 nm,主要成分为蛋白质。这种在电子显微镜下显示出具有 3 层的膜结构,称为单位膜(unit membrane)。质膜是单位膜。细胞核、叶绿体、线粒体等细胞器表面的包被膜一般也都是单位膜,其层数、厚度、结构和性质都存在差异。

2. 质膜的功能

(1)选择透性:质膜对不同物质的通过具有选择性,它能阻止糖和可溶性蛋白质等有机物从细胞内渗出,同时又能使水、可溶性盐类和其他必需的营养物质从细胞外进入,从而使得细胞具有一个合适而稳定的内环境。

(2)渗透现象:质膜的透性表现为半渗透现象。由于质膜的渗透功能,物质可以从高浓度区向低浓度区扩散,如蔗糖,实验室中可以用蔗糖溶液使细胞发生质壁分离现象,久置复原。

(3)调节代谢作用:质膜通过多种途径调节细胞代谢。植物体内不同细胞对多种物质如激素、药物和神经介质等有高度选择性。一般认为,它们是通过与细胞质膜上的特异受体结合而起作用。这种受体主要是蛋白质。蛋白质与激素、药物等结合后发生变构现象,改变了细胞膜的通透性,进而调节细胞内各种代谢活动。

(4)对细胞的识别作用:生物细胞对同种和异种细胞的辨识、对自己和异己物质的识别的过程为细胞识别。单细胞植物及高等植物的许多重要生命活动都和细胞的识别能力有关,如植物的雌蕊能否接受花粉并进行受精等。

（二）**细胞器**（organelle）

细胞器是细胞质内具有一定形态结构、成分和特定功能的微小器官，也称拟器官。目前认为，细胞器包括细胞核、质体、线粒体、液泡系、内质网、高尔基体、核糖体和溶酶体等。前四种可以在光学显微镜下即可观察到，其他则只能在电子显微镜下才能看到（图1-2）。

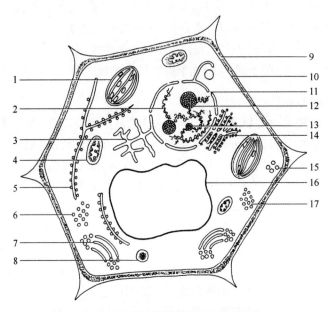

图1-2 电子显微镜下植物细胞的结构

1. 叶绿体　2. 染色体　3. 内质网（光滑的）　4. 线粒体　5. 核糖体
6. 游离核糖体　7. 高尔基体　8. 微粒体　9. 细胞壁　10. 细胞质膜
11. 核孔　12. 核仁　13. 着丝点　14. 内质网（粗糙的）　15. 油滴
16. 液泡　17. 糖原微粒

1. **细胞核**（nucleus）　除细菌和蓝藻等原核生物外，所有真核植物的细胞都含有细胞核。通常高等植物的细胞只具有1个细胞核。细胞核一般呈圆球形、椭圆形、卵圆形，或稍伸长。但某些植物细胞的核呈其他形状，如禾本科植物气孔的保卫细胞的核呈哑铃形等。细胞核的大小差异很大，其直径一般在10～20 μm。最大的细胞核直径可达1 mm，如苏铁受精卵；而最小的细胞核直径只有1 μm，如一些真菌。细胞核位于细胞质中，其位置和形状随生长而变化。在幼期的细胞中，细胞核位于细胞中央，呈球形，并占有较大的体积。随着细胞的长大和中央液泡的形成，细胞核随细胞质一起被挤向靠近细胞壁的部位，变成半球形或扁球形，并只占细胞总体积的一小部分。也有的细胞到成熟时细胞核被许多线状的细胞质素悬挂在细胞中央而呈球形。

在光学显微镜下观察活细胞，因细胞核具有较高的折光率而易看到，其内部似呈无色透明、均匀状态，比较黏滞，但经过固定和染色以后，可以看到其复杂的内部构造。细胞核包括核膜、核仁、核液和染色质四部分。

（1）核膜（nuclear envelope）：是细胞核与细胞质之间的界膜。在光学显微镜下观察，核膜只有1层薄膜。在电子显微镜下观察，它是包围细胞核的双层单位膜，分为内、外两层膜。核膜上有呈均匀或不均匀分布的许多小孔称为核孔（nuclear pore），其直径约为50 nm，是细胞核与细胞质进行物质交换的通道。

（2）核仁（nucleolus）：是细胞核中折光率更强的小球状体，通常有 1 个或几个。核仁主要是由蛋白质、RNA 所组成，还可能含有少量的类脂和 DNA。核仁是核内 RNA 和蛋白质合成的主要场所，与核糖体的形成有关，并且还能传递遗传信息。

（3）核液（nuclear sap）：充满在核膜内的透明而黏滞性较大的液状胶体，其中分散着核仁和染色质。核液的主要成分是蛋白质、RNA 和多种酶，这些物质保证了 DNA 的复制和 RNA 的转录。

（4）染色质（chromatin）：分散在细胞核液中易被碱性染料（如龙胆紫、甲基绿）着色的物质。当细胞核进行分裂时，染色质成为一些螺旋状扭曲的染色质丝，进而形成棒状的染色体（chromosome）。各种植物细胞的染色体数目、形状和大小是各不相同的，但对于同一物种来说，则是相对稳定不变的。染色质主要由 DNA 和蛋白质组成，还含有 RNA。

由于细胞的遗传物质主要集中在细胞核内，所以细胞核的主要功能是控制细胞的遗传和生长发育，也是遗传物质存在和复制的场所，并且决定蛋白质的合成，还控制质体、线粒体中主要酶的形成，从而控制和调节细胞的其他生理活动。

2. 质体（plastid）　质体是植物细胞特有的细胞器，与碳水化合物的合成和贮藏有密切关系。在细胞中数目不一，其体积比细胞核小，但比线粒体大，由蛋白质、类脂等组成。质体可分为含色素和不含色素两类，含色素的质体有叶绿体和有色体两种，不含色素的质体为白色体（图 1-3）。

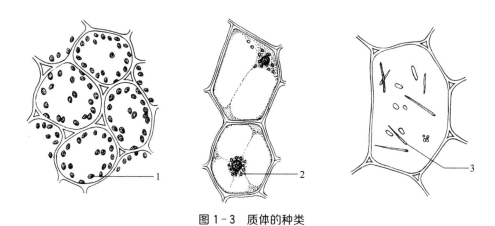

图 1-3　质体的种类
1. 叶绿体（天竺葵叶）　2. 白色体（紫鸭跖草）　3. 有色体（胡萝卜根）

（1）叶绿体（chloroplast）：高等植物的叶绿体多为球形、卵形或透镜形的绿色颗粒状，厚度为 $1\sim3\ \mu m$，直径 $4\sim10\ \mu m$，在同一个细胞可以有十至数十个不等。植物细胞中，叶绿体的形状、数目和大小随植物种类和细胞类型不同而异。

在电子显微镜下观察时，叶绿体呈现复杂的超微结构，外面由双层膜包被，内部为无色的溶胶状蛋白质基质，其中分散着许多含有叶绿素的基粒（granum），每个基粒是由许多双层膜片围成的扁平状圆形的类囊体叠成，在基粒之间，有基质片层将基粒连接起来。

叶绿体主要由蛋白质、类脂、核糖核酸和色素组成，此外还含有与光合作用有关的酶和多种维生素等。叶绿体主要含有叶绿素甲（chlorophyll A）、叶绿素乙（chlorophyll B）、胡萝卜素（carotin）和叶黄素（xanthophyll）四种色素，它们均为脂溶性色素，其中叶绿素是主要的光合色素，它能吸收和利用太阳光能，把从空气中吸收来的二氧化碳和根从土壤中吸收来的水分合成有机物，并将光能转为化学能贮藏起来，同时放出氧气。胡萝卜素和叶黄素不能直接参与光合作用，只能把吸收的光能传递给叶绿素,行使辅助光合作用的功能。所以说叶绿体是进行光合作用和合成同化淀粉的场所。叶绿体中所含的色素以叶绿素为多,遮盖了其他色素,所以呈现绿色。植物叶片的颜色,与细胞叶绿体中这三种色素的比例有关,叶绿素占优势时,叶片呈绿色,当营养条件不利、气温降低或叶片衰老时,叶绿素含量降低,叶片呈黄色或橙黄色。

叶绿体广泛分布于绿色植物的叶、茎、花萼和果实中的绿色部分,如叶肉组织、幼茎的皮层,根一般不含叶绿体。

(2) 有色体(chromoplast):又称杂色体,在细胞中常呈针形、圆形、杆形、多角形或不规则形状,其所含的色素主要是胡萝卜素和叶黄素等,使植物呈现黄色、橙红色或橙色。有色体主要存在于花、果实和根细胞中,在蒲公英、唐菖蒲和金莲花的花瓣中,以及在红辣椒、番茄的果实或胡萝卜的根细胞里都可以看到有色体。

除有色体外,植物体所呈现的很多颜色与细胞液中含有的多种水溶性色素有关。应该注意有色体和水溶性色素的区别:有色体是质体,是一种细胞器,具有一定的形状、结构和功能,存在于细胞质中,主要是黄色、橙红色或橙色。而水溶性色素通常是溶解在细胞液中,呈均匀分布状态,主要是红色、蓝色或紫色,如花青素。

有色体对植物的生理作用还不十分清楚,它所含的胡萝卜素在光合作用中是一种催化剂。有色体还存在于花部细胞中,使花呈现鲜艳色彩,有利于昆虫传粉。

(3) 白色体(leucoplast):是一类不含色素的微小质体,通常呈球形、椭圆形、纺锤形或其他形状。多见于不曝光的器官如块根或块茎等细胞中。白色体与植物积累贮藏物质有关,它包括合成淀粉的造粉体、合成蛋白质的蛋白质体和合成脂肪油的造油体。

在电子显微镜下,可观察到有色体和白色体都是由2层膜包被,但内部没有基粒和片层等细微结构。

叶绿体、有色体和白色体都是由前质体分化发育而来的,在一定条件下,质体之间可以相互转化。如番茄的子房初期是白的,说明子房壁细胞内的质体是白色体,白色体内含有原叶绿素,当受精后的子房发育成幼果,暴露于光线中时,原叶绿素形成叶绿素,白色体转化成叶绿体,这时幼果是绿色的。果实成熟过程中又由绿变红,是因为叶绿体转化成有色体的结果。胡萝卜的根露在地面经日光照射变成绿色,这是有色体转化为叶绿体的缘故。

3. 线粒体(mitochondria) 线粒体是细胞质中呈颗粒状、棒状、丝状或分枝状的细胞器,比质体小,一般直径为 $0.5\sim1.0\ \mu m$,长 $1\sim2\ \mu m$。在光学显微镜下,需要特殊的染色,才能加以观察。在电子显微镜下观察,线粒体由内、外2层膜组成,内层膜延伸到线粒体内部折叠形成管状或隔板状突起,这种突起称嵴(cristae),嵴上附着许多酶,在2层膜之间及中心的腔内是以可溶性蛋白为主的基质。线粒体的化学成分主要是蛋白质和拟脂。

线粒体是细胞中碳水化合物、脂肪和蛋白质等物质进行氧化(呼吸作用)的场所,在氧化过程中释放出细胞生命活动所需的能量,因此线粒体被称为细胞的"动力工厂"。此外线粒体对物质合成、盐类的积累等起着很大的作用。

4. 液泡(vacuole) 液泡是植物细胞特有的结构。在幼小的细胞中,液泡不明显,体积小、数量多。随着细胞的生长,小液泡相互融合并逐渐变大,最后在细胞中央形成1个或几个大型液泡,可占据整个细胞体积的90%以上,而细胞质连同细胞器一起,被中央液泡推挤成为紧贴细胞壁的一个薄层(图1-4)。

液泡外被1层膜,称为液泡膜(tonoplast),是有生命的,是原生质的组成部分之一。膜内充满细胞液(cell sap),是细胞新陈代谢过程产生的混合液,它是无生命的。细胞液的成分非常复杂,在不同植物、不同器官、不同组织中其成分也各不相同,同时也与发育过程、环境条件等因素有关。各种细胞的细胞液可能包含的主要成分除水外,还有各种代谢物如糖类(saccharides)、盐类(salts)、生物碱(alkaloids)、苷类(glucosides)、单宁(tannin)、有机酸(organic acid)、挥发油(volatile oil)、色素(pigments)、树脂(resin)、草酸钙结晶(calcium oxalate crystal)等,其中不少化学成分对人或畜具有强烈生理活性,是植物药的有效成分。液泡膜具有特殊的选择透性。液泡的主要功能是积极参与细胞内的分解活动、调节细胞的渗透压、参与细胞内物质的积累与移动,在维持细胞质内外环境的稳定上起着重要的作用。

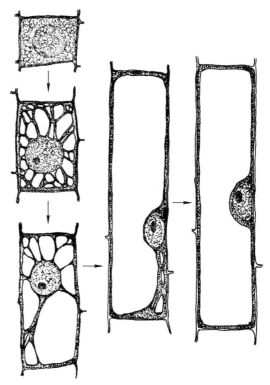

图 1-4　洋葱根尖细胞,示液泡形成各阶段

　　5. 内质网(endoplasmic reticulum)　内质网是分布在细胞质中,由单位膜构成的扁平囊、管状膜或泡状膜系统。

　　内质网可分为两种类型:一种是膜的表面附着许多核糖体的小颗粒,这种内质网称为粗面内质网,其主要功能是合成输出蛋白质(即分泌蛋白),还能产生构成新膜的脂蛋白和初级溶酶体所含的酸性磷酸酶。另一种内质网上没有核糖体的小颗粒,这种内质网称光滑内质网,主要功能是多样的,如合成、运输类脂和多糖。两种内质网可以互相转化。

　　6. 高尔基体(Golgi body,dictyosome)　高尔基体是由单层膜构成的一叠扁平膜囊(cisternae)结构,物质常以泡囊(vesicle)形式运出或进入高尔基体。高尔基体具有分泌功能,可分泌蛋白质、多糖及挥发油等,参与细胞壁的形成。

　　7. 核糖体(ribosome)　核糖体又称核糖核蛋白体或核蛋白体,每个细胞中核糖体可达数百万个。核糖体是细胞中的超微颗粒,通常呈球形或长圆形,直径为 10～15 nm,游离在细胞质中或附着于内质网上,而在细胞核、线粒体和叶绿体内较少。核糖体由 45%～65%的蛋白质和 35%～55%的核糖核酸组成,其中核糖核酸含量占细胞中核糖核酸总量的 85%。核糖体是蛋白质合成的场所。

　　8. 溶酶体(lysosome)　溶酶体是分散在细胞质中,由单层膜构成的小颗粒。数目可多可少,一般直径 0.1～1 μm,膜内含有各种能水解不同物质的消化酶,如蛋白酶、核糖核酸酶、磷酸酶、糖苷酶等,当溶酶体膜破裂或损伤时,酶释放出来,同时也被活化。溶酶体的功能主要是分解大分子,起到消化和消除残余物的作用。此外,溶酶体还有保护作用,溶酶体膜能使溶酶体的内含物与周围细胞质分隔,显然这层界膜能抗御溶酶体的分解作用,并阻止酶进入周围细胞质内,保护细胞免于自身消化。

二、细胞后含物和生理活性物质

细胞中除含有生命的原生质体外,尚有许多非生命的物质,它们都是细胞新陈代谢过程中的产物。一类是细胞后含物,另一类是生理活性物质。

(一)细胞后含物(ergastic substance)

后含物一般是指细胞原生质体在代谢过程中产生的非生命物质。后含物的种类很多,有的是一些废弃的物质,如草酸钙晶体;有的则是一些可能再被利用的储藏营养物质,以淀粉、蛋白质、脂肪和脂肪油最普遍。它们分布的形式多种多样,呈液体状态、晶体状或非结晶固体状存在于液泡或细胞质中。后含物的种类、形态和性质随植物种类不同而异,因此细胞后含物的特征是中药材鉴定的依据之一。

1. 淀粉(starch)　淀粉是葡萄糖分子聚合而成的长链化合物,是细胞中碳水化合物最普遍的储藏形式,在细胞中以颗粒状态(称为淀粉粒 starch grain)储存于植物的根、茎及种子等器官的薄壁细胞细胞质中,如葛、马铃薯、半夏、玉蜀黍、绿豆等。淀粉粒是由造粉体(白色体的一种)积累贮藏淀粉所形成。积累淀粉时,先从一处开始,形成淀粉粒的核心称脐点(hilium),然后环绕着脐点形成许多明暗相间的同心轮纹称层纹(annular striation lamellae),如果用乙醇处理,这时淀粉脱水,层纹就随之消失。层纹的形成是由于淀粉积累时,直链淀粉(葡萄糖分子成直链排列)和支链淀粉(葡萄糖分子成分支排列)相互交替地分层积累的缘故,直链淀粉较支链淀粉对水的亲和力强,两者遇水膨胀率不一样,从而显出了折光性的差异。淀粉粒多呈圆球形、卵圆形或多角形,脐点的形状有点状、线状、裂隙状、分叉状、星状等,脐点有的位于中央如小麦、蚕豆等,或偏于一端如马铃薯、藕、甘薯等。层纹的明显程度,也因植物种类的不同而异。

淀粉粒有三种类型:一是单粒(simple starch grain)淀粉粒,每个淀粉粒只有 1 个脐点,有无数层纹围绕这个脐点。二是复粒(compound starch grain)淀粉粒,每个淀粉粒具有 2 个以上的脐点,各脐点分别有各自的层纹围绕;三是半复粒(half compound starch grain)淀粉粒,每个淀粉粒具有 2 个以上的脐点,各脐点除有本身的少数层纹围绕外,外面还包围着共同的层纹。不同植物所含的淀粉粒在类型、形状、大小、层纹和脐点位置等方面各有其特征,因此淀粉粒的有无及其形态特征,可作为中药材鉴定的依据之一(图 1-5)。

淀粉不溶于水,在热水中膨胀而糊化。从化学结构来分,直链淀粉遇碘液显蓝色,支链淀粉遇碘液显紫红色。一般植物同时含有两种淀粉,加入碘液显蓝色或显紫色。用甘油醋酸试液装片,置偏光显微镜下观察,淀粉粒常显偏光现象,已糊化的淀粉粒无偏光现象。

2. 菊糖(inulin)　菊糖由果糖分子聚合而成,多含在菊科、桔梗科和龙胆科部分植物根的薄壁细胞中,山茱萸果皮中亦有。菊糖能溶于水,不溶于乙醇。因此观察菊糖,应将含有菊糖的材料浸入乙醇中,1 周以后做成切片,置显微镜下观察,可在细胞中看见球状、半球状或扇状的菊糖结晶。菊糖加 10%α-萘酚的乙醇溶液,再加硫酸,显紫红色,并很快溶解(图 1-6)。

3. 蛋白质(protein)　细胞中贮藏的蛋白质常呈固体状态,生理活性稳定,与原生质体中呈胶体状态的有生命的蛋白质在性质上不同,它是非活性的、无生命的物质。贮藏的蛋白质可以是结晶体的或是无定形的小颗粒,存在于细胞质、液泡、细胞核和质体中。结晶蛋白质因具有晶体和胶体的二重性,因此称拟晶体(crystalloid),以与真正的晶体相区别。蛋白质的拟晶体有不同的形状,

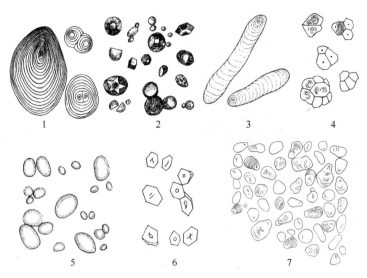

图 1-5　各种淀粉粒

1. 马铃薯(左为单粒,右上为复粒,右下为半复粒)　2. 葛　3. 藕
4. 半夏　5. 蕨　6. 玉米　7. 平贝母(示脐点)

但常常被 1 层膜包裹成圆球状的颗粒,称为糊粉粒(aleurone grain)。有些糊粉粒既包含有定形蛋白质,又包含有拟晶体,成为复杂的形式(图 1-7)。

糊粉粒多分布于植物种子的胚乳或子叶中,有时它们集中分布在某些特殊的细胞层,特称为糊粉层(aleurone layer)。如谷物类种子胚乳最外面的一层或多层细胞,含有大量糊粉粒,即为糊粉层。蓖麻和油桐的胚乳细胞中的糊粉粒,除了拟晶体外还含有磷酸盐球形体。糊粉粒和淀粉粒常在同一细胞中相互混杂。

蛋白质存在的检验:将蛋白质溶液放在试管里,加数滴浓硝酸并微热,可见黄色沉淀析出,冷却片刻再加过量氨液,沉淀变为橙黄色,即蛋白质黄色反应;遇碘试液显棕色或黄棕色;在硫酸铜和苛性碱的水溶液的作用下则显紫红色;蛋白质溶液加硝酸汞试液,显砖红色。

4. 脂肪(fat)和脂肪油(oil)　此类贮藏物质常见于种子的子叶或胚乳中。脂肪常呈固体,而脂肪油则为液体;后者以小滴状分散在细胞质里。

5. 晶体(crystal)　是植物细胞生理代谢过程中产生的废物,常见的有两种类型:草酸钙结晶和碳酸钙结晶。

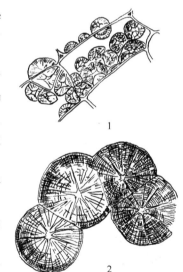

图 1-6　大丽花根内的菊糖球形结晶

1. 细胞内的球形结晶
2. 放大的球形结晶

(1) 草酸钙结晶(calcium oxalate crystal):植物体在代谢过程中产生的草酸与钙离子结合而成的晶体。草酸钙结晶的形成,可以减少过多的草酸对植物产生的毒害,被认为具有解毒作用。草酸钙结晶为无色半透明或稍暗灰色,以不同的形状分布于细胞液中,通常一种植物只能见到一种晶体形状,但少数植物也有两种或多种形状的,如曼陀罗叶含有簇晶、方晶和砂晶。草酸钙结晶在植物体中分布很普遍,随着器官组织的衰老,草酸钙结晶也逐渐增多,但其形状和大小在不同种植物或在同一植物的不同部位有一定的区别,可作为中药材鉴定的依据之一。

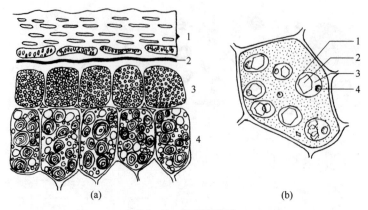

图 1-7　各种糊粉粒

(a) 小麦颖果外部的构造　1. 果皮　2. 种皮　3. 糊粉粒　4. 胚乳细胞
(b) 蓖麻的胚乳细胞　1. 糊粉粒　2. 蛋白质晶体　3. 基质　4. 球晶体

常见的草酸钙结晶形状有以下几种(图1-8):

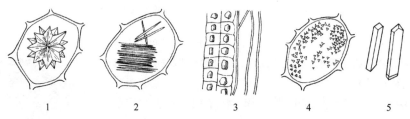

图 1-8　各种草酸钙结晶

1. 簇晶(人参根)　2. 针晶(半夏块茎)　3. 方晶(甘草根)　4. 砂晶(牛膝根)　5. 柱晶(射干根状茎)

单晶(solitary crystal):又称方晶或块晶,通常呈正方形、长方形、斜方形、八面体、三棱体等形状,常为单独存在的单个晶体,存在于甘草、黄柏、秋海棠叶柄等的细胞中。有时呈双晶(twin crystals),如莨菪等。

针晶(acicular crystal):晶体呈两端尖锐的针状,在细胞中多成束存在,称针晶束(raphides)。一般存在于含有黏液的细胞中,如半夏块茎、黄精和玉竹的根状茎等。也有的针晶不规则地分散在细胞中,如苍术根状茎。

簇晶(cluster crystal;rosette aggregate):晶体由许多八面体、三棱形单晶体聚集而成,通常呈三角状星形或球形,如人参根、大黄根状茎、椴树茎、天竺葵叶等。

砂晶(micro crystal;crystal sand):晶体呈细小的三角形、箭头状或不规则形,通常密集于细胞腔中。因此,聚集有砂晶的细胞颜色较暗,很容易与其他细胞相区别,如颠茄、牛膝、地骨皮等。

柱晶(columnar crystal;styloid):晶体呈长方形,长度为直径的4倍以上,形如柱状,如射干等鸢尾科植物。

草酸钙结晶不溶于稀醋酸,加稀盐酸溶解而无气泡产生,但遇10%~20%硫酸溶液便溶解并形成针状的硫酸钙结晶析出。

(2) 碳酸钙结晶(calcium carbonate crystal):多存在于爵床科、桑科、荨麻科等植物叶表皮细胞中,如穿心莲叶、无花果叶、大麻叶等的表皮细胞中可见到碳酸钙结晶,它是细胞壁的特殊瘤状突起上聚集了大量的碳酸钙或少量的硅酸钙而形成,一端与细胞壁相连,另一端悬于细胞腔内,状如一串悬垂的葡萄,通常呈钟乳体状态存在,故又称钟乳体(cystolith)(图1-9)。

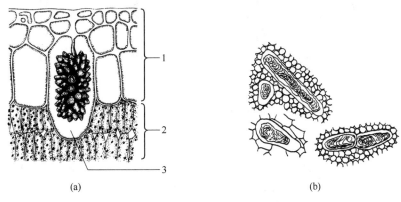

图1-9　碳酸钙结晶(无花果叶内的钟乳体)
(a)切面观　(b)表面观
1. 表皮和皮下层　2. 栅栏组织　3. 钟乳体和细胞腔

碳酸钙结晶加醋酸或稀盐酸溶解,同时有CO_2气泡产生,可与草酸钙结晶相区别。

此外,除草酸钙结晶和碳酸钙结晶以外,还有石膏结晶,如柽柳叶;靛蓝结晶,如菘蓝叶;橙皮苷结晶,如吴茱萸和薄荷叶;芸香苷结晶,如槐花等。

(二)生理活性物质

生理活性物质是一类能对细胞内的生化反应和生理活动起调节作用的物质的总称。包括酶、维生素、植物激素和抗生素等,它们对植物的生长、发育起着非常重要的作用。

三、细胞壁

细胞壁(cell wall)是包围在植物细胞原生质体外面的具有一定硬度和弹性的薄层,是由原生质体分泌的非生活物质(纤维素、果胶质和半纤维素)形成的,但研究证明,在细胞壁尤其是初生壁中含有少量具有生理活性的蛋白质。细胞壁对原生质体起保护作用,能使细胞保持一定的形状和大小,与植物组织的吸收、蒸腾、物质的运输和分泌有关。细胞壁是植物细胞所特有的结构,它与液泡、质体一起构成了植物细胞与动物细胞不同的三大结构特征。由于植物的种类、细胞的年龄和细胞执行功能的不同,细胞壁在成分和结构上的差别是极大的。

(一)细胞壁的分层

在光学显微镜下,通常可将相邻两细胞之间的细胞壁分成胞间层、初生壁和次生壁3层(图1-10)。

1. 胞间层(intercellular layer)　又称中层(middle lamella),为相邻两个细胞所共有的薄层,是细胞分裂时最早形成的分隔层,由一种无定形、胶状的果胶(pectin)类物质所组成。胞间层有着把两个细胞粘连在一起的作用。果胶质能溶于酸、碱溶液,又能被果胶酶分解,使得细胞间部分或全部分离。细胞在生长分化过程中,胞间层可以被果胶酶部分溶解,这部分的细胞壁彼此分开而形成间隙,称为细胞间隙(inercellular space)。细胞间隙能起到通气和贮藏气体的作用。果实如西红

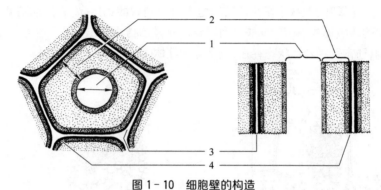

图 1-10 细胞壁的构造

1. 细胞腔 2. 三层次生壁 3. 中胶层 4. 初生壁

柿、桃、梨等在成熟过程中由硬变软,就是因为果肉细胞的胞间层被果胶酶溶解而使细胞彼此分离所致。沤麻是利用微生物产生的果胶酶,使胞间层的果胶溶解破坏,导致纤维细胞分离。在进行中药材鉴定时,常用硝酸和氯酸钾的混合液、氢氧化钾或碳酸钠溶液等作为解离剂,把植物类药材制成解离组织,进行观察鉴定。

2. 初生壁(primary wall) 细胞在生长过程中,由原生质体分泌的物质(主要是纤维素、半纤维素和果胶类)添加在胞间层的内方,形成初生壁。初生壁一般较薄,厚 1~3 μm,能随着细胞的生长而延伸,这是初生壁的重要特性。原生质体分泌的物质还可以不断地填充到细胞壁的结构中去,使初生壁继续增长,称为填充生长。原生质体分泌的物质增加在胞间层的内侧使细胞壁略有增厚,称为附加生长。代谢活跃的细胞,通常终身只具有初生壁。在电子显微镜下,可看到初生壁的物质排列成纤维状,称为微纤丝。微纤丝是由平行排列的长链状的纤维素分子组成。纤维素是构成初生壁的框架,而果胶类物质、半纤维素以及木质素、角质等填充于框架之中。

3. 次生壁(secondary wall) 次生壁是在细胞停止生长以后,在初生壁内侧继续积累的细胞壁层。它的主要成分是纤维素和少量的半纤维素,生长后期常含有木质素(lignin)。次生壁一般较厚(5~10 μm),质地较坚硬,因此有增强细胞壁机械强度的作用。次生壁是在细胞成熟时形成,到了原生质体停止活动,次生壁也就停止了沉积。次生壁的形成往往是在细胞特化时进行,成熟时原生质体死亡,残留的细胞壁起支持和保护植物体的作用。植物细胞一般都有初生壁,但不是都有次生壁。

(二) 纹孔和胞间连丝

1. 纹孔(pit) 细胞壁次生增厚时,在初生壁很多地方留下一些没有次生增厚的部分,只有胞间层和初生壁,这种比较薄的区域称为纹孔(图 1-11)。相邻两个细胞的纹孔在相同部位常成对存在,称为纹孔对(pit pair)。纹孔对之间由初生壁和胞间层所构成的薄膜称为纹孔膜(pit membrane)。纹孔膜两侧没有次生壁的腔穴常呈圆筒或半球形,称为纹孔腔(pit cavity),由纹孔腔通往细胞腔的开口,称为纹孔口(pit aperture)。纹孔的存在有利于细胞间水和其他物质的运输。纹孔常成对出现,即纹孔对(pit-pair),但有时只在一侧细胞的壁上有,则为盲纹孔。根据纹孔的形状和结构,将纹孔对分为单纹孔、具缘纹孔和半缘纹孔。

(1) 单纹孔(simple pit):结构简单,其构造是次生壁上未加厚的部分呈圆筒形,即从纹孔膜至纹孔口的纹孔腔呈圆筒状。单纹孔多存在于壁加厚的薄壁细胞、韧型纤维和石细胞中。当次生壁

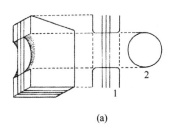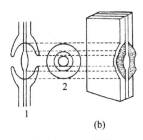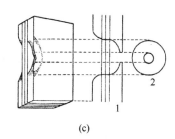

图 1-11　纹孔

(a) 单纹孔　(b) 具缘纹孔　(c) 半缘纹孔
1. 切面观　2. 表面观

很厚时,单纹孔的纹孔腔就很深,状如一条长而狭窄的孔道或沟,称为纹孔道或纹孔沟。

(2) 具缘纹孔(bordered pit):最明显的特征,就是在纹孔周围的次生壁向细胞腔内形成突起呈拱状,中央有一个小的开口,这种纹孔称为具缘纹孔。突起的部分称为纹孔缘,纹孔缘所包围的里面部分呈半球形即为纹孔腔。纹孔口有各种形状,一般多成圆形或狭缝状。在显微镜下,从正面观察具缘纹孔呈现两个同心圆,外圈是纹孔膜的边缘,内圈是纹孔口的边缘。松科和柏科等裸子植物管胞上的具缘纹孔,其纹孔膜中央特别厚,形成纹孔塞。纹孔塞具有活塞的作用,能调节胞间液流,这种具缘纹孔从正面观察呈现 3 个同心圆。具缘纹孔常分布于纤维管胞、孔纹导管和管胞中。

(3) 半缘纹孔(half bordered pit):是单纹孔和具缘纹孔分别排列在纹孔膜两侧所构成,是导管或管胞与薄壁细胞相邻的细胞壁上形成的纹孔对,从正面观察具有 2 个同心圆。观察粉末时,半缘纹孔与不具纹孔塞的具缘纹孔难以区别。

2. 胞间连丝(plasmodesmata)　许多纤细的原生质丝从纹孔穿过孔膜或初生壁上的微细孔隙,连接相邻细胞,这种原生质丝称为胞间连丝。它使植物体的各个细胞彼此连接成一个整体,有利于细胞间物质运输和信息传递。在电子显微镜下观察,可见在胞间连丝中有内质网连接相邻细胞内膜系统。胞间连丝一般不明显,柿、黑枣、马钱子等种子内的胚乳细胞,由于细胞壁较厚,胞间连丝较为显著,但也需经过染色处理,才能在显微镜下观察到(图 1-12)。

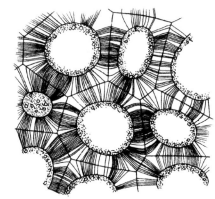

图 1-12　柿核的胞间连丝

(三) 细胞壁的特化

细胞壁主要是由纤维素构成,具有一定的韧性和弹性。纤维素遇氧化铜氨液能溶解;加氯化锌碘试液,显蓝色或紫色。由于环境的影响和生理功能的不同,植物细胞壁常常发生各种不同的特化,常见的有木质化、木栓化、角质化、黏液化和矿质化等。

1. 木质化(lignification)　细胞壁内增加了木质素,它是芳香族化合物,可使细胞壁的硬度增强,细胞群的机械力增加。随着木质化细胞壁变得很厚时,细胞多趋于衰老或死亡,如导管分子、管胞、木纤维、石细胞等。

木质化细胞壁加入间苯三酚试液和盐酸,因木质化程度不同,显红色或紫红色反应;加氯化锌碘试液显黄色或棕色反应。

2. 木栓化(suberization) 细胞壁中增加了木栓质(suberin),它是一种脂肪性化合物,木栓化的细胞壁常呈黄褐色,不透气、不透水,从而使细胞内的原生质体与外界隔离而坏死,成为死细胞。但木栓化的细胞对植物内部组织具有保护作用,如树干外面的褐色树皮就是木栓化细胞和其他死细胞的混合体。栓皮栎的木栓细胞层特别发达,可作瓶塞。

木栓化细胞壁加入苏丹Ⅲ试剂显橘红色或红色;遇苛性钾加热,木栓质则会溶解成黄色油滴状。

3. 角质化(cutinization) 原生质体产生的角质(cutin),除了填充到细胞壁内使细胞壁角质化外,还常常积聚在细胞壁的表面形成一层无色透明的角质层(cuticle)。角质化细胞壁或角质层可防止水分过度蒸发和微生物的侵害,增加对植物内部组织的保护作用。

角质是一种脂肪性的化合物,因此,角质化细胞壁或角质层的化学反应与木栓化类同,即加入苏丹Ⅲ试剂显橘红色或橘黄色;遇碱液加热能较持久地保持。

4. 黏液质化(mucilagization) 是细胞壁中所含的果胶质和纤维素等成分变成黏液的一种变化。黏液质化所形成的黏液在细胞表面常呈固体状态,吸水膨胀成黏滞状态。许多植物种子的表皮中具有黏液化细胞,如车前子、芥菜子、亚麻子和鼠尾草果实的表皮细胞中都具有黏液化细胞。黏液化细胞壁加入玫红酸钠乙醇溶液可染成玫瑰红色;加入钌红试液可染成红色。

5. 矿质化(mineralization) 细胞壁中增加硅质(如二氧化硅或硅酸盐)或钙质等,增强了细胞壁的坚固性,使茎、叶的表面变硬变粗,增强植物的机械支持能力。如禾本科植物的茎、叶,木贼茎以及硅藻的细胞壁内都含有大量的硅酸盐。硅质化细胞壁不溶于硫酸或醋酸,但溶于氟化氢,可区别于草酸钙和碳酸钙。

第二章 ｜ 植物的组织

导学

组织是植物体中来源相同、形态结构相似、功能相同而又紧密联系的细胞群。植物的组织分为分生组织、薄壁组织、保护组织、机械组织、输导组织、分泌组织等，后五类组织又称为成熟组织。分生组织转化为成熟组织的过程称分化（differentiation）。自维管植物起，出现维管束。维管束是由木质部和韧皮部共同组成的束状结构，是具有输导和支持功能的复合组织。不同植物体、不同器官具有不同类型的维管束。

本章学习目标：

掌握组织和维管束的概念、类型及其结构特征。熟悉各类植物和各种器官中的组织和维管束类型。了解各类组织在中药材鉴定上的意义。

组织（tissue）是由许多来源相同、形态结构相似、功能相同而又紧密联系的细胞组成的细胞群。植物在生长发育过程中，细胞经过分生、分化后形成了不同的组织。单细胞和多细胞的低等植物无组织分化，它们的每一个细胞都能独立完成全部生理功能。植物进化程度越高，其组织分化越明显，形态结构越复杂。不同组织有机配合、紧密联系，形成不同的器官，有效地完成植物体整个生命活动过程。

植物组织，按其形态结构和功能的不同，分为以下类型（表2-1）。

表2-1　植物组织的类型

植 物 的 组 织								
分 生 组 织		薄壁组织	保护组织	机械组织		输导组织		分 泌 组 织
原分生组织	顶端分生组织	基本薄壁组织	表皮	厚角组织	厚壁组织	导管与管胞	外部分泌组织	内部分泌组织
初生分生组织	侧生分生组织	同化薄壁组织	周皮					
次生分生组织	居间分生组织	贮藏薄壁组织			纤维	筛管	腺毛	分泌细胞
		吸收薄壁组织			石细胞	伴胞与筛胞	蜜腺	分泌腔
		通气薄壁组织						分泌道
								乳汁管

第一节   植物组织的类型

一、分生组织

植物体内能够持续地保持细胞分裂功能,不断产生新细胞的细胞群,称为分生组织(meristem)。分生组织位于植物体生长的部位,是由许多具有分生能力的细胞构成的。分生组织细胞不断分裂、分化,使植物体得以生长,如根、茎的顶端生长和加粗生长。

分生组织的细胞代谢作用旺盛,具有强烈的分生能力。通常分生组织的细胞体积较小,为等径多面体形状,排列紧密,没有细胞间隙;细胞壁薄,主要由果胶和纤维素组成,不具纹孔;细胞质浓,细胞核相对较大,没有明显的液泡和质体的分化,但含有线粒体、高尔基体、核糖体等细胞器。由于分生组织细胞的不断分裂,一部分细胞保持高度的分裂能力,另一部分细胞则陆续分化成为具有一定形态特征和生理功能的细胞,构成各种成熟组织(mature tissue)或永久组织(permanent tissue),这些组织一般不再发展分化。

(一)根据分生组织的性质来源分类

1. 原分生组织(promeristem)   来源于种子的胚,位于根、茎的最先端,由没有任何分化的、最幼嫩的、终生保持细胞分裂能力的胚性细胞组成,是产生其他组织的最初来源。原分生组织的原始细胞分裂产生的两个子细胞,一个仍然保持未分化的原始细胞状态,维持自身的存在,而另一个则可以经多次分裂,分化成为多数衍生细胞。原分生组织的细胞,在生长季节分裂功能很旺盛。

2. 初生分生组织(primary meristem)   由原分生组织衍生的细胞所组成,衍生细胞在分化成熟前常常在根尖、茎尖附近分裂多次,这些可以看作是由完全无分化的原分生组织到分化完成的成熟组织之间的过渡形式。其特点表现在,一方面细胞已开始分化,向着成熟的方向发展;另一方面仍具有分裂能力,但分裂活动没有原分生组织那样旺盛。由于细胞所处的位置和将来发育成为的成熟组织不同,初生分生组织常产生初级分化,形成三种不同的细胞群,即原表皮层(protoderm)、基本分生组织(ground meristem)和原形成层(procambium),三者合称为初生分生组织。初生分生组织继续分化,形成其他各种成熟组织。

3. 次生分生组织(secondary meristem)   已经成熟的薄壁组织(如表皮、皮层、髓射线、中柱鞘等细胞)经过生理和结构上的变化,重新成为具有分裂能力的分生组织,这个过程称为脱分化(dedifferentiation)。在转变过程中,细胞的原生质变浓,液泡逐渐缩小,最后恢复分裂能力,成为次生分生组织。次生分生组织的细胞扁长或为短轴状扁多角形,有不同程度的液泡化。主要分布于根、茎的内侧,并与其长轴平行,如木栓形成层、根的形成层和茎的束间形成层,以及少数单子叶植物茎内所具有的特殊增粗活动环等,它们与根、茎的加粗生长和重新形成保护组织有关。

(二)根据分生组织在植物体内所处的位置分类

1. 顶端分生组织(apical meristem)   是位于根、茎顶端的分生组织,也就是根、茎顶端的生长锥,细胞能比较长期地保持旺盛的分裂能力。顶端分生组织产生的细胞,一部分继续保持分裂能力,一部分逐渐分化,形成各种有关的成熟组织。顶端分生组织细胞的分裂、分化,使根、茎不断地进行伸长生长,若根、茎的顶端被折断后,根、茎一般就不能再伸长或长高了。

2. 侧生分生组织(lateral meristem)　存在于裸子植物与双子叶植物的根和茎内,主要包括维管形成层和木栓形成层,它们分布于植物体内,与所在器官的轴向平行。这些分生组织的活动与根、茎的加粗生长有关,在没有加粗生长的单子叶植物中,通常没有侧生分生组织。

3. 居间分生组织(intercalary meristem)　居间分生组织是位于成熟组织之间的、从顶端分生组织细胞遗留下来的初生分生组织,它们不像顶端分生组织和侧生分生组织那样具有无限分裂和生长的能力,只能保持一定时间的分生能力,以后则完全转变为成熟组织。这种分生组织位于某些植物茎的节间基部、叶的基部、总花柄的顶部以及子房柄等处,其活动与植物的居间生长有关。小麦、水稻等植物的拔节、抽穗,葱、蒜和韭菜等植物叶的上部被割取后,叶的下部仍可再生长等现象,都是居间分生组织活动的结果。落花生的"入土结实"现象也是由于子房受精以后,子房柄部位的居间分生组织活动使子房柄伸长,把子房推入土中并发育成熟。

综上所述,顶端分生组织的性质属于原分生组织和初生分生组织,两者之间没有明显分界,共同构成根尖、茎尖的顶端分生组织。侧生分生组织依据性质分析,相当于次生分生组织。居间分生组织的性质即为初生分生组织。

二、薄壁组织

薄壁组织(parenchyma),亦称基本组织(ground tissue),在植物体中,分布很广,是植物体的重要组成部分。如根、茎的皮层和髓部、叶肉、花的各部分、果实的果肉以及种子的胚乳等,全部或主要由薄壁组织构成,其他组织则常常包埋在薄壁组织中。薄壁组织可以在植物体内担负联系、同化、贮藏、吸收、通气等营养功能,故又称营养组织。它们共同的结构特点是:通常是生活细胞;细胞壁薄,由纤维素和果胶质构成,具单纹孔;细胞体积较大,常为球形、椭圆形、圆柱形、多面体、星形等;排列较疏松,具有胞间隙。薄壁组织分化程度较低,在发育上可塑性较大,具有潜在的分生能力,在某些情况下,可脱分化形成次生分生组织,或进一步发展为其他分化程度更高的组织如石细胞等。薄壁组织对创伤恢复、不定根和不定芽的产生、嫁接的成活以及组织离体培养等都具有实际意义。

根据薄壁组织细胞结构和生理功能的不同,可分为多种类型(图2-1)。

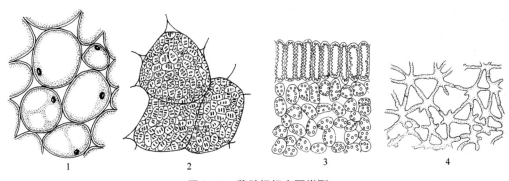

图2-1　薄壁组织主要类型
1. 基本薄壁组织　2. 贮藏薄壁组织　3. 同化薄壁组织　4. 通气薄壁组织

1. 基本薄壁组织　　普遍存在于植物体内各处。细胞通常球形、圆柱形、多面体形等。细胞质较稀薄，液泡较大，细胞排列疏松，富有细胞间隙。如在根、茎的皮层和髓，这类薄壁组织，主要起填充和联系其他组织的作用，并具有转化为次生分生组织的能力。

2. 同化薄壁组织　　同化薄壁组织又称绿色薄壁组织，细胞内含有叶绿体，能进行光合作用制造有机物质，主要存在于植物体表面易受光照的部分，如叶、绿色的萼片和果实以及幼茎等处。

3. 贮藏薄壁组织　　光合作用产物一部分作为植物体本身生命活动的能量来源及构成本身的物质来源，另一部分以贮存的方式积聚在特定的组织中，这种积聚营养物质的薄壁细胞群称贮藏薄壁组织。贮藏薄壁组织贮藏的物质可以溶解在细胞液中，或者呈固体或液体状态分散在细胞质内。多存在于植物的根、根状茎、果实和种子中。贮藏的物质种类很多，主要是淀粉、蛋白质、脂肪、糖类等，而且在同一团原生质体中可以贮存两种或两种以上的物质，例如落花生子叶的细胞中贮藏着蛋白质、脂肪和淀粉。有些贮藏物质不贮存在细胞腔内而沉积在细胞壁上，如半纤维素贮存在柿、椰枣、天门冬属等植物种子的胚乳细胞壁上。在肉质植物如仙人掌茎、芦荟以及龙舌兰等植物的叶片中，有着非常巨大的薄壁细胞，其细胞壁很薄，液泡很大，在这些细胞内含有大量的水分，又称为贮水薄壁组织。

4. 吸收薄壁组织　　位于根尖的后端，部分表皮细胞外壁向外突起，形成根毛，细胞壁薄，由纤维素构成，无角质层。吸收薄壁组织的主要生理功能是从外界吸收水分和营养物质，并将吸入的物质通过皮层运输到输导组织中。

5. 通气薄壁组织　　在水生植物和沼泽植物体内，薄壁组织中具有相当发达的细胞间隙，这些间隙在发育过程中相互联结，逐渐形成四通八达的管道或大的气腔，管道和气腔内贮存大量空气，不但有贮藏气体的作用，而且对植物体有漂浮和支持作用。例如水稻的根、灯心草的茎髓、菱和莲的叶柄、莲的根状茎等。

三、保护组织

保护组织(protective tissue)包被在植物各个器官表面，保护着植物的内部组织，控制并进行气体交换，防止水分的过度散失、病虫的侵害以及机械损伤等。根据来源和形态结构不同，保护组织又分为初生保护组织(表皮)和次生保护组织(周皮)两类。

(一) 表皮

表皮(epidermis)是由初生分生组织中的原表皮层分化而来，故称初生保护组织。通常由一层生活细胞组成，但也有些植物表皮可多达2～3层细胞的，称为复表皮(multiple epidermis)，如夹竹桃和印度橡胶树叶等。细胞常为扁平状的方形、长方形、长柱形、多角形或不规则形；排列紧密，没有细胞间隙；细胞内有细胞核、大型液泡及少量细胞质，其细胞质贴近细胞壁，一般不含叶绿体，常有白色体和有色体存在，并贮有淀粉粒、晶体、单宁和色素等。表皮细胞的细胞壁一般是厚薄不一的，外壁最厚，内壁常薄，侧壁一般也薄，间有增厚的；有的侧壁呈波齿或不规则形状，细胞间相互嵌合，衔接更为坚牢；外壁不仅增厚，同时角质化，常具明显的角质层。有些植物的表皮，更有蜡质渗入到角质层里或分泌在角质层之外，形成蜡被，如甘蔗和蓖麻的茎、樟树叶、葡萄的果实、乌桕的种子等都具有白粉状的蜡被(图2-2)。有的植物的表皮细胞壁矿质化，如木贼和禾本科植物的硅质化细胞壁，可使器官外表粗糙坚实。植物的表皮上常分布有不同类型的毛茸和气孔。

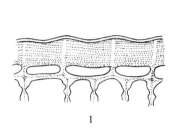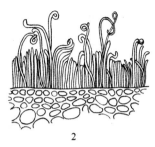

图 2-2　角质层与蜡被

1. 表皮及其角质层　2. 表皮上的杆状蜡被(甘蔗茎)

1. **毛茸**　是由表皮细胞特化而成的突起物,具有保护、分泌物质、减少水分蒸发等作用。毛茸可分为腺毛和非腺毛两类。

(1) 腺毛(glandular hair):腺毛是能分泌挥发油、树脂、黏液等物质的毛茸,结构上可分为腺头和腺柄两部分(图 2-3)。腺头通常呈圆球形,具分泌作用,由一个或几个分泌细胞组成。腺柄也有单细胞和多细胞之分,如薄荷、莨菪、洋地黄、曼陀罗等叶上的腺毛。另外,在薄荷等唇形科植物的叶上,还有一种短柄或无柄的特化腺毛,其头部通常由 6~8 个细胞组成,略呈扁球形,排列在一个平面上,特称为腺鳞。有的植物的腺毛存在于植物组织内部的细胞间隙中,称为间隙腺毛,如广

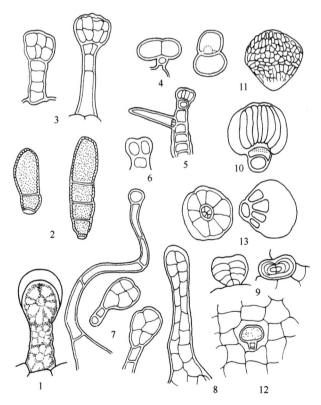

图 2-3　常见腺毛和腺鳞

1~12. 腺毛(1. 生活状态的腺毛　2. 谷精草　3. 金银花　4. 密蒙花　5. 白泡桐花　6. 洋地黄叶　7. 洋金花　8. 款冬花　9. 石胡荽叶　10. 凌霄花　11. 啤酒花　12. 广藿香间隙腺毛)　13. 薄荷叶腺鳞,左:顶面观,右:侧面观

藿香茎和绵毛贯众叶柄和根状茎中的腺毛。少数植物果实的腺毛自果实表皮向内着生,腺毛顶部紧贴中果皮,如补骨脂。另有少数植物如食虫性植物的腺毛能分泌特殊的消化液,能将捕捉到的昆虫消化掉。

(2) 非腺毛 (non-glandular hair):非腺毛单纯起保护作用,不能分泌物质,可以增加阳光的反射、降低叶表温度、减少水分的散失和抵御昆虫的侵袭等。非腺毛无头部和柄部之分,由单细胞或多细胞构成,其顶端通常狭尖。非腺毛形态多种多样(图 2 - 4)。

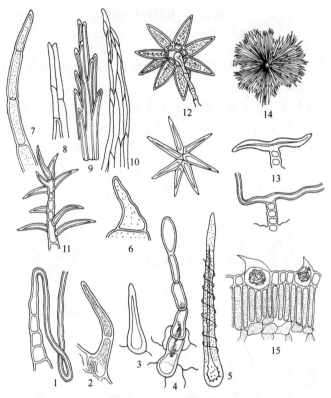

图 2 - 4 各种非腺毛

1~10. 线状毛(1. 刺儿菜叶   2. 薄荷叶   3. 益母草叶   4. 蒲公英叶
5. 金银花   6. 白曼陀罗花   7. 洋地黄叶   8. 旋覆花   9. 款冬花冠毛
10. 蓼蓝叶) 11. 分枝毛(裸花紫珠叶) 12. 星状毛(上:石韦叶,下:芙蓉叶)
13.丁字毛(艾叶) 14. 鳞毛(胡颓子叶) 15. 棘毛(大麻叶)

线状毛:毛茸呈线状,有单细胞形式的,如忍冬和番泻叶的毛茸;也有多细胞组成单列的,如洋地黄叶上的毛茸;还有由多细胞组成多列的,如旋覆花的毛茸;有时表面可见角质螺纹,如金银花;有的壁有疣状突起,如白曼陀罗花。

棘毛:细胞壁一般厚而坚牢,木质化,细胞内有结晶体沉积,如大麻叶的棘毛,其基部有钟乳体沉积。

分枝毛:毛茸呈分枝状,如毛蕊花、裸花紫珠叶的毛茸。

丁字毛:毛茸呈丁字形,如艾叶和除虫菊的毛茸。

星状毛:毛茸呈放射状,分枝似星,如芙蓉叶和蜀葵叶、石韦叶和密蒙花的毛茸。

鳞毛:毛茸的突出部分呈鳞片状或圆形平顶状,如胡颓子叶的毛茸。

不同植物具有不同形态的毛茸,可以作为药材鉴定的依据特征。但要注意,在同一植物的同一器官上也常有不同类型的毛茸存在,例如薄荷叶上既有非腺毛,又有不同形状的腺毛和腺鳞。毛茸的存在,加强了表皮的保护作用,它能不同程度地阻碍阳光的直射,减少水分的蒸发,所以干燥地区植物的表皮,常密被毛茸。此外,毛茸还有保护植物免受动物啃食和帮助种子散布的作用。

2. 气孔(stoma)　植物的体表不是全部被表皮细胞所密封的,在表皮上还具有许多气孔,是植物进行气体交换的通道。双子叶植物的气孔是由2个半月形的保卫细胞组成,2个保卫细胞凹入的一面是相对的,中间的细胞壁胞间层溶解成为孔隙,狭义的气孔就指这个孔隙,气孔和2个保卫细胞合称为气孔器。但通常把气孔当作气孔器的同义语使用。气孔多分布在叶片和幼嫩茎枝表面,它有控制气体交换和调节水分蒸散的作用(图2-5)。

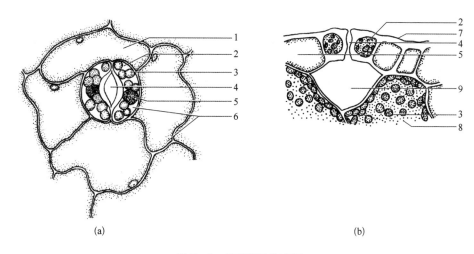

图 2-5　叶的表皮与气孔

(a)表面观　(b)切面观
1. 表皮细胞　2. 保卫细胞　3. 叶绿体　4. 气孔　5. 细胞核
6. 细胞质　7. 角质层　8. 栅栏组织细胞　9. 气室

(1)保卫细胞(guard cell):比其周围的表皮细胞小,是生活的,有明显的细胞核,并含有叶绿体。保卫细胞不仅在形状上与表皮细胞不同,而且细胞壁增厚的情况也很特殊。一般保卫细胞邻气孔一侧比较厚,和其他表皮细胞相邻的细胞壁比较薄。因此,当保卫细胞充水膨胀时,邻表皮细胞一侧弯曲成弓形,将气孔分离部分的细胞壁拉开,结果气孔张开,这时保卫细胞也变得更弯曲些。当保卫细胞失水时,膨压降低,紧张状态不再存在,这时2个保卫细胞向回收缩,于是气孔缩小以至关闭,保卫细胞也逐渐变直。气孔的张开和关闭有节律性,也受外界环境条件如光线、温度、湿度和二氧化碳浓度等的影响。

(2)副卫细胞:有些植物的保卫细胞周围还有2个或多个和普通表皮细胞形状不同的细胞,称为副卫细胞(subsidiary cell, accessory cell)。副卫细胞常有一定的排列次序,随植物的种类而异。保卫细胞和副卫细胞的排列关系,称为气孔轴式或气孔类型。

双子叶植物的气孔轴式常见的有(图2-6):

平轴式(平列型 paracytic type):气孔周围通常有2个副卫细胞,其长轴与保卫细胞和气孔的长轴平行,如茜草叶、菜豆叶、落花生叶、番泻叶和常山叶等。

直轴式(横列型 diacytic type):副卫细胞2个,两者共有的壁与保卫细胞和气孔的长轴垂直,

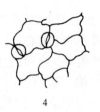 

图2-6　气孔的类型

1. 平轴式　2. 直轴式　3. 不等式　4. 不定式　5. 环式

常见于石竹科、爵床科(如穿心莲叶)和唇形科(如薄荷、紫苏)等植物的叶。

不等式(不等细胞型 anisocytic type)：气孔周围的副卫细胞3～4个,大小不一,其中一个明显地小,常见于十字花科(菘蓝叶)、茄科的烟草属和茄属植物的叶。

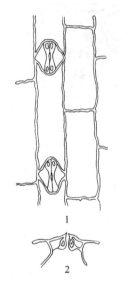

图2-7　玉蜀黍叶的
表皮与气孔

1. 表面观
2. 切面观

环式(辐射型 actinocytic type)：气孔周围副卫细胞数目不定,其形状比其他表皮细胞狭窄,围绕保卫细胞周围排列成环状,如茶叶、桉叶等。

不定式(无规则型 anomocytic type)：气孔周围副卫细胞数目不定,其大小基本相同,而形状与表皮细胞基本相似,如艾叶、桑叶、枇杷叶、洋地黄叶等。

气孔的数量和大小,常随器官的不同和所处环境条件的不同而异,如叶片的气孔多,茎的气孔少,而根几乎没有气孔。各种植物具有不同类型的气孔,而在同一植物的同一器官上也常有两种或两种以上类型的气孔,气孔的不同类型和分布,可以作为药材鉴定的依据。

单子叶植物气孔的类型也很多,如禾本科和莎草科植物,均有其特殊的气孔类型。它的2个狭长的保卫细胞的两端膨大成小球形,好像并排的一对哑铃,中间窄的部分的细胞壁特别厚,两端球形部分的细胞壁比较薄。当保卫细胞充水膨大时,两端膨胀,气孔开启;当水分减少时,气孔即缩小或关闭(图2-7)。

裸子植物的气孔一般都凹入很深,并且有时好像挂在拱盖于它们上面的副卫细胞下面。裸子植物气孔的类型也很多,在其分类上,需要考虑副卫细胞的排列与来源。

(二) 周皮

大多数草本植物的器官表面,终生具有表皮。木本植物,叶始终有表皮,而根和茎的表皮仅见于幼年时期,随着茎和根的加粗,表皮被破坏,随即形成的次生保护组织——周皮(periderm),代替表皮行使保护作用。周皮是一种复合组织,由木栓层(cork, phellem)、木栓形成层(cork cambium, phellogen)和栓内层(phelloderm)三种不同组织构成(图2-8)。

木栓形成层是典型的次生分生组织。茎中的木栓形成层多由皮层或韧皮部薄壁组织形成,少数可由表皮细胞发育而来。根中的木栓形成层一般由中柱鞘细胞产生。

木栓层由木栓形成层细胞向外切向分裂形成的多层木栓细胞组成,构成了周皮的主要部分。木栓细胞扁平,排列紧密整齐,无细胞间隙,细胞内原生质体解体成为死细胞,细胞壁木栓化,不透水、绝缘、隔热、耐腐蚀、质轻,是良好的保护组织。

木栓形成层细胞向内分裂产生栓内层。栓内层的细胞是生活的薄壁细胞,茎中的栓内层细胞

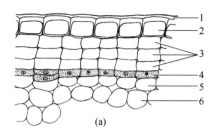
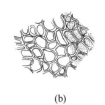

图 2 - 8　周皮与木栓细胞

（a）表皮与周皮　（b）木栓细胞顶面观
1. 角质层　2. 表皮　3. 木栓层　4. 木栓形成层　5. 栓内层　6. 皮层

常含叶绿体，所以又称绿皮层。

皮孔（lenticel）：周皮形成时，原来位于气孔内方的木栓形成层，向外产生许多椭圆形、圆形的薄壁细胞，排列疏松，有比较发达的胞间隙，称为填充细胞。由于填充细胞的积累，结果将表皮突破形成皮孔。皮孔是气体交换的通道，皮孔的形成使植物体内部的生活细胞仍然可以获得氧气。在木本植物的茎、枝上，常可见到纵向、横向或呈点状的突起就是皮孔（图 2 - 9）。皮孔的形状、颜色和分布的密度可作为皮类药材的鉴别特征。

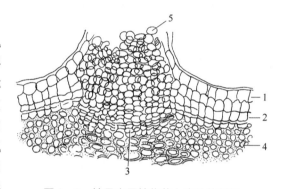

图 2 - 9　接骨木属植物茎上皮孔的剖面

1. 表皮　2. 木栓层　3. 木栓形成层　4. 栓内层
5. 填充细胞

四、机械组织

机械组织（mechanical tissue）在植物体内起着支持和巩固作用。细胞多为细长形，细胞壁全面或局部增厚，根据细胞的形态和细胞壁增厚的方式，机械组织可分为厚角组织和厚壁组织两类。

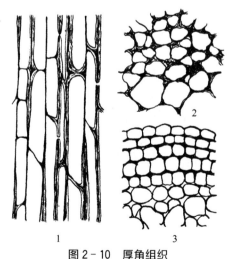

图 2 - 10　厚角组织

1、2. 马铃薯厚角组织纵剖面和横切面
3. 细辛属植物叶柄的厚角组织横切面，示板状厚角组织

（一）厚角组织

厚角组织（collenchyma）的细胞内含有原生质体，是生活细胞，具有一定的分裂潜能；常含叶绿体，可进行光合作用。厚角组织的细胞较长，两端呈方形、斜形或尖形，彼此重叠连接成束。在横切面细胞常呈多角形。其细胞特点是具有不均匀加厚的初生壁，一般在角隅处加厚，也有的在切向壁或靠胞间隙处加厚，细胞壁由纤维素和果胶质组成，不含木质素；细胞腔接近于圆形或椭圆形。厚角组织较柔韧，既有一定坚韧性，又有可塑性和延伸性，既可以支持植物直立，也适应于植物器官的迅速生长。

厚角组织常存在于草本茎和尚未进行次生生长的木质茎中，以及叶片主脉上下两侧、叶柄、花柄的外侧部分，多直接位于表皮下面，或离开表皮只有 1 层和几层细胞，成环或成束分布（图 2 - 10）。如薄荷、益母草、芹菜、南瓜等茎的棱角就是厚角组织集中分布的地方。

一般在根内很少产生厚角组织,但根如果暴露于空气中,则易于产生。

根据细胞壁加厚的情况,厚角组织可分为三种类型。

1. **真厚角组织** 又称为角隅厚角组织,为最常见的类型,其细胞壁在几个相邻细胞的角隅显著加厚,如薄荷属、曼陀罗属、南瓜属、桑属、榕属、酸模属、蓼属等植物。

2. **板状厚角组织** 又称为片状厚角组织,其细胞壁主要是在切向壁上加厚,如细辛属、大黄属、地榆属、泽兰属、接骨木属等植物。

3. **腔隙厚角组织** 是指在具细胞间隙的厚角组织中,细胞壁对着胞间隙的部分加厚,如夏枯草属、锦葵属、鼠尾草属和许多菊科植物等。

(二) 厚壁组织

厚壁组织(sclerenchyma)的细胞都具有全面增厚的次生壁,常有层纹和纹孔,大都木质化,细胞腔较小,成熟后一般没有生活的原生质体,成为死亡细胞。根据细胞形状不同,厚壁组织可分为纤维和石细胞。

1. **纤维(fiber)** 纤维一般是两端尖的细长形细胞,具明显增厚的次生壁,常木质化而坚硬。细胞腔很小甚至没有,细胞质和细胞核消失。细胞壁加厚的物质是纤维素和木质素,壁上有少数纹孔。纤维末端彼此嵌插,多成束分布于植物体中,形成植物体主要的支持结构。植物种类不同,所含纤维的类型也不同。纤维大多数发生于维管组织中,有些植物的基本组织如皮层中也可产生纤维。通常根据纤维所处位置不同,分为木纤维和木质部外纤维,木质部外纤维通常是为韧皮纤维(图2-11)。

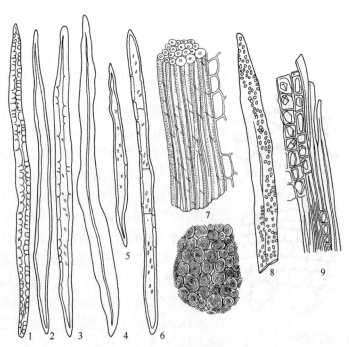

图2-11 纤维、纤维束及纤维类型

1~6. 纤维 (1. 五加皮 2. 苦木 3. 关木通 4. 肉桂 5. 丹参 6. 姜)
7. 纤维束(上:侧面,下:横切面) 8. 嵌晶纤维(南五味子) 9. 晶纤维(甘草)

（1）木纤维（xylem fiber）：分布在被子植物的木质部中，裸子植物的木质部中没有纤维。

木纤维为长纺锤形细胞，细胞壁均木质化，细胞腔小，壁上具有各种形状的退化具缘纹孔或裂隙状的单纹孔。木纤维细胞壁厚而坚硬，增加了植物体的机械巩固作用，但木纤维细胞的弹性、韧性较差，脆而易断。木纤维细胞壁增厚的程度随植物种类和生长时期不同而异，如栎树、栗树的木纤维细胞壁强烈增厚，而白杨、枫杨的木纤维细胞壁则较薄。就生长时期来说，春季形成的木纤维的细胞壁较薄，而秋季形成的则较厚。

在某些植物的次生木质部中，还有一种纤维，细胞细长，像韧皮纤维，通常壁厚具单纹孔，纹孔数目很少，这种纤维称为韧型纤维（libriform fiber），如沉香、檀香等木质部的纤维。

（2）木质部外纤维（etraxylary fiber）：指分布于木质部以外的纤维，最常见的是分布在韧皮部中的韧皮纤维（phloem fiber），还有分布在皮层及维管束鞘的皮层纤维和维管束鞘纤维等。在一些藤本双子叶植物茎的皮层中，常有环状排列的皮层纤维，由于靠近维管束，所以称环管纤维。一些单子叶植物特别是禾本科植物的茎中，常在表皮下不同位置有基本组织继续发育而产生的纤维，呈环状存在；在维管束周围还有原形成层分化的纤维形成的维管束鞘。木质部外纤维呈长纺锤形，两端尖，细胞壁厚，细胞腔呈缝隙状。在横切面上，细胞常呈圆形、多角形、长圆形等，细胞壁呈现出同心纹层。细胞壁增厚的物质主要是纤维素，因此韧性较大、拉力较强，如苎麻、亚麻等的木质部外纤维不木质化。但是也有少数植物的木质部外纤维在成长过程中逐渐木质化，如洋麻、黄麻、苘麻等。

此外，在药材鉴定中，常见的纤维还有以下部分。

分隔纤维（septate fiber）：纤维的细胞腔中有菲薄的横隔膜，如姜、葡萄属植物的木质部和韧皮部中有分布。

嵌晶纤维（intercalary crystal fiber）：纤维次生壁外层密嵌细小的草酸钙方晶和砂晶，如绯红南五味子（冷饭团）根和南五味子根皮中的纤维嵌有方晶，草麻黄茎的纤维嵌有细小的砂晶。

晶鞘纤维（晶纤维 crystal fiber）：是纤维束外侧包围许多含有晶体的薄壁细胞所组成的复合体的总称。这些薄壁细胞中，有的含有方晶，如甘草、黄柏、葛根等；有的含簇晶，如石竹、瞿麦等；有的含石膏结晶，如柽柳。

分枝纤维（branched fiber）：长梭形纤维顶端具有明显的分枝，如东北铁线莲根中的纤维。

2. 石细胞（sclereid，stone cell）　石细胞是植物体内特别硬化的厚壁细胞，一般由薄壁细胞的细胞壁强烈增厚分化而成，但也有由分生组织衍生细胞所产生的。由于细胞壁极度增厚，单纹孔也因此延伸成为沟状，并多数汇合成分枝的状态，这是因为细胞壁越厚，细胞壁的内表面就越缩小，必然引起纹孔道的汇合。

石细胞的种类很多，形状不一，通常呈等径、椭圆形、圆形、分枝状、星状、柱状、骨状、毛状等，细胞壁极度增厚，均木质化，细胞腔极小。成熟后原生质体通常消失，成为具坚硬细胞壁的死细胞，具有坚强的支持作用（图 2－12）。

石细胞常见于茎、叶、果实和种子中，成单个散在或数个成群包埋于薄壁组织中，有时也可连续成环分布，如肉桂；梨的果肉中普遍存在着石细胞，在劣质品种中更为发达。石细胞可多数集成连续而坚硬的组织，见于果皮和种皮中，如椰子、核桃、桃等坚硬的内果皮及菜豆、栀子的种皮。石细胞亦常见于茎的皮层中，如黄柏、黄藤；或存在于髓部，如三角叶黄连、白薇；或存在于维管束中，如厚朴、杜仲、肉桂。

此外，在茶树、木犀等植物的叶内，有些单个存在的大型细胞，其分枝呈"T"字形、"I"字形或星

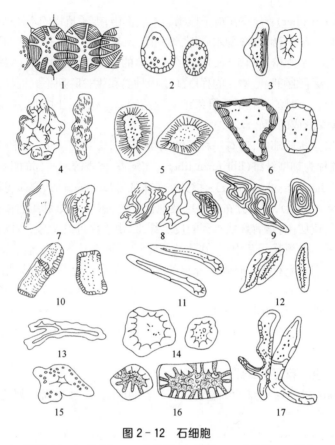

图 2 - 12　石细胞

1. 梨(果肉)　2. 苦杏仁　3. 土茯苓　4. 川楝　5. 五味子　6. 川乌
7. 梅(果实)　8. 厚朴　9. 黄柏　10. 麦冬　11. 山桃(种子)　12. 泰
国大风子　13. 茶(叶柄)　14. 侧柏(种子,含草酸钙方晶)　15. 南五
味子(根皮)　16. 栀子(种皮)　17. 虎杖(分隔石细胞)

形,但细胞壁增厚的程度不及一般的石细胞,还具有相当大的细胞腔,这样的石细胞能起支撑和巩固的作用,称支柱细胞,也称异型石细胞。有的石细胞,次生壁外层嵌有非常细小的草酸钙方晶,并稍突出于表面,称为嵌晶石细胞,如南五味子根皮的石细胞。还有的石细胞腔内产生薄的横隔膜,称为分隔石细胞,如虎杖根及根状茎中的石细胞。

五、输导组织

输导组织(conducting tissue)是植物体内运输水分和养料的组织。输导组织的细胞一般呈管状,上下相接,贯穿于整个植物体内。根据输导组织的构造和运输物质不同,可分为两类:一类是木质部中的管胞和导管,主要运输水分和溶解于其中的无机盐;另一类是韧皮部中的筛管、伴胞和筛胞,主要运输有机营养物质。

(一) 导管和管胞

导管和管胞是维管植物体内木质部中的管状输导细胞。

1. **导管(vessel)**　导管是被子植物主要的输水组织,少数原始被子植物和一些寄生植物则无导管,如金粟兰科草珊瑚属,而少数裸子植物(麻黄科植物)和少数蕨类植物(蕨属植物)则有导管存在。

一般认为导管是许多长管状或筒状的死细胞(导管分子)连成的管道结构。导管分子间的横壁成熟时溶解形成一个或数个大的孔特称为穿孔,具有穿孔的横壁称穿孔板,导管分子首尾相连,成为一个贯通的管状结构。

导管的长度由数厘米至数米不等,由于导管分子横壁的溶解,其运输水分的效率较高。相邻的导管则靠侧壁上的纹孔运输水分。导管分子之间的横壁,在有的植物中并未完全消失,在横壁上有许多大的孔隙(图2-13)。如椴树和多数双子叶植物的导管,其横壁上即留有几条平行排列的长形的壁,成为梯状穿孔板;麻黄属植物导管分子横壁上具有很多圆形的穿孔形成麻黄式穿孔板;紫葳科一些植物导管分子之间的壁形成一种网状结构,成为网状穿孔板;有些植物的导管分子横壁形成一个大穿孔,称单穿孔板。

导管在形成过程中,其木质化的次生壁不均匀增厚,形成多种纹理或纹孔。根据导管侧壁上的纹理不同,可分成下列几种类型(图2-14、图2-15、图2-16)。

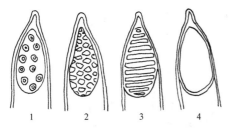

图2-13　导管分子穿孔板的类型

1. 麻黄式穿孔板　2. 网状穿孔板　3. 梯状穿孔板
4. 单穿孔板

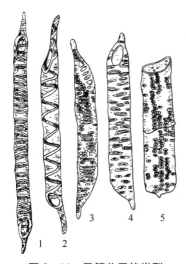

图2-14　导管分子的类型

1. 环纹导管　2. 螺纹导管　3. 梯纹导管
4. 网纹导管　5. 孔纹导管

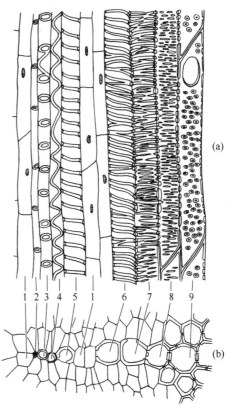

图2-15　半边莲属植物初生木质部(示导管)

(a) 纵切面　(b) 横切面
1. 木薄壁细胞　2、3. 环纹导管　4~6. 螺纹导管
7. 梯纹导管　8. 梯网纹导管　9. 孔纹导管

(1) 环纹导管(annular vessel):导管分子细长而腔小,其侧壁上木质化的增厚部分呈环状,增厚的环纹间仍为薄壁的初生壁,有利于随器官的生长而伸长,但易被拉断。多存在于器官的幼嫩部分,如玉蜀黍和凤仙花的幼茎中。

(2) 螺纹导管(spiral vessel):在导管壁上有1条或数条成螺旋带状增厚的木质化次生壁,螺旋

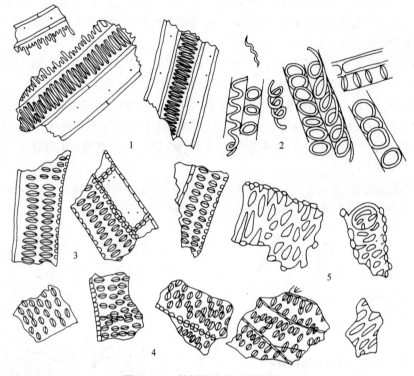

图 2－16　药材粉末中的导管碎片

1. 梯纹(常山)　2. 螺纹、环纹(半夏)　3、4. 孔纹(3. 白蔹　4. 甘草)　5. 网纹(大黄)

增厚也不妨碍导管的伸长生长。螺纹导管直径也较小，多存在于植物器官的幼嫩部分，与环纹导管一样，增厚部分容易同初生壁分离。"藕断丝连"，就是螺纹导管的次生壁与初生壁分离后被牵拉的表现。

(3) 梯纹导管(scalariform vessel)：在导管壁上增厚的次生壁与未增厚的初生壁间隔呈梯形。这种导管分化程度较深，木质化增厚部分占较大比例，不易再行伸长。多存在于器官的成熟部分，如葡萄茎、桔梗根中的导管。

(4) 网纹导管(reticulate vessel)：导管增厚的次生壁密集交织成网状，网孔为未增厚的部分。导管的直径较大，多存在于器官的成熟部分，如大黄根状茎、防风根中的导管。

(5) 孔纹导管(pitted vessel)：导管壁几乎全面增厚，未增厚部分为单纹孔或具缘纹孔。导管直径较大，多存在于器官的成熟部分，如甘草根、蓖麻茎中的导管。

在观察植物显微构造时，常可见同一导管具两种以上类型或出现过渡类型的细胞壁加厚，如同一导管可以同时有环纹与螺纹，或者螺纹与梯纹的加厚；有时梯纹与网纹之间的差别很小，即网纹的网眼呈横向伸长，称为梯网纹导管。

从导管形成的先后、壁增厚的程度和运输水分的效率来看，环纹导管和螺纹导管是原始的初生类型，在器官的形成过程中出现较早，是初生生长早期形成的，位于初生木质部的原生木质部，多存在于植物的幼嫩器官部分，能随器官的生长而伸长，由于导管的直径一般较小，输导能力较差。而网纹导管和孔纹导管是进化的次生类型，在器官中出现得较晚，是在器官的初生生长后期和次生生长过程中形成的，位于初生木质部的后生木质部和次生木质部中，多存在于植物器官的成熟部分,导管分子短粗而腔大,输导能力较强,由于侧壁增厚的面积很大,管壁比较坚硬,能抵抗周围组织的压力,以保持其输导作用。

随着植物的生长以及新的导管产生,一些较早形成的导管常相继失去功能,而且常由于与其相邻的薄壁细胞膨胀,通过导管壁上的纹孔,连同其内含物侵入到导管腔内而形成大小不等的囊状突出物,称侵填体(tylosis)。侵填体的产生对病菌侵害起一定防腐作用,其中有些物质是中药有效成分,但会使导管液流透性降低。

2. 管胞(tracheid)　管胞是绝大多数蕨类植物和裸子植物的输水组织,同时也兼有支持作用。被子植物的叶柄、叶脉中也有管胞,但是不起主要输导作用。管胞是一个呈长管状的细胞,两端斜尖,端壁上不形成穿孔,细胞口径小,横切面呈三角形、方形或多角形。相邻的管胞通过侧壁上的纹孔运输水分,所以其运输水分的效能较低,为一类较原始的输水组织。管胞与导管一样,由于次生壁加厚并木质化,最后使细胞内含物消失而成死细胞,也常形成类似导管的环纹、螺纹、梯纹和孔纹等次生壁增厚的纹理,所以导管、管胞在药材粉末鉴定中很难分辨,常采用解离的方法将细胞分开,观察管胞分子形态(图2-17)。

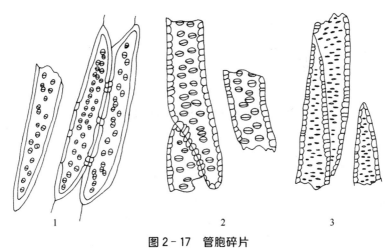

图2-17　管胞碎片
1. 关木通　2. 白芍　3. 麦冬

裸子植物的管胞一般长5 mm。在松科等植物茎中的管胞上,可见到一种典型的具有纹孔塞的具缘纹孔。

在沉香、芍药、天门冬等的次生木质部中,有一种介于管胞和韧型纤维之间的中间类型的梭形细胞,末端较尖,细胞壁上有具缘纹孔,其开口呈双凸镜状或缝状,厚度介于管胞与纤维之间,称纤维管胞(fiber tracheid)。

(二) 筛管和筛胞

1. 筛管(sieve tube)　是被子植物运输有机养料的管状构造(图2-18),存在于韧皮部中。筛管由多数生活细胞(筛管分子)纵向连接而成,其构造特点如下。

(1)组成筛管的细胞是生活细胞,但细胞成熟后细胞核溶解而消失,成为无核的生活细胞。

(2)组成筛管细胞的细胞壁是由纤维素构成的,不木质化,也不像导管那样增厚。

(3)相连筛管细胞的横壁上有许多小孔,称为筛孔(sieve pore),具有筛孔的横壁称为筛板(sieve plate)。有些植物的筛孔,也见于筛管的侧壁上,通过侧壁上的筛孔,使相邻的筛管彼此得以

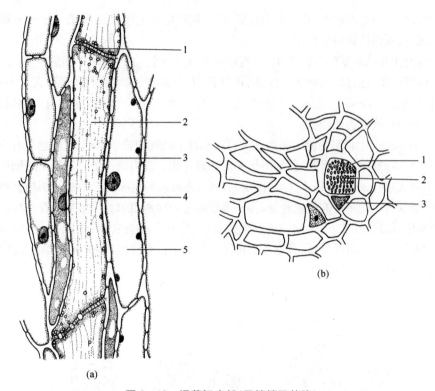

(a)

图 2 - 18 烟草韧皮部(示筛管及伴胞)
(a) 纵切面　(b) 横切面
1. 筛板　2. 筛管　3. 伴胞　4. 白色体　5. 韧皮薄壁细胞

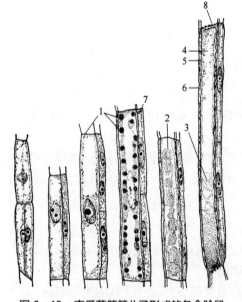

图 2 - 19 南瓜茎筛管分子形成的各个阶段
1. 黏液质　2. 融合的黏液体　3. 黏液
4. 液泡　5. 细胞质　6. 细胞壁　7. 细胞核
8. 筛板

联系。筛板(sieve plate)或筛管侧壁上筛孔集中的区域,称为筛域(sieve area)。在一个筛板上,由数个筛域组成,并成梯状或网状排列的,称复筛板(compound sieve plate)。筛管细胞的原生质形成丝状,通过筛孔而彼此相连,与胞间连丝的情况相似而较粗壮,称为联络索(connecting strand)。联络索在筛管分子间相互贯通,形成运输有机养分的通道(图 2 - 19)。

筛管分子一般只能生活 1 年,老的筛管会不断地被新产生的筛管取代,而且会在茎的增粗过程中被压挤成死亡的颓废组织(obliterated tissue)。

筛板形成后,筛孔的周围会逐渐积聚一些碳水化合物,称胼胝质(callose),胼胝质不断增多,并形成的垫状物称胼胝体(callus)。一旦形成胼胝体,筛孔会被堵塞,联络索中断,筛管也就失去运输功能。一般胼胝体于翌年春天还能被溶解,筛孔中又出现联络索,筛管恢复其输导能力,如葡萄茎中的筛管可作用几年。但一些较老的筛管形成胼胝体后,将永远失去输导功能。在多年生单子叶植物中,筛管可长期保持输导功能。

　　在被子植物筛管分子的旁边,常有一个或多个小型的薄壁细胞,和筛管相伴存在,称为伴胞(companion cell),两者关系密切,同生共死。伴胞细胞质浓稠,核较大,它和筛管细胞是由同一母细胞分裂而成,在筛管形成时,最后一次纵分裂,产生一个大型细胞发育成筛管细胞,一个小型细胞发育成伴胞。伴胞与筛管相邻的壁上,往往有许多纹孔,并通过胞间连丝相互联系。当筛管死亡后,其伴胞也死亡。伴胞含有多种酶类物质,生理上很活跃。据研究,筛管的运输功能与伴胞的代谢密切相关。

　　2. 筛胞(sieve cell)　　是蕨类植物和裸子植物运输有机养料的输导细胞。筛胞是单个的狭长细胞,不具伴胞,直径较小,端壁尖斜,没有筛板,只在侧壁上有筛域。筛胞彼此相重叠而存在,靠侧壁上筛域的筛孔运输,所以输导功能较差,是比较原始的输导有机养料的结构。

六、分泌组织

　　植物在新陈代谢过程中,有些细胞能分泌某些特殊物质,如挥发油、乳汁、黏液、树脂和蜜液等,这种细胞就称为分泌细胞,由分泌细胞所构成的组织称为分泌组织(secretory tissue)。分泌组织具有防止植物组织腐烂,帮助创伤愈合,免受动物啃食,排除或贮积体内废物等功能;有的还可以引诱昆虫,以利传粉等。有许多分泌物可作药用,如乳香、没药、松节油、樟脑、蜜汁、松香及各种芳香油等。植物的某些科属中常具有一定的分泌组织,在鉴别上也有一定的价值。

　　根据分泌物是积累在植物体内部还是排出体外,分泌组织分为外部分泌组织和内部分泌组织。

(一) 外部分泌组织

　　外部分泌组织存在于植物体的体表部分,其分泌物排出体外,如腺毛、蜜腺等。

　　1. 腺毛　　腺毛是具有分泌作用的表皮毛,常由表皮细胞分化而来,腺头的细胞覆盖着较厚的角质层,其分泌物积聚在细胞壁与角质层之间,分泌物能经角质层渗出,或因角质层破裂而排出。腺毛多见于植物的茎、叶、芽鳞、子房等部位,花萼、花冠上也可存在。

　　2. 蜜腺(nectary)　　蜜腺是能分泌蜜汁(含有糖分液体)的腺体,由1层表皮细胞及其下面数层细胞特化而成。腺体细胞的细胞壁比较薄,无角质层或角质层很薄,细胞质产生蜜汁,蜜汁通过角质层扩散或经腺体上表皮的气孔排出。蜜腺一般位于花萼、花瓣、子房或花柱的基部,如油菜、酸枣、槐等;还可存在于茎、叶、托叶、花柄等处,如蚕豆托叶的紫黑色部分,以及桃和樱桃叶片的基部均具蜜腺,大戟属花序中也有蜜腺。

(二) 内部分泌组织

　　内部分泌组织存在于植物体内,其分泌物也积存在植物体内。根据它们的形态结构和分泌物不同,可分为分泌细胞、分泌腔、分泌道和乳汁管(图 2 - 20)。

　　1. 分泌细胞(secretory cell)　　分泌细胞是分布在植物体内部的具有分泌能力的细胞,通常比周围细胞大,以单个细胞或细胞团(列)存在于各种组织中。分泌细胞多呈圆球形、椭圆形、囊状或分枝状,常将分泌物积聚在细胞中,当分泌物充满整个细胞时,细胞壁也往往木栓化,这时的分泌细胞失去分泌功能,它的作用就好像是分泌物的贮藏室。根据贮藏的分泌物不同,可分为油细胞,如姜、桂皮、菖蒲等;黏液细胞,如半夏、玉竹、山药、白及等;单宁(鞣质)细胞,如豆科、蔷薇科、冬青科植物等;芥子酶细胞,如十字花科、白花菜科植物等。

　　2. 分泌腔(secretory cavity)　　又称分泌囊或油室。其形成过程有两种方式:一种是原来有一

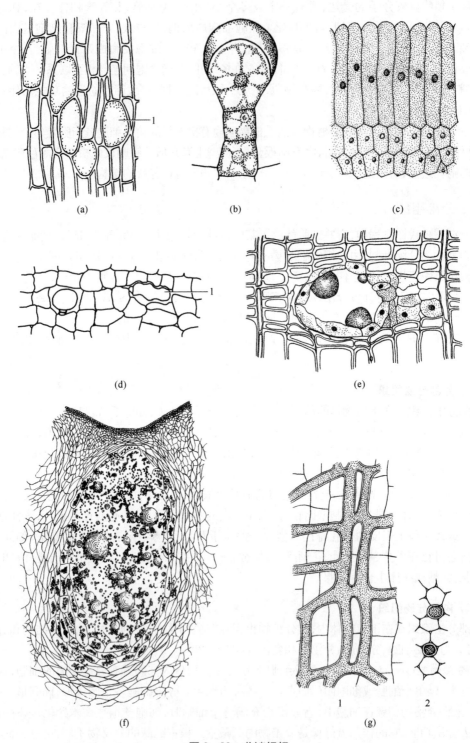

图 2-20　分泌组织

(a) 油细胞(图中 1 所指)　(b) 腺毛(天竺葵叶)　(c) 蜜腺(大戟属植物)　(d) 间隙腺毛
(图中 1 所指)(广藿香茎)　(e) 树脂道(松树木材的横切面)　(f) 分泌囊(橘果皮)　(g) 乳汁管
(蒲公英根；1. 纵切面，2. 横切面)

群分泌细胞,由于这些细胞中分泌物积累增多,使细胞本身破裂溶解,在体内形成一个含有分泌物的腔室,腔室周围的细胞常破碎不完整,这种分泌腔称溶生式(lysigenous)分泌腔,如橘的果皮和叶;另一种是由于分泌细胞彼此分离,胞间隙扩大而形成的腔室,分泌细胞完整地围绕着腔室,这种分泌腔称裂生式(schizogenous)分泌腔,如金丝桃的叶及当归的根等。

　　3. 分泌道(secretory canal)　分泌道是由分泌细胞彼此分离形成的一个与器官长轴平行的长形胞间隙腔道,其周围的分泌细胞称为上皮细胞(epithelial cell),上皮细胞产生的分泌物储存于腔道中,如松树茎中的分泌道储藏树脂,称为树脂道(resin canal);小茴香等伞形科植物果实的分泌道储藏挥发油,称为油管(vitta);美人蕉和椴树的分泌道储藏黏液,称为黏液道(slime canal)或黏液管(slime duct)。

　　4. 乳汁管(laticifer)　乳汁管是由单个或一系列分泌乳汁的管状细胞合并、横壁消失连接而成,常在植物体内形成系统,常具分枝,具有储藏和运输营养物质的功能。构成乳汁管的细胞是生活细胞,细胞质稀薄,通常有多数细胞核,液泡里含有大量乳汁。乳汁具黏滞性,常呈乳白色、黄色或橙色。乳汁的成分十分复杂,主要有糖类、蛋白质、橡胶、生物碱、苷类、单宁等物质。

　　根据乳汁管的发育过程可分为两种类型:一种称为无节乳汁管(nonarticulate laticifer),即每一乳汁管为一个细胞,这个细胞又称为乳汁细胞。乳汁细胞是随着植物体的生长不断伸长和产生分枝形成的,长度可以达到几米以上,如夹竹桃科、萝藦科、桑科以及大戟属植物的乳汁管。另一种称为有节乳汁管(articulate laticifer),它是由许多细胞连接而成的,连接处的细胞壁融解贯通,成为多核的巨大网状管道系统,如菊科蒲公英属及大戟科橡胶树属植物等。

第二节　维管束及其类型

一、维管束的组成

　　维管束(vascular bundle)是蕨类植物、裸子植物和被子植物的输导系统。维管束为束状结构,贯穿在植物体的各种器官内,具有长距离物质运输功能,同时对植物器官起着支持作用。维管束主要由韧皮部和木质部组成。筛管、伴胞或筛胞所在的部位称韧皮部,输导有机物质;导管或管胞所在的部位称木质部,输导水和无机盐。被子植物中,韧皮部除了筛管、伴胞外,还有韧皮薄壁细胞和韧皮纤维,质地较柔软;木质部除了导管、管胞外,还有木薄壁细胞和木纤维,质地较坚硬。裸子植物和蕨类植物的韧皮部主要由筛胞和韧皮薄壁细胞组成,木质部主要由管胞和木薄壁细胞组成。上述韧皮部和木质部的各种组织均称维管组织(vascular tissue)。

二、维管束的类型

　　双子叶植物和裸子植物等,在韧皮部与木质部之间有形成层存在,能继续不断增生长大,所以这种维管束称为无限维管束或开放性维管束(open bundle)。单子叶植物和蕨类的维管束中,没有形成层,不能增生长大,所以这种维管束称为有限维管束或闭锁性维管束(closed bundle)。

根据维管束中韧皮部和木质部排列方式不同,以及有无形成层,将维管束分为下列几种类型(图2-21、图2-22)。

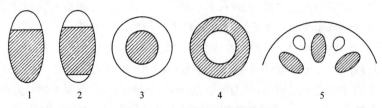

图2-21 维管束的类型模式图

1. 外韧维管束 2. 双韧维管束 3. 周韧维管束 4. 周木维管束 5. 辐射维管束

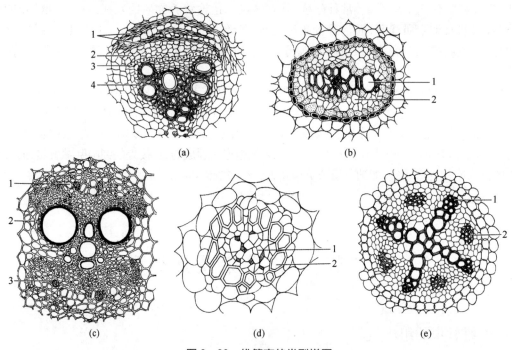

图2-22 维管束的类型详图

(a) 外韧维管束(马兜铃) 1. 压扁的韧皮部 2. 韧皮部 3. 形成层 4. 木质部
(b) 周韧维管束(真蕨的根状茎) 1. 木质部 2. 韧皮部
(c) 双韧维管束(南瓜茎) 1、3. 韧皮部 2. 木质部
(d) 周木维管束(菖蒲根状茎) 1. 韧皮部 2. 木质部
(e) 辐射维管束(毛茛根) 1. 木质部 2. 韧皮部

1. 有限外韧维管束(closed collateral vascular bundle) 韧皮部位于外侧,木质部位于内侧,中间没有形成层,如大多数单子叶植物茎的维管束。

2. 无限外韧维管束(open collateral vascular bundle) 与有限外韧维管束的主要不同点是韧皮部与木质部之间有形成层,可逐年增生长大,如裸子植物和双子叶植物茎中的维管束。

3. 双韧维管束(bicollateral vascular bundle) 木质部内外两侧都有韧皮部,如茄科、葫芦科、夹竹桃科、萝藦科、旋花科、桃金娘科等植物茎中的维管束。

4. 周韧维管束(amphicribral vascular bundle) 木质部位于中间,韧皮部围绕在木质部的四周,如百合科、禾本科、棕榈科、蓼科及蕨类某些植物。

5. 周木维管束(amphivasal vascular bundle)　韧皮部位于中间,木质部围绕在韧皮部的四周,如少数单子叶植物菖蒲、石菖蒲、铃兰等的根状茎中的维管束。

6. 辐射维管束(radial vascular bundle)　多个韧皮部束和木质部束相互间隔呈辐射状排列在一个圆周上形成一个柱状结构,如双子叶植物根初生构造和单子叶植物根中的维管束。

第三章 | 根

导学

根具有吸收、输导、固着、支持等作用,有时还兼具贮藏和繁殖作用。根系有直根系和须根系两种类型。根通常呈圆柱形,但有时可发生变态。大多数蕨类植物和单子叶植物的根只具有初生构造,双子叶植物和裸子植物的根可形成次生构造。有些根形成异常构造,可作为药材的鉴定特征。

本章学习目标:

掌握根和根系的形态特征、根的初生构造和次生构造特点。熟悉根的变态类型及单子叶、双子叶植物根组织构造的区别。了解根的次生生长过程及根异常构造的发生。

根通常是植物体生长在地下的营养器官,具有向地、向湿和背光的特性。根的主要功能是将植物体固着于土壤中,并从土壤中吸收水分和无机盐输导至植物体的各个部分,此外,根还有支持、贮藏及繁殖等功能,"根深叶茂"即说明根是植物体生长的基础。可作为药用的根有很多种,如黄芪、人参、党参、三七、百部、桔梗等。

第一节 | 根的形态和类型

一、根的形态

根的外形一般呈圆柱形,在土壤中生长愈向下愈细,并向四周分枝,形成复杂的根系。根由于生长在地下,细胞中不含叶绿体,也无节和节间之分,一般不生芽、叶和花。

二、根的类型

1. 主根、侧根和纤维根 植物最初生长出来的根,是由种子的胚根直接发育来的,称为主根(main root),主根一般与地面垂直向下生长。当主根生长到一定的长度,就从其侧面生出分枝,称为侧根(lateral root),在侧根上还能形成小分枝,分枝呈纤细状时即称为纤维根。

2. 定根和不定根 根据发生来源不同,根可分为定根(normal root)和不定根(adventitious

root)两类。主根、侧根和纤维根都是直接或间接由胚根发育而成的,它们有固定的生长部位,称为定根,如人参、桔梗等的根。有些植物根的发生没有一定的位置,不是来源于胚根,而是从茎、叶或其他部位生长出来的,这样的根称为不定根,如水稻、小麦、薏苡等单子叶植物的种子萌发后,其胚根发育成的主根不久即枯萎,而从茎的基部节上长出许多大小和长短相似的须根来,这些根也是不定根。农业上常用此特性进行扦插、压条等营养繁殖。

3. 直根系和须根系　一株植物地下部分所有根的总和称为根系。根据根的形态及生长特性,根系可分为直根系(tap root system)和须根系(fibrous root system)两种类型(图3-1)。

(1) 直根系:主根发达,垂直向下生长,主根与侧根的界限非常明显的根系称为直根系,如人参、甘草、桔梗、丹参的根系,很多双子叶植物和裸子植物常具有直根系。

(2) 须根系:主根不发达或早期死亡,而由茎的基部节上生出许多大小、长短相似的不定根组成的根系称为须根系,如水稻、玉米、麦冬等单子叶植物的根系。

三、根的变态

有些植物的根在长期的历史发展过程中,为了适应生活环境的变化,其形态构造产生了一些变化,并行使特殊功能,称变态根(图3-2、图3-3),这些变态性状形成后可代代遗传下去。常见的根的变态有以下几种。

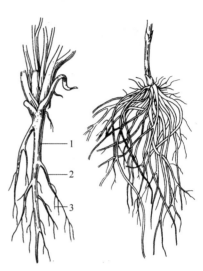

图3-1　直根系和须根系
1. 主根　2. 侧根　3. 纤维根

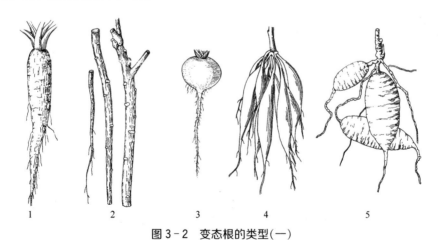

图3-2　变态根的类型(一)
1. 圆锥根　2. 圆柱根　3. 圆球根　4. 块根(纺锤状)　5. 块根(块状)

1. 贮藏根(storage root)　根的一部分或全部因贮藏营养物质而成肉质肥大状,这样的根称贮藏根。贮藏根依据其来源及形态不同又可分为肉质直根和块根。

(1) 肉质直根(fleshy tap root):主要由主根发育而成,故一株植物上仅有1个肉质直根,其上部具有胚轴和节间很短的茎,其肥大部位可以是韧皮部,如胡萝卜,也可以是木质部,如萝卜。肥大的肉质直根有的呈圆锥状,如胡萝卜、桔梗;有的呈圆柱状,如菘蓝、丹参;有的呈圆球状,如芜青等。

(2) 块根(root tuber):主要由侧根或不定根发育而成,因此,一株植物上可形成多个块根,如

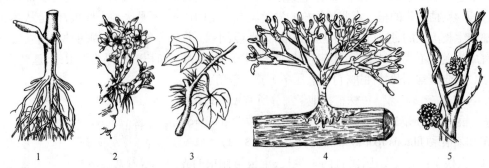

图 3-3 变态根的类型(二)

1. 支持根(玉米) 2. 气生根(石斛) 3. 攀缘根(常春藤) 4. 寄生根(槲寄生) 5. 寄生根(菟丝子)

何首乌、天门冬、百部等。块根在外形上往往不规则,而且在其膨大部分上端没有茎和胚轴。

2. **支持根(prop root)** 有些植物在靠近地面的茎节上产生一些不定根伸入土中,以增强支持茎干的作用,这样的根称支持根,如玉米、薏苡、甘蔗等在接近地面的茎节上所生出的不定根。

3. **攀缘根(climbing root)** 攀缘植物在其茎上生出不定根,以使植物能攀附于树干、石壁、墙垣或其他物体上,这种根称为攀缘根,如常春藤、络石、薜荔等。

4. **气生根(aerial root)** 由茎上产生的、不伸入土中而暴露在空气中的不定根称气生根。气生根具有在潮湿空气中吸收和贮藏水分的能力,多见于热带植物,如石斛、榕树、吊兰等。

5. **呼吸根(respiratory root)** 有些生长在湖沼或热带海滩地带的植物,如红树、水松等,由于植株的一部分被淤泥淹没,因而有部分根垂直向上生长,暴露于空气中进行呼吸,这种根称为呼吸根。

6. **水生根(water root)** 水生植物的根漂浮在水中呈须状,称水生根,如浮萍、睡莲、菱等。

7. **寄生根(parasitic root)** 一些寄生植物的不定根伸入寄主植物体内,吸取寄主体内的水分和营养物质,以维持自身的生活,这种根称为寄生根,如菟丝子、列当、桑寄生、槲寄生等。其中菟丝子、列当等植物体内不含叶绿体,不能自制养料而完全依靠吸收寄主体内的养分维持生活的,称全寄生植物或非绿色寄生植物;桑寄生、槲寄生等植物,因含叶绿体既能自制部分养料又依靠寄生根吸收寄主体内的养分的,称为半寄生植物或绿色寄生植物。

第二节 根 的 构 造

一、根尖的构造

根尖(root tip)是根的尖端幼嫩部分,即从根的最顶端到着生根毛的这一段,长为 4~6 mm,它是根中生命活动最旺盛的部分,根的伸长、对水分与养分的吸收,以及根初生组织的形成,均在此部分进行,因此根尖的损伤会直接影响到根的生长和发育。根据细胞生长和分化的程度不同,常将根尖划分为根冠、分生区、伸长区、成熟区四个部分(图 3-4)。

1. 根冠（root cap） 位于根的最顶端，像帽子一样包被在生长锥的外围，略呈圆锥状，由多层不规则排列的薄壁细胞组成，起着保护根尖的作用。当根不断向下延伸生长时，根冠与土壤发生摩擦，引起外围细胞的破碎、死亡和脱落，同时，根冠外层细胞被磨损后，形成黏液，有助于根向前延伸发展。由于根冠内层细胞不断地分裂而产生新的细胞，使其外层被磨损的细胞相继得到补充，因此根冠始终能保持一定的形态和厚度。绝大多数植物的根尖部分都有根冠，但寄生根和菌根无根冠存在。

2. 分生区（meristematic zone） 位于根冠的上方或内方，长约 1 mm，是根的顶端分生组织所在的部位，具很强的分生能力，呈圆锥状，故又称为生长锥。分生区最先端的一群细胞，来源于种子的胚，属于原分生组织，细胞形状为多面体，排列紧密，细胞壁薄，细胞质浓，液泡小，细胞核相对较大。这些分生组织细胞，可不断地进行细胞分裂增加细胞数目，分裂产生的细胞，经过生长和分化，逐步形成根的各种初生组织。

3. 伸长区（elongation zone） 位于分生区上方到出现根毛的地方，一般长 2～5 mm，此处细胞分裂已逐渐停止，体积扩大，细胞沿根的长轴方向显著延伸，因此称为伸长区。伸长区的细胞开始出现了分化，细胞的形状已有差异，相继发育出导管分子和筛管细胞。根的长度生长是由于分生区细胞的分裂和伸长区细胞的延伸共同活动的结果，特别是伸长区细胞的延伸，使根不断地伸入土壤中。

4. 成熟区（maturation zone） 位于伸长区的上方，成熟区内各种细胞已停止伸长，并多已分化成熟，形成了各种初生组织，故称为成熟区。其特点是表皮中一部分细胞的外壁向外突出形成根毛（root hair），所以又叫根毛区。根毛的生活期很短，老的根毛陆续死亡，从伸长区上部又陆续生出新的根毛。根毛虽细小，但数量极多，大大增加了根的吸收面积。水生植物一般无根毛。

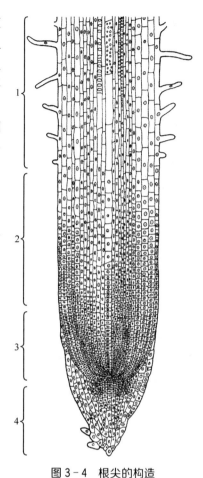

图 3-4 根尖的构造
1. 根毛区 2. 伸长区 3. 分生区 4. 根冠

根的生长发育起源于根尖的顶端分生组织。原分生组织经过细胞的分裂、生长，逐渐形成原表皮层、基本分生组织和原形成层等初生分生组织；初生分生组织再通过分裂、分化，分别形成根的表皮、皮层和维管组织等成熟组织。这种直接来自顶端分生组织中细胞的增生和分化，使根伸长的生长称为初生生长（primary growth），由初生生长过程所产生的各种成熟组织，称初生组织（primary tissue），由初生组织所组成的结构称初生构造（primary structure）。根尖成熟区就有典型的初生构造。

二、根的初生构造

通过根尖的成熟区作一横切面，可见根的初生构造由外至内分别为表皮、皮层和维管柱三部分。

1. 表皮（epidermis） 位于根的最外围，来源于原表皮层，一般为单层细胞。表皮细胞多为长方形，排列整齐、紧密，无细胞间隙，细胞壁薄，非角质化，富有通透性，不具气孔。一部分表皮细胞的外壁向外突出，延伸而形成根毛。根毛的形成与根的吸收功能密切相适应，所以根的表皮又称为吸收表皮。

2. 皮层(cortex)　位于表皮与维管柱之间，来源于基本分生组织，为多层薄壁细胞所组成，细胞排列疏松，常有明显的细胞间隙，在根的初生构造中占据最大的比例。皮层通常可分为外皮层、皮层薄壁组织和内皮层。

(1) 外皮层(exodermis)：为皮层最外方紧邻表皮的一层细胞，细胞排列整齐、紧密。当表皮被破坏后，此层细胞的细胞壁常增厚并栓质化，以代替表皮起保护作用。

(2) 皮层薄壁组织(cortex paranchyma)：为外皮层和内皮层之间的多层细胞，又称为中皮层。细胞壁薄，排列疏松，有细胞间隙，具有将根毛吸收的溶液转送到根的维管柱中，又可将维管柱内的有机养料转送出来的作用，通常细胞还贮藏有淀粉和其他物质。所以皮层为兼有吸收、运输和贮藏作用的基本组织。

(3) 内皮层(endodermis)：为皮层最内方排列整齐、紧密，无细胞间隙的一层细胞。内皮层细胞壁常发生两种类型的增厚，一种是内皮层细胞壁的局部木质化且木栓化增厚，增厚部分呈带状，环绕径向壁和上下壁而成一整圈，称为凯氏带(Casparian strip)。凯氏带的宽度不一，但常远比其所在的细胞壁狭窄，从横切面观，径向壁增厚的部分成点状，故又称凯氏点(Casparian dots)。凯氏带在根内是一种对水分和溶质的运输有着限制或导向作用的结构。另一种是单子叶植物根的内皮层细胞可进一步发育，其径向壁、上下壁以及内切向壁(内壁)均显著增厚，只有外切向壁(外壁)比较薄，因此横切面观时，内皮层细胞壁增厚部分呈马蹄形。也有的内皮层细胞壁全部加厚。在内皮层细胞壁增厚的过程中，有少数正对初生木质部的内皮层细胞的细胞壁不增厚，仍保持着初期发育阶段的结构，这些细胞称为通道细胞(passage cell)，有利于皮层与维管束间水分和养料内外流通(图3-5、图3-6)。

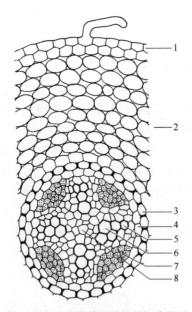

图3-5　双子叶植物幼根的初生构造

1. 表皮　2. 皮层薄壁组织　3. 内皮层
4. 中柱鞘　5. 原生木质部　6. 后生木
质部　7. 初生韧皮部　8. 尚未成熟的后
生木质部

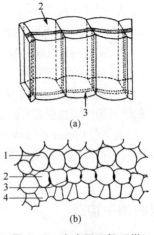

图3-6　内皮层及凯氏带

(a) 内皮层细胞立体观，示凯氏带
(b) 内皮层细胞横切面观，示凯氏点
1. 皮层细胞　2. 内皮层
3. 凯氏带(点)　4. 中柱鞘

3. 维管柱(vascular cylinder)　内皮层以内的所有组织构造统称为维管柱,在横切面上所占面积较小。维管柱结构比较复杂,通常包括中柱鞘、初生木质部和初生韧皮部三部分。

(1) 中柱鞘(pericycle):紧贴着内皮层,为维管柱最外方的组织,也称维管柱鞘。中柱鞘由原形成层的细胞发育而成,通常由1层薄壁细胞构成,少数由2层至多层细胞构成,如桃、桑以及裸子植物等;也有的中柱鞘由厚壁细胞组成,如竹类、菝葜等。中柱鞘细胞排列整齐而紧密,其分化程度较低,保持着潜在的分生能力,在一定时期可以产生侧根、不定根、不定芽,以及木栓形成层和部分形成层等。

(2) 初生木质部(primary xylem)和初生韧皮部(primary phloem):位于根的最内方,由原形成层直接分化而成,构成根初生构造中无机物及水的输导系统。初生木质部一般分为若干束,呈星角状,与初生韧皮部相间排列,称为辐射维管束,是根的初生构造的显著特征。

根的初生木质部分化的顺序是自外向内逐渐发育成熟的,称为外始式(exarch)。初生木质部的外方,即最先分化成熟的木质部,称原生木质部(protoxylem),其导管直径较小,多呈环纹或螺纹;后分化成熟的木质部,称后生木质部(metaxylem),其导管直径较大,多呈梯纹、网纹或孔纹。这种分化成熟的顺序,表现了形态构造和生理功能的统一性,因为靠近外侧的管状分子首先成熟,缩短了皮层和初生木质部间的运输距离,加速了根毛吸收物质的向上传递。

根的初生木质部束在横切面上排列的星角数目随植物种类而异,如十字花科、伞形科的一些植物和多数裸子植物的根中,只有两束初生木质部,称二原型(diarch);毛茛科的唐松草属等为三原型(triarch);葫芦科、杨柳科及毛茛科毛茛属的一些植物为四原型(tetrarch)。如果初生木质部束数多,则称为多原型(polyarch)。大多数双子叶植物初生木质部的束数较少,为二至六原型;单子叶植物根的束数较多,为多原型。通常根中初生木质部束的数目是相对稳定的,但也会发生变化,同种植物的不同品种或同株植物的不同根,也可能出现不同的束数。被子植物的初生木质部由导管、管胞、木纤维和木薄壁细胞组成,裸子植物的初生木质部多数只有管胞。

初生韧皮部发育成熟的方式也是外始式,即原生韧皮部(protophloem)在外方,后生韧皮部(metaphloem)在内方。在同一根内,初生韧皮部束的数目和初生木质部束的数目相同。被子植物的初生韧皮部一般有筛管和伴胞,也有韧皮薄壁细胞,偶有韧皮纤维;裸子植物的初生韧皮部只有筛胞。

在初生木质部和初生韧皮部之间有一至多层薄壁细胞,在双子叶植物根中,这些细胞以后可以进一步转化为形成层的一部分,由此产生根的次生构造。

一般双子叶植物的根中,初生木质部一直分化至根的中央,因此根中通常不具有髓部。多数单子叶植物及少数双子叶植物,初生木质部不分化至根的中央,所以根的中心部分形成由薄壁细胞(如乌头、龙胆、桑等)或厚壁细胞(如鸢尾等)构成的髓部(图3-7)。

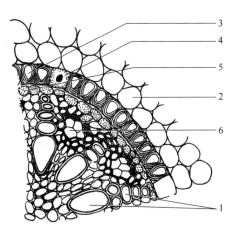

图3-7　鸢尾属植物幼根横切面的一部分
1. 木质部　2. 皮层薄壁组织　3. 内皮层
4. 通道细胞　5. 中柱鞘　6. 韧皮部

三、侧根的形成

在根的初生生长过程中,不断地产生侧根,连同原来的母根一起组成根系。多数种子植物的侧根起源于中柱鞘,即发生于根的深层部位中,被称为内起源(endogenous origin)。当侧根形成时,中柱鞘相应部位的细胞发生变化,细胞质变浓,液泡变小,重新恢复分裂能力。首先进行平周分裂,使细胞层数增加,并向外突起;然后进行平周分裂和垂周分裂,产生一团新的细胞,形成侧根原基。

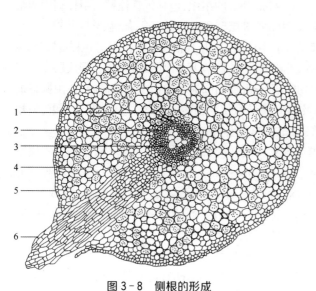

侧根原基细胞经分裂、生长,逐渐分化形成生长锥和根冠,生长锥细胞继续进行分裂、生长和分化,并逐渐伸入皮层。这时根尖细胞分泌含酶物质将皮层细胞和表皮细胞部分溶解,从而突破皮层和表皮,形成侧根。侧根的木质部和韧皮部与其母根的木质部和韧皮部直接相连,因而形成一个连续的维管组织系统(图3-8)。

侧根发生的位置,在同一种植物中常常是有着一定规律的。一般情况下,在二原型的根中,侧根发生于原生木质部与原生韧皮部之间;三原型和四原型的根中,在正对着原生木质部的位置形成侧根;多原型的根中,在正对着原生韧皮部或原生木质部的位置形成侧根。由于侧根的位置比较固定,所以在母根的表面,侧根常较规律地纵向排列成行。

图3-8 侧根的形成

1. 中柱鞘　2. 内皮层　3. 维管柱　4. 皮层薄壁组织　5. 表皮
6. 侧根(起源于中柱鞘)

四、根的次生构造

由于根中次生分生组织细胞的分裂、分化,不断产生新的组织,使根逐渐加粗。这种使根增粗的生长称为次生生长(secondary growth),由次生生长所产生的各种组织叫次生组织(secondary tissue),由这些组织所形成的结构叫次生构造(secondary structure)。

绝大多数蕨类植物、单子叶植物的根,由于无次生分生组织,不发生次生生长,所以一直保持着初生构造。而多数双子叶植物和裸子植物的根,可发生次生生长,形成次生构造。次生构造是由次生分生组织(形成层和木栓形成层)细胞的分裂、分化产生的。

(一)形成层的产生及其活动

根的形成层起源于初生木质部与初生韧皮部之间的一些薄壁细胞,这些细胞恢复分裂功能,平周分裂形成最初的条状形成层带,然后向两侧扩展至初生木质部束外方的中柱鞘部位,相接连的中柱鞘细胞也开始分化成为形成层的一部分,并与条状的形成层带彼此连接成为一个凹凸相间的维管形成层环(图3-9、图3-10)。

形成层细胞不断进行平周分裂,向内产生新的木质部,加于初生木质部的外方,称次生木质部(secondary xylem),包括导管、管胞、木薄壁细胞和木

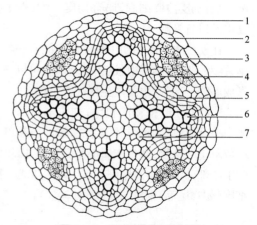

图3-9 形成层发生的过程

1. 内皮层　2. 中柱鞘　3. 初生韧皮部
4. 次生韧皮部　5. 形成层　6. 初生木质部
7. 次生木质部

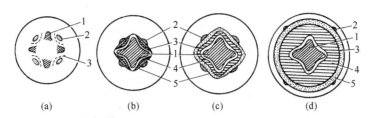

图 3 - 10 根的次生生长图解（横剖面示形成层的产生与活动）

（a）幼根。初生木质部在成熟中，虚线表示形成层起始的地方 （b）形成层已连接
成环，次生组织已少量产生，初生韧皮部已被挤压 （c）形成层活动稳定，
但仍为凹凸不齐的形状，初生韧皮部被挤压更甚 （d）形成层已成完整的圆环
1. 初生木质部 2. 初生韧皮部 3. 形成层 4. 次生木质部 5. 次生韧皮部

纤维；向外产生新的韧皮部，加于初生韧皮部的内方，称次生韧皮部（secondary phloem），包括筛管、伴胞、韧皮薄壁细胞和韧皮纤维。由于位于韧皮部内方的形成层分裂速度较快，次生木质部产生的量比较多，同时由于最初的条状部分形成较早，其内部新产生的木质部增多，致使形成层凹入的部分大量向外推移，形成层环逐渐变成圆环状。此时的维管束便由初生构造的辐射型转变为木质部在内方，韧皮部在外方的外韧型。次生木质部和次生韧皮部合称为次生维管组织，是次生构造的主要组分。在多年生的根中，形成层的活动能力可以持续多年。

形成层的原始细胞只有 1 层，但在生长季节，由于刚分裂出来的尚未分化的衍生细胞与原始细胞相似，而成多层细胞，合称为形成层区。通常讲的形成层就是指形成层区。横切面观，多为数层排列整齐的扁平细胞。

形成层形成次生维管组织时，在次生木质部和次生韧皮部内，会产生一些薄壁细胞，这些薄壁细胞沿径向延长，横切面观呈辐射状排列，称次生射线（secondary ray），其中位于木质部的叫木射线（xylem ray），位于韧皮部的叫韧皮射线（phloem ray），两者合称维管射线（vascular ray）。在有些植物的根中，由中柱鞘部分细胞转化的形成层细胞所产生的维管射线较宽。维管射线具有横向运输水分和营养物质的功能。

在次生生长过程中，新生的次生维管组织总是添加在初生韧皮部的内方，初生韧皮部遭受挤压而破坏，成为没有细胞形态的颓废组织。在次生韧皮部中，常有各种分泌组织分布，如马兜铃根（青木香）有油细胞，人参根有树脂道，当归根有油室，蒲公英根有乳汁管等。有的薄壁细胞（包括射线薄壁细胞）中常含有结晶体及贮藏多种营养物质，如糖类、生物碱等，多与药用成分有关（图 3 - 11）。

（二）木栓形成层的产生及其活动

由于形成层的分裂活动，随着次生维管组织的增多，根不断加粗，导致表皮和皮层因不能相应加粗而破裂。当皮层组织被破坏之前，中柱鞘细胞恢复分生能力，形成木栓形成层，木栓形成层向外产生木栓层，向内形成栓内层。木栓层由多层木栓细胞组成，细胞沿径向整齐紧密地排列。当木栓层形成时，根在外形上由白色逐渐转变为褐色，由较柔软、较细小而逐渐转变为较粗硬。栓内层为数层薄壁细胞，一般不含叶绿体，排列疏松，有的栓内层比较发达，成为"次生皮层"，在药材鉴定中，这部分结构仍称为皮层。木栓层、木栓形成层、栓内层三者合称周皮。周皮形成以后，其外方的各种组织（表皮和皮层）全部枯死。所以根的次生构造中通常没有表皮和皮层。

木栓形成层的活动可持续多年，但到一定时候，原木栓形成层便终止了活动。在其内方的部

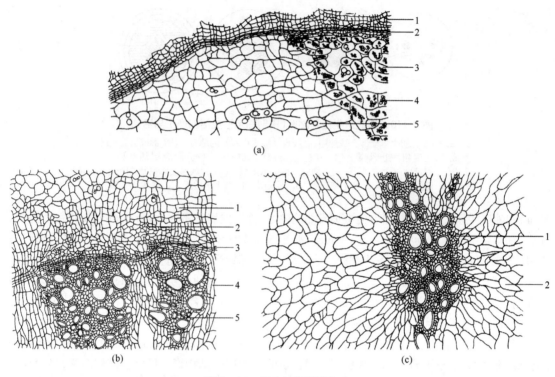

图 3-11 马兜铃根的横切面

(a) 1. 木栓层 2. 木栓形成层 3. 皮层 4. 淀粉粒 5. 分泌细胞
(b) 1. 韧皮部 2. 筛管群 3. 形成层 4. 射线 5. 木质部
(c) 1. 木质部 2. 射线

分薄壁细胞又能恢复分生能力而产生新的木栓形成层,进而形成新的周皮。植物学上的"根皮"是指周皮这一部分,而根皮类药材中的"皮"则是指形成层以外的部分,主要包括韧皮部和周皮,如香加皮、地骨皮、牡丹皮等。

不同类群的植物根的次生构造有明显的差异,草本双子叶植物的根通常由次生的皮层和韧皮部占据大部分体积,维管射线较宽大;木本双子叶植物和裸子植物根中的次生木质部占据大部分,维管射线通常比较狭窄。

单子叶植物的根没有形成层,不能加粗生长,没有木栓形成层,不能形成周皮,而由表皮或外皮层行使保护功能。也有一些单子叶植物,如百部、麦冬等,表皮细胞分裂成多层,细胞壁木栓化,形成一种称"根被"的保护组织。

五、根的异常构造

某些双子叶植物根的次生生长维持时间较短,而后相继在其他部位形成一些额外的维管组织,即为根的异常构造(anomalous structure),也称三生构造(tertiary structure)。常见的有以下类型(图3-12)。

1. **同心环状排列的异常维管组织** 有些双子叶植物根的初生生长和早期次生生长都是正常的,但次生韧皮部束外缘的韧皮薄壁细胞首先进行多次不定向的细胞分裂,形成许多排列不整齐的薄壁细胞。然后,其中的一些细胞发生一、二次平周分裂。结果,在两个大的次生韧皮束外侧各

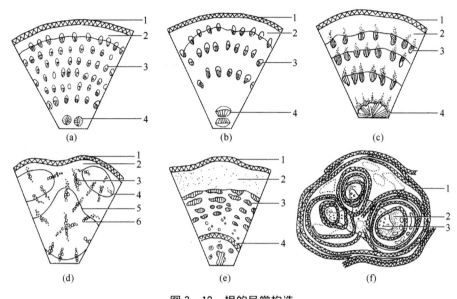

图 3-12　根的异常构造

(a) 川牛膝　(b) 牛膝　(c) 商陆　1. 木栓层　2. 皮层　3. 异型维管束　4. 正常维管束
(d) 何首乌　1. 木栓层　2. 皮层　3. 单独维管束　4. 复合维管束　5. 形成层　6. 木质部
(e) 黄芩　1. 木栓层　2. 皮层　3. 木质部　4. 木栓细胞环
(f) 甘松　1. 木栓层　2. 韧皮部　3. 木质部

形成一个短的弧状异常形成层片段,每一个异常形成层片段沿着次生韧皮部束的外缘侧向延伸,靠近宽大的韧皮射线,其末端部分向内扩展,靠近正常的维管形成层。最后,韧皮射线也发生平周分裂,与弧状异常形成层片段连成环状。而后,其内方再依次形成若干轮异常形成层环,产生横切面上呈多轮同心环状排列的异常维管组织,如商陆、牛膝等。

2. 附加维管柱　有些双子叶植物的根,在维管柱外围的薄壁组织中能产生新的附加维管柱(auxillary stele),形成异常构造。如何首乌块根在正常次生结构的发育过程中,一些初生韧皮纤维束周围的薄壁组织细胞恢复分裂功能,细胞内贮藏的淀粉粒逐渐减少以致消失,细胞发生以纤维束为中心的切向分裂,形成一圈异常形成层,向内产生木质部,向外产生韧皮部,形成异常维管束。异型维管束有单独的和复合的,其构造与中央维管柱相似。在根的横切面上呈现一些大小不等的云彩样花纹,如何首乌块根横断面的"云锦花纹"。

3. 木间木栓　有些双子叶植物的根,由次生木质部的薄壁组织细胞分化形成木栓带,称为木间木栓(interxylary cork)或内函周皮(included periderm)。如黄芩老根中央的木质部中可见木栓环;甘松根中形成多个单独的木间木栓环把维管柱分隔成2~5个束,这些束逐渐由于束间组织死亡裂开而互相脱离,使根形成数个分支。

豆科植物的根上常有一种瘤状的结构,称为根瘤,是高等植物与土壤微生物共生的一种现象。由于土壤中一种被称为根瘤菌的细菌自根毛侵入根部皮层的薄壁细胞中,并迅速分裂繁殖,皮层细胞受到刺激后也迅速分裂,增加大量新细胞,这样使得根的表面出现很多畸形小突起,这些小突起即为根瘤。根瘤内可见有大量杆状或一端略呈叉状分支的根瘤菌(rhizobia)。根瘤菌一方面自植物根中取得碳水化合物,同时亦进行固氮作用。因而根瘤菌对植物不但无害反而有益。此外,木麻黄科、胡颓子科、杨梅科、禾本科等的 100 多种植物中也存在根瘤。

第四章　茎

导学

茎的主要特征是具节和节间,节上着生叶、芽和花。茎可分为多种类型并可形成各种变态。双子叶植物茎中无限外韧型维管束环列,木质茎可形成发达的次生构造,草质茎及根状茎的次生构造不发达。单子叶植物茎中有限外韧型维管束散生于基本组织中,无次生构造形成。有些植物茎的异常构造可作为药材鉴别的重要特征。

本章学习目标:

掌握茎的形态特征和类型,各种类型茎的结构特征及异同点。熟悉茎与根的区别及其地下茎的变态,根状茎的结构特点。了解茎的异常构造及裸子植物茎的组织构造。

茎是植物连接根和叶的营养器官,通常生长在地面以上,但有些植物的茎生长在地下。种子植物的茎由胚芽发育而来,经反复分枝,形成了植物体整个地上部分的枝干。

茎的主要功能是输导和支持。根部吸收的水分及无机盐以及叶制造的有机物质,通过茎输送到植物体各部位,以供给各个器官生长的需要。植物的叶、花、果实都是依靠茎的支持,保持一定的生长状态。有些植物的茎有贮藏水分和营养物质的作用,如仙人掌、甘蔗的茎;有些植物茎上能产生不定根和不定芽,可作为栽培上的繁殖材料。

茎是中药材重要的来源之一,如麻黄、钩藤、首乌藤来源于地上茎,杜仲、黄柏等来源于茎皮,黄连、天麻、半夏等来源于地下茎。

第一节　茎的形态和类型

一、茎的外形

大多数植物的茎呈圆柱形,但也有其他形状。如唇形科植物薄荷、紫苏的茎呈方形;莎草科植物茎三棱形、香附的茎呈三角形。茎常为实心,但南瓜、芹菜等植物的茎是空心的。禾本科植物水稻、小麦、竹等的茎中空,且有明显的节,特称为秆。

茎上着生叶和腋芽的部位称节(node),节与节之间称节间(internode)。具节和节间是茎在外形上区别于根的主要形态特征。叶柄和茎之间的夹角称叶腋,茎枝的顶端和叶腋处均生有芽,分别称作顶芽和腋芽。

木本植物的茎枝上分布有叶痕(leaf scar)、托叶痕(stipule scar)、芽鳞痕(bud scale scar)和皮孔(lenticel)等。叶痕是叶柄脱落后留下的痕迹;托叶痕是托叶脱落后留下的痕迹;芽鳞痕是包被芽的鳞片脱落后留下的痕迹;皮孔是茎枝表面隆起呈裂隙状的小孔,常为浅褐色。这些痕迹特征,常可作为鉴别植物的依据。

一般植物茎的节部不膨大或稍膨大,但有些茎节部明显膨大,如牛膝、石竹等;也有些节部显著细缩,如藕。不同种类植物节间的长短也不一致,长的可达几十厘米,如竹、南瓜等;短的还不到1 mm,导致其叶在茎节簇拥生出而呈莲座状,如蒲公英、紫花地丁等。

着生叶和芽的茎称为枝条(shoot),有些植物具有两种枝条,一种节间较长,称长枝(long shoot);另一种节间很短,称短枝(spur shoot)。一般短枝着生在长枝上,能生花结果,所以又称果枝,如山楂、梨和银杏等。

二、芽

芽(bud)是枝、叶、花和花序尚未发育的原始体。植物的芽有多种类型(图4-1)。

图4-1 芽的类型
(a) 定芽(1. 顶芽 2. 腋芽) (b) 不定芽 (c) 鳞芽 (d) 裸芽

1. 定芽和不定芽 在茎上有固定生长位置的芽,称定芽(normal bud),如生于茎枝顶端的顶芽(terminal bud),生于叶腋处的腋芽(axillary bud)或侧芽,有的植物在顶芽或腋芽旁生有1~2个较小的芽称副芽(accessory bud),顶芽或腋芽受伤后可代替它们而发育,如桃、葡萄等。有些芽无固定的生长位置,如生在茎的节间、根、叶及其他部位上的芽,称不定芽(adventitious bud)。

2. 叶芽(枝芽)、花芽和混合芽 能发育成叶与枝的芽,称叶芽(leaf bud)或枝芽;能发育成花或花序的芽,称花芽(flower bud);能同时发育成枝叶和花或花序的芽,称混合芽(mixed bud)。

3. 鳞芽和裸芽 有些芽的外面有鳞片包被,称鳞芽(scaly bud),多见于木本植物,如杨、柳、樟等;外面无鳞片包被的芽,称裸芽(naked bud),多见于草本植物,如茄、薄荷等。

4. 活动芽和休眠芽 当年形成,当年萌发或第二年春天萌发的芽,称活动芽(active bud);长期保持休眠状态而不萌发的芽,称休眠芽或潜伏芽(dormant bud)。休眠芽在一定条件下可以萌发,当茎枝折断或树木砍伐后,由休眠芽萌发长出新的枝条。

三、茎的类型

植物的茎依据不同特征,有多种分类方法(图4-2)。

图 4-2 茎的类型
1. 乔木　2. 灌木　3. 草本　4. 攀缘藤本　5. 缠绕藤本　6. 匍匐茎

（一）按茎的质地分

1. 木质茎（woody stem）　茎的木质部发达，质地坚硬，称木质茎，具木质茎的植物称木本植物。其中植株高大，主干明显，基部少分枝或不分枝的称乔木（tree），如厚朴、杜仲；植株矮小，主干不明显，基部发出数个丛生枝干的称灌木（shrub），如小檗、酸枣；仅在基部发生木质化的称亚灌木或半灌木（subshrub），如草麻黄、牡丹。

2. 草质茎（herbaceous stem）　茎的木质部不发达，质地柔软，称草质茎，具草质茎的植物称草本植物。其中在 1 年内完成生命周期而全株死亡的称一年生草本植物（annual herb），如红花、马齿苋；当年萌发，次年开花结果后全株死亡的称二年生草本植物（biennial herb），如菘蓝、萝卜；生命周期超过 2 年的称多年生草本植物（perennial herb），其地上部分每年枯死而地下部分仍保持存活的植物称宿根草本（perennail root herb），如人参、黄连；地上部分保持常绿的植物称常绿草本（evergreen herb），如麦冬、万年青。

3. 肉质茎（succulent stem）　茎的质地柔软多汁，肉质肥厚称肉质茎，具肉质茎的植物称肉质植物，如仙人掌、垂盆草。

（二）按茎的生长习性分

1. 直立茎（erect stem）　茎垂直向上生长，不依附它物称直立茎，如银杏、杜仲、红花。

2. 藤状茎　茎细长不能直立生长，需依附它物向上生长的茎称藤状茎。其中依靠缠绕它物作螺旋式上升的称缠绕茎（twining stem），如五味子、何首乌、牵牛、马兜铃；依靠某种攀缘结构借它物上升的称攀缘茎(climbing stem),有的依靠卷须攀缘如栝楼、葡萄的茎,有的依靠吸盘攀缘如五叶地锦,有的依靠钩或刺攀缘如钩藤、葎草,有的依靠不定根攀缘如络石、薜荔等。有些植物的茎细长沿地面蔓延生长,其中节上生有不定根的称匍匐茎(stolon),如连钱草、积雪草;节上不产生不定根的称平卧茎,如萹蓄、马齿苋。

具有藤状茎的植物统称为藤本植物(vine),依据其质地可分为草质藤本和木质藤本。

四、茎的变态

为适应不同的生活环境和执行不同的功能,有些植物的茎可发生形态结构上的变态,其中地上茎的变态(图4-3)与保护、攀缘、同化等功能相适应,地下茎的变态(图4-4)与贮藏养分有关。

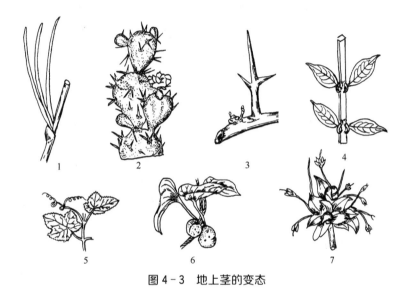

图4-3　地上茎的变态

1. 叶状枝(天门冬)　2. 叶状茎(仙人掌)　3. 刺状茎(皂荚)　4. 钩状茎(钩藤)
5. 茎卷须(葡萄)　6. 小块茎(山药的零余子)　7. 小鳞茎(洋葱花序)

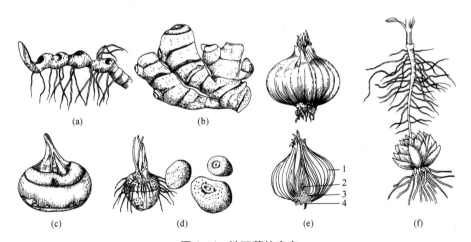

图4-4　地下茎的变态

(a) 根状茎(黄精)　(b) 根状茎(姜)　(c) 球茎(荸荠)　(d) 块茎(半夏:左为新鲜品,右为除外皮的药材)
(e) 鳞茎(洋葱鳞茎外形及纵切:1. 鳞叶　2. 顶芽　3. 鳞茎盘　4. 不定根)　(f) 鳞茎(百合)

（一）地上茎的变态

有些植物的茎变为绿色扁平状或针叶状，称叶状茎(leafy stem)或叶状枝(leafy shoot)，如仙人掌、竹节蓼、天门冬的茎。有的茎变为刺状，称刺状茎(shoot thorn)，也可称枝刺或棘刺，如山楂、酸橙等粗短、坚硬不分枝的枝刺，皂荚、枸橘分枝的枝刺。枝刺生于叶腋，可与叶刺相区别。有的茎变为钩状，粗短、坚硬不分枝，位于叶腋，由茎的侧轴变态而成，称钩状茎(hook-like stem)，如钩藤。有的茎变为卷须状，称茎卷须(stem dendril)，常见于攀缘植物，如栝楼、丝瓜、葡萄。

有些植物的腋芽和不定芽可变态形成小块茎(tubercle)和小鳞茎(bulblet)。如山药的零余子和半夏叶柄上的珠芽，均为小块茎；卷丹的腋芽、洋葱和大蒜的花芽变成小鳞茎。小块茎和小鳞茎均有繁殖作用。

（二）地下茎的变态

1. 根状茎或根茎(rhizome)　茎横卧地下，节和节间明显，节上有退化的鳞片叶，具顶芽和腋芽。根状茎的形态随不同植物而异，如人参、三七的根状茎短而直立；姜、川芎的根状茎呈团块状；白茅、玉竹的根状茎细长。有的根状茎上具明显的茎痕(地上茎脱落后留下的瘢痕)，如黄精、玉竹等。

2. 块茎(tuber)　茎肉质肥大呈不规则块状，节间缩短，节上具芽及退化的鳞片叶(有时早落)，如天麻、半夏、马铃薯等。

3. 球茎(corm)　茎肉质肥大呈球形或扁球形，具明显的节和缩短的节间，多直生，节上有较大的膜质鳞片，顶芽发达，腋芽常生于其上半部，基部生不定根，如慈姑、荸荠、番红花等。

4. 鳞茎(bulb)　地下茎球形或扁球形，茎极度缩短为鳞茎盘，被肉质肥厚的鳞叶包围，顶端有顶芽，叶腋有腋芽，基部生不定根。洋葱鳞叶阔，内层被外层完全覆盖，称有被鳞茎；百合、贝母鳞叶狭，呈覆瓦状排列，外层无包被覆盖，称无被鳞茎。

第二节　茎 的 构 造

一、茎尖的构造

茎尖的构造与根尖基本相似(图4-5)，可分为分生区(生长锥)、伸长区和成熟区。两者的区别在于茎尖前端无根冠构造，其顶端分生组织包裹于幼叶中。在茎尖分生区周围形成叶原基或腋芽原基的小突起，可分别发育成叶和腋芽，腋芽可发育成侧枝。茎尖成熟区的表面无根毛形成，但常具气孔和毛茸。

茎尖由分生区分裂出来的细胞逐渐分化为原表皮层、基本分生组织和原形成层，通过这些分生组织细胞的分裂分化，形成茎的初生构造。

二、双子叶植物茎的初生构造

茎的初生构造由茎的顶端分生组织产生。

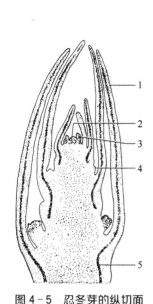

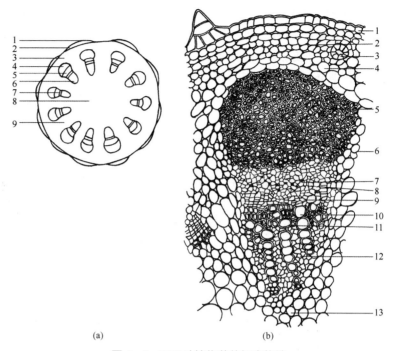

(a) (b)

图 4-5 忍冬芽的纵切面

1. 幼叶 2. 生长点 3. 叶原基
4. 腋芽原基 5. 原形成层

图 4-6 双子叶植物茎的初生构造

(a) 双子叶植茎的初生构造简图(向日葵) 1. 表皮 2. 皮层厚角组织 3. 皮层
4. 初生韧皮纤维 5. 韧皮部 6. 木质部 7. 束中形成层 8. 髓 9. 髓射线
(b) 茎横切面详图 1. 表皮 2. 厚角组织 3. 分泌道 4. 皮层 5. 初生韧皮纤维
6. 髓射线 7. 初生韧皮部 8. 筛管 9. 束中形成层 10. 导管 11. 木纤维
12. 木薄壁细胞 13. 髓

通过茎尖的成熟区做一横切面,可见茎的初生构造(图 4-6),由外而内包括表皮、皮层和维管柱三部分。

(一) 表皮

茎的表皮通常为一层扁平、排列整齐而紧密的生活细胞。细胞的外壁稍厚,角质化并形成角质层。表皮上一般具有少量气孔,有的还具有各式毛茸或蜡被。表皮细胞不含叶绿体,有的含有花青素,使茎呈现紫红色,如甘蔗、蓖麻茎的表皮。

(二) 皮层

由多层生活细胞构成,但不如根初生构造的皮层发达。其细胞大、壁薄,排列疏松,具细胞间隙。靠近表皮的细胞常具叶绿体,故嫩茎表面呈绿色。近表皮部位常有厚角组织,有的厚角组织排成环形,如接骨木、椴树;有的聚集成束,分布在茎的棱角处,如薄荷、南瓜。有些皮层内侧有成环包围初生维管束的纤维,称周维纤维或环管纤维,如马兜铃;有的皮层含石细胞,如黄柏;或含有分泌组织,如向日葵。

大多数植物茎的皮层中无内皮层,有些植物茎的皮层最内一层细胞中含有较多淀粉粒,称淀粉鞘(starch sheath),如马兜铃。

(三) 维管柱

位于皮层内侧,所占比例较大,包括初生维管束、髓部和髓射线。

1. 初生维管束(primary vascular bundle)　双子叶植物茎的初生维管束相互分离,环状排列。维管束包括初生韧皮部、初生木质部和束中形成层(fascicular cambium)。

(1) 初生韧皮部:由筛管、伴胞、韧皮薄壁细胞和韧皮纤维组成,分化成熟方向是外始式。原生韧皮部薄壁细胞发育成的纤维常成群地位于韧皮部外侧,称初生韧皮纤维束,如向日葵。

(2) 初生木质部:由导管、管胞、木薄壁细胞和木纤维组成,其分化成熟方向由内向外,称内始式(endarch)。

(3) 束中形成层(fascicular cambium):位于初生韧皮部和初生木质部之间,由原形成层遗留下来的1~2层具有分生能力的细胞组成。

多数双子叶植物茎的维管束为无限外韧型,有些植物茎具有双韧型维管束。

2. 髓(pith)　由基本分生组织产生的薄壁细胞组成,位于茎的中心部位。从比例上看,草本植物茎的髓部较大,木本植物茎的髓部一般较小。很多植物茎的髓部在发育过程中逐渐破坏甚至消失形成中空的茎,如芹菜、南瓜。椴树等木本植物的髓周围部分常为一些紧密排列的、壁稍厚的小细胞,称环髓区(perimedullary region)或髓鞘。

3. 髓射线(medullary ray)　髓射线是位于初生维管束之间的薄壁组织,常由数列细胞组成,又称初生射线(primary ray),外连皮层,内接髓部。在横切面上呈放射状,具横向运输和贮藏作用。一般草本植物髓射线较宽,木本植物的髓射线较窄。髓射线细胞分化程度较浅,具潜在分生能力,在一定条件下,可以分裂产生形成层的一部分以及不定芽、不定根等。

三、双子叶植物茎的次生生长及其构造

双子叶植物茎的次生生长,是通过维管形成层和木栓形成层细胞的分裂活动,形成次生构造的过程,其活动结果使茎不断加粗。

(一) 双子叶植物茎的次生生长

1. 维管形成层及其活动　当次生生长发生时,髓射线中邻接束中形成层的薄壁细胞恢复分生能力,转变为束间形成层,并与束中形成层连接成为完整的形成层环,即维管形成层。形成层细胞多呈纺锤形,称纺锤原始细胞;少数细胞近等径,称射线原始细胞。

维管形成层成环后,纺锤原始细胞通过切向分裂,向内产生次生木质部,增添于初生木质部外方,向外产生次生韧皮部,增添于初生韧皮部内侧,构成次生维管组织。通常产生的次生木质部数量远多于次生韧皮部。同时,射线原始细胞也进行分裂,产生次生射线细胞,贯穿于次生木质部和次生韧皮部,形成横向的联系组织,称维管射线。

在形成次生维管组织的同时,形成层的细胞也进行径向或横向分裂,向四周扩展,以适应内侧木质部的增大,其位置也逐渐向外推移。

2. 木栓形成层及其活动　次生维管组织的增加使茎不断增粗,最终破坏表皮。此时,多数植物表皮内侧皮层细胞恢复分裂能力形成木栓形成层,产生周皮,代替表皮行使保护作用。木栓形成层的活动时间较短,可依次在其内侧产生新的木栓形成层,其位置逐渐内移,甚至深达次生韧皮部。

(二) 双子叶植物茎的次生构造

1. 双子叶植物木质茎的次生构造特点　木质茎常为多年生,具有发达的次生构造(图4-7)。由于形成层向内产生的次生木质部数量远多于次生韧皮部,所以在木质茎的次生构造中,次生木质部占有较大比例。

(1) 次生木质部：是木质茎次生构造的主要部分，由导管、管胞、木薄壁细胞和木纤维组成，是木材的主要来源。导管主要是梯纹、网纹和孔纹导管，孔纹导管最普遍。

次生木质部细胞的形态受气候的影响较为明显。在一个生长季中，春季气候温暖，雨量充沛，形成层的分裂活动较强，产生的次生木质部细胞径大壁薄，质地较疏松，色泽较淡，称早材（early wood）或春材（spring wood）；秋季气温下降，雨量减少，形成层分裂活动减弱，产生的细胞径小壁厚，质地紧密、色泽较深，称晚材（late wood）或秋材（autumn wood）。同一生长季中春材向秋材逐渐转变，没有明显的界限，但秋材与下一生长季的春材之间界限分明，形成清晰的同心环层，称年轮（annual ring）或生长轮（growth ring）。但有的植物受气候或病虫害的影响，1年可以形成3轮，这些年轮称假年轮。

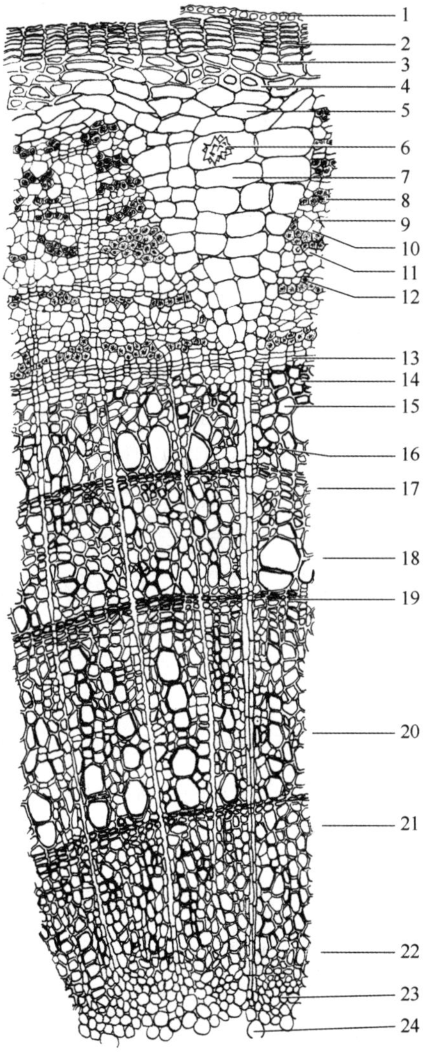

此外，在木质茎横切面上，可见到靠近形成层部分的木质部颜色较浅，质地较松软，称边材（sap wood），边材具输导作用；中心部分较早产生的次生木质部颜色较深，质地坚硬，称心材（heart wood）。心材中有些与导管相邻的薄壁细胞通过导管上的纹孔侵入导管内，形成侵填体，其中常沉积挥发油、单宁、树脂、色素等，侵填体的形成使导管堵塞，失去运输能力。所以心材比较坚硬，不易腐烂，有的还具有特殊的色泽。心材常含有某些化学成分，如茎木类药材中的沉香、降香等均以心材入药。

在木类药材的鉴定中，常采用三种切面（横切面、径向切面、切向切面）对其特征进行观察比较（图4-8）。由于三种切面中年轮和维管射线的形状特征明显，故以此作

图4-7 双子叶植物茎（椴）四年生构造

1. 枯萎的表皮　2. 木栓层　3. 木栓形成层
4. 厚角组织　5. 皮层薄壁组织　6. 草酸钙
结晶　7. 髓射线　8. 韧皮纤维　9. 伴胞
10. 筛管　11. 淀粉细胞　12. 结晶细胞
13. 形成层　14. 薄壁组织　15. 导管
16. 早材（第四年木材）　17. 晚材（第三年木
材）　18. 早材（第三年木材）　19. 晚材
（第二年木材）　20. 早材（第二年木材）
21、22. 次生木质部（第一年木材）　23. 初
生木质部（第一年木材）　24. 髓

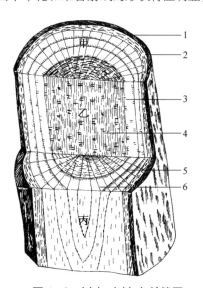

图4-8 树皮、木材、年轮简图

甲：横切面　乙：径向切面　丙：切向切面
1. 树皮　2. 韧皮部　3. 边材　4. 心材　5. 年轮　6. 射线

为判断切面类型的主要依据。

横切面(transverse section)：是与纵轴垂直的切面。年轮为同心环状；射线为纵切面，呈辐射状排列，可分辨射线的长度和宽度。其他细胞为大小不等的类圆形或多角形。

径向切面(radial section)：通过茎的中心沿直径的纵切面。年轮为稍偏斜的纵向平行线；射线横向分布并与年轮垂直，可分辨射线的长度和高度。其他细胞多为长筒状或棱状。

切向切面(tangential section)：不通过茎的中心而垂直于茎的半径的纵切面。年轮呈完整或不完整的"U"字形；射线为横断面，细胞呈纺锤状，作不连续的纵行排列，可分辨射线的宽度和高度。

(2) 次生韧皮部：次生韧皮部主要由筛管、伴胞、韧皮纤维和韧皮薄壁细胞组成，有的还有石细胞，如肉桂、厚朴；有的具乳汁管，如夹竹桃。由于形成层向外分裂的次数远不如向内分裂的次数多，因此次生韧皮部的细胞数量要比次生木质部少，次生韧皮部形成时，初生韧皮部被挤压到外方，形成颓废组织。韧皮射线形状多弯曲不规则，其长短宽窄因植物种类而异。次生韧皮部的薄壁细胞中常含有糖类、油脂等多种营养物质和生理活性物质。

(3) 周皮：由于木栓形成层的不断产生与活动，木质茎常具有发达的周皮。由于新周皮的形成，老周皮与新周皮之间的组织被隔离后逐渐枯死，老周皮以及被隔离的死亡组织的综合体，常以各种方式剥落，称落皮层(rhytidome)。落皮层的脱落方式随植物种类而异，有的呈鳞片状脱落，如白鳞松；有的呈环状脱落，如白桦；有的呈大片脱落，如悬铃木；有的裂成纵沟，如柳、榆。但也有的周皮不脱落，如黄柏、杜仲。

"树皮"有两种概念。狭义的树皮即指落皮层；广义的树皮指形成层以外的所有组织，包括落皮层、周皮、皮层和次生韧皮部等，皮类药材如厚朴、杜仲、黄柏等均取材的是广义的树皮。有时将落皮层也称外树皮。

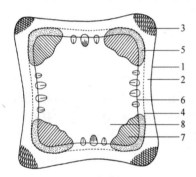

图 4-9　薄荷茎横切面简图

1. 表皮　2. 皮层　3. 厚角组织
4. 内皮层　5. 韧皮部　6. 形成层
7. 木质部　8. 髓

2. 双子叶植物草质茎的次生构造特点　多数双子叶植物草质茎具有典型的次生生长，但由于其生长期短，次生生长有限，所以次生构造不发达，质地较柔软。其主要结构特征如下(图 4-9)。

(1) 表皮长期存在，其上常有各式毛茸、气孔、角质层、蜡被等附属物。少数植物表皮下方有木栓形成层活动，产生少量木栓层和栓内层细胞，但表皮仍存在。

(2) 皮层发达，近表皮处常有厚角组织，厚角组织集中的部位还会形成纵棱，有的植物皮层中有分泌组织。

(3) 次生维管组织通常形成连续的维管柱，韧皮部狭长，外有少量纤维环绕；形成层不明显；木质部在茎生长发育到后期会连成一片。有些只有束中形成层，没有束间形成层；有些束中形成层和束间形成层均不明显。

(4) 髓部常发达，有些植物茎的髓部破裂成空洞状。

3. 双子叶植物根状茎的构造特点　双子叶植物根状茎与双子叶草质茎构造类似，其构造特点如下(图 4-10)。

(1) 表面常具木栓组织(多由表皮及皮层外侧细胞木栓化形成)，少数具表皮或鳞叶。

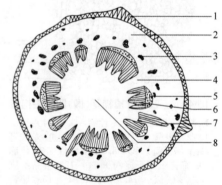

图 4-10　黄连根状茎横切面简图

1. 木栓层　2. 皮层　3. 石细胞群
4. 射线　5. 韧皮部　6. 木质部
7. 根迹维管束　8. 髓

（2）由于根状茎的节上生有鳞片叶和不定根，所以皮层中常见根迹维管束（茎中维管束与不定根维管束相连的维管束）和叶迹维管束（茎中维管与叶柄维管束相连的维管束）斜向通过，薄壁细胞含贮藏物质，有些有纤维或石细胞。

（3）维管束外韧型，呈环状排列；髓射线宽窄不一；中央有明显的髓部。

（4）由于根状茎生长于地下，常为养分贮藏的部位，所以机械组织不发达，而贮藏薄壁组织发达。

（三）双子叶植物茎和根状茎的异常构造

有些双子叶植物的茎和根状茎除了正常的初生和次生构造外，还形成异常构造（图4-11、图4-12）。

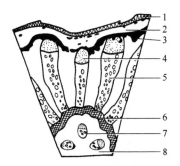

图4-11　茎的异常构造简图
（海风藤）

1. 木栓层　2. 皮层　3. 周维管纤维
4. 韧皮部　5. 木质部　6. 纤维束环
7. 异型维管束　8. 髓

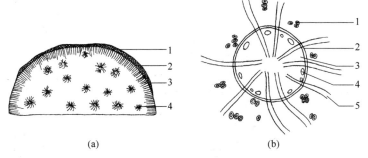

图4-12　大黄根状茎横切面简图

（a）大黄　1. 韧皮部　2. 形成层　3. 木质部　4. 星点
（b）星点简图（放大）　1. 导管　2. 形成层　3. 韧皮部　4. 黏液腔　5. 射线

1. 髓维管束　有些双子叶植物茎或根状茎的髓部形成多数异型维管束。如胡椒科海风藤茎的横切面上除正常的维管束外，在髓中有6~13个有限外韧型维管束。大黄根状茎的横切面上除正常的维管束外，髓部有许多星点状的异型维管束，其形成层呈环状，外侧为木质部，内侧为韧皮部，射线呈星芒状排列，称星点。

2. 同心环状排列的异常维管组织　有些双子叶植物茎的正常次生生长进行到一定阶段，次生维管柱的外围又形成多轮呈半同心环状排列的异常维管组织。如密花豆老茎（鸡血藤）的横切面上，可见韧皮部具2~8个红棕色至暗棕色环带，与木质部相间排列。其最内一圈为圆环，其余为同心半圆环（图4-13）。

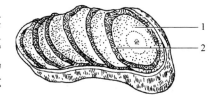

图4-13　密花豆茎横切面
1. 木质部　2. 韧皮部

四、单子叶植物茎和根状茎的构造特征

（一）单子叶植物茎的构造特征

大多数单子叶植物茎中没有次生分生组织，无次生生长，终生只具初生构造（图4-14）。其主要特征为：表皮由1层细胞构成，通常具明显的角质层。多数单个有限外韧型维管束散布在表皮以内的基本薄壁组织中，无皮层、髓及髓射线之分。禾本科植物茎的表皮下方，常有数层厚壁细胞分布，茎的中央部位常萎缩破坏，形成中空的茎秆。

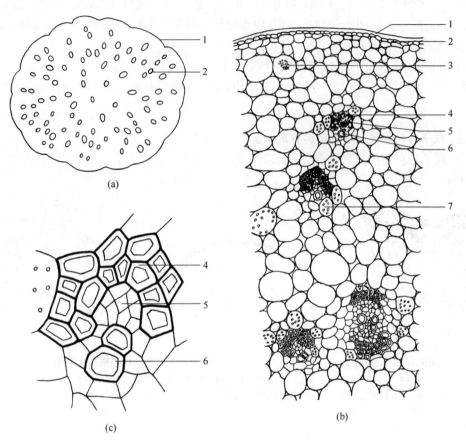

图 4 - 14   石斛茎横切面简图及详图

(a) 简图   1. 表皮   2. 维管束
(b) 详图   1. 角质层   2. 表皮   3. 针晶束   4. 纤维束   5. 韧皮部   6. 木质部   7. 薄壁细胞
(c) 有限外韧型维管束放大   4. 纤维束   5. 韧皮部   6. 木质部

（二）单子叶植物根状茎的构造特征

表面为表皮或木栓化皮层细胞，射干等少数植物有周皮。皮层常占较大体积，分布有叶迹维管束。维管束散在，多为有限外韧型，少数为周木型，如香附，或兼有有限外韧型和周木型两种，如石菖蒲(图 4 - 15)。内皮层有时明显，具凯氏带，如姜、石菖蒲。知母、射干的内皮层则不明显(图 4 - 16)。

有的在皮层靠近表皮部位的细胞形成木栓组织，如生姜；有的皮层细胞转变为木栓细胞，而形成所谓"后生皮层"，以代替表皮行使保护功能，如藜芦。

五、裸子植物茎的构造特征

裸子植物茎与双子叶植物木质茎的次生构造基本相似，次生木质部主要由管胞、木薄壁细胞及射线所组成，无纤维，有的无木薄壁细胞，如松。除麻黄和买麻藤以外裸子植物均无导管，管胞兼有输送水分和支持作用。次生韧皮部由筛胞、韧皮薄壁细胞组成，无筛管、伴胞和韧皮纤维。松柏类植物茎的皮层、韧皮部、木质部、髓及髓射线中常分布有树脂道。

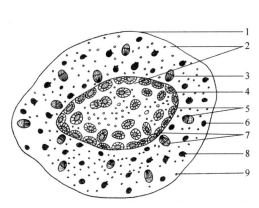

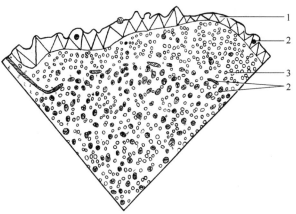

图 4 - 15　石菖蒲根状茎横切简图

1. 表皮　2. 薄壁组织　3. 叶迹维管束　4. 内皮层
5. 木质部　6. 纤维束　7. 韧皮部　8. 草酸钙结晶
9. 油细胞

图 4 - 16　知母根状茎横切面简图

1. 栓化皮层　2. 维管束　3. 黏液细胞

第五章 | 叶

导学

完全叶由叶片、叶柄和托叶三部分组成,其形态多样、大小各异,常作为植物识别的重要依据。叶有单叶和复叶两类。叶序有多种类型。叶片的构造主要由表皮、叶肉和叶脉三部分组成。

本章学习目标:

掌握叶的组成及完全叶概念,脉序类型,复叶类型及其与单叶的区别,双子叶植物叶片的构造。熟悉叶的分裂及叶的变态类型。了解单子叶植物叶片的构造。

叶(leaf)由叶原基发育而来,着生在茎的节部,一般为绿色扁平体,含有大量叶绿体,具有向光性。叶是植物进行光合作用、气体交换和蒸腾作用的重要器官。有的叶具有贮藏作用,如贝母、百合、洋葱的肉质鳞叶等。少数植物的叶具繁殖作用,如秋海棠、落地生根的叶等。一部分中药材来源于植物的叶,如大青叶、枇杷叶、桑叶、银杏叶、番泻叶及艾叶等。

第一节 | 叶的形态和类型

一、叶的组成

虽然叶的形态变化多样、大小相差很大,但其基本组成是一致的,通常由叶片(blade)、叶柄(petiole)和托叶(stipules)三部分组成(图5-1)。这三部分俱全的叶称完全叶(complete leaf),如天竺葵、月季等。缺少托叶和叶柄中一个或两个部分的叶,称不完全叶(incomplete leaf),如玄参、桔梗缺少托叶,荠菜缺少叶柄,石竹、龙胆同时缺少托叶和叶柄。

1. 叶片 叶片是叶的主要部分,一般为薄的绿色扁平体,有上表面(腹面)和下表面(背面)之分。叶片的整体形态称叶形,顶端称叶端或叶尖(leaf apex),基部称叶基(leaf base),周边称叶缘(leaf margin),叶片内分布有许多叶脉(veins)。

2. 叶柄 叶柄是连接叶片和茎枝的部分,一般呈类圆柱形,上表面(腹面)多有沟槽,其长短和形状随植物种类和生长环境而异(图5-2)。棕榈的叶柄可长达1 m以上;苦荬菜等不具叶柄,叶片基部包围于茎节部,称抱茎叶(amplexicaul leaf)。叶柄的形态有时产生变异,如水浮莲、菱等水生

图 5-1　叶的组成部分
1. 叶片　2. 叶柄　3. 托叶　4. 托叶鞘

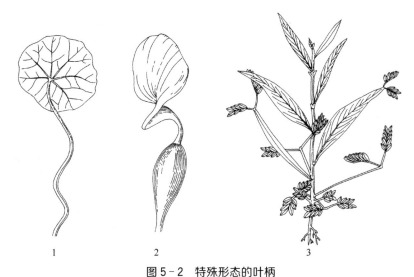

图 5-2　特殊形态的叶柄
1. 旱金莲　2. 水浮莲　3. 台湾相思树

植物的叶柄局部有膨胀的气囊(air sac),以支持叶片浮于水面。含羞草的叶柄基部形成膨大的关节,称叶枕(leaf cushion,pulvinus),能调节叶片的位置和休眠运动。旱金莲的叶柄细长柔弱,能围绕各种物体螺旋状攀缘。我国台湾相思树的叶柄变态成叶片状,称叶状柄(phyllode),具有叶片的功能。

　　叶柄基部或叶柄全部扩大成鞘状,部分或全部包裹着茎杆,称叶鞘(leaf sheath),具有保护居间生长和腋芽的作用,如伞形科植物当归、白芷等(图5-3)。禾本科植物的叶鞘由相当于叶柄的部位扩大形成,在叶鞘与叶片相接处还具有膜状突起物称叶舌(ligulate),叶舌两旁有一对从叶片基部边缘延伸出来的突起物称叶耳(auricle),叶耳、叶舌的有无、大小及形状常可作为鉴别禾本科植物种的依据之一。

　　3. 托叶　托叶是叶柄基部两侧的附属物(图5-4)。托叶的有无、形态是鉴定药用植物的依据之一,其形状多种多样,有的小而呈线状,如梨、桑;有的大而呈叶状,如豌豆、贴梗海棠;有的与叶柄愈合成翅状,如月季、金樱子;有的变成卷须,如菝葜;有的变成刺状,如刺槐;有的形状和大小与叶片几乎一样,只是其腋内无腋芽,如茜草;有的联合成鞘状,包围于茎节的基部,称托叶鞘(ocrea),为何首乌、虎杖等蓼科植物的主要特征。

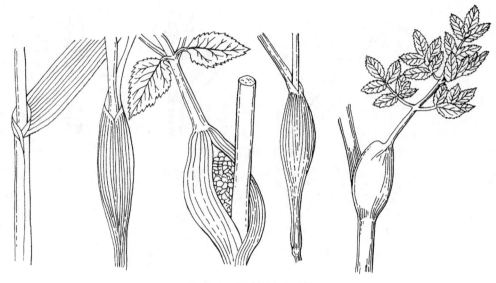

图 5-3 各种形态的叶鞘

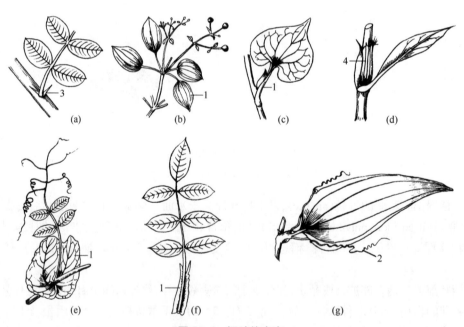

图 5-4 托叶的变态

(a) 刺槐 (b) 茜草 (c) 鱼腥草 (d) 辣蓼 (e) 豌豆 (f) 蔷薇 (g) 菝葜

1. 叶片状托叶 2. 托叶卷须 3. 托叶刺 4. 托叶鞘

二、叶的形态

叶的形态主要指叶片的形态,是识别植物的重要特征。

1. 叶片的全形 叶片的形状和大小随植物种类而异,一般同一种植物叶的形状是比较稳定的。常见的叶片形状见图 5-5、图 5-6。

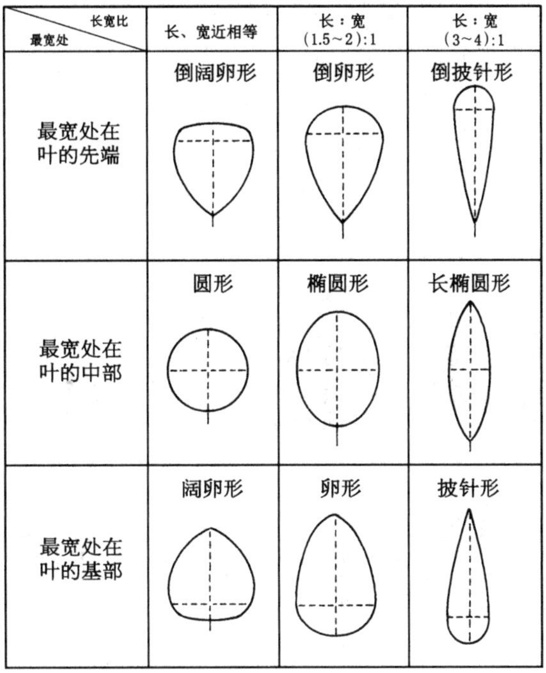

最宽处 ＼ 长宽比	长、宽近相等	长：宽 (1.5～2):1	长：宽 (3～4):1
最宽处在 叶的先端	倒阔卵形	倒卵形	倒披针形
最宽处在 叶的中部	圆形	椭圆形	长椭圆形
最宽处在 叶的基部	阔卵形	卵形	披针形

图 5-5　叶片形状图解

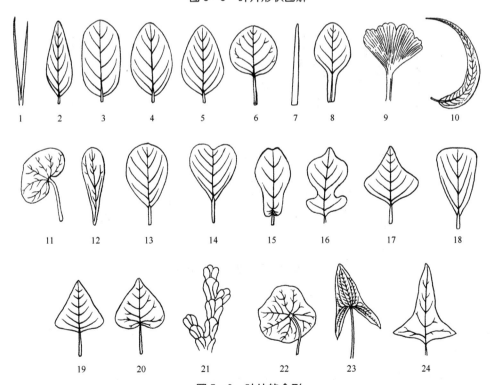

图 5-6　叶片的全形

1. 针形　2. 披针形　3. 矩圆形　4. 椭圆形　5. 卵形　6. 圆形　7. 条形　8. 匙形　9. 扇形　10. 镰形
11. 肾形　12. 倒披针形　13. 倒卵形　14. 倒心形　15、16. 提琴形　17. 菱形　18. 楔形　19. 三角形
20. 心形　21. 鳞片形　22. 盾形　23. 箭形　24. 戟形

　　在描述植物的叶形时常在基本形状前加"长""阔(宽)""倒"等字,如长椭圆形、阔卵形、倒披针形及倒心形等。此外,还有一些植物叶的形状特殊,如蓝桉树老枝上的叶为镰刀形,杠板归的叶为三角形,菱的叶为菱形,车前草叶为匙形,银杏叶为扇形,葱叶为管形,秋海棠叶为偏斜形等。还有一些植物的叶并非单一形状,必须采用综合术语描述,如卵状椭圆形、倒披针形等。

　　2. 叶端和叶基的形状　叶端和叶基的形状多样,随植物种类而异。常见的叶端和叶基形状见图5-7、图5-8。

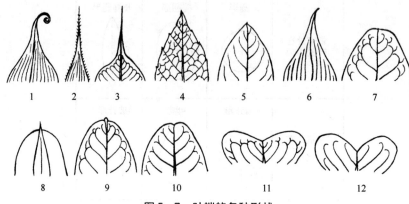

图5-7　叶端的各种形状

1. 卷须状　2. 芒状　3. 尾状　4. 渐尖　5. 急尖　6. 骤尖　7. 钝形　8. 凸尖　9. 微凸
10. 微凹　11. 微缺　12. 倒心形

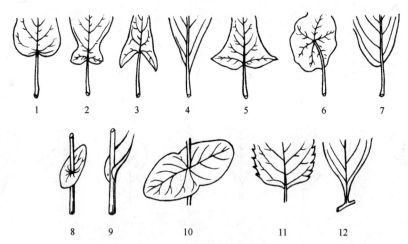

图5-8　叶基的各种形状

1. 心形　2. 耳形　3. 箭形　4. 楔形　5. 戟形　6. 盾形　7. 偏斜　8. 穿茎　9. 抱茎
10. 合生穿茎　11. 截形　12. 渐狭

　　3. 叶缘形状　有些植物的叶缘是平滑的,称全缘(entire),有些植物的叶缘为不平滑或各种齿状(图5-9)。

　　4. 叶脉及脉序　叶脉(vein)是贯穿在叶片各部分的维管束,是茎中维管束的延伸和分枝,构成叶内的输导和支持结构。其中位于叶片中央粗大的叶脉称主脉(main vein)或中脉(midrib),主脉上的分枝称侧脉(lateral vein),侧脉上更细小的分枝称细脉(veinlet)。叶片中叶脉的分布及排列形式称脉序(venation)。脉序主要有三种类型(图5-10)。

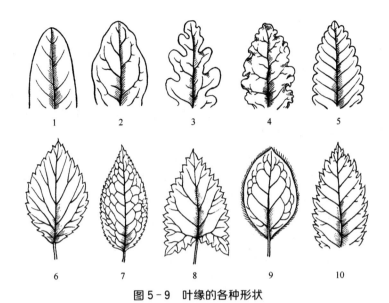

图 5-9 叶缘的各种形状

1. 全缘 2. 浅波状 3. 深波状 4. 皱波状 5. 圆齿状 6. 锯齿状 7. 细锯齿状
8. 牙齿状 9. 睫毛状 10. 重锯齿状

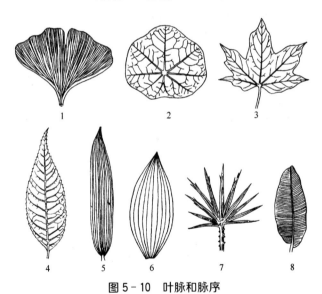

图 5-10 叶脉和脉序

1. 分叉状脉 2、3. 掌状网脉 4. 羽状网脉 5. 直出平行脉
6. 弧形脉 7. 射出平行脉 8. 横出平行脉

(1) 分叉脉序(dichotomous venation)：每条叶脉均呈多级二叉状分枝，是比较原始的脉序类型，常见于蕨类植物叶中，种子植物中偶见，如银杏叶。

(2) 网状脉序(netted venation)：是双子叶植物主要的脉序类型，主脉明显粗大，主脉上分出许多侧脉，侧脉再分细脉，细脉互相连接形成网状。网状脉序有两种形式：① 羽状网脉，叶具有 1 条明显的主脉，两侧分出许多大小几乎相等并作羽丝状排列的侧脉，侧脉再分出细脉交织成网状，如女贞、桂花等。② 掌状网脉，由叶基或中部辐射状发出数条主脉，主脉多级分枝交织成网状，如南瓜、蓖麻等。天南星、半夏等少数单子叶植物也具网状脉序，但其脉梢是相互连接的，没有游离的脉梢,可区别于双子叶植物的网状脉序。

（3）平行脉序(parallel venation)：是单子叶植物主要的脉序类型,叶脉多条平行或近于平行排列。常见的有四种形式：① 直出平行脉,各叶脉从叶基向叶端平行发出,如麦冬、淡竹叶等。② 横出平行脉,中央主脉明显,侧脉垂直于主脉,平行伸达叶缘,如芭蕉等。③ 射出平行脉,数条叶脉从基部向四周辐射状伸出,如棕榈、蒲葵等。④ 弧形脉,数条叶脉从叶基伸向叶端,中部弯曲形成弧形,如百部、玉竹等。

5. 叶片的质地　常见的有如下几种。

（1）草质(herbaceous)：大多数植物的叶片薄而柔软,称草质叶,如薄荷、紫苏叶等。

（2）膜质(membranaceous)：叶片明显薄于草质叶,半透明状,如玉竹、鸭跖草等。有的膜质叶干薄而脆,不呈绿色称干膜质,如麻黄、洋葱鳞茎外层的鳞片叶等。

（3）革质(coriaceous)：叶片相对于草质叶厚而较强韧,略似皮革,常有光泽,如苍术、枸骨叶等。

（4）肉质(succulent)：叶片肥厚多汁,如芦荟、垂盆草等。

6. 叶片的表面　有些植物叶的表面是光滑的,有些叶的表面具有各种附属物。如枸骨、女贞叶的表面常有较厚的角质层;芸香叶的表面被有一层白粉;紫草叶表面具极小突起,手触摸有粗糙感;薄荷、枇杷叶表面具各种毛茸等。

7. 叶片的分裂　植物的叶缘形态多样,有的呈全缘,有的呈齿状,但有些植物的叶缘形成不同程度的分裂(图5-11)。常见的叶片分裂有羽状分裂、掌状分裂和三出分裂三种,依据叶片分裂的程度不同,又可分为浅裂、深裂和全裂三种。

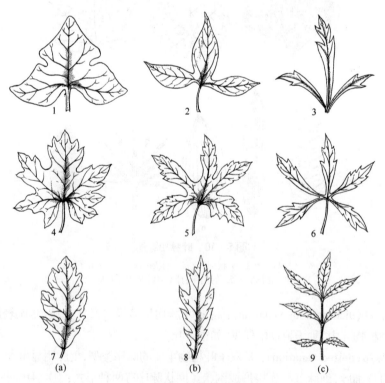

图 5-11　叶片的分裂

(a) 浅裂　(b) 深裂　(c) 全裂

1. 三出浅裂　2. 三出深裂　3. 三出全裂　4. 掌状浅裂　5. 掌状深裂　6. 掌状全裂
7. 羽状浅裂　8. 羽状深裂　9. 羽状全裂

叶裂深度不超过或接近叶片宽度的1/4,称浅裂(lobate),如药用大黄、南瓜。叶裂深度一般超过叶片宽度的1/4,称深裂(parted),如唐古特大黄、荆芥。叶裂深度几乎达到主脉基部或两侧,形成数个全裂片,称全裂(divided),如大麻、掌叶白头翁等。

三、叶的类型

植物的叶还可以分为单叶(simple leaf)和复叶(compound leaf)两类。

1. 单叶　1个叶柄上只生1枚叶片的称单叶,如樟、女贞、菊等。

2. 复叶　1个总叶柄及叶轴上生有小叶的叶,称复叶,如五加、野葛等。从来源上看,复叶是由单叶的叶片分裂演变而成的,当叶裂片深达主脉或叶基并具小叶柄时,便形成了复叶。复叶的叶柄称总叶柄(common petiole),着生在茎上,总叶柄以上着生叶片的轴状部分称叶轴(rachis),复叶中的每片叶子称小叶(leaflet),小叶的柄称小叶柄(petiolule)。根据小叶的数目和在叶轴上排列的方式不同,复叶分为以下几种(图5-12)。

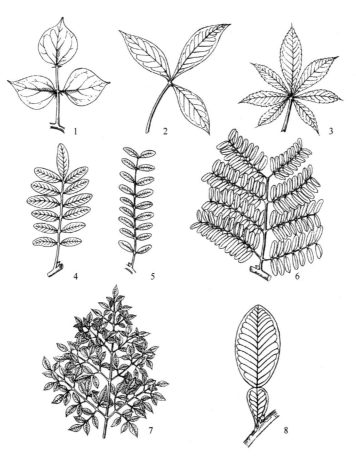

图5-12　复叶的类型

1. 羽状三出复叶　2. 掌状三出复叶　3. 掌状复叶　4. 奇数羽状复叶
5. 偶数羽状复叶　6. 二回羽状复叶　7. 三回羽状复叶　8. 单身复叶

(1) 三出复叶(ternately compound leaf):叶轴上着生有3片小叶。若顶生小叶具明显的柄,称羽状三出复叶,如野葛、茅莓叶等。若顶生小叶无柄,称掌状三出复叶,如半夏、酢浆草等。

(2) 掌状复叶(palmately compound leaf)：叶轴短缩,在其顶端集生3片以上呈掌状展开的小叶,如五加、人参、五叶通等。

(3) 羽状复叶(pinnately compound leaf)：叶轴长,小叶片在叶轴两侧成羽状排列。若羽状复叶的叶轴顶端生有1片小叶,称奇(单)数羽状复叶,如苦参、月季等;若叶轴顶端生有2片小叶,称偶(双)数羽状复叶,如决明、锦鸡儿等。若叶轴作一次羽状分枝,即形成许多侧生小叶轴,在小叶轴上形成羽状复叶,称二回羽状复叶(bipinnate leaf),如合欢、云实等。若叶轴作二次羽状分枝,在最后一次分枝上又形成羽状复叶,则称三回羽状复叶(tripinnate leaf),如南天竹、苦楝等。

(4) 单身复叶(unifoliate compound leaf)：是一种特殊的复叶,叶轴的顶端具有一片发达的小叶,下部两侧的小叶退化成翼状,其顶生小叶与叶轴连接处有一明显的关节,如橘、佛手等植物的叶。

复叶和生有单叶的小枝有时易混淆,两者的主要区别有：第一,复叶叶轴的先端无顶芽,而小枝的先端具顶芽;第二,复叶上小叶的叶腋内无腋芽,腋芽着生在总叶柄腋内,而小枝上每一单叶的叶腋均具腋芽;第三,通常复叶上的小叶在叶轴上排列在近似的一平面上,而小枝上的单叶与小枝常成一定的角度伸展;第四,复叶脱落时,是整个复叶由总叶柄基部脱落,或小叶先脱落,然后叶轴连同总叶柄一起脱落,而小枝一般不脱落,只有其上的单叶脱落。

此外,全裂叶与复叶在外形上亦很相近,区别在于全裂叶的叶裂片通常大小不一,裂片边缘不甚整齐,叶裂片基部常下延至主脉,不形成小叶柄;而复叶上的小叶大小和形态较一致,边缘整齐,基部有明显的小叶柄而与全裂叶不同。

叶片的分裂和复叶的发生有利于增大光合面积,减少对风雨的阻力,是植物对自然环境长期适应的结果。

四、叶序

叶在茎枝上排列的次序或方式称叶序(phyllotaxy)。常见的叶序有以下几种(图5-13)。

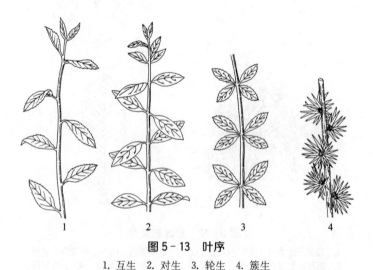

图5-13 叶序
1. 互生   2. 对生   3. 轮生   4. 簇生

1. 互生(alternate)   在茎的每一节上只生1片叶,各叶常沿茎枝作螺旋状排列,如桃、桑等。

2. 对生(opposite)   在茎的每一节上相对着生2片叶,有的相邻两节上的叶成十字形排列为交互对生或十字形对生,如薄荷、忍冬、龙胆等;有的对生叶排列于茎的两侧为二列状对生,如女贞、水杉等。

3. 轮生(whorled,verticillate)　在茎的每一节上有 3 片或 3 片以上的叶轮状排列,如黄精、轮叶沙参、直立百部等。

4. 簇生(fascioled)　2 片或 2 片以上的叶着生在节间极度缩短的侧生短枝上,密集成簇,如银杏、落叶松等。此外,有些植物的地上茎极为短缩,节间不明显,叶密集着生于茎基部近地面处,称基生叶(basal leaf),如蒲公英、车前、紫花地丁等。

同一植物甚至同一植株可以同时存在两种或两种以上的叶序,如桔梗的叶序有互生、对生及三叶轮生的。

叶在茎枝上无论排列成哪种叶序,相邻两节的叶子都不甚重叠,彼此成一定的角度错落着生的现象,称叶镶嵌(leaf mosaic)。叶镶嵌主要是靠叶柄的长短、扭曲和叶片的大小差异等实现的(图 5-14),有利于叶的光合作用,也使茎的各侧受力均衡。

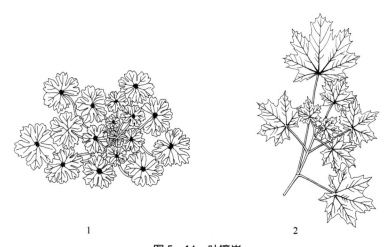

1　　　　　　　　　　　2

图 5-14　叶镶嵌
1. 植株的叶镶嵌(莲座叶丛)　2. 枝条上的叶镶嵌

五、叶的变态及异形叶性

(一) 叶的变态

叶受环境条件的影响和生理功能的改变而有各种变态类型,常见的有以下几种。

1. 苞片(bract)　紧靠花或花序下面的变态叶称苞片,苞片有总苞片和小苞片之分。围生在花序基部的苞片称总苞片(involucre);生于 1 朵花基部的苞片称小苞片(bractlet)。苞片的形状多与普通叶片不同,常较小,绿色,也有形大而呈各种颜色的。总苞的形状和轮数的多少,常为某些属、种鉴别的特征,如壳斗科植物的总苞常在果期硬化成壳斗状,菊科植物的头状花序基部的总苞片多数绿色,鱼腥草花序下的 4 枚总苞片形成白色花瓣状,半夏、天南星等天南星科植物的肉穗花序外面常有 1 枚特化的总苞片称佛焰苞(spathe)。

2. 鳞叶(scale leaf)　特化或退化成鳞片状的叶称鳞叶,常具有贮藏或保护作用。鳞叶有肉质和膜质两类。肉质鳞叶肥厚,能贮藏营养物质,如百合、贝母、洋葱等鳞茎上的肥厚鳞叶;膜质鳞叶菲薄,常干脆而不呈绿色,如麻黄的叶及姜、荸荠等地下茎上的鳞叶;温带木本植物的冬芽外常具有褐色鳞片叶,具保护芽安全越冬的作用。

3. 刺状叶(acicular leaf) 叶片或托叶变态成刺状,起保护作用或适应干旱环境。如小檗的叶变成3刺,通俗称"三棵针";仙人掌的叶退化成针刺状;虎刺、酸枣的刺是由托叶变态而成的;红花、枸骨上的刺是由叶尖、叶缘变成的。根据刺的来源和生长位置的不同,可区别叶刺和茎刺。至于月季、玫瑰等茎上的许多刺,则是由茎的表皮向外突起所形成,其位置不固定,常易剥落,称为皮刺(aculeus)。

4. 叶卷须(leaf tendril) 叶的全部或一部分变成卷须,借以攀缘他物。如豌豆的卷须是由羽状复叶上部的小叶变成的,菝葜、土茯苓的卷须是由托叶变成的。根据卷须的来源和生长位置也可与茎卷须相区别。

5. 捕虫叶(insectivorous leaf) 食虫植物的叶常变态成盘状、瓶状或囊状以利捕食昆虫,称捕虫叶(图5-15)。其叶上有许多能分泌消化液的腺毛或腺体,并有感应性,当昆虫触及时能立即闭合,将昆虫捕获而后被消化液消化,如猪笼草、捕蝇草、茅膏菜等的叶。

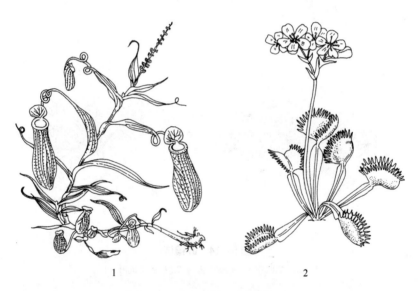

图5-15 叶的变态——捕虫叶

1. 猪笼草 2. 捕蝇草

(二) 异形叶性

同一种植物或同一株植物具有不同的叶形、不同叶序称异形叶性(heterophylly)。

异形叶性有两种情况:一种是由于植株(或枝条)发育年龄不同所致,如半夏苗期的叶为单叶,不裂,成熟期叶分裂为3小叶;重楼的初生叶为心形互生,次生叶为椭圆形,轮生;人参一年生的只有1枚三出复叶(3小叶),二年生的为1枚五出掌状复叶,三年生的有2枚五出掌状复叶,四年生的有3枚,以后每年递增1叶,最多可达6枚复叶(图5-16);蓝桉幼枝上的叶为椭圆形、对生,老枝上的叶为镰刀形、互生(图5-17);益母草基生叶具长柄,叶片类圆形,边缘浅裂,茎中部的叶片菱形,三深裂,至顶部叶逐渐简化为不裂的线形(图5-18)。另一种是由于生长环境的影响所致,如慈姑的沉水叶是线形,浮水叶呈椭圆形,水面以上的叶则为箭形。

图 5-16 不同年龄人参的形态

1. 一年生 2. 二年生 3. 三年生 4. 四年生 5. 五年生

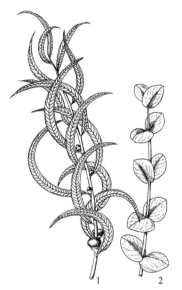

图 5-17 蓝枝的异形叶

1. 老枝 2. 幼枝

图 5-18 益母草的异形叶

1. 基生叶 2. 茎生叶

第二节 | 叶 的 构 造

　　叶来源于茎尖上的叶原基(leaf primordium),通过叶柄与茎相连,叶柄的构造和茎的构造很相似,但叶片的构造却与茎显著不同。

一、双子叶植物叶的构造

(一) 叶柄的构造

叶柄的构造与茎相似而趋于简单,自外向内依次为表皮、皮层、维管束。皮层中具厚角组织或厚壁组织。维管束常大小不等,其中木质部位于腹面或内侧,韧皮部位于背面或外层,木质部与韧皮部间常具短暂活动的形成层。进入叶柄中的维管束数目有的与茎中一致,也有的分裂成更多的束,或合为一束(图5-19)。

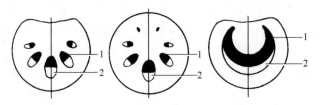

图5-19　3种类型叶柄横切面简图
1. 木质部　2. 韧皮部

(二) 叶片的构造

双子叶植物叶片的构造可分为表皮、叶肉和叶脉三部分(图5-20、图5-21)。

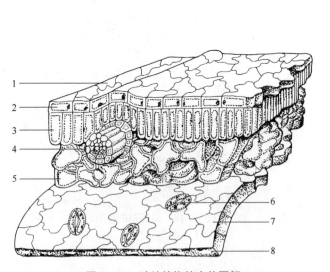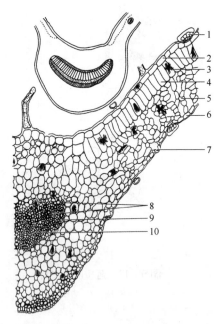

图5-20　叶片结构的立体图解

1. 上表皮(表面观)　2. 上表皮(横切面)　3. 栅栏组织　4. 叶脉
5. 海绵组织　6. 气孔　7. 下表皮(表面观)　8. 下表皮(横切面)

图5-21　薄荷叶横切面详图及简图

1. 腺鳞　2. 上表皮　3. 橙皮苷结晶　4. 栅栏组织　5. 海绵组织　6. 下表皮　7. 气孔　8. 木质部　9. 韧皮部　10. 机械组织

　　1. 表皮　表皮包被着整个叶片的表面,通常由一层排列紧密的生活细胞组成,也有像夹竹桃、印度橡胶树的复表皮形式的叶。叶片的表皮细胞中一般不具叶绿体。顶面观表皮细胞一般呈不规则形,侧壁(垂周壁)多呈波浪状,彼此互相嵌合,紧密相连,无细胞间隙;横切面观表皮细胞近方形,外壁常较厚,常具角质层和气孔,有的还具有蜡被、毛茸等附属物。叶的表皮有上、下表皮之分,叶片腹面的表皮称上表皮,叶片背面的表皮称下表皮,一般下表皮的气孔和毛茸较上表皮为多,所以常将叶的下表皮作为观察气孔和毛茸特征的材料。

2. 叶肉(mesophyll)　叶肉位于上、下表皮之间,由薄壁细胞组成,常含叶绿体,是绿色植物进行光合作用的主要场所。叶肉通常分为栅栏组织和海绵组织两种形式。

(1) 栅栏组织(palisade tissue):位于上表皮之下,与上表皮邻接。细胞呈圆柱形,排列整齐紧密,其细胞的长轴与上表皮垂直,形如栅栏,其细胞内含有大量叶绿体。栅栏组织在叶片内通常排成1层,也有排列成2层或以上的,如冬青叶、枇杷叶。各种植物叶肉的栅栏组织的层数不一样,是否通过中脉部分也各不相同,可作为叶类药材鉴别的特征之一。

(2) 海绵组织(spongy tissue):位于栅栏组织下方,与下表皮相接,由一些近圆形或不规则形状的薄壁细胞构成,细胞间隙大,排列疏松如海绵状,其厚度稍大于栅栏组织,细胞中所含的叶绿体一般较栅栏组织为少,所以大多数叶片背面的颜色较浅。

有些植物的叶片中,栅栏组织紧接上表皮下方,海绵组织位于栅栏组织与下表皮之间,称两面叶(bifacial leaf),如薄荷叶。有些植物的叶在上下表皮内侧均有栅栏组织,或没有栅栏组织和海绵组织的分化,称等面叶(isolateral leaf),如番泻叶、桉叶等。有的植物叶肉中含有油室,如桉叶、橘叶等;有的植物含有草酸钙晶体,如桑叶、枇杷叶等;有的还含有石细胞,如茶叶。在上下表皮气孔内侧的叶肉中,常形成一较大的腔隙,称孔下室(气室)。这些腔隙与叶肉组织的胞间隙相通,有利于内外气体的交换。

3. 叶脉　叶脉主要为叶片中的维管系统,位于叶肉中,主脉和各级侧脉的构造不完全相同。主脉和较大的侧脉由维管束和机械组织组成。维管束的构造与茎的相同,木质部位于腹面,韧皮部位于背面。形成层分生能力很弱,只产生少量的次生组织。在维管束的上下方常有机械组织存在,在叶的背面尤为发达,因此主脉和大的侧脉在叶片背面常显著突起。侧脉越分越细,构造也越趋简化,最初消失的是形成层和机械组织,其次是韧皮部,木质部的构造也逐渐简单,在叶脉末端的木质部中只留下1~2个短的螺纹管胞,韧皮部中则只有短而狭的筛管分子和增大的伴胞。

二、单子叶植物叶的构造

单子叶植物的叶,就外形讲,多种多样;在内部构造上,叶片也有很多变化,但仍和双子叶植物一样,具有表皮、叶肉和叶脉三部分。以禾本科植物叶片的构造为例,简述如下。

1. 表皮　表皮细胞有长细胞和短细胞两种类型,长细胞为长方柱形,长径与叶的纵长轴平行,外壁角质化,并含有硅质。短细胞又分为硅质细胞和栓质细胞两种类型,硅质细胞的细胞腔内充满硅质体,故禾本科植物叶表面粗糙且坚硬;栓质细胞则细胞壁木栓化。

在上表皮中间有一些特殊大型的薄壁细胞,称泡状细胞(bulliform cell)。泡状细胞具有大型液泡,在横切面上排列略呈扇形,干旱时由于这些细胞失水收缩,使叶子卷曲成筒,可减少水分蒸发,故又称运动细胞(motor cell)。表皮上的气孔是由2个狭长或哑铃状的保卫细胞构成,两端头状部分的细胞壁较薄,中部柄状部分细胞壁较厚,每个保卫细胞外侧各有1个略呈三角形的副卫细胞。

2. 叶肉　禾本科植物的叶片多呈直立状态,叶片两面受光近似,因此,一般叶肉没有栅栏组织和海绵组织的明显分化,属于等面叶类型(图5-22)。但也有个别植物叶的叶肉组织分化成栅栏组织和海绵组织,属于两面叶类型。如淡竹叶的叶肉组织中栅栏组织为一列圆柱形的细胞组成,海绵组织由1~3列(多2列)排成较疏松的不规则圆形细胞组成。

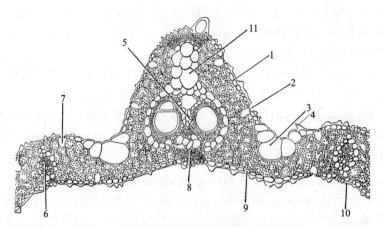

图 5 - 22　水稻叶片横切面

1. 上表皮　2. 气孔　3. 泡状细胞　4. 表皮毛　5. 大的维管束　6. 小的维管束
7. 孔下室　8. 厚壁组织　9. 下表皮　10. 角质层　11. 薄壁细胞

3. 叶脉　叶脉内的维管束近平行排列,为有限外韧型,维管束的上下两方常有厚壁组织分布。在维管束外围常有 1～2 层或多层细胞包围,构成维管束鞘(vascular bundle sheath)。如玉米、甘蔗由 1 层较大的薄壁细胞组成,水稻、小麦则由 1 层薄壁细胞和 1 层厚壁细胞组成。

第六章 花

导学

　　花是被子植物特有的繁殖器官,通常由花梗、花托、花被、雄蕊群和雌蕊群等组成。花的形态构造多样,有不同的类型。花在花轴上的排列方式称花序,根据开放顺序不同,可分为无限花序和有限花序。花通过传粉、受精形成果实和种子。双受精是被子植物生殖过程中特有的现象。

本章学习目标:

　　掌握花的组成和类型、花序的类型、花程式的记录方式。熟悉花的特征在植物分类及中药材鉴定中的作用。了解植物的开花、传粉和受精。

　　花(flower)由花芽发育而成,是被子植物特有的繁殖器官,通过传粉和受精,形成果实和种子,繁衍后代延续种族。花是适应生殖的变态短枝,节间极度缩短,不分枝。花梗和花托是枝条的变态,着生在花托上的花被、雄蕊和雌蕊均为变态叶。

　　被子植物又称为有花植物或开花植物。裸子植物的花简单、原始,无花被、单性、形成雄球花和雌球花;被子植物的花高度进化,常有鲜艳的颜色或特异的香气。所以通常所讲的花,是指被子植物的花。花的形态和构造随植物种类而异,其特征比其他器官稳定,变异较小,往往能反映植物在长期进化过程中所发生的变化,对研究植物分类、药材的基原鉴定以及花类药材的鉴定等有着重要的意义。

　　被子植物的花大多显著,但也有些植物的花常不易被察觉,如无花果的许多小花聚生在凹陷的肉质花序轴内,外部似乎看不到有花的形成;而有些植物色彩鲜艳的部分常被误以为花,如一品红的苞片常呈鲜艳的红色,但其实非花瓣。

　　植物的花很多可供药用,且药用部位各异。有的用花蕾,如金银花、丁香等;有的用已开放的花,如洋金花、金莲花等;有的用花序,如菊花、旋覆花;也有只用花的某一部分,如莲房是花托、莲须是雄蕊、番红花是柱头、玉米须是花柱等。

第一节 花的形态与类型

一、花的组成与形态

被子植物典型的花通常由花梗、花托、花被、雄蕊群和雌蕊群等部分组成(图6-1)。其中雄蕊群和雌蕊群是花中最重要的可育部分,具有生殖功能。花梗、花托和花被均为花中的不育部分。花梗和花托主要起支持作用;花萼和花冠合称为花被,具有保护雄蕊群、雌蕊群和引诱昆虫传粉等作用。

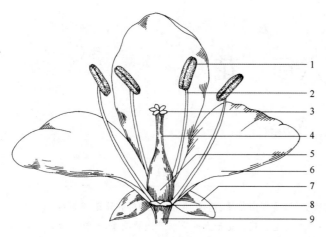

图 6-1 花的组成部分
1. 花药 2. 花丝 3. 柱头 4. 花柱 5. 子房
6. 花瓣 7. 萼片 8. 花托 9. 花梗

(一) 花梗(pedicel)

花梗又称花柄,是花与茎的连接部分,具有支持作用。通常呈绿色、圆柱形,与茎的构造大致相同。花梗的有无、长短、粗细等因植物的种类而异;果实形成时,花梗成为果柄。

(二) 花托(receptacle)

花托是花梗顶端略膨大的部分,花被、雄蕊群、雌蕊群按一定方式排列其上。花托的形状随植物种类而异,通常平坦或稍凸起;有的呈圆柱状,如厚朴等;有的呈圆锥状,如草莓等;有的呈倒圆锥状,如莲,常称为莲蓬;有的凹陷呈杯状或瓶状,如桃、金樱子等。一些植物可在雌蕊基部或在雄蕊与花冠之间形成肉质增厚部分,呈扁平垫状、杯状或裂瓣状,常可分泌蜜汁,称花盘(disc),如柑橘、卫矛等;有的在雌蕊基部向上延伸成一柱状体,称雌蕊柄(gynophore),如黄连等;有的花托在花冠以内的部分延伸成一柱状体,称雌雄蕊柄(androgynophore),如西番莲等。

(三) 花被(perianth)

花被是花萼和花冠的总称,着生于花托的外围或边缘。多数植物的花被可明显分化为花萼和花冠,但一些植物不易区分,称为花被,如厚朴、黄精等。也有一些植物的花被是完全不存在的,如鱼腥草、胡桃等。

1. 花萼(calyx) 是一朵花中所有萼片(sepals)的总称,位于花的最外层,一般呈绿色的叶片状。一朵花的萼片彼此分离,称离生萼(chorisepalous calyx),如毛茛、菘蓝等;萼片互相联合,称合生萼(gamosepalous calyx),如白花曼陀罗、桔梗等,其联合的部分称萼筒或萼管,分离的部分称萼齿或萼裂片。有些植物的萼筒一边向外形成伸长的管状凸起,称距(spur),如旱金莲、凤仙花等。一般植物的花萼在开花后即脱落。有些植物的花萼在花开放前即脱落,称早落萼(caducous calyx),如延胡索、虞美人等;有些花萼在花开放后直至果实成熟仍不脱落,称宿存萼(persistent calyx),如酸浆、柿等。萼片一般排成一轮,有的植物紧邻花萼下方另有一轮类似萼片状的苞片,称副萼(epicalyx),如蜀葵等。此外,苋科植物的花萼常膜质半透明,如牛膝、青葙等;菊科植物的花萼常特化为羽毛状,称冠毛(papus),如蒲公英等。

2. 花冠(corolla) 是一朵花中所有花瓣(petals)的总称,位于花萼的内方,常叶片状,具各种鲜艳的颜色。花瓣的色彩主要是由于花瓣细胞内含有色体或色素所致。含有色体时,花瓣常呈黄色、橙色或橙红色;含花青素时,花瓣常呈红色、蓝色或紫色等;如果两种情况同时存在,花瓣的色彩更加绚丽,两种情况都不存在时则花瓣呈白色。花瓣上的分泌组织细胞可分泌蜜汁及各种挥发性物质,吸引昆虫采蜜并传播花粉。一朵花中花瓣彼此联合,称合瓣花冠(sympetalous corolla),为合瓣花亚纲植物所具有,其下部联合的部分称花冠筒,上部分离的部分称花冠裂片,如黄芩、桔梗等;花瓣彼此分离,称离瓣花冠(choripetalous corolla),为离瓣花亚纲植物所具有,如甘草、人参等。有些植物的花瓣基部形成管状或囊状的突起,亦称距,如紫花地丁、延胡索等。有些植物的花冠上或花冠与雄蕊之间形成的瓣状附属物,称副花冠(corona),如徐长卿、水仙等。

不同植物的花冠具有不同形态,常作为植物分类、鉴别依据。常见的花冠类型如下(图6-2)。

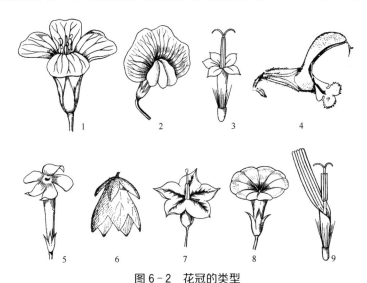

图6-2 花冠的类型
1. 十字形 2. 蝶形 3. 管状 4. 唇形 5. 高脚碟状
6. 钟状 7. 辐状 8. 漏斗状 9. 舌状

(1) 十字花冠(cruciform):花瓣4枚,分离,上部外展呈十字形,如菘蓝、萝卜等十字花科植物的花冠。

(2) 蝶形花冠(papilionaceous):花瓣5枚,分离,上面1枚位于最外方且最大称旗瓣,侧面2枚较小称翼瓣,最下面2枚最小、顶端部常联合,并向上弯曲,称龙骨瓣,如甘草、槐花等豆科蝶形花亚科植物的花冠。

(3) 唇形花冠(labiate):花瓣5枚,联合,下部筒状,上部二唇形,上唇2裂,下唇3裂,如益母草、丹参等唇形科植物的花冠。

(4) 管状花冠(tubular):花冠筒细长呈管状,如红花、菊花等菊科植物的管状花。

(5) 舌状花冠(liguliform):花瓣联合,基部呈一短筒,上部向一侧延伸成扁平舌状,如蒲公英、向日葵等菊科植物的舌状花。

(6) 漏斗状花冠(funnel-form):花冠筒较长,自下向上逐渐扩大,上部外展呈漏斗状,如牵牛等旋花科植物和曼陀罗等部分茄科植物的花冠。

(7) 高脚碟状花冠(salverform):花冠筒下部细长呈管状,上部水平展开呈碟状,如水仙花、长春花等植物的花冠。

(8) 钟状花冠(campanulate):花冠筒宽而较短,上部裂片扩大外展似钟形,如沙参、桔梗等桔梗科植物的花冠。

(9) 辐状或轮状花冠(rotate):花冠筒甚短而广展,花冠裂片由基部向四周扩展,形如车轮状,如龙葵、枸杞等部分茄科植物的花冠。

3. 花被卷叠式(aestivation) 是指花被片在花芽内的排列形式及关系,常见的花被卷叠式如下(图6-3)。

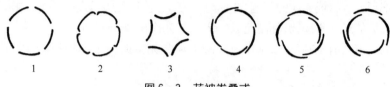

图6-3 花被卷叠式

1. 镊合状 2. 内向镊合状 3. 外向镊合状 4. 旋转状 5. 覆瓦状 6. 重覆瓦状

(1) 镊合状(valvate):花被片的边缘彼此互相接触排成一圈,但互不重叠,如桔梗的花冠。若花被各片的边缘稍向内弯称内向镊合,如沙参的花冠;若花被片的边缘稍向外弯称外向镊合,如蜀葵的花萼。

(2) 旋转状(contorted):花被片彼此以一边重叠成回旋状,如龙胆的花冠。

(3) 覆瓦状(imbricate):花被片边缘彼此覆盖,但其中有1枚完全在外面,有1枚完全在内面,如山茶的花萼、紫草的花冠。若在覆瓦状排列的花被中,有2枚完全在外面,有2枚完全在内面,称重覆瓦状(imbricate-quincuncial),如桃的花冠。

(四) 雄蕊群(androecium)

雄蕊群是1朵花中所有雄蕊(stamen)的总称,位于花被的内方,直接着生在花托上或贴生在花冠上。雄蕊数目因植物种类而异,一般多与花瓣同数或为其倍数。雄蕊数在10枚以上的称雄蕊多数。也有1朵花中仅有1枚雄蕊的,如京大戟等。

1. **雄蕊的组成** 典型的雄蕊由花丝和花药两部分组成。

(1) 花丝(filament):为雄蕊下部细长的柄状部分,基部着生于花托上或花筒基部,上部支撑花药,其长短、粗细随植物种类而异。

(2) 花药(anther):为花丝顶部膨大的囊状体,是雄蕊的主要部分。花药常由4个或2个药室(anther cell)或称花粉囊(pollen sac)分成左右两半组成,中间为药隔(connective)。花药在雄蕊成熟时自行裂开,散出花粉粒。

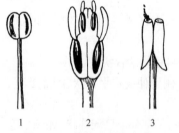

图6-4 花药开裂的方式

1. 纵裂 2. 瓣裂 3. 孔裂

常见的花药开裂方式有(图6-4):纵裂,即花粉囊沿纵轴开裂,如百合等;孔裂,即花粉囊顶端裂开一小孔,花粉粒由孔中散出,如杜鹃等;瓣裂,即花粉囊上形成1~4个向外展开的小瓣,成熟时,瓣片向上掀起,散出花粉粒,如樟、淫羊藿等;横裂,即花粉囊沿中部横裂1缝,花粉粒从缝中散出。

花药在花丝上有多种着生方式。花药基部着生在花丝顶端,称基着药,如樟等;花药背部中央一点着生在花丝顶端,与花丝略呈"丁"字形,易于摆动,称丁字着药,如百合等;花药上部联合,着生在花丝上,下部分离,花药与花丝呈"个"字形,称个字着药,如玄参等;两个药室完全分离平展,几乎成一直线着生于花丝顶端,称广歧着药,如薄荷等;花药背部全部着生在花丝上,称全着药,如莲等;花药的背部着生于花丝顶端,称背着药,如马鞭草等(图6-5)。

2. **雄蕊的类型** 花中各个雄蕊一般是相互分离的,在花中呈轮状或螺旋状排列。不同植物中雄蕊的数目、花丝长短、分离、联合、排列方式等状况有不同的变化。常见的雄蕊有以下几种类型(图6-6)。

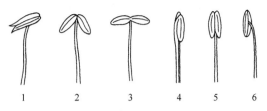

图 6-5　花药着生的位置

1. 丁字着药　2. 个字着药　3. 广歧着药　4. 全着药　5. 基着药　6. 背着药

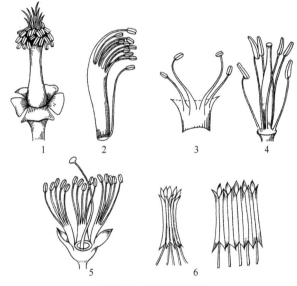

图 6-6　雄蕊的类型

1. 单体雄蕊　2. 二体雄蕊　3. 二强雄蕊　4. 四强雄蕊
5. 多体雄蕊　6. 聚药雄蕊(右为解剖图)

（1）离生雄蕊(stamen distinct)：是最常见的一种雄蕊类型，即一朵花中有多数雄蕊且彼此分离，如莲、桃等植物的雄蕊。

（2）单体雄蕊(monadelphous stamen)：花中雄蕊多数，花药分离，花丝联合成 1 束，呈筒状包围在雌蕊外面，如蜀葵、木槿等锦葵科植物和远志、瓜子金等远志科植物以及苦楝、香椿等楝科植物的雄蕊。

（3）二体雄蕊(diadelphous stamen)：花中雄蕊的花丝联合成 2 束，如甘草、野葛等许多豆科植物有 10 枚雄蕊，其中 9 枚联合，1 枚分离；延胡索、紫堇等罂粟科植物有 6 枚雄蕊，分为 2 束，每束 3 枚。

（4）多体雄蕊(polyadelphous stamen)：花中雄蕊常多数，花丝联合成数束，如金丝桃、元宝草等藤黄科植物和橘、酸橙等部分芸香科植物的雄蕊。

（5）聚药雄蕊(synantherous stamen)：花中雄蕊的花药联合成筒状，花丝分离，如蒲公英、白术等菊科植物的雄蕊。

（6）二强雄蕊(didynamous stamen)：花中有 4 枚雄蕊，其中 2 枚的花丝较长，2 枚较短，如益母草、薄荷等唇形科植物，马鞭草、牡荆等马鞭草科植物和玄参、地黄等玄参科植物的雄蕊。

（7）四强雄蕊(tetradynamous stamen)：花中有6枚雄蕊，其中4枚花丝较长，2枚较短，如菘蓝、独行菜等十字花科植物的雄蕊。

有少数植物的花中，一部分雄蕊不具花药，或仅见痕迹，称不育雄蕊或退化雄蕊，如丹参、鸭趾草等。也有少数植物的雄蕊发生变态，没有花药与花丝的区别，而成花瓣状，如姜、姜黄等姜科植物以及美人蕉的雄蕊。

（五）雌蕊群(gynoecium)

雌蕊群是1朵花中所有雌蕊(pistil)的总称，位于花的中心部分。

雌蕊是由心皮(carpel)构成的。心皮是适应生殖的变态叶。裸子植物的心皮(又称大孢子叶或珠鳞)展开成叶片状，胚珠裸露在外，被子植物的心皮边缘结合成囊状的雌蕊，胚珠包被在囊状的雌蕊内，这是裸子植物与被子植物的主要区别。

当心皮卷合形成雌蕊时，其边缘的闭合缝线称腹缝线(ventral suture)，相当于心皮中脉部分的凸起线称背缝线(dorsal suture)，胚珠常着生在腹缝线上。

1. 雌蕊的组成   雌蕊的外形似瓶状，由柱头、花柱、子房三部分组成。

（1）柱头(stigma)：雌蕊顶部稍膨大的部分，常成圆盘状、羽毛状、星状、头状等多种形状，为承受花粉的部位。柱头上带有乳头状突起，常能分泌黏液，有利于花粉的附着和萌发。

（2）花柱(style)：柱头与子房之间的连接部分，支持柱头，也是花粉管进入子房的通道。花柱的长短、粗细、有无等情况不一。如莲的花柱短；玉米的花柱细长；木通等无花柱，其柱头直接着生于子房的顶端；唇形科和紫草科植物的花柱插生于纵向分裂的子房基部，称花柱基生(gynobasic)；兰科等植物的花柱与雄蕊合生成一柱状体，称合蕊柱(gynostemium)。

（3）子房(ovary)：雌蕊基部膨大的囊状部分，常成椭圆形、卵形等形状，其底部着生在花托上，是雌蕊最重要的部分。子房的外壁称子房壁，子房壁以内的腔室称子房室，其内着生胚珠。

2. 雌蕊的类型   被子植物的雌蕊可由1至多个心皮组成。根据组成雌蕊的心皮数目等不同，雌蕊可分为以下类型(图6-7)。

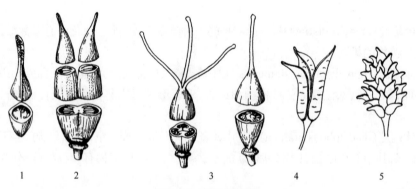

图6-7　雌蕊的类型
1. 单心皮单雌蕊　2. 2心皮复雌蕊　3. 3心皮复雌蕊　4. 3心皮离生雌蕊　5. 多心皮离生雌蕊

（1）单雌蕊(simple pistil)：是由1个心皮构成的雌蕊，如甘草、野葛等豆科植物和桃、杏等部分蔷薇科植物的雌蕊。

（2）离生雌蕊(apocarpous gynoecium)：是由1朵花内多数离生心皮构成的雌蕊，如毛茛、乌头等毛茛科植物和厚朴、五味子等木兰科植物的雌蕊。

　　(3) 复雌蕊(syncarpous gynoecium)：是由 1 朵花内 2 个或 2 个以上心皮彼此联合构成的雌蕊，如菘蓝、丹参等为 2 心皮；大戟、百合等为 3 心皮；卫矛等为 4 心皮；贴梗海棠、桔梗等为 5 心皮；橘、蜀葵等的雌蕊则由 5 个以上的心皮联合而成。组成雌蕊的心皮数往往可由柱头和花柱的分裂数、子房上的腹缝线或背缝线数以及子房室数等来判断。

　　3. 子房的位置　　花托形状不同，子房在花托上的着生位置及与花被、雄蕊之间的关系也会发生变化，常有以下几种(图 6 - 8)。

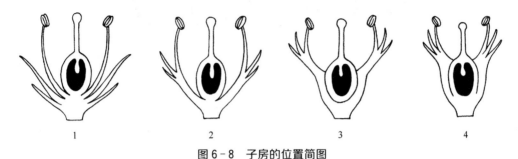

图 6 - 8　子房的位置简图
1. 子房上位(下位花)　2. 子房上位(周位花)　3. 子房半下位(周位花)　4. 子房下位(上位花)

　　(1) 子房上位(superior ovary)：花托扁平或隆起，子房仅底部与花托相连，花被、雄蕊均着生在子房下方的花托上，称子房上位，这种花称下位花(hypogynous flower)，如毛茛、金丝桃、百合等。若花托下陷，子房着生于凹陷花托内，壁却不与花托愈合，花被、雄蕊均着生于花托的上端边缘，亦为子房上位，但这种花称周位花(perigynous flower)，如桃、杏等。

　　(2) 子房下位(inferior ovary)：花托凹陷，子房完全生于花托内并与花托愈合，花被、雄蕊均着生于子房上方的花托边缘，称子房下位，这种花称上位花(epigynous flower)，如梨、贴梗海棠等。

　　(3) 子房半下位(half-inferior ovary)：子房下半部着生于凹陷的花托中并与花托愈合，上半部外露，花被、雄蕊均着生于花托的边缘，称子房半下位，这种花称周位花，如党参、桔梗等。

　　4. 子房的室数　　子房室的数目由心皮的数目及其结合状态而定。单雌蕊的子房只有 1 室，称单子房，如甘草等豆科植物的子房。合生心皮雌蕊的子房称复子房，其中有的仅是心皮边缘愈合，形成的子房只有 1 室，称单室复子房，如栝楼等葫芦科植物的子房；有的心皮边缘向内卷入，在中心联合形成了与心皮数相等的子房室，称复室复子房，如百合等百合科植物和南沙参等桔梗科植物的子房；有的子房室可能被假隔膜完全或不完全地分隔为二，如菘蓝等十字花科植物和益母草、唇形科植物的子房。

　　5. 胎座(placenta)　　胚珠在子房内着生的部位称胎座。其类型由雌蕊的心皮数目及联合方式等决定，常见的胎座类型有以下几种(图 6 - 9)。

　　(1) 边缘胎座(marginal placenta)：由单雌蕊形成，子房 1 室，多数胚珠沿腹缝线的边缘着生，如甘草和黄芪等豆科植物的胎座。

　　(2) 侧膜胎座(parietal placenta)：由复雌蕊形成，子房 1 室，多数胚珠着生在心皮联合的腹缝线(侧膜)上，如延胡索等罂粟科植物和栝楼等葫芦科植物的胎座。

　　(3) 中轴胎座(axial placenta)：由复雌蕊形成，子房多室，多数胚珠着生在心皮愈合的中轴上，

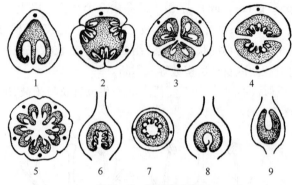

图 6-9 胎座的类型

1. 边缘胎座 2. 侧膜胎座 3~5. 中轴胎座 6、7. 特立中央胎座
8. 基生胎座 9. 顶生胎座

其子房室数往往与心皮数目相等,如玄参等玄参科植物、桔梗等桔梗科植物以及贝母等百合科植物的胎座。

(4)特立中央胎座(free-central placenta):由复雌蕊形成,但子房室的隔膜和中轴上部消失,形成 1 子房室,多数胚珠着生在残留于子房中央的中轴周围,如太子参等石竹科植物和过路黄等报春花科植物的胎座。

(5)基生胎座(basal placenta):由 1~3 心皮形成,子房 1 室,1 枚胚珠着生在子房室基部,如大黄等蓼科植物和白术等菊科植物的胎座。

(6)顶生胎座(apical placenta):由 1~3 心皮形成,子房 1 室,1 枚胚珠着生在子房室顶部,如桑等桑科植物和草珊瑚等金粟兰科植物的胎座。

6. 胚珠(ovule) 胚珠着生在子房内胎座上,常呈椭圆形或近圆形,受精后发育成种子,其数目与植物种类有关。

(1)胚珠的构造:胚珠一端有一短柄称珠柄(funicle),与胎座相连,维管束即从胎座通过珠柄进入胚珠。大多数被子植物的胚珠有 2 层珠被(integument),外层称外珠被(outer integument),内层称内珠被(inner integument),裸子植物及少数被子植物仅有 1 层珠被,极少数植物没有珠被。在珠被的顶端常留下一小孔,称珠孔(micropyle),是受精时花粉管到达珠心的通道。珠被里面为珠心(nucellus),由薄壁细胞组成,是胚珠的重要部分。珠心中央发育着胚囊(embryo sac)。一般成熟的胚囊有 1 个卵细胞、2 个助细胞、3 个反足细胞和 2 个极核细胞 8 个细胞。珠被、珠心基部和珠柄汇合处称合点(chalaza),是维管束进入胚囊的通道。

(2)胚珠的类型:胚珠生长时,由于珠柄、珠被、珠心等各部分的生长速度不同,而形成不同的胚珠类型(图 6-10)。① 直生胚珠(atropous ovule),胚珠直立且各部分生长均匀,珠柄在下,珠孔在上,珠柄、珠孔、合点在 1 条直线上,如三白草科、胡椒科、蓼科植物。② 横生胚珠(hemitropous ovule),胚珠一侧生长较另一侧快,使胚珠横向弯曲,珠孔和合点之间的直线与珠柄垂直,如毛茛科、茄科、玄参科和锦葵科的部分植物。③ 弯生胚珠(campylotropous ovule),胚珠的下半部生长速度均匀,上半部的一侧生长速度快于另一侧,并向另一侧弯曲,使珠孔弯向珠柄,胚珠呈肾形,如豆科和十字花科部分植物。④ 倒生胚珠(anatropous ovule),胚珠的一侧生长迅速,另一侧生长缓慢,使胚珠倒置,合点在上,珠孔下弯并靠近珠柄,珠柄较长并与珠被愈合,外面形成一明显的纵脊称珠脊。大多数被子植物的胚珠属此种类型。

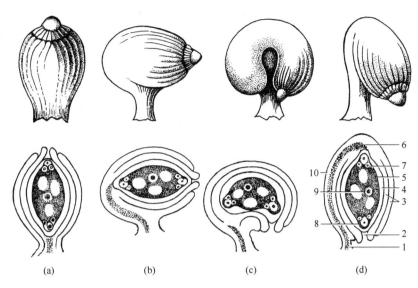

图 6-10　胚珠的类型及构造

(a) 直生胚珠　(b) 横生胚珠　(c) 弯生胚珠　(d) 倒生胚珠
1. 珠柄　2. 珠孔　3. 珠被　4. 珠心　5. 胚囊　6. 合点　7. 反足细胞
8. 卵细胞和助细胞　9. 极核细胞　10. 珠脊

二、花的类型

被子植物花的各部分在长期的演化过程中发生了不同程度的变化,形态构造多样。常见有以下几种类型(图 6-11)。

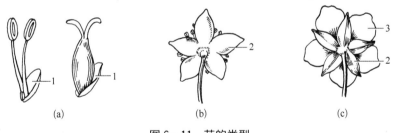

图 6-11　花的类型

(a) 无被花(裸花)　(b) 单被花　(c) 重被花
1. 苞片　2. 花萼　3. 花冠

(一) 完全花和不完全花

1 朵具有花萼、花冠、雄蕊群、雌蕊群的花称完全花(complete flower),如沙参的花。缺少其中一部分或几部分的花称不完全花(incomplete flower),如绞股蓝的花。

(二) 重被花、单被花、无被花和重瓣花

1 朵既有花萼又有花冠的花称重被花(double perianth flower),如甘草等的花。仅有花萼而无花冠的花称单被花(simple perianth flower),这种花萼常称花被,常成 1 轮或多轮排列,有时具鲜艳的颜色成花瓣状,如玉兰的花被片为白色,白头翁的花被片为紫色等。不具花被的花称无被花

(achlamydeous flower)或裸花(naked flower),常具显著的苞片,如杨、杜仲等的花。植物的花瓣一般成 1 轮排列且数目稳定,但许多栽培品种的花瓣常成数轮排列且数目比野生型多,称重瓣花(double flower)。

(三)两性花、单性花和无性花

1 朵既有雄蕊又有雌蕊的花称两性花(bisexual flower),如桔梗。仅有雄蕊或仅有雌蕊的花称单性花(unisexual flower),其中仅有雄蕊的花称雄花(male flower),仅有雌蕊的花称雌花(female flower)。同株植物既有雄花又有雌花称单性同株或雌雄同株(monoecism),如半夏;同种植物的雌花和雄花分别生于不同植株上称单性异株或雌雄异株(dioecism),如栝楼。同种植物既有两性花又有单性花称杂性同株,如朴树;同种植物两性花和单性花分别生于不同植株上称杂性异株,如葡萄。有些植物花的雄蕊和雌蕊均退化或发育不全,称无性花(asexual flower),如八仙花花序周围的花。

(四)辐射对称花、两侧对称花和不对称花

植物的花被各片的形状大小相似,通过花的中心可作 2 个及以上对称面的花称辐射对称花(actinomorphic flower)或整齐花,如具有十字形、辐状、管状、钟状、漏斗状等花冠的花。若花被各片的形状大小不一,通过其中心只可作一个对称面,称两侧对称花(zygomorphic flower)或不整齐花,如具有蝶形、唇形、舌状花冠的花。通过花的中心不能作出对称面的花称不对称花(asymmetric flower),如美人蕉等极少数植物的花。

第二节 花 的 记 录

一、花程式

花程式(flower formula)是采用字母、数字及符号表示花各部分的组成、对称性、排列方式、数目以及相互关系的公式。

花的各组成部分用其拉丁名首字母(大写)表示,P 表示花被(拉丁文 perianthium),K 表示花萼(德文 kelch),C 表示花冠(拉丁文 corolla),A 表示雄蕊(拉丁文 androecium),G 表示雌蕊(拉丁文 gynoecium)。在拉丁字母的右下角以数字表示花的各部分每轮的数目,以 ∞ 表示 10 以上或数目不定,以 0 表示该部分缺少或退化,在雌蕊的右下角依次以数字表示心皮数、子房室数、每室胚珠数,并用":"相连。用不同的符号表示花的其他特征;☿表示两性花,♀表示雌花,♂表示雄花;*或⊗表示辐射对称花,↑或·|·或表示两侧对称花;各部分的数字加"( )"表示联合,数字之间加"+"表示排列的轮数或分组情况;G 表示子房上位,$\overline{G}$表示子房下位,$\overline{\underline{G}}$表示子房半下位。

举例说明如下:

(1) 桑花程式: ♂ * $P_4 A_4$;♀ * $P_4 \underline{G}_{(2:1:1)}$

表示桑为单性花;雄花花被片 4 枚,分离,雄蕊 4 枚,分离;雌花花被片 4 枚,分离,雌蕊子房上位,由 2 心皮合生,子房 1 室,每室 1 枚胚珠。

(2) 玉兰花程式：♀* $P_{3+3+3} A_\infty \underline{G}_{\infty:\infty:2}$

表示玉兰花为两性花；辐射对称；单被花，花被片 3 轮，每轮 3 枚，分离；雄蕊多数，分离；雌蕊子房上位，心皮多数，分离，子房 1 室，每室 2 枚胚珠。

(3) 紫藤花程式：♀↑ $K_{(5)} C_5 A_{(9)+1} \underline{G}_{(1:1:\infty)}$

表示紫藤花为两性花；两侧对称；萼片 5 枚，联合；花瓣 5 枚，分离；雄蕊 10 枚，9 枚联合，1 枚分离，即二体雄蕊；雌蕊子房上位，1 心皮，子房 1 室，每室胚珠多数。

(4) 桔梗花程式：♀* $K_{(5)} C_{(5)} A_5 \overline{\underline{G}}_{(5:5:\infty)}$

表示桔梗花为两性花；辐射对称；萼片 5 枚，联合；花瓣 5 枚，联合；雄蕊 5 枚，分离；雌蕊子房半下位，由 5 心皮合生，子房 5 室，每室胚珠多数。

(5) 贴梗海棠花程式：♀* $K_{(5)} C_5 A_\infty \overline{G}_{(5:5:\infty)}$

表示贴梗海棠花为两性花；辐射对称；萼片 5 枚，联合；花瓣 5 枚，分离；雄蕊多数，分离；雌蕊子房下位，由 5 心皮合生，子房 5 室，每室胚珠多数。

二、花图式

花图式(flower diagram)为花的横断面投影图(图 6-12)，表示花各部分的排列方式、相互位置、数目及形状等实际情况。在花图式的上方用小圆圈表示花轴或茎轴的位置；在花轴相对一方用部分涂黑带棱的新月形符号表示苞片；苞片内方用由斜线组成或黑色的带棱的新月形符号表示花萼；花萼内方用黑色或空白的新月形符号表示花瓣；雄蕊用花药横断面形状、雌蕊用子房横断面形状绘于中央。

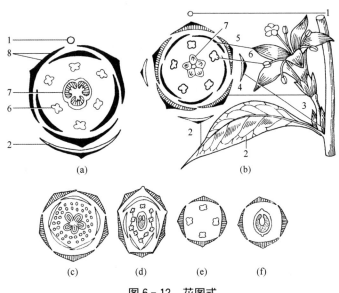

图 6-12　花图式

(a) 单子叶植物　(b) 双子叶植物　(c) 苹果　(d) 豌豆　(e) 桑的雄花　(f) 桑的雌花
1. 花轴　2. 苞片　3. 小苞片　4. 萼片　5. 花瓣　6. 雄蕊　7. 雌蕊　8. 花被片

花程式和花图式记录花结构的方式各有优劣势。因为花程式可以简单清晰地表现花部主要结构，却不能完全表达出花各轮的相互关系及花被的卷叠情况等特征；花图式直观形象，但不能表达子房的位置等特征。要完整记录花的特征，就需将花程式与花图式配合使用，往往用于表示某一分类单位(如科、属)的花的特征。

第三节 | 花 序

花在花枝或花轴上排列的方式和开放的顺序称花序(inflorescence)。花一朵一朵地着生于茎的顶端或叶腋,称单生花,如厚朴。多数植物的花按照一定的顺序在花枝上形成花序。花序中的花称小花,着生小花的部分称花序轴(rachis)或花轴,花序轴可分枝或不分枝。支持整个花序的柄称花序梗(peduncle),小花的花梗称小花梗(pedicel),无叶的总花梗称花葶(scape)。

根据花在花轴上的排列方式和开放顺序,花序可分为无限花序和有限花序两大类。

一、无限花序(总状花序类)

在开花期间,花序轴的顶端继续向上生长,并不断产生新的花蕾,花由花序轴的基部向顶端依次开放,或由缩短膨大的花序轴边缘向中心依次开放,这种花序称无限花序(indefinite inflorescence)。无限花序依据花序轴状况和排列形式划分有以下类型(图6-13)。

1. 总状花序(raceme) 花序轴细长,其上着生许多花梗近等长的小花,如菘蓝等十字花科植物的花序。

2. 复总状花序(compound raceme) 花序轴产生许多分枝,每一分枝各成一总状花序,整个花序似圆锥状,又称圆锥花序(panicle),如女贞等的花序。

3. 穗状花序(spike) 花序轴细长,其上着生许多花梗极短或无花梗的小花,如牛膝、马鞭草等的花序。

4. 复穗状花序(compound raceme) 花序轴产生分枝,每一分枝各成一穗状花序,如禾本科、莎草科等植物的花序。

5. 柔荑花序(catkin) 似穗状花序,但花序轴下垂,其上着生许多无梗的单性小花,如杨柳科、胡桃科等植物的花序。

6. 肉穗花序(spadix) 似穗状花序,但花序轴肉质肥大成棒状,其上着生许多无梗的单性小花,花序外面常有一大型苞片,称佛焰苞(spathe),如天南星等天南星科植物的花序。

7. 伞房花序(corymb) 似总状花序,但花序下部的花梗较长,上部的花梗依次渐短,整个花序的花几乎排列在一个平面上,如山楂等蔷薇科部分植物的花序。

8. 伞形花序(umbel) 花序轴缩短,在总花梗顶端集生许多花梗近等长的小花,放射状排列如伞,如人参等五加科植物的花序。

9. 复伞形花序(compound corymb) 花序轴顶端集生许多近等长的伞形分枝,每一分枝又形成伞形花序,如前胡等伞形科植物的花序。

10. 头状花序(capitulum) 花序轴顶端缩短膨大成头状或盘状的花序托,其上集生许多无梗小花,下方常有1至数层苞片组成的总苞,如旋覆花等菊科植物的花序。

11. 隐头花序(hypanthodium) 花序轴肉质膨大而下凹成中空的球状体,其凹陷的内壁上着生许多无梗的单性小花,顶端仅有一小孔与外面相通,如薜荔等桑科部分植物的花序。

图 6 - 13　无限花序的类型

1. 总状花序(洋地黄)　2. 穗状花序(车前)　3. 伞房花序(梨)　4. 柔荑花序(杨)　5. 肉穗花序(天南星)　6. 伞形花序(人参)　7. 头状花序(向日葵)　8. 隐头花序(无花果)　9. 复总状花序(女贞)　10. 复伞形花序(小茴香)

二、有限花序(聚伞花序类)

植物在开花期间,花序轴顶端或中心的花先开,因此花序轴不能继续向上生长,只能在顶花下方产生侧轴,侧轴又是顶花先开,这种花序称有限花序(definite inflorescence),其开花顺序是由上而下或由内而外依次进行。有限花序还可分为以下类型(图 6 - 14)。

1. 单歧聚伞花序(monochasium)　花序轴顶端生 1 朵花,而后在其下方依次产生 1 侧轴,侧轴顶端同样生 1 朵花,如此连续分枝就形成单歧聚伞花序。若花序轴的分枝均在同一侧产生,花序呈螺旋状卷曲,称螺旋状聚伞花序(hericoid cyme),如紫草等的花序。若分枝在左右两侧交互产生,

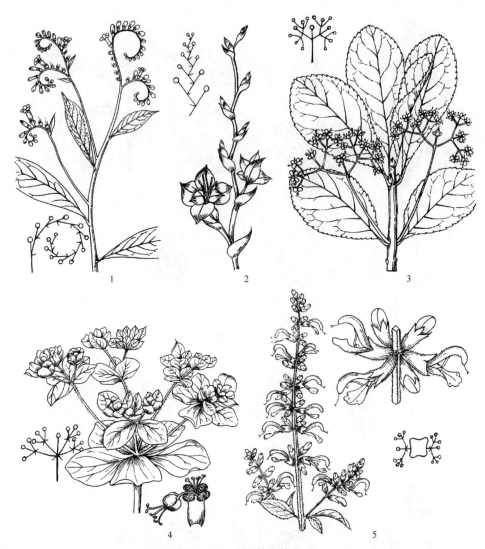

图 6-14 有限花序的类型

1. 螺旋状聚伞花序(琉璃草) 2.蝎尾状聚伞花序(唐菖蒲) 3.二歧聚伞花序(大叶黄杨)
4.多歧聚伞花序(泽漆) 5.轮伞花序(丹参)

称蝎尾状聚伞花序(scorpioid cyme),如唐菖蒲等的花序。

2. 二歧聚伞花序(dichasium) 花序轴顶端生1朵花,而后在其下方两侧同时各产生1等长侧轴,每一侧轴再以同样方式开花并分枝,称二歧聚伞花序,如卫矛等卫矛科植物的花序。

3. 多歧聚伞花序(pleiochasium) 花序轴顶端生1朵花,而后在其下方同时产生数个侧轴,侧轴常比主轴长,各侧轴又形成小的聚伞花序,称多歧聚伞花序。大戟等大戟属的最末回多歧聚伞花序下面常有杯状总苞,总苞内生1朵雌花和数朵雄花,称杯状聚伞花序。

4. 轮伞花序(verticillaster) 聚伞花序生于对生叶的叶腋成轮状排列,称轮伞花序,如益母草等唇形科植物的花序。

同一植物中花序的种类并不都是单一的,在花轴上同时生有两种不同类型的花序称为混合花序,如紫丁香为圆锥状聚伞花序,紫苏为轮伞花序总状排列,豨莶草为圆锥状头状花序等。

第四节　开花、传粉和受精

花通过开花、传粉、受精等过程来完成生殖功能。

一、开花与传粉

1. 开花　当雄蕊的花粉粒和雌蕊的胚囊发育成熟时，花被由包被状态而逐渐展开，露出雄蕊和雌蕊，这一过程称为开花。开花是种子植物发育成熟的标志。各种植物的开花年龄、季节和花期不完全相同，随植物种类而异。一年生草本植物，当年开花结果后逐渐枯死；二年生草本植物通常第一年主要行营养生长，第二年开花后完成生命周期；大多数多年生植物到达开花年龄后可年年开花，但竹类一生中只开花 1 次。每种植物的开花季节是一致的，有的先花后叶，有的花叶同放，有的先叶后花。

2. 传粉（pollination）　开花后，花药裂开，花粉粒通过不同媒介的传播，到达雌蕊的柱头上，这一过程称为传粉。有自花传粉和异花传粉两种方式。

（1）自花传粉（self pollination）：雄蕊的花粉自动落到同一花的柱头上的传粉现象，如小麦等。若花在开放之前就完成了传粉和受精，称闭花传粉（cleistogamy），如落花生等。自花传粉植物的主要特征有：两性花；雄蕊与雌蕊同时成熟；柱头可接受自花的花粉。

（2）异花传粉（cross pollination）：雄蕊的花粉借助不同媒介传送到另一朵花的柱头上的现象。借风传粉的花称风媒花，多为单性花、单被或无被花、花粉量多、柱头面大并有黏液质等，如玉蜀黍等。借昆虫传粉的花称虫媒花，多为两性花、雄蕊和雌蕊不同时成熟、花有蜜腺或香气、花被颜色鲜艳、花粉量少及花粉粒表面多具突起、花的形态构造较适应昆虫传粉等，如益母草等以及兰科植物的花。风媒花和虫媒花等的特征是植物长期自然选择的结果。此外还有鸟媒花和水媒花。异花传粉较自花传粉进化，是被子植物有性生殖中一种极为普遍的传粉方式。

二、受精

被子植物的受精（fertilization）全过程包括受精前花粉在柱头上萌发、花粉管生长并到达胚珠、进入胚囊、精子与卵细胞及中央细胞结合。其过程为：成熟花粉经传粉后落到柱头上，因柱头上有黏液而附于柱头上。花粉粒在柱头上萌发，自萌发孔长出若干个花粉管，其中只有 1 个花粉管能持续生长，经由花柱伸入子房。如果是 3 个细胞的花粉粒，营养细胞和 2 个精子细胞都进入花粉管，有些植物的花粉粒只有 2 个细胞即营养细胞和生殖细胞，亦都进入花粉管，生殖细胞在花粉管内分裂成 2 个精子。大多数植物的花粉管到达胚珠时，通过珠孔进入胚囊，称珠孔受精。少数植物则由合点进入胚囊，称合点受精。花粉管进入胚囊后，先端破裂，精子进入胚囊（此时营养细胞大多已分解消失），其中一个精子与卵结合，形成二倍体的受精卵（合子），以后发育成胚。另一精子则与 2 个极核结合或与 1 个次生核结合，形成三倍体的初生胚乳核，以后发育成胚乳。这一过程称双受精（double fertilization），是被子植物特有的现象。双受精过程使合子既恢复了植物体原有的染色体数目，保持了物种的相对稳定性，又使来自父本和母本的具有差异的遗传物质重组，并且在同样具有父本和母本的遗传特性的胚乳中孕育，增强了后代的生活力和适应性，也为后代提供了可能出现变异的基础。

第七章 | 果实与种子

导学

果实是被子植物特有的繁殖器官，由果皮和种子组成。根据参与果实形成的部位不同，分为真果和假果；依据果实的来源、结构和果皮性质的不同，分为单果、聚合果和聚花果。

种子是种子植物特有的繁殖器官，由种皮、胚和胚乳三部分组成。胚是种子中尚未发育的幼小植物体。种子可分为有胚乳种子和无胚乳种子。

本章学习目标：

掌握果实的来源及其主要类型，种子的组成。熟悉单果、聚合果、聚花果的特征及代表药用植物。了解种子的类型。

果实(fruit)由受精后的子房或连同花的其他部分共同发育而成，是被子植物所特有的繁殖器官。果实外被即为果皮，内含种子，果皮具有保护种子和有助于种子散布的双重作用。

种子(seed)由胚珠受精后发育而成，是种子植物特有的器官，起繁殖作用。

植物的果实与种子很多可供药用。果实入药的有枸杞、五味子、枇杷等，种子入药的有桃仁、杏仁、莱菔子等。

果实的形态与构造随植物种类而异，对研究植物分类、药材的基原鉴定以及果实种子类药材鉴定有着重要的意义。

第一节 | 果 实

一、果实的形态

(一) 果实的形成

被子植物的花经过传粉与受精以后，各部分发生很大变化。花梗发育为果柄，花萼、花冠、雄蕊、雌蕊的花柱和柱头等通常枯萎脱落，子房逐渐膨大，子房壁发育为果皮，胚珠发育成种子，最终由花发育成果实。但有的花萼虽枯萎并不脱落，保留在果实上(宿存萼)，如山楂等；有的花萼随果实一起明显长大，如柿等。大多数植物的果实仅由子房发育形成，称为真果(true fruit)，如杏、连翘、橘等。有些植物除了子房,花的其他部分如花被、花托等也参与果实的形成,称为假果(false fruit)或附果(accessory fruit),如贴梗海棠、栝楼、苹果等。花的各部分在果实形成过程中相应的变化如表7-1所示。

表7-1　花的各部分在果实形成过程中的变化

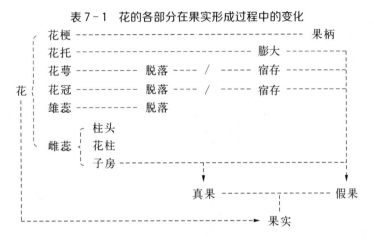

(二) 果实的组成与构造

果实由果皮与种子组成。果皮由子房壁发育而来,通常可分为外果皮、中果皮、内果皮三部分。有的果实可明显观察到3层果皮,如桃、橘等;有些果实的果皮分层不明显,如扁豆等。果实的构造一般是指其果皮的构造。果实的构造,在果实类药材的鉴别上,具有重要鉴别意义。

1. 外果皮(epicarp)　是果实的最外层,通常较薄,一般由1列表皮细胞或表皮与某些相邻组织构成,如栀子外果皮为一列外壁增厚的长方形细胞。外面常有角质层、蜡被、毛茸、气孔、刺、瘤突、翅等附属物,如桃的外果皮被有毛茸;柿果皮上有蜡被;鬼针草、曼陀罗的果实上具刺;荔枝的果实上具瘤突;榆树、槭树的果实具翅;八角茴香的外果皮被有不规则的小突起的角质层;有的表皮细胞中含有色物质或色素,如花椒;有的表皮细胞间嵌有油细胞等,如北五味子。

2. 中果皮(mesocarp)　位于果实的中层,占整个果实的大部分,一般由基本薄壁组织构成,维管束贯穿于中果皮中。中果皮有的含石细胞或纤维,如马兜铃、连翘等;有的含油细胞、油室及油管等,如胡椒、柑橘类果实、花椒、小茴香等。

3. 内果皮(endocarp)　位于果实的最内层,通常由1层薄壁细胞构成,多呈膜质。有的内果皮由多层石细胞组成,核果的内果皮(果核)即由多层石细胞组成,如桃、杏、李、梅等。有的内果皮由5～8个长短不等的扁平细胞镶嵌状排列,此种细胞称镶嵌细胞,如伞形科植物的果实。

果实的形成需要经过传粉和受精作用,但有些植物只经过传粉而未经受精作用,也能发育成果实,这种果实无籽,称单性结实,如香蕉、无籽葡萄、无籽柑橘等。如是自发形成的称自发单性结实,如葡萄、柑、橘、瓜类等。如是通过人为的某种诱导所致,称诱导单性结实,如无籽番茄。无籽的果实不一定都是由单性结实形成,也可在受精后,胚珠的发育受阻,因而形成无籽果实。还有些无籽果实是由于四倍体和二倍体植物进行杂交而产生不孕的三倍体植株形成的,如无籽西瓜。

二、果实的类型

果实的类型很多,根据果实的来源、结构和果皮性质不同,可分为单果、聚合果和聚花果三类。

(一) 单果

由1朵花中的1个单雌蕊或复雌蕊发育形成的果实,称单果(simple fruit)。依据单果果皮质地不同,分为肉质果和干果。

1. 肉质果(fleshy fruit) 果实成熟时果皮肉质多浆,不开裂。有以下类型(图7-1)。

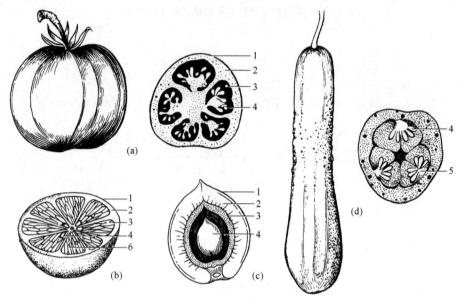

图7-1 肉质果的类型

(a) 浆果(番茄) (b) 柑果(酸橙) (c) 核果(杏) (d) 瓠果(黄瓜)
1. 外果皮 2. 中果皮 3. 内果皮 4. 种子 5. 胎座 6. 肉汁毛囊

(1) 瓠果(pepo):由3心皮复雌蕊具侧膜胎座的下位子房与花托共同发育而成的假果,外果皮坚韧,中果皮肉质肥厚,内果皮不明显,胎座发达,后三者为果实的食用部分。是葫芦科特有的果实,如黄瓜、栝楼等。

(2) 柑果(hesperidium):由复雌蕊、上位子房发育形成的果实,外果皮较厚,革质,内含多数油室;中果皮与外果皮结合,界限不明显,常疏松呈海绵状,内有多数分支状的维管束(称橘络);内果皮膜质状,分隔为多室,壁内着生有许多肉质多汁的囊状毛,为可食部分。是芸香科柑橘属的特有果实,如橙、橘、柚、柑等。

(3) 梨果(pome):为一假果,由2～5个合生心皮、下位子房与花筒共同发育形成,肉质可食部分主要由花筒和外、中果皮一起发育而来,彼此间界限不明显,内果皮坚韧,革质或木质,常分隔成2～5室,每室常含2枚种子。是蔷薇科梨亚科特有的果实,如苹果、梨、山楂、枇杷等(图7-2)。

(4) 核果(drupe):典型的核果是由单雌蕊、上位子房发育而成,外果皮薄,中果皮肉质肥厚,内果皮木质化,形成坚硬的果核,内含种子1枚,如桃、李、梅、杏等。核果有时也泛指有坚硬果核的果实,如人参、三七、胡桃、苦楝等的果实。

(5) 浆果(berry):由单雌蕊或复雌蕊、上位或下

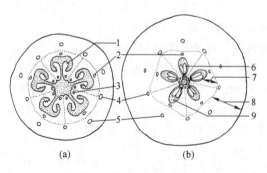

图7-2 梨果(苹果)的结构

(a) 未成熟果实的横切面 (b) 已成熟果实的横切面
1. 胚珠 2. 心皮的中央维管束 3. 心皮的侧生维管束 4. 花瓣维管束 5. 萼片维管束 6. 种子 7. 果皮 8. 花筒部分 9. 子房室

位子房发育形成的果实,外果皮薄,中果皮和内果皮肉质肥厚,内有种子1至多数,如番茄、葡萄、枸杞等。

2. 干果(dry fruit)　果实成熟时,果皮干燥。根据果实成熟时开裂或不开裂,分为裂果与不裂果(图7-3)。

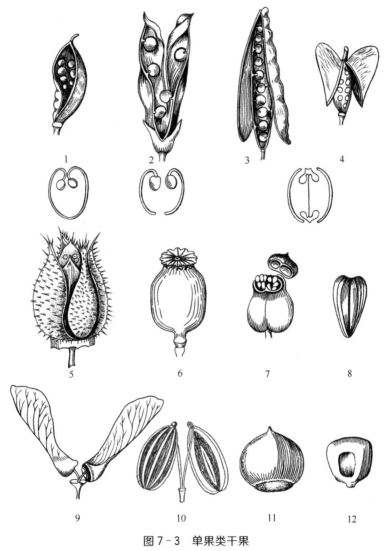

图7-3　单果类干果

1. 蓇葖果　2. 荚果　3. 长角果　4. 短角果　5. 蒴果(瓣裂)　6. 蒴果(孔裂)
7. 蒴果(盖裂)　8. 瘦果　9. 翅果　10. 双悬果　11. 坚果　12. 颖果

(1) 裂果(dehiscent fruit):果实成熟后果皮自行开裂,其开裂方式有多种。

蓇葖果(follicle)是由单雌蕊或离生雌蕊发育而成,内含多枚种子,成熟时每个单果沿腹缝线或背缝线中的一条开裂。有的1朵花中只形成单个蓇葖果,如淫羊藿;有的1朵花形成2个蓇葖果,如杠柳、徐长卿、萝藦等;有的1朵花形成数个蓇葖果,如八角茴香、芍药、玉兰等。

荚果(legume)是由单雌蕊发育而成,内含多枚种子,极少数仅含种子1枚,成熟时沿背缝线和腹缝线两条缝线同时开裂或不开裂。是豆科植物特有的果实,如扁豆、野葛等。少数荚果成熟时不开裂的,如紫荆、落花生等;有的荚果成熟时在节荚处节节脱落,每节含1枚种子,如含羞草、山蚂蝗等;有的荚果肉质呈念珠状,如槐等;有的荚果呈螺旋状,并具刺毛,如苜蓿。

蒴果(capsule)是由复雌蕊发育而成,子房1至多室,每室含种子多数,成熟后有多种开裂方式。① 纵裂:果实开裂时沿心皮纵轴开裂。其中沿背缝线开裂的称为室背开裂,如百合、鸢尾等;沿腹缝线开裂的称为室间开裂,如马兜铃、蓖麻等;沿背、腹缝线同时开裂,但子房间隔膜仍与中轴相连的称为室轴开裂,如牵牛、曼陀罗等。② 孔裂:果实顶端呈小孔状开裂,种子由小孔散出,如罂粟、虞美人、桔梗等。③ 盖裂:果实中部环状横裂,上部呈帽状脱落,如车前、马齿苋、莨菪等。④ 齿裂:果实顶端呈齿状开裂,如石竹、王不留行等。

角果(silicle)是由2心皮复雌蕊发育而成,子房1室,侧膜胎座,在形成过程中,由腹缝线处向中央生出假隔膜,将子房分隔成2室,果实成熟时沿两侧腹缝线开裂,呈2片脱落,仅留下假隔膜,多数种子附于胎座框上,是十字花科特有的果实。角果分为长角果(silique)和短角果(silicle)。长角果细长,如萝卜、油菜等;短角果宽短,如菘蓝、荠菜等。

(2) 不裂果(闭果)(indehiscent fruit):果实成熟后,果皮干燥而不开裂,或分离成几部分,但种子仍被果皮包被。

瘦果(achene)果皮薄,内含1粒种子,成熟时果皮与种皮易分离,如何首乌、虎杖等。菊科植物的瘦果由2心皮下位子房与花萼筒共同形成,称连萼瘦果,如蒲公英、红花、向日葵等。

坚果(nut)果皮坚硬,内含1枚种子。有的坚果成熟时基部附有原花序的总苞,称为壳斗,如板栗、栎、榛等,其褐色硬壳为果皮;有的坚果形小,无壳斗包围,称小坚果,如益母草、紫苏等。

颖果(caryopsis)果实成熟时果皮与种皮愈合难以分开,种子1枚,是禾本科植物特有的果实,如小麦、玉米、薏苡等。农业生产中常把颖果称"籽种"。

翅果(samara)果皮一端或周边向外延伸成翅状,内含1枚种子,如杜仲、榆、臭椿等。

胞果(utricle)又称囊果,复雌蕊上位子房形成,果皮薄,膨胀疏松地包围种子,与种皮极易分离,如藜、青葙等。

双悬果(cremocarp)是由2心皮复雌蕊发育形成的,果实成熟后,分离成2个分果(schizocarp),悬挂在心皮柄(carpophorum)上端,心皮柄基部与果柄相连,每个分果含种子1枚,是伞形科特有的果实,如当归、小茴香等。

(二) 聚合果

由1朵花中离生心皮雌蕊形成,每个雌蕊形成1个小果,聚生于同一花托上,称聚合果(aggregate fruit)(图7-4)。聚合果的花托常成为果实的一部分。聚合蓇葖果如乌头、厚朴、八角茴香、芍药等,聚合瘦果如毛茛、白头翁等,聚合核果如悬钩子等。在蔷薇科蔷薇属中,许多骨质瘦果聚生于凹陷的花托中,称蔷薇果,如金樱子、蔷薇等。有的由多数坚果嵌生于膨大海绵状的花托里形成聚合坚果,如莲等。有的由多数浆果聚生于延长或不延长的花托上形成聚合浆果,如五味子等。

(三) 聚花果(复果)

由整个花序发育而成的果实,称聚花果(collective fruit,multiple fruit)(图7-5)。其中每朵花发育成1个小果,聚生于花序轴上,成熟后从花序轴基部整体脱落。如无花果由隐头花序发育而成,称为隐头果(syconium),其花序轴肉质内陷成囊,囊的内壁上着生许多小瘦果,肉质花序轴为可食部分;桑椹由雌花序发育而成,每朵花的子房各发育成一个小瘦果,包藏于肥厚多汁的肉质花被中;凤梨由多数不孕的花着生于肥大肉质的花序轴上,肉质多汁的花序轴为可食部分。

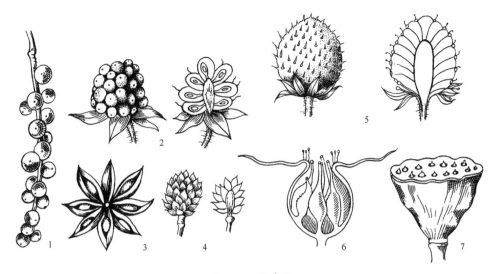

图 7 - 4　聚合果

1. 聚合浆果　2. 聚合核果　3. 聚合蓇葖果　4、5. 聚合瘦果　6. 聚合瘦果(蔷薇果)　7. 聚合坚果

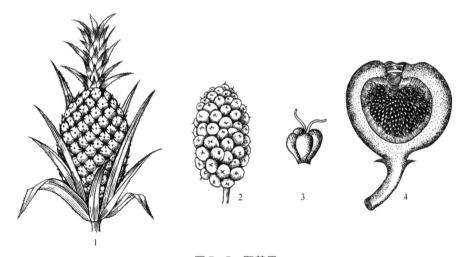

图 7 - 5　聚花果

1. 凤梨　2. 桑椹　3. 带有花被的桑椹的一个小果　4. 无花果(隐花果)

第二节 | 种 子

一、种子的形态特征

种子的形状、大小、色泽等随植物种类不同而异。种子常呈圆形、椭圆形、肾形、卵形、圆锥形、多角形等。种子大小差异明显,较大的种子有椰子、槟榔、银杏等;较小的种子有葶苈子、菟丝子等;

极小的种子有天麻、白及等。种子表面有多种颜色,赤小豆红紫色;白扁豆白色;藜属植物的种子多为黑色;蓖麻种子表面由一种或几种颜色交织组成各种花纹和斑点;相思红豆的一端为红色,另一端为黑色。

种子的表面纹理也不相同。如北五味子种子表面平滑,具光泽;天南星种子表面粗糙;乌头种子表面不光滑而且具皱褶;太子参种子表面密生瘤刺状突起;萝摩种子表面具毛茸,称为种缨;荔枝在种皮外尚有肉质假种皮(aril),其由珠柄或胎座部位的组织延伸而成;阳春砂种子呈棕色、黄色的菲薄的膜质;蓖麻、巴豆等种子外种皮在珠孔处由珠被扩展形成海绵状突起物,称种阜(caruncle),种阜掩盖种孔,种子萌发时,帮助吸收水分。

二、种子的组成

种子由种皮、胚和胚乳三部分组成。

(一)种皮

由胚珠的珠被发育而来,包被于种子的外面,起保护作用。通常种子只有1层种皮,如大豆;也有的种子为2层种皮,即外种皮和内种皮,外种皮常较坚韧,内种皮较薄,如蓖麻。种皮可以是干性的,如豆类;也可以是肉质的,如石榴的种皮为肉质可食部分。

在种皮上常可看到以下结构。

1. 种脐(hilum)　是种子成熟后从种柄或胎座上脱落后留下的瘢痕,通常呈圆形或椭圆形。

2. 种孔(micropyle)　来源于胚珠的珠孔,是种子萌发时吸收水分以及胚根伸出种皮的部位。

3. 合点(chalaza)　来源于胚珠的合点,是种皮上维管束的汇合之处。

4. 种脊(raphe)　来源于胚珠的珠脊,即种脐至合点之间的隆起线,内含维管束。倒生胚珠发育成的种子,其种脊呈1条狭长的突起;弯生胚珠或横生胚珠形成的种子,种脊短;直生胚珠发育成的种子,因种脐和合点位于同一位置,无种脊。

(二)胚乳

由受精极核发育而来,位于胚的周围,呈白色,细胞中含有淀粉、蛋白质、脂肪等丰富的营养物质,一般较胚发育早,供给胚发育时所需要的养料。

少数植物的种子的珠心或珠被,在种子发育过程中未被完全吸收消失而形成残留的营养组织,包围在胚乳和胚的外部,称外胚乳,随即正常胚乳便可称为内胚乳了,如胡椒。少数种子的种皮内层和外胚乳常插入内胚乳中形成错入组织,如槟榔;少数种子的外胚乳内层细胞向内伸入,与类白色的内胚乳交错形成错入组织,如白豆蔻。

(三)胚

由受精卵细胞发育而来,是种子中尚未发育的雏形植物体。种子成熟时分化成胚根、胚轴、胚芽和子叶四部分。

1. 胚根(radicle)　幼小未发育的根,对着种孔,最先生长,从种孔伸出,发育成植物的主根。

2. 胚轴(embryonal axis)　连接胚根与胚芽的部分。

3. 胚芽(plumule)　胚的顶端未发育的地上枝,发育成植物的主茎。

4. 子叶(cotyledon)　胚吸收和贮藏养料的器官,占胚的较大部分,若出土后变绿,可以进行光合作用。一般单子叶植物具1枚子叶,双子叶植物具2枚子叶,裸子植物具多枚子叶。有些养料贮藏在胚内的植物,由胚的正常维管组织转运可溶性物质到分生组织区域;有些养料贮藏在胚乳中的植物,胚所需的养料通过胚的原表皮细胞吸收。禾本科植物是由高度特化的子叶即盾片来吸收养料,如小麦、玉米等。

三、种子的类型

被子植物的种子依据胚乳的有无,分为两类。

1. 有胚乳种子　植物的种子成熟时仍有发达的胚乳,而胚占较小体积,子叶薄,如蓖麻、小麦、玉蜀黍等(图7-6)。

2. 无胚乳种子　植物的种子在胚发育过程中,吸收了胚乳的养料,并将营养物质贮存在肥厚发达的子叶中,种子成熟后无胚乳或仅残留下一薄层,如大豆、油菜、泽泻等(图7-7)。

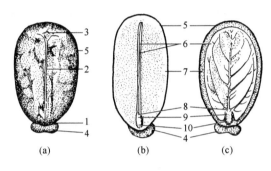

图7-6　蓖麻种子(有胚乳种子)

(a)外形　(b)与子叶垂直面纵切　(c)与子叶平行面纵切
1. 种脐　2. 种脊　3. 合点　4. 种阜　5. 种皮　6. 子叶
7. 胚乳　8. 胚芽　9. 胚轴　10. 胚根

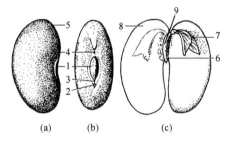

图7-7　菜豆种子(无胚乳种子)

(a)外形　(b)外形,示种孔、种脊、种脐、合点
(c)剖面(已除去种皮)
1. 种脐　2. 合点　3. 种脊　4. 种孔　5. 种皮
6. 胚根　7. 胚芽　8. 子叶　9. 胚轴

第八章 植物分类学概述

导学

植物分为低等植物和高等植物两大类,低等植物包括藻类、菌类和地衣植物,高等植物包括苔藓、蕨类、裸子和被子植物。高等植物结构复杂,通常有根茎叶分化,生活史中有胚出现,生殖器官多细胞,多为陆生。生物科学分类法采用界、门、纲、目、科、属、种七个主要等级,《国际藻类、菌物和植物命名法规》规定植物"种"的学名采用拉丁语表示,由属名和种加词组成,称"双名法",一般后附命名人缩写。

本章学习目标:

掌握植物的分类等级和命名方法、植物界的分门别类、高等植物与低等植物的特征及其类群等。熟悉植物分类学的目的和任务、植物分类检索表的编制原则及使用方法。了解植物的个体发育、系统发育及演化规律等。

第一节 植物分类学的目的和任务

自然界的植物种类繁多,分布广泛。现知绿色植物有 30 余万种,菌类植物有 10 余万种。人类在长期的实践活动中对如此之多的植物类群要加以应用,首先必须对它们进行识别、命名和分门别类,由此便产生了植物分类学。

植物分类学(Plant Taxonomy)是研究植物界不同类群的起源、亲缘关系和进化规律的一门学科。即把具有遗传多样性的植物分类群(taxon)进行描述、命名和分群归类,并按照各分类群间的亲缘关系加以排列,以便认识、研究和应用。

植物分类学的主要任务有以下几个方面。

1. 分类群的描述和命名 运用植物形态学、解剖学等知识,对植物个体间的异同进行比较研究,将类似形态特征、遗传背景的个体群归为"种"一级的分类单位,并对各分类群加以性状描述,按《国际植物命名法规》的要求来确定拉丁学名。这是分类学的首要任务。

2. 探索植物"种"的起源与演化 借助植物生态学、植物地理学、古生物学、生物化学、分子生物学等学科的研究资料,来探索植物"种"的起源与演化,为建立自然分类系统提供依据。

3. 建立自然分类系统 在进化论观点指导下,综合各分支学科的研究成果来阐明植物分类群间的亲缘关系,根据各分类群间的亲缘关系的远近,确定不同分类等级,进而按照亲疏程度加以排列,建立能反映客观演化途径的自然分类系统。

4. 编写植物志　运用植物分类学的知识,根据不同需要对某国家、某地区、某类用途或某分类群的植物进行资源调查,对调查资料加以整理,编写出不同类型的植物志,如《中国植物志》《中国药用植物志》等。各种植物志的问世,将为进一步研究、开发和利用植物资源提供基础的科学资料。

第二节　植物个体发育和系统发育

植物个体发育(ontogeny)是指由单细胞的受精卵发育成为一个成熟植物个体的过程,包括形态建成和生殖繁衍各个方面的发展变化。

植物系统发育(phylogeny)是指植物从它的祖先演进到植物界现在状态的过程,也是由原始单细胞植物的植物种族发生、成长和演进的漫长历史。每一种植物都有它自己的演进历史,这个历史可以不断上溯到植物有机体的起源、发生和发展,一般认为同一种或同一类群植物来源于共同的祖先。

植物的系统发育和个体发育相辅相成、紧密联系。植物系统发育是建立在无数个体发育的基础上,个体发育又可以反复重演系统发育的过程,即千百万年间所进行的系统发育演化过程中的重要节点,仅仅在胚胎发育的短暂时间内就能够观察得到。植物胚胎学研究证实,胚胎最初的形态变化与祖先演化的形态变化很近似,特别是受精卵至胚胎期间更加明显,以后才逐步地转变成现代植物种类的形态。在个体发育过程中所发生的系列变化,往往是按照系统发育中所经历的主要形态、结构变化,有顺序地再行重演一次。

植物的发生和发展都是和地球本身的化学元素、环境条件、变迁分不开的。地球有自身的形成和发展过程,地球上的地质、空气成分、水分、温度和湿度都在不断变化。这些变化都联系着植物的发生和发展,进而促使植物有机体在生理功能和形态构造上发生变化,能适应环境变化的种类或类群得到进一步发展,不能适应的即大批死亡,新的植物类群总是不断地代替老的类群。

现在地球上有很多植物类群虽已灭绝,但其进化发展的过程可从化石植物研究中得到证实。地球上最古老的水生植物是单细胞的藻类植物,进而发展到多细胞的藻类植物,有的则演变成具有茎叶的湿生苔藓植物,有的逐渐发展成为具有根、茎、叶,能适应陆地生长的蕨类植物,其中出现最早的陆生蕨类是裸蕨类,也是最原始的维管植物,如现今仅存的松叶兰 *Psilotum nudum* (L.) Griseb. ,是水生多细胞植物向陆地上挺进的先锋。随着时间的推移,环境的变迁,有的逐渐发展成为具有根、茎、叶、花、果实或种子的种子植物,即裸子植物和被子植物。裸子植物出现于距今约 3 亿年的古代泥盆纪,距今 2.6 亿年的上古生代是其最繁盛的时期。被子植物出现于距今 6 000 万年至 1.3 亿年的中生代末期白垩纪,随即大部分裸子植物相继灭绝。种子植物经过漫长的演化,由乔木和灌木发展到草本乃至一年生草本植物。

从白垩纪起,地球上植物界的状况就接近于现代植物界的了。自从地球上有了被子植物后,便为哺乳动物创造了良好的生存条件。以果实和种子为食物的猿猴在被子植物繁盛的环境中获得更好的进化,因此可以说,被子植物的出现对于人类的产生,起到了一定的作用。人类在充分利用野生植物资源的同时,还创造了大量的栽培植物,这便是植物界发展的最高阶段。

植物进化的一般规律有:由简单到复杂,由低级到高级,由水生到陆生,由少数种类到种类繁多等。从植物的起源和演进过程看来,植物的生活习性和构造愈相类似,亲缘关系愈相近。

第三节 植物的分类等级及其命名

一、植物的分类等级

植物分类等级又叫分类单位。植物的分类设立各种单位用来表示植物类群之间的相似程度和亲缘关系。在将植物分门别类时,建立一个按照等级高低和从属关系的顺序,设立了界、门、纲、目、科、属和种等分类等级,其中最基本的分类单位是种,即物种(species),是一个自然分类单位。分类学上把具有一定的自然分布区和一定的生理、形态特征的类群归为种;把起源联系、共同性较多的一些种汇总并归为一属;再把起源联系、共同性较多的一些属汇总并归成一科。以此类推,相继归为目、纲、门、界。常见的分类等级由高到低排列如表8-1所示。

表8-1 植物分类的主要等级

中 文	英 文	拉 丁 文	中 文	英 文	拉 丁 文
界	kingdom	regnum	科	family	familia
门	division	divisio(phylum)	属	genus	genus
纲	class	classis	种	species	species
目	order	ordo			

在各等级之间,有时因范围过大,不能完全包括其特征与系统关系,常增设亚(sub-)级单位,如亚门(subdivisio)、亚纲(subclassis)、亚目(subordo)、亚科(subfamilia)、亚属(subgenus)和亚种(subspecies)。在科内有时还分族(tribus)和亚族(subtribus),在属内除有亚属外,还有组(sectio)、系(series)等分类单位。

一般植物分类单位用拉丁语词来表示,其词尾均有规范格式,如门的词尾一般加-phyta,纲的词尾加-opsida,目的词尾加-ales,科的词尾加-aceae。但有些分类等级的词尾因习用历史已久,仍可保留其习用名和词尾,如双子叶植物纲(Dicotyledoneae)和单子叶植物纲(Monocotyledoneae)的词尾不用-opsida。此外,尚有8个科经国际植物学会审定可以使用习用名为保留科名,这些科既可用习用名,又可用规范科名,见表8-2。

表8-2 植物8个科的保留科名和规范科名

科 名	保留学名	规范科名	科 名	保留学名	规范科名
十字花科	Cruciferae	Brassicaceae	唇形科	Labiatae	Lamiaceae
豆科	Leguminosae	Fabaceae	菊科	Compositae	Asteraceae
藤黄科	Guttiferae	Hypercaceae	棕榈科	Palmae	Arecaceae
伞形科	Umbelliferae	Apiaceae	禾本科	Gramineae	Poaceae

　　种是具有一定的形态、生理特征和自然分布区，个体间可通过有性生殖繁衍出可育后代的群体。同种植物的各个个体起源于共同的祖先，且有相同的遗传性状，彼此之间授粉能产生可育的后代。种是由居群组成的生殖单元，和其他单元在生殖上是隔离的。不同种的个体之间一般不能进行杂交，即使杂交通常也不会产生可育后代。种是生物进化和自然选择的产物。种以下有亚种（subspecies，缩写为 subsp. 或 ssp. ）、变种（varietas，缩写为 var. ）、变型（forma，缩写为 f. ），栽培植物还有品种（cultivar，缩写为 cv. ）。

　　品种是栽培植物分类单位，只用于栽培或园艺植物的分类上，是人类在生产实践中培育创造出来的产物，在野生植物中不使用这一名词。品种通常注重形态上或经济价值上的差异，如色、香、味、形状、大小、植株高矮、产量高低等的不同，如人参的栽培品种有大马牙、二马牙、长脖、圆膀、圆芦等品种。在日常生活中"品种"这一词被广泛应用，如药材品种等，实际上多指分类学上的种，但有时也指栽培的中药品种。

　　现以当归为例示意其分类位置如下。

界……………………………植物界 Regnum vegetabile
　门………………………………被子植物门 Angiospermae
　　纲………………………………双子叶植物纲 Dicotyledoneae
　　　目………………………………伞形目 Umbellales
　　　　科………………………………伞形科 Umbelliferae
　　　　　属………………………………当归属 *Angelica*
　　　　　　种………………………………当归 *Angelica sinensis*（Oliv. ）Diels

二、植物的命名

　　世界各国由于语言和文字的不同，各有习用植物名称。即使在同一个国家内，同一种植物在不同的地区也往往有各自的名称，常常产生同物异名或异物同名等混乱现象，这对于科学研究与交流，以及对植物的利用都是极为不利的。为此，国际植物学大会制定了相关的"命名法规"，从而给每一种植物制定出世界各国可以统一使用的科学名称，简称学名（scientific name）。栽培植物的命名，可遵循《国际栽培植物命名法规》。

　　制定《植物命名法规》的工作可追溯至 1867 年法国巴黎国际植物学大会通过的 *Lois De La Nomenclature Botanique*。之后，国际植物学大会常每 6 年召开一次，其中重要内容之一是《国际植物命名法规》（*International Code of Botanical Nomenclature*，简称 ICBN）的修订与颁布。"法规"是世界植物学家处理植物名称时必须遵守的规则，自 2011 年 18 届国际植物学大会通过的"墨尔本法规"起，更名为《国际藻类、菌物和植物命名法规》（*International Code of Nomenclature for algae*，*fungi*，*and plants*）。

　　第 19 届国际植物学大会 2017 年在我国召开，大会命名法分会负责"法规"修订工作。经过讨论与表决，并提交大会全体会议通过，形成新版《国际藻类、菌物和植物命名法规（深圳）》（简称"深圳法规"），从而替代前期各版"法规"。今后 6 年内，国际生物学界关于藻类、菌物和植物的命名都将依此法规。

　　"法规"中有关命名的原则之一是命名模式（nomenclatural type）的概念：分类群名称的应用是由命名模式来决定的，即新分类群命名和现有名称的应用必须依附特定的标本，该标本被称为模式标本（type specimen）。模式标本非常重要，应妥善保存在植物学家们可以查阅到的植物标本馆内。

（一）植物种的名称

　　根据《国际藻类、菌物和植物命名法规》的规定，植物学名必须用拉丁语或其他文字拉丁化来形成。植物种的命名采用了林奈(Linneaus)倡用的"双名法",即规定每个植物学名由两个拉丁语词组成。第一个词为某一植物所隶属的属名;第二个词是种加词,起着标志某一植物"种"的作用。最后附上命名人的姓名缩写。其中属名和种加词用斜体,命名人用正体;属名首字母大写,种加词首字母不大写,命名人缩写采用国际通用格式。

植物学名构成的格式为:属名+种加词+命名人

例如:厚朴的学名 *Magnolia officinalis* Rehd. et Wils. ,属名 Magnolia(木兰属),种加词 officinalis(药用的),命名人 Rehd. 、Wils. 两人,其中"et"表示"和"的意思。

1. 属名   属名是植物学名的主体,使用拉丁语名词的单数主格。属名的来源广泛,如形态特征、生活习性、用途、地方俗名、神话传说等。

例如:桔梗属 Platycodon 来自希腊语 platys(宽广)+kodon(钟),表示该属植物的花冠为宽钟形。石斛属 Dendrobium 来自希腊语 dendron(树木)+bion(生活),表示该属植物多生活于树干上。人参属 Panax,拉丁语 panax 的意思是能抗百病的,表示该属植物的用途。荔枝属 Litchi 来自中国广东荔枝的俗名。芍药属 Paeonia 来自希腊神话中的医生名 Paeon。

2. 种加词   植物的种加词多用形容词,有时也用主格名词或属格名词。

(1) 形容词:形容词作为种加词时,常表示该植物的形态特征、生长环境、主要产地等,其性属、数、格要与属名一致。

例如:掌叶大黄 *Rheum palmatum* L. ,种加词来自 palmatus(掌状的),表示该植物叶掌状分裂,与属名均为中性、单数、主格。黄花蒿 *Artemisia annua* L. ,种加词 annua(一年生的),表示其生长期为 1 年,与属名均为阴性、单数、主格。当归 *Angelica sinensis* (Oliv.) Diels,种加词 sinensis(中国的)是形容词,表示产于中国,与属名均为阴性、单数、主格。

(2) 主格名词:种加词用一个和属名同格的名词,其数、格与属名一致,而性属不必一致。

例如:薄荷 *Mentha haplocalyx* Briq. ,种加词 haplocalyx(单轮的萼片)为名词,和属名同为单数主格,但 haplocalyx 为阳性,而 Mentha 为阴性。樟(香樟)*Cinnamomum camphora* (L.) Presl. ,种加词 camphora(阿拉伯语"樟脑")为名词,和属名同为单数主格,但 camphora 为阴性,而 Cinnamomum 为中性。

(3) 属格名词:种加词用名词属格,大多引用人名姓氏,姓氏若以元音结尾,通常加词尾-i 转变为属格;姓氏以辅音结尾,加-ii 转变为属格。也有用普通名词单数或复数属格的。用名词属格作种加词时也不必与属名性属一致。

例如:掌叶覆盆子 *Rubus chingii* Hu,种加词 chingii 是胡先骕采用了蕨类植物学家秦仁昌的姓氏以示纪念,姓氏末尾是辅音-g,加-ii 而成 chingii。三尖杉 *Cephalotaxus fortunei* Hook. f. ,种加词 fortune 是纪念英国植物采集家 Robert Fortune 的,其姓氏末尾是元音-e,加-i 而成 fortunei。

3. 命名人   植物学名中,命名人的引证一般只用其姓,如遇同姓者研究同一门类植物,则加注名字的缩写词以便区分。引证的命名人的姓名,要用拉丁字母拼写,并且每个词的首字母必须大写。我国的人名姓氏,现统一用汉语拼音拼写。命名者的姓氏较长时,可用缩写,缩写之后加缩略符号"."。共同命名的植物,用 et 连接不同作者。当某一植物名称为某研究者所创建,但未合格发表,后来的特征描记者在发表该名称时,仍把原提出该名称的作者作为该名称的命名者,引证时在两作者之间用 ex(从、自)连接,如缩短引证,位于 ex 之后的正式描记者姓氏应予保留。

例如:海带 *Laminaria japonica* Aresch. ,Aresch. 为瑞典植物学家 J. E. Areschoug 姓氏缩写。银杏 *Ginkgo biloba* L. ,L. 为瑞典著名的植物学家 Carolus Linnaeus 的姓氏缩写。紫草

Lithospermum erythrorhizon Sieb. et Zucc. 由德国 P. F. von Siebold 和 J. G. Zuccarini 两位植物学家共同命名。延胡索 *Corydalis yanhusuo* W. T. Wang ex Z. Y. Su et C. Y. Wu,该植物名称由我国植物分类学家王文采创建,后苏志云和吴征镒在整理罂粟科紫堇属(Corydalis)植物时,描记了特征并合格发表,所以在 W. T. Wang 之后用 ex 相连。

（二）植物种以下等级分类群的名称

植物种下等级分类群有亚种(ssp.)、变种(var.)或变型(f.)。这些分类群的名称是在种加词的后面加上各类群符号缩写,其后再加上亚种、变种或变型的加词,最后附以种以下单位命名人名。这种命名方法称三名法。

例如：鹿蹄草 *Pyrola rotundifolia* L. ssp. *chinensis* H. Andres(亚种)。长叶地榆 *Sanguisorba officinalis* L. var. *longifolia* (Bertol.) Yü et Li(变种)。重齿毛当归 *Angenica pubescens* Maxim. f. *biserrata* Shan et Yuan(变型)。

（三）学名的重新组合

植物学名有时可见到命名人被置于括号内,这表示该学名经重新组合。重新组合通常是指由一个属转隶到另一个属或由亚种、变种升为种等。重新组合时应保留原来的种加词和原命名人,并将原命名人加括号以示区别。如射干 *Belamcanda chinensis* (L.) DC. 原命名人 Linnaeus 将射干命名为 *Iris chinensis* L.,后来 De Candolle 经研究归入射干属 Belamcanda,这就是重新组合。还有凹叶厚朴 *Magnolia biloba* (Rewhd. et Wils.) Cheng 是由 *Magnolia officinalis* Rehd. et Wils. var. *biloba* Rehd. et Wils. 经郑万钧研究将其升为种的重新组合。

第四节 ｜ 植物的分门别类

植物界的分门,至今尚无定论,根据目前植物分类学常用的分类法,将植物界分为 7 类 16 门(表 8 - 3)。

表 8 - 3　植物的分门别类

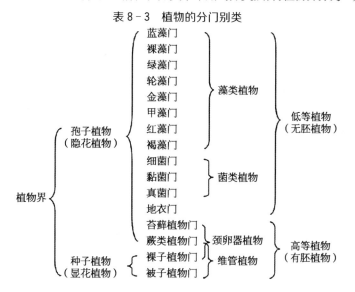

从表 8-3 可看出,藻类、菌类和地衣植物三类合称为低等植物(lower plants),它们是进化过程中出现最早的一大类群植物,其主要特征是:植物体构造简单,为单细胞、多细胞群体或多细胞个体,形态上没有根、茎、叶的分化,内部构造上一般无组织分化;生殖"器官"通常由单细胞构成,合子发育时离开母体,不形成胚。因此,低等植物也称无胚植物(non embryophyte)或原植体植物(thallophytes)。

苔藓、蕨类、裸子和被子植物四类合称为高等植物(higher plants),它们是植物界中进化的一大类群绿色植物,是经过长期适应陆生环境而演化的结果。在演化过程中,这些植物在形态结构和生理功能等方面都发生了极大的变化,产生了更加适应陆地生活的特征:形态上有了根、茎、叶的分化,内部结构上有了组织的分化;生殖器官由多细胞构成,合子在母体内发育成胚。所以,高等植物又称有胚植物(embryophytes)或茎叶体植物(cormophytes)。

藻类、菌类、地衣、苔藓、蕨类植物利用孢子进行繁殖,统称为孢子植物(spore plants)。因为它们不开花结果,故又称为隐花植物(cryptogamia)。

裸子植物和被子植物在有性生殖过程中要开花,并形成种子,以种子进行繁殖,故合称为种子植物(seed plants)或显花植物(planerogams),其中被子植物的花结构更为特化,且能产生果实,特称有花植物(flowering plants),因其心皮愈合形成雌蕊,所以也称雌蕊植物(gynoeciatae)。

苔藓植物、蕨类植物和裸子植物在有性生殖过程中,配子体上产生精子器(antheridium)和颈卵器(archegonium)结构,故合称为颈卵器植物(archegoniatae)。

蕨类植物、裸子植物和被子植物体内具有复杂的维管系统,合称为维管植物(vascular plants)。

第五节 植物分类检索表

植物分类检索表是鉴定植物分类群的重要资料,也是鉴定药用植物不可缺少的工具。检索表是根据法国植物学家拉马克(Lamarck)的二歧分类原则编制而成的,即在充分了解植物种及各类群的形态特征基础上,找出互相矛盾的主要特征,将其分成相对应的两个分支,再依据每个分支中互相矛盾的显著性状再分成相对应的两个分支,以此类推,直到考察的植物类群均被彼此区分为止,所编制的检索表即到终点。并且要按各分支的先后顺序编制标号,分枝时相互矛盾的两个矛盾特征描述的标号数应该是相同的。

使用检索表鉴定植物时,首先要将原植物标本进行解剖观察,尤其是花的构造要点,掌握所要鉴定的植物主要特征,然后查阅相应的检索表。具体方法是根据要鉴定的植物特征与检索表上所载的特征进行比较,看是否相符,如两者特征相符合,则查找其下面紧邻的一项;如若符合,则应查找与该项相对应的、同一编号的另一项特征描述,如此逐项检索,最后便可查出该植物的分类等级目标。为了达到正确无误地鉴定原植物,常将检索出来的种类用《中国植物志》《中国高等植物图鉴》等工具书进一步核对,验证检索过程中和目标物种的特征描述是否有误,才能最终确认鉴定出的植物是否名称正确。

植物分类检索表可以分为门、纲、目、科、属、种等各等级的分类检索表,常用的是分科、分属、分种三种检索表。植物分类检索表又根据排列方式的不同,分为定距检索表、平行检索表和连续平行检索表三种式样,我们以植物界主要类群的分类检索表为例进行说明。

一、定距检索表

将每个相互矛盾的两个分支标以相同的号码,如1~1,2~2 等,分开间隔编排在一定距离处,每下一项后缩一格排列。本教材附录中的被子植物门分科检索表即为定距检索表。

  1. 植物体无根、茎、叶的分化,无胚 ························· 低等植物
    2. 植物体不为藻类和菌类的共生体。
      3. 植物体内含叶绿素,或其他光合色素,为自养生活方式 ········· 藻类植物
      3. 植物体无叶绿素或其他光合色素,为异养生活方式 ········· 菌类植物
    2. 植物体为藻类和菌类的共生体 ·················· 地衣植物
  1. 植物体有根、茎、叶的分化,有胚 ··················· 高等植物
     4. 植物体有茎、叶,而无真根 ···················· 苔藓植物
     4. 植物体有茎、叶,也有真根。
       5. 不产生种子,以孢子进行繁殖 ·············· 蕨类植物
       5. 产生种子,以种子进行繁殖。
        6. 大孢子叶(心皮)不形成封闭的子房,胚珠裸露 ······· 裸子植物
        6. 心皮形成封闭的子房,胚珠包被于子房内 ········· 被子植物

二、平行检索表

将每个相互矛盾的两个分支紧紧并列,并给予同一号码,每一分支后标明下一步需查阅的号码或分类群。

  1. 植物体构造简单,无根、茎、叶的分化,无胚 ············ (低等植物)(2)
  1. 植物体构造复杂,有根、茎、叶的分化,有胚 ············ (高等植物)(4)
  2. 植物体为菌类和藻类所组成的共生体 ················ 地衣植物
  2. 植物体不为菌类和藻类所组成的共生体 ················· (3)
  3. 植物体内含有叶绿素或其他光合色素,自养生活方式 ········ 藻类植物
  3. 植物体内不含叶绿素或其他光合色素,寄生或腐生 ········ 菌类植物
  4. 植物体有茎、叶和假根 ····················· 苔藓植物
  4. 植物体有茎、叶和真根 ······················· (5)
  5. 植物以孢子繁殖 ························· 蕨类植物
  5. 植物以种子繁殖 ························· 种子植物

三、连续平行检索表

将每个相互矛盾的两个分支各用两个不同的号码表示,紧邻排列,后一个号码加括号来表示相对应的分支项。查阅时如特征符合,就顺次向下查;如不符合时,就调转至括号内标号的对应项进行比对。

  1. (6)植物体构造简单,无根、茎、叶的分化,无胚 ··········· (低等植物)
  2. (5)植物体不为藻类和菌类所组成的共生体。
  3. (4)植物体内有叶绿素或其他光合色素,自养生活方式 ········ 藻类植物
  4. (3)植物体内不含叶绿素或其他光合色素,寄生或腐生 ········ 菌类植物

5. (2) 植物体为藻类和菌类的共生体 ………………………………… 地衣植物
6. (1) 植物体构造复杂,有根、茎和叶的分化,有胚 …………………………… (高等植物)
7. (8) 植物体有茎、叶和假根 ……………………………………………… 苔藓植物
8. (7) 植物体有茎、叶和真根。
9. (10) 植物以孢子繁殖 ……………………………………………………… 蕨类植物
10. (9) 植物以种子繁殖 ……………………………………………………… 种子植物

第九章　藻类植物

导学

藻类植物是一群结构简单的原始自养型生物,含光合作用色素,能进行光合作用。藻类植物繁殖方式有营养繁殖、无性生殖和有性生殖等。藻类植物常作药用或食用的有海带、昆布、海蒿子、羊栖菜、甘紫菜等。

本章学习目标:

掌握藻类植物主要特征和常见药用植物及其入药部位。了解藻类植物中蓝藻门、绿藻门、红藻门和褐藻门等植物分类群。

低等植物包括藻类、菌类和地衣植物,它们是进化过程中出现最早的一大类群植物。低等植物植物体构造简单,为单细胞、多细胞群体及多细胞个体,形态上没有根、茎、叶的分化,构造上一般无组织分化,故称原植体植物;生殖"器官"一般由单细胞构成;合子发育时离开母体,不形成胚。

第一节　藻类植物的特征

藻类植物(Algae)是一类自养型原植体植物(thallophytes)。

藻类植物体构造简单,没有根、茎、叶分化,植物体的类型多种多样,单细胞的如小球藻、衣藻、原球藻等,多细胞呈丝状体的如水绵、刚毛藻等,呈叶状的如海带、昆布等,呈树枝状的如马尾藻、海蒿子、石花菜等。

藻类植物细胞内含有光合作用色素,如叶绿素、胡萝卜素、叶黄素等,能进行光合作用,是自养型生活方式,故为自养植物(autotrophic plant)。藻类植物通过光合作用制造的养分,在不同藻类植物中是不同的,如蓝藻贮存蓝藻淀粉、蛋白质粒,绿藻贮存淀粉、脂肪,红藻贮存红藻淀粉和红藻糖,褐藻贮存褐藻淀粉、甘露醇。此外,藻类植物还含有藻蓝素、藻红素和藻褐素等非光合色素,使不同种类的藻体呈现不同的颜色。

藻类植物的生殖器官为单细胞,行营养繁殖、无性生殖和有性生殖三种繁殖方式。植物体的一部分脱离母体后直接发育为新的植物,称营养繁殖(vegetative propagation)。生物繁衍后代的过程中先产生专司生殖的生殖细胞,再由生殖细胞发育为后代个体的方式称生殖(reproduction)。生殖又分为无性生殖(asexual reproduction)和有性生殖(sexual reproduction)两类。生殖过程中产生的生殖细胞不经结合,直接发育为新植物体的生殖方式为无性生殖,无性生殖的生殖细胞称孢子(spore),产生孢子进行无性生殖的植物体称孢子体(sporophyte),孢子体上产生孢子的囊状结构或细胞称孢子囊(sporangium)。生殖过程中产生的生殖细胞必须两两结合为合子(zygote),由合子发育为新植物体的生殖方式为有性生殖,有性生殖的生殖细胞称配子(gamete),产生配子进行有性生殖的植物体称配子体(gametophyte),配子体上产生配子的囊状结构或细胞称配子囊(gametangium)。根据两两结合的配子是否相同,有性生殖还分为同配(isogamy)、异配(heterogamy)和卵配(oogamy)三种形式。同配是指结合的两个配子形态、结构、行为均相同;异配是指结合的两个配子形态结构差异不大,但有大小之分,大的一般较迟钝,小的行为较灵活;如果结合的配子一个较大、类圆形、行为迟钝,称为卵(egg),而另一个较小、水滴状、具鞭毛、行动灵活,可借水游动,称精子(sperm),精子和卵的配合称受精作用(fertilization),合子也称受精卵(fertilized egg),这种有性生殖称卵配生殖(egg reproduction)。藻类植物有性生殖时合子萌发成新个体或直接产生孢子长成新个体,不经过胚的阶段,为无胚植物。

藻类植物在自然界中几乎到处都有分布,大多数水生,生活在淡水中称为淡水藻,主要是绿藻和蓝藻,有的能在85℃的温泉中生活。生活在海水里的称为海藻,主要为红藻和褐藻,有的可在100 m深的海底生活。气生藻主要生活在潮湿的土壤、岩石上,有些能在零下数十度的南北极或终年积雪的高山上生活,还有些生活在树皮、墙壁上。藻类植物对环境要求不高,适应环境能力强,在地震、火山爆发、洪水泛滥后形成的新鲜无机质上,它们是最先居住者,是新生活区先锋植物之一。藻类与真菌能形成共生复合体的地衣,主要参与者是蓝藻和绿藻。

第二节 | 藻类植物的分类及常用药用植物

藻类植物约有3万种,广布全世界。根据藻类植物的形态构造、细胞壁的成分、载色体的结构及光合作用色素种类、贮藏养分的类别、鞭毛的有无、数目、着生位置、繁殖方式和生活史类型等特征,将藻类植物分为8个门:蓝藻门、裸藻门、绿藻门、轮藻门、金藻门、甲藻门、红藻门和褐藻门。现将与药用及分类系统上关系较大的蓝藻门、绿藻门、红藻门和褐藻门4个门的特征进行比较(表9-1)。

表9-1 藻类植物4个门的特征

	蓝藻门	绿藻门	红藻门	褐藻门
植物体形态	原核生物;单细胞体或多细胞群体或丝状体	真核生物;单细胞体、群体、多细胞丝状体、多细胞片状体	真核生物;大多数为多细胞丝状体、片状体、枝状体、少数单细胞或群体	真核生物;多细胞的分枝丝状体或片状,膜状体
细胞壁	3~4层,外面有一层胶质,叫胶原鞘,成分为果胶酸和黏多糖	2层,内层纤维素,外层果胶质,常黏液化	2层,内层纤维素,外层为红藻特有的琼胶、海萝胶所形成的胶质层	2层,内层纤维素,外层褐藻胶,能黏液化

续 表

	蓝 藻 门	绿 藻 门	红 藻 门	褐 藻 门
色素体与色素	无质体,色素在中央质周围,称周质,又称色素质。主要含叶绿素和藻蓝素,还含藻黄素、藻红素	叶绿体呈杯、环节螺旋带状、星状、网状等。主要含叶绿素 a、b,胡萝卜素和叶黄素等	载色体(色素体)颗粒状。主要含藻红素,叶绿素 a、d,叶黄素和藻蓝素等	载色体形状不一。主要含叶绿素,胡萝卜素和叶黄素等
光合产物	蓝藻淀粉 蓝藻颗粒体	淀粉	红藻淀粉 红藻糖	褐藻淀粉 甘露醇、油类
繁殖方式	主要靠细胞分裂;丝状体种类断裂繁殖;少数产生孢子进行无性繁殖	细胞分裂;丝状体断裂繁殖;孢子繁殖;有性生殖(接合生殖);有世代交替现象出现	无性生殖;有性生殖。过程繁杂	生殖方式复杂,出现有异形世代交替现象

一、蓝藻门　Cyanophyta

蓝藻门约有 150 属,2 000 种,分布很广,以水生为多,且淡水中的较多,海水中的少;有的和真菌共生形成地衣。已知药用植物较少。

【药用植物】 葛仙米 *Nostoc commune* Vauch.　为念珠藻科念珠藻属植物。藻体由许多圆球形细胞组成不分枝的单列丝状体,形如念珠状。丝状体外面有一个共同的胶质鞘,形成片状或团块状的胶质体。在丝状体上相隔一定距离产生 1 个异形胞,异形胞壁厚,与营养细胞相连的内壁为球状加厚,叫做节球。在 2 个异形胞之间,或由于丝状体中某些细胞的死亡,将丝状体分成许多小段,每小段即形成藻殖段。异形胞和藻殖段的产生,有利于丝状体的断裂和繁殖。分布于全国各地,生于湿地或地下水位较高的草地上。能清热,收敛,益气,明目。民间习称"地木耳",可供食用和药用。(图 9-1)

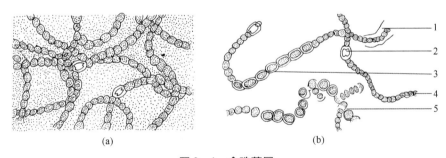

图 9-1　念珠藻属

(a) 植物体的一部分　(b) 藻丝

1. 胶质鞘　2. 异形胞　3. 厚壁孢子　4. 营养细胞　5. 厚壁孢子萌发

此外,药用藻类还有发菜 *Nostoc flagilliforme* Born. et Flah. ,属念珠藻科,藻体能清热解毒,凉血明目,促进手术后伤口愈合。生长在荒漠的草原上,我国宁夏中部和同宁夏毗邻的内蒙古西部靠近腾格里沙漠边缘的古浪、永昌、景泰、靖远等县是主要产地。

二、绿藻门　Chlorophyta

绿藻门有 430 属,6 800 种,分布很广,以淡水中为最多,流水和静水中都可见到。陆地上的阴湿处和海水中也有绿藻生长,有的和真菌共生形成地衣。

【**药用植物**】 石莼 *Ulva lactuca* L. 藻体为二层细胞构成的膜状体,黄绿色,边缘波状,基部有多细胞的固着器。无性生殖产生具有 4 条鞭毛的游动孢子;有性生殖产生具有 2 条鞭毛的配子,配子结合成合子(2n),合子直接萌发,形成孢子体,孢子体(2n)通过减数分裂,产生孢子(n);孢子萌发,形成配子体,配子体(n)产生配子(n)。孢子体、配子体在形态构造上基本相同,只是体内细胞的染色体数目不同而已。从合子到孢子体,再到孢子囊,染色体数目是双倍(2n),其植物体形态为孢子体,故称孢子体世代(sporophytic generation),其植物体行无性生殖(asexual generation),所以又称无性世代;从孢子到配子体、配子囊,再到配子产生,染色体数目是单倍(n)的,其植物体形态为配子体,故称配子体世代(gametophytic generation),其植物体行有性生殖,所以又称有性世代(sexual generation)。很多植物生活史中,有性世代与无性世代互相交替发生,这种现象称世代交替。孢子体与配子体形态、大小和构造等基本一样,称同形世代交替(isomorphic alternation of generations);孢子体与配子体形态、大小和构造等有明显差异性,称异形世代交替(heteromorphic alternation of generations)。高等植物均有异形世代交替现象。在石莼的生活史中,单倍体和二倍体的植物体形态、大小和构造一样,为同形世代交替。

石莼分布于浙江至海南岛沿海。可供食用,又称海白菜。藻体能软坚散结,清热祛痰,利水解毒。(图 9 - 2)

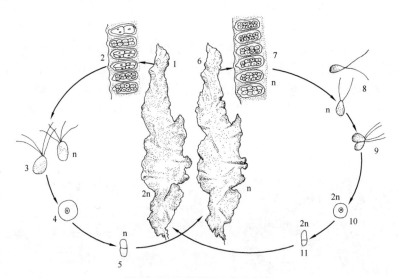

图 9 - 2 石莼的形态和生活史

1. 孢子体 2. 游动孢子囊的切面 3. 游动孢子 4. 游动孢子的静止期 5. 孢子萌发
6. 配子体 7. 配子囊的切面 8. 配子 9. 配子配合 10. 合子 11. 合子萌发

此外,药用藻类还有水绵 *Spirogyra nitida* (Dillow.) Link. ,为不常见的淡水藻,在小河、池塘或水田、沟渠中均可见到。藻体入药能治疮及烫伤。

绿藻门中有许多种类可供食用和药用,如浒苔 *Enteromorpha prolifera* (Muell) J. Ag. ,能清热解毒,软坚散结。礁膜 *Monostroma nitidum* Wittr. ,能清热化痰,利水解毒。

三、红藻门 Rhodophyta

红藻门有 558 属,4 740 余种,绝大多数分布于海水中,少数分布于淡水中,固着于岩石等物体上。(图 9 - 3)

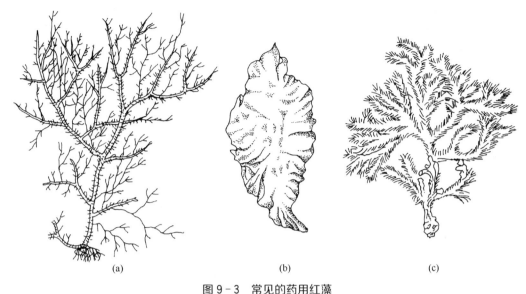

图9-3　常见的药用红藻

(a) 石花菜　(b) 甘紫菜　(c) 海人草

【药用植物】　石花菜 *Gelidium amansii* (Lamx.) Lamx.　为石花菜科。藻体软骨质,淡紫红色,直立丛生,四至五回羽状分枝,小枝对生或互生。分布于渤海、黄海、台湾北部。可供提取琼脂(琼胶),用于医药、食品和作为固体培养基。藻体能清热解毒,缓泻。

甘紫菜 *Porphyra tenera* Kjellm.　属红毛菜科。藻体深紫红色,薄叶片状,广披针形、卵形或椭圆形,边缘全缘且有皱褶,基部有盘状固着器。

同属药用植物还有条斑紫菜 *P. yezoensis* Ueda、坛紫菜 *P. haitanensis* T. J. Chang et B. F. Zheng 等,分布辽东半岛至福建沿海,并有大量栽培,全藻供食用。藻体能软坚散结,化痰,利尿,降血脂。

红藻门药用植物还有: 海人草 *Digenea simplex* (Wulf.) C. Ag. 又名海人藻,分布我国台湾和海南等诸岛。全藻含有海人草酸和异海人草酸,具有驱蛔虫、鞭虫、绦虫等作用。鹧鸪菜(美舌藻、乌菜)*Caloglossa leprieurii* (Mont.) J. Ag.,全藻含美舌藻甲素(海人草酸)及甘露醇甘油酸钠盐(海人草素),能驱蛔虫,化痰,消食。

四、褐藻门　Phaeophyta

褐藻门约有250属,1 500种。绝大多数分布于海水中,从潮间线一直分布到低潮线下约30 m处,是构成海底"森林"的主要类群。在我国,黄海、渤海海水较混浊,褐藻分布于低潮线;南海海水澄清,褐藻分布较少。

【药用植物】　海带 *Laminaria japonica* Aresch.　属于海带科植物,植物体(孢子体)是多细胞的,可分为固着器(holdfast)、柄(stipe)和带片(blade)三个部分。基部分枝如根状的固着器,主要是固着于岩礁或其他附属物上;上面如茎状不分枝的柄,圆柱形或略侧扁;柄顶端是扁平叶状的带片,没有中脉。柄与带片连接处的细胞具有分生能力,产生新细胞,使带片不断延长。柄与带片内部组织分化为表皮、皮层和髓三层,其中表皮与皮层细胞具有色素,能进行光合作用,髓部起输导作用。

海带的生活史中有明显的世代交替。孢子体成熟时,在带片的两面产生单室的游动孢子囊,呈棒状丛生,中间夹着长的细胞,称隔丝(paraphysis,或称侧丝),隔丝尖端有透明的胶质冠(gelatinous corona)。游动孢子囊的区域为深褐色,孢子母细胞经过减数分裂及多次有丝分裂,产生很多侧生双鞭毛的同型游动孢子(n);游动孢子梨形,两条侧生鞭毛不等长;孢子落地后立即萌发为雌、雄配子体。雄配子体是由十几个至几十个细胞组成分枝的丝状体,其上的精子囊由1个细胞形成,产生1枚侧生双鞭毛的精子;雌配子体是由少数较大的细胞组成,分枝也很少,在2~4个细胞时,枝端即产生单细胞的卵囊,内有1枚卵,成熟时卵排出,附着于卵囊顶端。卵在母体外受精,形成二倍的合子;合子不离开母体,几日后即萌发为新的海带。海带的孢子体和配子体之间差别很大,孢子体大而有组织的分化,配子体只有十几个细胞组成,属于异形世代交替。(图9-4)

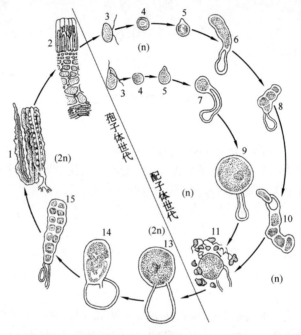

图9-4 海带生活史

1、2. 孢子体横切,示孢子囊 3. 游动孢子 4. 游动孢子静止状态
5. 孢子萌发 6. 雄配子体初期 7. 雌配子体初期 8. 雄配子体
9. 雌配子体 10. 精子自精子囊放出 11、12. 停留在卵囊孔上的卵和聚
集在周围的精子 13. 合子 14. 合子萌发 15. 幼孢子体

海带在自然情况下生长期是2年,在人工筏式条件下养殖是1年,第一年秋天采苗,第二年3~4月间,生长速度达到最高峰,藻体长达2~3 m,秋季水温下降至21℃以下时,带片产生大量的孢子囊群,于10~11月间放散大量孢子,此后如不收割,藻体即死亡。藻体只能生活13~14个月。

海带原产俄罗斯远东地区、日本和朝鲜北部沿海,后由日本传到我国大连海滨,并逐渐在辽东和山东半岛的肥沃海区生长,产量居世界首位。海带含有丰富的营养,是人们喜爱的食品,也是制取褐藻酸盐、碘和甘露醇等的重要原料。藻体(药材名:昆布)能清热,利尿软坚,消痰,降血脂,降血糖等。

昆布 *Ecklonia kurome* Okam.   属于翅藻科。植物体明显分为固着器、柄和带片三部分,带片为单条或羽状,边缘具粗锯齿。分布我国的辽宁、浙江、福建和台湾海域。藻体(药材名:昆布)能镇咳平喘,软坚散结。

　　同科植物作昆布药用的还有裙带菜 *Undaria pinnatifida*（Harv.）Suringar,孢子体大型,带片单条,中部有隆起的中肋,两侧形成羽状裂片。分布辽宁、山东、浙江和福建的沿海地区,生长于低潮线附近岩礁上。

　　药用藻类还有海蒿子 *Sargassum pallidum*（Turn.）C. Ag. 和羊栖菜 *S. fusiforme*（Harv.）Setch.,属于马尾藻科,藻体(药材名:海藻)有软坚、散结、消痰作用。(图9-5)

图9-5　常见的药用褐藻

(a) 昆布　(b) 裙带菜(1. 中肋　2. 裂片　3. 固着器)　(c) 海蒿子(1. 初生叶　2. 次生叶
3. 气囊　4. 生殖小枝和生殖托)　(d) 羊栖菜

第十章 | 菌 类 植 物

导学

菌类植物是一群不含光合作用色素的低等植物，行异养生活方式。分为细菌门、黏菌门和真菌门3个门。真菌细胞壁的主要成分为几丁质。绝大多数真菌的植物体由菌丝构成，称菌丝体。真菌门分为鞭毛菌亚门、接合菌亚门、子囊菌亚门、担子菌亚门和半知菌亚门。

本章学习目标：

掌握菌类植物的主要特征、分门及代表药用植物。熟悉真菌的形态特征和常见的药用真菌。

菌类植物是一类异养型原植体。

菌类植物没有根、茎、叶分化，细胞不含光合作用色素，不能进行光合作用，而是通过异养(heterotrophy)生活方式而生活的一类低等植物。其异养生活方式有多种，凡从活的动植物体中吸取养分的称寄生(parasitism)；从死的动植物体上或其他无生命的有机体中吸取养分的称腐生(saprophytism)；从活的生物体上取得养分，同时又提供该活体有利的生活条件，从而彼此间相互受益，互相依赖的称作共生(symbiosis)。

由于菌类植物的生活方式多样，所以它们的分布非常广泛，土壤、水里、空气、人及动植物体内、食物上都有它们的踪迹，广布于全球。林奈将生物界划为动物界和植物界的二界系统，其中菌类属于植物界，分为3个门：细菌门、黏菌门和真菌门。细菌门通常在微生物学中介绍，黏菌与医药关系不大，因此本章仅介绍真菌门。

第一节 | 真菌门的一般特征

一、真菌门的形态

真菌门(Eumycota)除少数种类是单细胞外，绝大多数是由纤细、管状的菌丝(hyphae)构成，菌丝分枝或不分枝。在营养状态下，发达的菌丝疏松交织形成无定型的菌丝群称为菌丝体(mycelium)。菌丝直径一般在10 μm以下，最细不到0.5 μm，最粗达到100 μm。很多真菌的菌丝都有横隔膜(septum),将菌丝分隔成许多细胞,称为有隔菌丝(septate hyphae);有的低等真菌的菌丝不具隔膜,由单细胞构成,称为无隔菌丝(nonseptate hyphae)。

绝大多数真菌均有细胞壁,细胞壁成分比较复杂,并且成分随年龄和环境条件经常变化,某些低等真菌的细胞壁为纤维素,高等真菌细胞壁成分为几丁质。细胞内含有原生质、细胞核、液泡、核糖体、线粒体、内质网,贮藏蛋白质、肝糖和油滴(不含淀粉)等营养物质。

在正常生活条件下,真菌菌丝体的菌丝是疏松的,但在不良环境下或繁殖的时候,菌丝相互紧密交织在一起形成特定形态和结构的菌丝组织体。常见的有根状菌索、菌核、子实体和子座等。

1. 根状菌索(rhizomorph)　是高等真菌的菌丝密结成绳索状,外形似根,往往造成木本植物根部腐朽,但很少作药用。

2. 菌核(sclerotium)　是有些真菌的菌丝密集成的颜色深、质地坚硬的核状体,可帮助真菌度过干旱、高温、低温等不良环境。

3. 子实体(sporophore)　是高等真菌在生殖时期形成一定形状和结构、能产生孢子的菌丝体。

4. 子座(stroma)　是容纳子实体的褥座,是营养阶段到繁殖阶段的一种过渡形式,其外侧菌丝较为致密,称拟薄壁组织,中央的菌丝相对疏松,称疏丝组织。

二、真菌的繁殖

真菌的繁殖通常有营养繁殖、无性生殖和有性生殖三种。

1. 营养繁殖　少数单细胞真菌如裂殖酵母菌属(Schizosaccharomyces),通过细胞分裂而产生子细胞。有的通过菌丝断裂而发育成新的个体。大部分真菌的营养菌丝产生各种孢子。芽生孢子(blastospore)是从母细胞上出芽形成的,芽孢子脱离母体后发育成新个体;厚垣孢子(chlamydospore)又称厚壁孢子,是由菌丝中间个别细胞膨大形成的休眠孢子,其原生质浓,细胞壁厚,渡过不良环境再萌发为菌丝体;节孢子(arthrospore)是由菌丝断裂而形成的,节孢子离开母体可以萌发形成新的个体。

2. 无性生殖　真菌的无性生殖产生各种类型孢子,如游动孢子、孢囊孢子、分生孢子等。游动孢子(zoospore)是水生真菌在游动孢子囊(zoosporangium)内产生的,无壁,有鞭毛,能借水游动的孢子;孢囊孢子(sporangiospore)是在孢子囊(sporangium)内形成的不动孢子,借气流传播;分生孢子(conidiospore)是由分生孢子梗的顶端或侧面产生的一种不动孢子,通过气流或动物传播。这些无性孢子在适宜条件下萌发形成芽管(germtube),芽管又继续生长形成新的菌丝体。

3. 有性生殖　不同真菌的有性生殖方式是不相同的,低等真菌为配子结合,有同配生殖、异配生殖和结合生殖;高等真菌可形成卵囊和精囊,分别产生卵和精子,卵和精子结合形成卵孢子,称为卵式生殖。子囊菌的有性生殖,形成子囊,其内产生子囊孢子。担子菌的有性生殖,形成担子,在担子上产生担孢子。子囊孢子和担孢子是有性结合后产生的孢子,与无性生殖的孢子完全不同。

第二节 真菌门的分类及常用药用植物

根据国际真菌研究所编著的《真菌词典》第3版(1983年)记载真菌有5 950属,64 200种。可分为5个亚门,即鞭毛菌亚门(Mastigomycotina)、接合菌亚门(Zygomycotina)、子囊菌亚门(Ascomycotina)、担子菌亚门(Basidiomycotina)、半知菌亚门(Deuteromycotina)。(表10-1)

表10-1 真菌门5个亚门检索表

1. 具游动孢子 ·· 鞭毛菌亚门 Mastigomycotina
1. 无游动孢子。
  2. 具有性阶段。
    3. 有性阶段出现接合孢子 ······························· 接合菌亚门 Zygomycotina
    3. 非上述情况。
      4. 有性阶段出现子囊孢子 ···························· 子囊菌亚门 Ascomycotina
      4. 有性阶段出现担孢子 ······························ 担子菌亚门 Basidiomycotina
  2. 缺有性阶段 ·· 半知菌亚门 Deuteromycotina

药用真菌以子囊菌亚门和担子菌亚门为多见,少数为半知菌亚门,下面重点介绍子囊菌亚门和担子菌亚门。

一、子囊菌亚门 Ascomycotina

子囊菌亚门是真菌中种类最多的一个亚门,全世界约有2 720属,28 650种,除少数低等子囊菌为单细胞外,绝大多数有发达的菌丝,菌丝具有横隔,并可紧密结合成一定的形状。

子囊菌的无性生殖特别发达,有裂殖、芽殖,或形成分生孢子、节孢子、厚垣孢子(厚壁孢子)等。

子囊菌的有性生殖最主要特征是产生子囊(ascus),内生子囊孢子(ascospore),除少数原始种类,如酵母菌的子囊裸露不形成子实体外,绝大多数子囊菌产生子实体,子囊埋于子实体内。子囊菌的子实体又称为子囊果(ascocarp),常见有三种类型:子囊盘(apothecium),指子囊果呈盘状、杯状或碗状,子囊盘中许多子囊和隔丝(不育菌丝)垂直排列在一起,形成子实层(hymenium),子实层常暴露在外。闭囊壳(cleistothecium),指子囊果完全闭合呈球形,无开口,闭囊壳破裂后子囊孢子才能散出。子囊壳(perithecium),指子囊果呈瓶状或囊状,先端有开口,这一类子囊果多埋于子座内。子囊果的形态是子囊菌分类的重要依据。(图10-1)

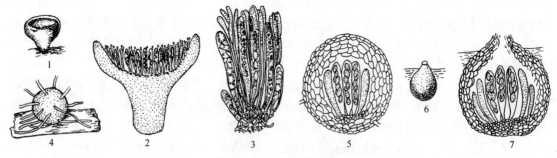

图10-1 子囊果的类型
1. 子囊盘 2. 子囊盘的纵切放大 3. 子囊盘中子实层一部分放大 4. 闭囊壳 5. 闭囊壳纵切放大
6. 子囊壳 7. 子囊壳纵切放大

【药用植物】 酿酒酵母菌 *Saccharomyces cerevisiae* Hansen 属于酵母菌科。单细胞,卵圆形或球形,具细胞壁、细胞质膜、细胞核(极微小,常不易见到)液泡、线粒体及各种贮藏物质,如油滴、肝糖等。

酵母菌形态虽然简单,但生理却比较复杂,种类也比较多,应用也是多方面的。在工业上用于酿酒。酵母菌将葡萄糖、果糖、甘露糖等单糖吸入细胞内,在无氧的条件下,经过内酶的作用,把单糖分解为二氧化碳和乙醇。此作用即发酵。在医药上，因酵母菌富含维生素 B、蛋白质和多种酶，菌体可制成酵母片，治疗消化不良，并可从酵母菌中提取生产核酸类衍生物、辅酶 A、细胞色素 C、谷胱甘肽和多种氨基酸的原料。(图 10 - 2)

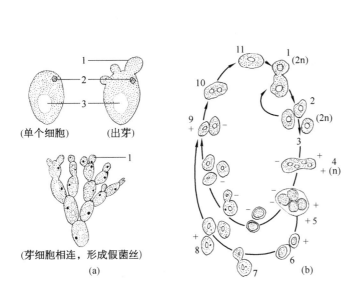

图 10 - 2 酵母菌

(a) 酵母菌属的形态 1. 芽孢子 2. 核 3. 液泡
(b) 酿酒酵母菌的生活史 1. 芽殖 2. 二倍体细胞 3. 减数分裂
    4. 幼小子囊 5. 成熟子囊 6. 子囊孢子 7. 芽殖 8. 营养细胞
    9. 结合 10. 质配 11. 核配

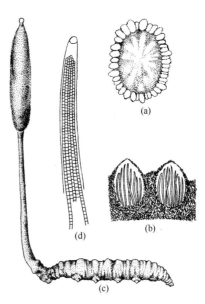

图 10 - 3 冬虫夏草

(a) 子座的横切面观 (b) 子囊壳(子实体)放大 (c) 植物体的全体,上部为子座,下部为已死的虫体 (d) 子囊及子囊孢子

冬虫夏草菌 *Cordyceps sinensis* (Berk.) Sacc. 是麦角菌科一种寄生于蝙蝠蛾科昆虫幼虫体上的子囊菌。这种菌的子囊孢子为多细胞的针状物，由子囊散出后分裂成小段，每段萌发，产生芽管，侵入昆虫的幼虫体内，蔓延发展，破坏虫体内部的结构，把虫体变成充满菌丝的僵虫菌核，冬季形成菌核，夏季自幼虫体的头部长出棍棒状的子座，子座上端膨大，近表面生有许多子囊壳，壳内生有许多长形的子囊，每个子囊具 2～8 个子囊孢子，通常只有 2 个成熟，子囊孢子细长、有多数横隔，它从子囊壳孔口散射出去，又继续侵害幼虫。(图 10 - 3)

主产我国西南、西北。分布在海拔 3 000 m 以上的高山草甸上。带子座的菌核(僵虫)(药材名：冬虫夏草)含虫草酸，能补肺益肾，止血化痰。

虫草属 (*Cordyceps*)有 130 多种，我国有 20 余种，如蛹草菌 *C. militaris* (L.) Link.、凉山虫草 *C. liangshanensis* Zang Hu et Liu、亚香棒菌 *C. hawkesii* Gray. 等。

本纲药用植物还有竹黄 *Shiraia bambusicola* Henn. ，可治胃病、风湿性关节炎、小儿百日咳等病。麦角菌 *Claviceps purpurea* (Fr.) Tul. ，含有麦角胺、麦角毒碱、麦角新碱等 12 种麦角碱，人畜误食后会引起中毒或流产。麦角制剂常用作子宫出血或内脏器官出血的止血剂。

二、担子菌亚门 Basidiomycotina

担子菌亚门都是由多细胞的菌丝体组成的有机体，菌丝均具横隔膜。在整个发育过程中，产

生两种形式不同的菌丝：一种是由担孢子萌发形成的具有单核的菌丝，称初生菌丝。以后通过单核菌丝的接合，先进行质配，但细胞核并不及时结合而保持双核的状态，这种菌丝称次生菌丝。次生菌丝双核时期相当长，这是担子菌的特点之一。担子菌最大特点是形成担子(basidium)、担孢子(basidiospore)。在形成担子和担孢子的过程中，菌丝顶端细胞壁上生出一个喙状突起，突起向下弯曲，形成一种特殊的结构，称锁状联合(clamp connection)。锁状联合完成，原来1个双核细胞终变为2个双核细胞。然后，顶端细胞双核融合，形成1个二倍体(2n)的核，完成核配。此二倍体核很快经过1次减数分裂，于是产生4个单倍体(n)子核。同时顶端细胞膨大成为担子，担子上生出4个小梗，4个单倍体子核分别移入小梗内，发育成4个担孢子。产生担孢子的复杂结构的菌丝组织体称担子果(basidiocarp)，就是担子菌的子实体。其形态、大小、颜色各不相同，如伞状、扇状、球状、头状、笔状等。(图10-4)

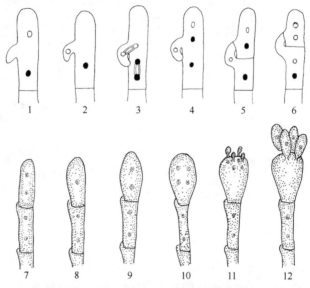

图 10 - 4　锁状联合、担子、担孢子的形成
1～6. 锁状联合　7～12. 担子、担孢子的形成

担子菌亚门中最常见的一类是伞菌类，这一类担子菌具有伞状或帽状的子实体，上面展开的部分称菌盖(pileus)。菌盖下面自中央到边缘有许多呈辐射状排列的片状物，称为菌褶(gills)。用显微镜观察菌褶时，可见棒状细胞，称担子，顶端有4个小梗，每一个小梗上生1个担孢子。夹在担子之间有一些不产生担孢子的菌丝称侧丝，担子和侧丝构成子实层(hymenium)。菌褶的中部是菌丝交织的菌髓。有些伞菌，在菌褶之间还有少数横列的大型细胞称隔胞(囊状体)，隔胞将菌褶撑开，有利于担孢子的散布。菌盖的下面是细长的柄，称菌柄(stipe)。有些伞菌的子实体幼小时，连在菌盖边缘和菌柄间一层膜，称内菌幕(partialveil)，在菌盖张开时，内菌幕破裂，遗留在菌柄上的部分构成菌环(annulus)。有些子实体幼小时外面有1层膜包被，称外菌幕(universalveil)，当菌柄伸长时，包被破裂，残留在菌柄的基部的一部分而成菌托(volva)。这些结构的特征是鉴别伞菌的重要依据。(图10-5)

担子菌亚门是一群多种多样的真菌，全世界有1 100属，16 000余种。

【药用植物】 茯苓 *Poria cocos* (Fries) Wolf.　属多孔菌科。菌核球形或不规则块状，大小不

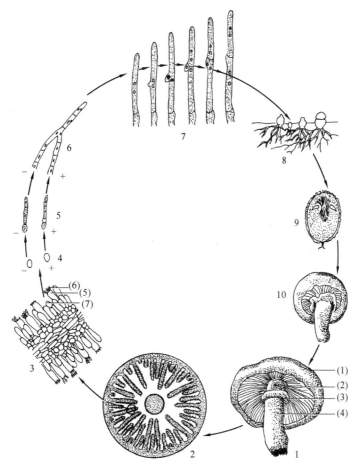

图 10-5 伞菌的形态和生活史

1. 成熟的担子果[(1) 菌盖　(2) 菌褶　(3) 菌环　(4) 菌柄]　2. 菌盖横切面
(示菌褶)　3. 菌褶一部分放大(示子实层)[(5) 担子　(6) 担孢子　(7) 侧丝]
4. 担孢子　5. 初生菌丝体　6. 次生菌丝体　7. 双核菌丝的细胞分裂　8. 菌蕾
9. 菌蕾开始分化　10. 双核菌丝发育成幼担子果

一,小的如拳头,大的可达数十千克,表面粗糙,呈瘤状皱缩,淡灰色至黑褐色,内部白色或稍带红色,粉粒状,由菌丝和贮藏物质组成。有性世代不易见到,子实体伞形,直径 0.5~2 mm,口缘稍有齿,蜂窝状,通常附菌核的外皮而生,初白色,后逐渐转变为淡棕色,孔作多角形,担子棒状,担孢子椭圆形至圆柱形,稍屈曲,一端尖,平滑,无色。有特殊臭气。主产安徽、湖北、河南、云南,此外贵州、四川、广西、福建、湖南、浙江、河北等地亦产,以云南所产品质较佳,安徽、湖北产量较大。现多栽培。寄生于马尾松、赤松等植物的腐朽根部。菌核(药材名:茯苓)能利水渗湿,健脾宁心。(图 10-6)

灵芝 *Ganoderma lucidum* (Curtis:Fr.) P. Karst.　属多孔菌科。为腐生真菌,子实体木栓质,菌盖肾形或半圆形,初生为黄色后渐变成红褐色,有光泽,具环状棱纹和辐射状皱纹,菌盖下面有许多小孔,呈白色或淡褐色,称孔管面。菌柄生于菌盖侧方。孢子卵形,褐色,内壁有无数小疣。我国许多省有分布,生于栎树等阔叶树木桩上。近年来多栽培。子实体(药材名:灵芝)为滋补强壮剂,能补气安神,止咳平喘。(图 10-7)

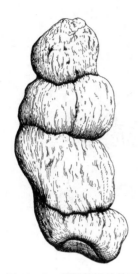

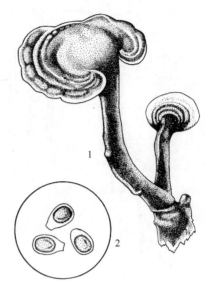

图 10-6 茯苓菌核的外形

图 10-7 灵芝子实体

1. 子实体 2. 孢子

同属植物紫芝 *G. japonicum* (Fr.) Lloyd,菌盖及菌柄黑色,表面光泽如漆,孢子内壁有显著的小疣。分布于河北、山东、浙江、安徽、江西、福建、台湾、湖南、海南岛及广西等地。生于腐木桩上。子实体功效同灵芝。

图 10-8 蜕皮马勃外形

蜕皮马勃 *Lasiosphaera fenzlii* Reich. 属于马勃科。腐生真菌。子实体近球形至长圆形,直径 15～30 cm,幼时白色,成熟时渐变浅褐色,外包被薄,成熟时成碎片状剥落;内包被纸质,浅烟色,熟后全部破碎消失,仅留下一团孢体。其中孢丝长,有分枝,多数结合成紧密团块;孢子球形,外具小刺,褐色。分布于西北、华北、华中、西南等地区,生于山地腐殖质丰富的草地上。子实体(药材名:马勃),能清热,利咽,止血。含有马勃素,具有一定的抗癌作用。(图 10-8)

还有同科植物大马勃 *Calvatia gigantean* (Batsch ex Pers.) Lloyd、紫色马勃 *C. lilacina* (Mont. et Berk.) Lloyd 等的子实体也作马勃药用。

此外,还有猪苓 *Polyporus umbellatus* (Pers.) Fr.,属于多孔菌科。菌核(药材名:猪苓)能利尿渗湿。猪苓含有多糖,有抗癌作用。银耳(白木耳)*Tremella fuuciformis* Berk.,属于银耳科,能补肾,润肺,生津,止咳。黑木耳 *Auricularia auricula* (L.) Underw.,属于木耳科。黑木耳含有肝糖和胶质,子实体能滋阴,强壮,清肺益气,补血活血。猴头菌 *Hericium erinaceus* (Bull.) Pers.,属于齿菌科。常用食用菌之一,利五脏,助消化,治疗神经衰弱、胃炎和胃溃疡等,还具有抗癌作用。云芝 *Coriolus versicolor* (Fr.) Quel.,属于多孔菌科。子实体能清热,消炎。从云芝中提取一种蛋白多糖,可作为抗癌药物。蜜环菌 *Armillaria mellea* (Vahl ex Frl.) Kummer,属于白磨科。

蜜环菌与天麻的生长发育关系密切,天麻吸取蜜环菌为养料。以蜜环菌培养物代替天麻药用,临床应用证明对不同病因引起的眩晕症状有一定的疗效。

三、半知菌亚门 Deuteromycotina

半知菌亚门绝大多数具有隔菌丝。在它们的生活史中,仅发现无性生殖阶段,有性阶段尚未发现,故称为半知菌亚门。半知菌大多数是子囊菌亚门的,少数是担子菌亚门的,一旦发现其有性孢子,即归入相应的亚门。目前它们的分类完全根据分生孢子的产生和形态来进行。

【**药用植物**】 青霉菌 *Penicillium*, spp. 属于丛梗孢科。有隔菌丝多分枝。无性繁殖时,菌丝发生直立的多细胞分生孢子梗。梗的顶端不膨大,但具有可继续再分的指状分枝,每枝顶端细胞分裂成串状的灰绿色分生孢子。分生孢子脱落后,在适宜的条件下萌发产生新菌丝。(图 10-9)

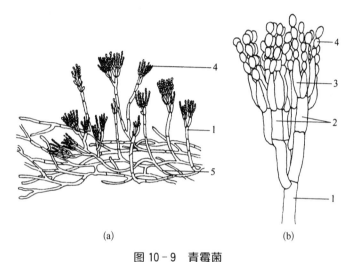

图 10-9 青霉菌

(a) 从营养菌丝上长出分生孢子梗 (b) 分生孢子梗
1. 分生孢子梗 2. 梗基 3. 小梗 4. 分生孢子 5. 营养菌丝

青霉菌的种类很多,常在蔬菜、粮食、肉类、柑橘类水果、皮革和食物上分布。如产黄青霉 *Penicillium chrysogenum* Thom、特异青霉 *P. notatum* Westling 均能产生青霉素。黄绿青霉 *P. citreoviridum* Biourge、岛青霉 *P. islandicum* Sopp. 能使大米霉变,产生"黄变米",它们产生的霉素如黄绿素(citreoviridin)对动物神经系统有害,岛青霉产生的黄天精、环绿素、岛青霉素均对肝脏产生毒性。缓生青霉和皮落青霉能产生抗癌物质。

球孢白僵菌 *Beauveria bassiana* (Bals.) Vuill. 属于链孢霉科。寄生于家蚕幼虫体内(可寄生于 60 多种昆虫体上),使家蚕病死。干燥后的尸体(菌核)称为僵蚕。入药具有祛风、镇静等作用。由于加强防治,近年来白僵蚕对家蚕的感染大为减少,为解决僵蚕的药源问题,以蚕蛹为原料,接种白僵菌,所得僵蚕蛹可代僵蚕用。

第十一章 地衣植物门 Lichenes

导学

地衣是一类由藻类和真菌共生的复合体植物。根据地衣的形态,可分为壳状地衣、叶状地衣和枝状地衣;根据地衣的构造,可分为异层地衣和同层地衣。叶状地衣的横切面可分为上皮层、藻胞层、髓层和下皮层。

本章学习目标:

掌握地衣植物的形态和构造特征。熟悉常见的药用地衣。了解地衣的繁殖。

地衣植物门(Lichenes)植物大约有500属,25 000种。地衣分布极为广泛,对养料要求不高,适应能力很强,既耐旱又耐寒,可生长在瘠薄的峭壁、岩石、树皮或沙漠上。地衣对辐射具有很强的抗性,在紫外线较强的高山上,地衣能够正常生长,而且地衣对核爆炸后散落物具有的惊人抗性,这些为我们提供了在地衣中寻找抗辐射药物的线索。但地衣生长环境要求空气清洁新鲜,尤其是对二氧化硫非常敏感,所以在工业城市附近很少有地衣的生长,地衣可作为鉴别空气污染的指示植物。

地衣含有多种药用成分,地衣酸(lichenic acids)是地衣植物的特征成分,已知50%以上的地衣植物含有地衣酸。地衣酸的类型比较多,有300余种,地衣酸对革兰阳性菌和结核杆菌具有抑制活性,地衣抗生素在德国、瑞士、奥地利、芬兰等国已用于临床。此外地衣酸能够腐蚀岩石,对土壤的形成具有重要作用。近年来研究证明,绝大多数地衣植物中还含有地衣多糖(lichenin)和异地衣多糖(isolichenin),地衣多糖和异地衣多糖均具有极高的抗癌活性。

我国地衣资源相当丰富,有200属,近2 000种,全国均有分布,而新疆、贵州、云南等地因其独特的气候和地貌类型,成为我国地衣资源的主要分布区。人们药用和食用地衣的历史悠久,其中我国药用地衣有70多种,自古就有用松萝治疗肺病,用石耳来止血或消肿的实践活动,李时珍在《本草纲目》中就记载了石蕊的药用价值。地衣还可以用作饲料,是饲养鹿和麝的良好饲料。

第一节 地衣植物的特征

一、地衣的构成

地衣是由真菌和藻类共生的复合体植物。由于藻、菌之间长期的生物学结合,形成的共生复合体不同于一般的藻类和菌类，而是具有独特的形态、结构、生理和遗传等生物学特性。地衣植物中共生的真菌绝大多数为子囊菌，少数为担子菌，极少数为半知菌；地衣植物中共生的藻类为蓝藻和绿藻。一般情况下，参与形成地衣的真菌是地衣的主体，真菌的菌丝缠绕并包围藻细胞，藻细胞分布于地衣植物体的内部，地衣植物体的形态几乎完全由共生真菌决定。藻类通过光合作用制造有机养分供给整个植物体，而真菌的菌丝不仅能帮助藻细胞维持适宜的生活状态，而且能吸收水分和无机盐，为藻类提供进行光合作用所需的原料。地衣植物中藻、菌共生关系是长期发展进化的结果。

二、地衣的形态

地衣的形态可分为三种类型(图 11-1)。

1. 壳状地衣(crustose lichens)　壳状地衣的植物体为颜色各异的壳状物，菌丝牢固地密贴于树干、石壁等基质上，有的还将假根伸入基质中，因此难以剥离。壳状地衣约占全部地衣的 80%，如生于岩石上的茶渍衣属(Lecanora)地衣和生于树皮上的文字衣属(Graphis)地衣。

2. 叶状地衣(foliose lichens)　叶状地衣的植物体呈扁平叶片状，有背腹性，以假根或脐固着在基物上，易与基物剥离。如生于石壁上的石耳属(Umbilicaria)地衣和生于树皮上的梅衣属(Parmelia)地衣。

3. 枝状地衣(fruticose lichens)　枝状地衣的植物体呈树枝状或丝状，直立或悬垂，仅基部附着于基质上。如枝状分枝、直立生长的石蕊属(Cladonia)地衣和丝状分枝、悬垂生长于树上的松萝属(Usnea)地衣。

地衣三种类型的区别不是绝对的，其中有

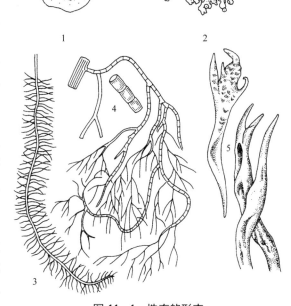

图 11-1　地衣的形态
1. 壳状地衣(茶渍衣属)　2. 叶状地衣(梅衣属)
3~5. 枝状地衣(3. 长松萝　4. 松萝　5. 雪茶)

不少是过渡或中间类型，如标氏衣属(Buellia)地衣由壳状到鳞片状，粉衣科(Caliciaceae)地衣由于横向伸展，壳状结构会逐渐消失，呈粉末状。

三、地衣的构造

不同类型的地衣其内部构造也不完全相同。叶状地衣的横切面可分为上皮层(external cortical layer)、藻胞层(algal layer)、髓层(medulla)及下皮层(internal cortical layer)。上皮层和下皮层均由菌丝紧密交织而成，也称假皮层；藻胞层位于上皮层之下，由藻细胞聚集成层；髓层位于藻胞层和下皮层之间，由疏松排列的菌丝组成。根据藻细胞在地衣体中的分布情况，通常又将地衣体的结构分为两种类型(图 11-2)。

1. 异层地衣(heteromerous lichens)　异层地衣的藻细胞分布于上皮层和髓层之间，形成明显的藻胞层，如梅衣属(Parmelia)地衣、蜈蚣衣属(Physcia)地衣、地茶属(Thamnolia)地衣和松萝属(Usnea)地衣。

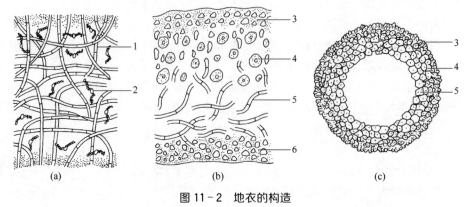

图 11-2 地衣的构造

(a) 同层地衣(胶衣属) (b) 异层地衣(蜈蚣衣属) (c) 异层地衣(地茶属)
1. 菌丝 2. 念珠藻 3. 上皮层 4. 藻胞层 5. 髓层 6. 下皮层

2. 同层地衣(homoeomerous lichens) 同层地衣的藻细胞均匀分散于髓层菌丝之间,没有明显的藻胞层和髓层之分,这种类型的地衣较少,如胶衣属(*Collema*)地衣、猫耳衣属(*Leptogium*)地衣。

叶状地衣大多数为异层地衣,从下皮层生出许多假根或脐固着在基物上。壳状地衣大多数为同层地衣,髓层菌丝直接与基物密切紧贴。枝状地衣都是异层地衣,与异层叶状地衣的构造基本相似,但枝状地衣各层的排列是圆环状的,内部构造呈辐射状,中央有的有1条中轴,如松萝属(*Usnea*)地衣;有的髓部中空,如石蕊属(*Cladonia*)地衣。

四、地衣的繁殖

1. 营养繁殖 地衣的营养繁殖是最普通的繁殖方式,主要是通过地衣体的断裂,一个地衣体断裂为数个裂片,每个裂片均可发育为一个地衣新个体。此外,粉芽、珊瑚芽和小裂片等均为地衣的营养繁殖方式。

2. 有性生殖 有性生殖是由地衣中共生的子囊菌或担子菌进行的。共生真菌为子囊菌的地衣,产生子囊果和子囊孢子,称为子囊菌地衣,占地衣种类的绝大部分;共生真菌为担子菌的地衣产生担子果和担孢子,称为担子菌地衣,为数很少。子囊孢子或担孢子从地衣体散开,如果在适宜的环境条件下,遇到与该真菌共生的藻类细胞,孢子萌发后就能与藻类细胞不断发育成新的地衣。

第二节 | 地衣植物的分类及常用药用植物

根据地衣中共生真菌种类的不同,将地衣分为3个纲:子囊衣纲(Ascolichenes)、担子衣纲(Basidiolichenes)和半知衣纲(Deuterolichenes)。

子囊衣纲植物体中的共生真菌属于子囊菌,本纲地衣的数量占地衣总数的99%。

担子衣纲植物体中的共生真菌属于担子菌,菌类多为非褶菌目的伏革菌科(Corticiaceae)菌类,其次为伞菌目的口蘑科(Tricholomataceae)菌类,还有的属于珊瑚菌科(Clavariaceae)菌类。

半知衣纲植物体中的共生真菌属于半知菌,根据半知衣纲植物体的构造和化学成分,其共生真菌属于子囊菌的某些属,但未见到它们的有性生殖阶段。

【药用植物】 松萝(节松萝、破茎松萝)*Usnea diffracta* Vain. 属松萝科药用植物。地衣体呈丝状,基部着生于潮湿山林老树或沟谷的岩壁上,直立或悬垂,长可达 1 m 以上,灰黄或灰绿色。基部分枝少,先端分枝多,表面有明显的环状裂沟,横断面中央有韧性丝状的中轴,易与皮部分离。分布于全国大部分省区。全草能祛风湿,通经络,止咳平喘,清热解毒。在西北、华中、西南等地区常作海风藤入药。

同属植物长松萝(老君须)*U. longissima* Ach.,全株细长不分枝,两侧密生细而短的侧枝,形似蜈蚣。分布与功用同松萝。

石耳 *Umbilicaria esculenta* (Miyoshi) Minks 属于脐衣科药用植物。外形似木耳,扁平叶状体,厚膜质,干燥时脆而易碎。幼小时近于圆形,边缘分裂极浅;长大后的轮廓大致椭圆形,最大时直径达 18 cm,不规则波状起伏,边缘有浅裂,裂片不规则形。脐背突起,表面皱缩成脑状的隆起网纹,或成数条肥大的脉脊。上表面微灰棕色至灰棕色或浅棕色,下表面灰棕黑色至黑色。自下面中央伸出短柄,着生于岩石上。分布于我国中南部各省,生于深山悬崖石壁上。全草能清热解毒,止咳祛痰,利尿,止血等。

药用地衣还有:石蕊 *Cladonia rangiferina* (L.) Weber ex F. H. Wigg. 全草能祛风,镇痛,凉血止血。雀石蕊 *C. stellaris* (Opiz) Pouzor et Vezdr. 全草主治头晕目眩、高血压等症,为抗生素的原料。冰岛衣 *Cetraria islandica* (L.) Ach. 全草能调肠胃,助消化。肺衣 *Lobaria pulmonaria* Hoffm. 全草能健脾利水,解毒止痒。地茶 *Thamnolia vermicularis* (Sw.) Ach. ex Schaer. 全草能清热解毒,平肝降压,养心明目。金黄树发(头发七)*Alectoria jubata* Ach. 是抗生素及石蕊试剂的原料,全草具有利尿消肿、收敛止汗等功效。

第十二章 苔藓植物门 Bryophyta

导学

苔藓植物是最原始的高等植物,生活史中配子体发达,大多为有茎叶分化的"茎叶体";孢子体寄生在配子体上,分为孢蒴、蒴柄和基足三部分。有性生殖的雄性生殖器官称精子器,雌性生殖器官称颈卵器,属于颈卵器植物。苔藓植物门分为苔纲和藓纲。

本章学习目标:

掌握苔藓植物门的主要特征和分纲。熟悉苔纲与藓纲的区别和常见药用植物。

高等植物包括苔藓、蕨类、裸子和被子植物,它们是进化过程中较高级的一大类群植物。高等植物构造上有组织分化,形态上有根、茎、叶等不同器官;生殖器官为多细胞;合子在母体内发育成多细胞结构的胚,故又称有胚植物;胚的分化是植物界系统演化中的一个重要阶段。高等植物均有异形世代交替现象,大多生活于陆地上。

第一节 苔藓植物的特征

一、苔藓植物的形态

苔藓植物(Liverworts and mosses)是由水生向陆生的生活方式过渡的一类原始茎、叶体植物。苔藓植物一般体型较小,大者不过几十厘米,通常见到的苔藓植物的营养体是它们的配子体,苔藓植物的孢子体不能独立生活,而是寄生在配子体上。苔藓植物与其他高等陆生植物相比,一个很重要的区别在于没有维管系统的分化,不属于维管植物。

苔藓植物的配子体没有真正的根,仅有假根,由单细胞或单列细胞组成,起固着、吸收的作用。配子体内部构造简单,无中柱,不具维管束,只在较高级的种类中,茎有皮部和中轴的分化,中轴主要起机械支持作用,兼有一定疏导作用。其配子体有两种形态,一类是无茎、叶分化的叶状体,另一类为有类似茎、叶分化的原始茎、叶体。配子体的叶常由一层细胞构成,不具叶脉,只有由一群狭长而厚壁的细胞构成的类似叶脉的构造,称中肋,主要起支持作用。

二、苔藓植物的生殖与生活史

苔藓植物的有性生殖器官是由多细胞构成的,组成生殖器官的细胞在结构和功能上已出现分化,它们的生殖细胞都有由1层不育细胞组成的保护结构,这是苔藓植物与藻、菌植物的一个重要区别,也是苔藓植物对陆生环境的适应。苔藓植物的雄性生殖器官称为精子器(antheridiaum),一般为棒形、卵形或球形,外有1层不育细胞组成的壁,其内为多个能育的精原细胞,每个精原细胞可产生1个或2个长而弯曲的精子,精子顶端具2条鞭毛。雌性生殖器官称颈卵器(archegonium),形似长颈烧瓶,上部细狭的部分称颈部(neck),下部膨大的部分称为腹部(venter),其壁都由1层细胞构成。未成熟时颈部之内有1串颈沟细胞(neckcanal cells),腹部有一卵细胞,在卵细胞与颈沟细胞之间还有一腹沟细胞(ventral canal cell)。(图12-1)

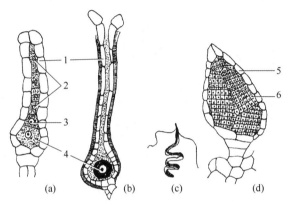

图12-1　钱苔属的颈卵器和精子器
(a)(b) 不同时期的颈卵器　(c) 精子　(d) 精子器
1. 颈卵器壁　2. 颈沟细胞　3. 腹沟细胞
4. 卵　5. 精子器壁　6. 产生精子的细胞

苔藓植物的受精过程必须借助于水才能完成。当卵发育成熟时,颈沟细胞和腹沟细胞都解体消失,成熟的精子借助于水游到颈卵器附近,然后通过颈部进入腹部与卵结合。精、卵结合形成合子,合子不经休眠而直接分裂发育成胚(embryo)。胚是孢子体的早期阶段,也是孢子体的雏形,它在母体内进一步发育为成熟的孢子体。

苔藓植物的孢子体可分为孢蒴(capsule)、蒴柄(seta)和基足(foot)三部分。孢蒴结构复杂,是产生孢子的器官,生于蒴柄顶端,幼嫩时绿色,成熟后多为褐色或红棕色。蒴柄最下端为基足,基足伸入配子体组织中吸收养料,供孢子体生长。

孢蒴内的造孢组织(sporogenous tissue)发育成孢子母细胞,孢子母细胞经减数分裂形成孢子。孢子成熟后,从孢蒴中散出,在适宜的环境中萌发形成丝状或片状的构造,称为原丝体(protonema),从原丝体上再生出芽体和假根,由芽体发育成配子体。由此可见,苔藓植物生活史中具有明显的异形世代交替,并以配子体世代占优势(图12-2)。

苔藓植物的吸水性很强,在自然界的水土保持上有重要作用,还可以用作花木的保水保湿的包装材料。由于苔藓植物的叶片多为1层细胞,对环境污染敏感,可作为大气污染的监测植物。苔藓植物在湖泊演替为陆地和陆地沼泽化等方面均有重要作用。

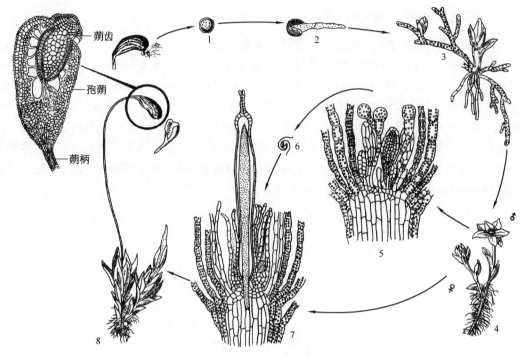

图 12 - 2 葫芦藓的生活史

1. 孢子　2. 孢子萌发　3. 原丝体上的芽体及假根　4. 配子体上的雌雄生殖枝　5. 雄器苞纵切面,示精子器和隔丝,
外有苞叶　6. 精子　7. 雌器苞纵切面,示颈卵器和正在发育的孢子体　8. 成熟的孢子体仍着生于配子体上

第二节　苔藓植物的分类及常用药用植物

　　苔藓植物广布全球,共约 23 000 种,我国有 2 800 余种。根据苔藓植物营养体的形态结构、生殖器官的形态和发育以及生态适应性等特征,苔藓植物门分为 2 个纲:苔纲(Hepaticae)和藓纲(Musci),其区别见表 12 - 1。

表 12 - 1 苔纲与藓纲的区别

	苔　纲	藓　纲
配子体	多为扁平的叶状体,具背腹面,两侧对称;茎无中轴;叶无中肋;根为单细胞的假根	多为茎叶体,无背腹之分,辐射对称;茎有中轴;叶多有中肋;根为单列细胞组成的假根
孢子体	蒴柄在孢蒴形成后延长;孢蒴成熟后四瓣纵裂;孢子借助弹丝散发	蒴柄在孢蒴成熟前形成;孢蒴成熟后盖裂,外有蒴帽覆盖;孢子借助蒴齿散发
原丝体	原丝体不发达,每个原丝体常只发育成一个新植株(配子体)	原丝体比较发达,每个原丝体常可发育成多个植株(配子体)

【**药用植物**】　地钱 *Marchantia polymorpha* L.　属苔纲地钱科。植物体为绿色、扁平、二叉分枝的叶状体,贴地面生长,有背腹之分。上层表皮分隔成许多小气室,气室内有许多排列疏松、富含叶绿体的同化组织,气室下为薄壁细胞构成的贮藏组织。下层表皮上有许多鳞片和丛生的假根。(图 12-3)

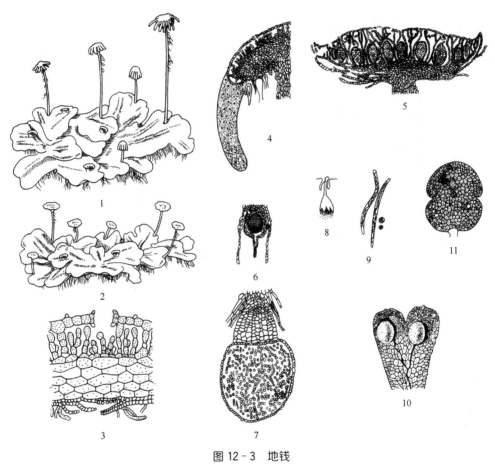

图 12-3　地钱

1. 雌株　2. 雄株　3. 配子体切面　4. 雌器托(一部分)切面　5. 雄器托切面　6. 幼孢子体
7. 孢子体切面　8. 孢蒴开裂　9. 孢子及弹丝　10. 胞芽杯(2个)　11. 胞芽

地钱的两种营养繁殖方式:一种是在叶状体凹陷处的生长点不断生长和分叉,后面老的叶状体逐渐死亡;另一种是在叶状体上面产生胞芽杯(gemma cup),胞芽杯内有胞芽,胞芽成熟后从柄处脱落离开母体,在适宜环境中发育成新的植物体。

地钱的有性生殖:地钱为雌雄异株植物,在雄配子体上长出盘状雄器托(antheridiophore),具有长柄,上面具许多精子器腔,每腔内具一精子器,成熟精子器卵圆形,内产生多数螺旋状具 2 条等长鞭毛的精子。雌配子体上长出雌器托(archegoniophore),雌器托伞形,边缘具 8~10 条下垂的芒线,两芒线之间生有一列倒悬的颈卵器。精子以水为媒介,游入发育成熟的颈卵器内与卵结合形成合子。合子在颈卵器中发育形成胚,由胚发育成孢子体,并寄生于配子体上。孢子成熟,借弹丝弹出,先萌发成原丝体,再萌发成为配子体。分布于全国各地,生于阴湿土地和岩石上。全草能清热解毒,祛瘀生肌,用于治疗黄疸性肝炎等。

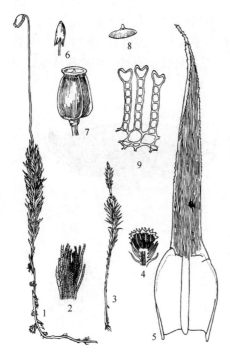

图 12 - 4 大金发藓

1. 雌株,其上具孢子体　2. 雌配子体解剖
3. 雄株　4. 雄配子体解剖　5. 叶腹面观
6. 具蒴帽的孢蒴　7. 孢蒴　8. 蒴盖
9. 栉片横切面

大金发藓(土马骔)*Polytrichum commune* L. ex Hedw. 属藓纲金发藓科。雌雄异株。高 10～30 cm,常丛集成大片群落。茎直立,单一,常扭曲。叶丛生于茎上部,向下渐稀疏而小;叶片上部长披针形,基部呈鞘状,边缘具密锐齿;中肋突出叶尖呈刺状;腹面有多数栉片,栉片顶细胞中凹。蒴帽有棕红毛;孢蒴四棱短方柱形。全国各地均有分布,生于山地及平原。全草能清热解毒,凉血止血,补虚,通便。(图 12 - 4)

药用藓纲植物还有暖地大叶藓 *Rhodobryum giganteum* (Hook) Par.,全草具有清心明目、安神等作用,对冠心病有一定的疗效。细叶泥炭藓 *Sphagnum teres* (Schimp.) Angster、泥炭藓 *Sphagnum cymbifolium* Ehrh.,消毒后可代药棉。葫芦藓 *Funaria hygrometrica* Hedw.,全草能除湿,止血。另外,仙鹤藓属(*Atrichum*)、金发藓属(*Polytrichum*)、曲尾藓属(*Dicranum*)等一些种类中可提取具有抗菌作用较强活性物质(如多酚化合物)。提灯藓属(*Mnium*)的一些种类是五倍子蚜虫越冬的寄主,所以五倍子的产量直接与提灯藓的分布、生长及生态环境有关。

第十三章 | 蕨类植物门 Pteridophyta

导学

蕨类植物具有根、茎、叶分化和较原始的维管系统,配子体和孢子体能独立生活,但孢子体远比配子体发达,是介于苔藓植物和种子植物之间的类群。泥盆纪晚期到石炭纪是蕨类最繁盛的时期,二叠纪末蕨类植物开始大量绝灭。现代蕨类植物 12 000 余种,以热带、亚热带为其分布中心,常用药用蕨类植物有金毛狗脊、海金沙、石松、卷柏、石韦、槲蕨等。

本章学习目标:

掌握现代蕨类植物的基本特征和各亚门的特征。熟悉常用药用蕨类植物所在科的识别特征。了解常用药用蕨类植物识别特征、药用部位和医疗价值。

蕨类植物门(Pteridophyta)植物又称羊齿植物(ferns),具有独立生活的配子体和孢子体而不同于其他各类高等植物。蕨类植物的配子体具有颈卵器和精子器,但孢子体远比配子体发达,具有根、茎、叶的分化和较原始的维管系统。因此,蕨类植物是介于苔藓植物和种子植物之间的植物类群,它较苔藓植物进化,而较种子植物原始,既是高等的孢子植物,又是原始的维管植物。

蕨类植物的最原始类型或共同祖先很可能是起源于藻类,它们都具有二叉分枝、相似的世代交替、具鞭毛的游动精子、相似的叶绿素以及均储藏有淀粉类物质等。蕨类植物的藻类祖先,多数学者认为是绿藻类型。

蕨类植物是最古老的陆生植物,曾经在地球上盛极一时,距今 3.5 亿~2.7 亿年的泥盆纪晚期到石炭纪时期,是蕨类最繁盛的时期,由高大的鳞木、封印木、芦木和树蕨等共同组成了当时地球上的沼泽森林。二叠纪末开始,蕨类植物大量绝灭,其遗体埋藏地下,渐渐形成煤层。

蕨类植物分布很广,以热带、亚热带为其分布中心。喜阴湿温暖的环境,多生长于林下、山野、溪旁、沼泽等较阴湿地,少数生长于水中和较干旱环境,常为森林中草本层的重要组成部分。

蕨类植物对外界环境条件的反应具有高度敏感性,不少种类可作为环境指示植物。如卷柏、石韦、铁线蕨等是钙质土的指示植物,狗脊、芒萁、石松等是酸性土的指示植物,桫椤与蕨属植物是热带和亚热带气候的指示植物。

地球上现有蕨类植物 12 000 余种,广布世界各地。我国蕨类植物约 2 600 余种,多数分布于西南地区和长江流域以南地区。其中可供药用的蕨类植物有 39 科,400 余种。常见的药用蕨类有金毛狗脊、海金沙、石松、卷柏、石韦、槲蕨等。

第一节 | 蕨类植物的特征

一、孢子体

通常所说的蕨类植物是其孢子体植株,有根、茎、叶的分化,多年生草本,仅少数为一年生或木本状。

1. 根　为须根(不定根),吸收能力较强。

2. 茎　多为根状茎,少数成直立树干状或其他形式的地上茎,原始的蕨类植物既无毛也无鳞片,较进化的蕨类常有毛而无鳞片,高级类型的蕨类才有鳞片,如真蕨类的石韦、槲蕨等(图13-1)。茎内维管系统(vascular system)形成中柱,主要类型有原生中柱(protostele)、管状中柱(siphonostele)、网状中柱(dictyostele)和散生中柱(atactostele)等(图13-2)。其中原生中柱为原始类型,在木质部中主要为管胞及薄壁组织,在韧皮部中主要为筛胞及韧皮薄壁组织,一般无形成层结构。

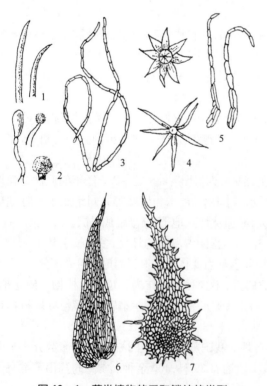

图13-1　蕨类植物的毛和鳞片的类型
1. 单细胞毛　2. 腺毛　3. 节状毛　4. 星状毛　5. 鳞毛
6. 细筛孔鳞片　7. 粗筛孔鳞片

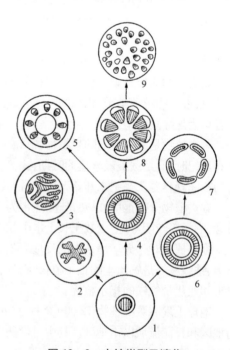

图13-2　中柱类型及演化
1. 原生中柱　2. 星状中柱　3. 编织中柱　4. 外韧管状中柱　5. 具节中柱　6. 双韧管状中柱
7. 网状中柱　8. 真中柱　9. 散生中柱

中柱类型常是蕨类植物鉴别的依据之一。真蕨类很多是根状茎入药，其上常带有叶柄残基，叶柄中维管束的数目、类型及排列方式都有明显差异。如贯众类药材中，粗茎鳞毛蕨 *Dryopteris crassirhizoma* Nakai 叶柄的横切面有维管束 5～13 个，大小相似，排成环状；荚果蕨 *Matteuccia struthiopteris* (L.) Todaro 叶柄横切面维管束 2 个，呈条形，排成八字形；狗脊蕨 *Woodwardia japonica* (L. f.) Sm. 叶柄横切面维管束 2～4 个，呈肾形，排成半圆形；紫萁 *Osmunda japonica* Thunb. 叶柄横切面维管束 1 个，呈"U"字形，可作为贯众药材鉴别的根据(图 13-3)。

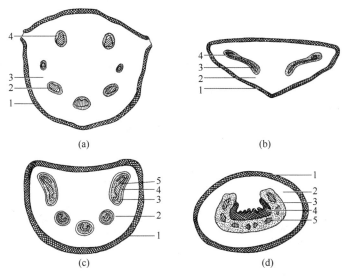

图 13-3　4 种贯众叶柄基部横切面简图

(a) 绵马贯众　1. 厚壁组织　2. 木质部　3. 薄壁组织　4. 韧皮部
(b) 荚果蕨贯众　1. 厚壁组织　2. 薄壁组组　3. 韧皮部　4. 木质部
(c) 狗脊蕨贯众　1. 厚壁组织　2. 薄壁组织　3. 内皮层　4. 韧皮部　5. 木质部
(d) 紫萁贯众　1. 厚壁组织　2. 薄壁组组　3. 韧皮部　4. 厚壁组织　5. 木质部

3. 叶　有小型叶(microphyll type)与大型叶(macrophyll type)两种类型。小型叶为原始类型，只有 1 个单一的不分枝的叶脉，没有叶隙(leaf gap)和叶柄(stipe)，是由茎的表皮突出形成。大型叶有叶柄和叶隙，具多分枝的叶脉，是由多数顶枝经过扁化而形成的。真蕨亚门植物的叶均为大型叶。

蕨类植物的叶仅进行光合作用而不产生孢子囊和孢子者称营养叶或不育叶(foliage leaf, sterile frond)，能产生孢子囊和孢子的叶，称孢子叶或能育叶(sporophyll, fertile frond)。有些蕨类的营养叶和孢子叶形状相同，而且均能进行光合作用者称同型叶(homomorphic leaf，一型叶)；孢子叶和营养叶形状完全不同者称异型叶(heteromorphic leaf，两型叶)，由同型叶演化为异型叶。大型叶幼时拳卷(circinate)，成长后常分化出叶柄和叶片两部分，叶片有单叶或一回至多回羽状分裂；叶片的中轴称叶轴，第一次分裂出的小叶称羽片(pinna)，羽片的中轴称羽轴(pinna rachis)，从羽片分裂出的裂片称小羽片，小羽片的中轴称小羽轴，最末次裂片上的中肋称主脉或中脉。

4. 孢子囊　小型叶蕨类的孢子囊单生在孢子叶近轴面叶腋或叶基部，孢子叶常集生在枝顶端，形成球状或穗状，称孢子叶穗(sporophyll spike)或孢子叶球(strobilus)。较进化的真蕨类，孢子囊常生在孢子叶背面、边缘，常聚生成为多种多样的孢子囊群(sorus)(图 13-4)，或为不定形的散生，通常有囊群盖(indusium)或无盖。

孢子囊由叶表皮细胞发育而来。原始类群中，孢子囊来源于一群细胞，称为厚囊型(eusporangiate

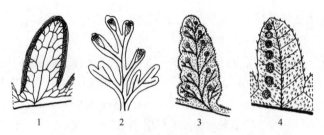

图 13-4　孢子囊群在孢子叶上着生的位置
1. 叶缘生孢子囊群(凤尾蕨属)　2. 顶生孢子囊群(骨碎补属)　3. 脉端生孢子囊群(肾蕨属)
4. 脉背生孢子囊群(鳞毛蕨属)

type)发育,孢子囊体型较大,无柄,囊壁由多层细胞构成。进化类群的孢子囊由 1 个细胞发育而成,称为薄囊型(leptosporangiate type)发育,孢子囊体型小,具长柄,囊壁仅由 1 层细胞构成。孢子囊的来源及形态特征在蕨类植物的分类中具有重要意义。

　　孢子囊开裂的方式与环带(annulus)有关,环带是由孢子囊壁上一行不均匀增厚的细胞构成,环带的着生有多种形式,如顶生环带、横行环带、斜行环带、纵行环带等,对孢子的散布有着重要的作用(图 13-5)。

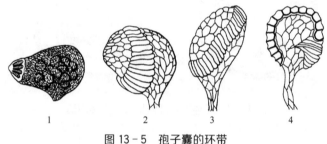

图 13-5　孢子囊的环带
1. 顶生环带(海金沙属)　2. 横行环带(芒萁属)　3. 斜行环带(金毛狗脊属)
4. 纵行环带(水龙骨属)

　　5. 孢子　多数蕨类植物产生大小相同的孢子,称孢子同型(isospore);少数蕨类的孢子大小不同,称孢子异型(heterospoe),即有大孢子(macrospore)和小孢子(microspore)之分,如水生真蕨类和卷柏属等。产生大孢子的囊状结构称大孢子囊(megasporangium),产生小孢子者称小孢子囊(mirosporangium),大孢子萌发后形成雌配子体,小孢子萌发后形成雄配子体。无论同型孢子或异型孢子,在形态上都分为两类,一类是肾形、单裂缝、两侧对称的两面型孢子,一类是圆形或钝三角形、三裂缝、辐射对称的四面型孢子(图 13-6)。在孢子壁上通常具有不同的突起或纹饰。有的孢壁上具弹丝。

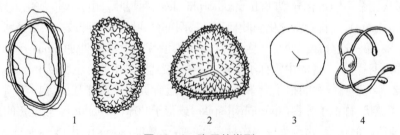

图 13-6　孢子的类型
1. 两面型孢子(鳞毛蕨属)　2. 四面型孢子(海金沙科)　3. 球状四面型孢子(瓶儿小草科)
4. 具弹丝的孢子(木贼科)

二、配子体

孢子成熟后在适宜环境中即萌发成小型、结构简单、生活期短的配子体，又称原叶体(prothallus)。绝大多数蕨类的配子体为绿色的、具有腹背分化的叶状体，常呈心形，能独立生活，在腹面产生颈卵器和精子器，分别产生卵和带鞭毛的精子，受精时还不能脱离水的环境。受精卵发育成胚，幼时胚暂时寄生在配子体上，配子体不久死亡，孢子体即行独立生活。

三、生活史

蕨类植物从单倍体的孢子开始到配子体上产生精子和卵这一阶段，为配子体世代(有性世代)，其染色体数目是单倍的(n)。从受精卵开始到孢子体上产生的孢子囊中孢子母细胞进行减数分裂之前，这一阶段为孢子体世代(无性世代)，其染色体数目是双倍的(2n)。这两个世代有规律地交替完成其生活史(图13-7)。蕨类植物和苔藓植物的生活史最大的不同有两点：一是孢子体和配子体都能独立生活；二是孢子体发达，配子体弱小，所以蕨类植物的生活史是孢子体占优势的异形世代交替。

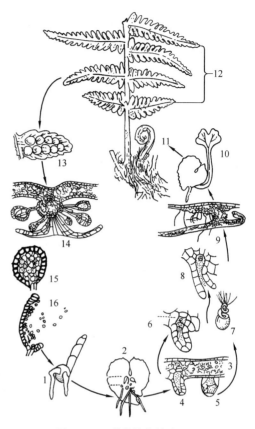

图13-7　蕨类植物的生活史

1. 孢子的萌发　2. 配子体　3. 配子体切面
4. 颈卵器　5. 精子器　6. 雌配子(卵)　7. 雄配子(精子)　8. 受精作用　9. 合子发育成幼孢子体
10. 新孢子体　11. 孢子体　12. 蕨叶一部分
13. 蕨叶上孢子囊群　14. 孢子囊群切面　15. 孢子囊　16. 孢子囊开裂及孢子散出

四、蕨类植物的化学成分

蕨类植物的化学成分主要有如下几大类。

1. **生物碱类**　小型叶蕨类植物中广泛存在生物碱，如石松科的石松属(*Lycopodium*)中含石松碱(lycopodine)、石松毒碱(clavatoxine)等。

2. **酚类化合物**　大型叶真蕨中普遍存在二元酚及其衍生物，如咖啡酸(caffeic acid)、阿魏酸(ferulic acid)及绿原酸(chlorogenic acid)等。该类成分具有抗菌、止痢、止血、止咳作用。

3. **黄酮类**　分布广泛，如异槲皮苷(isoquercitrin)、芹菜素(apigenin)及木犀草素(luteolin)等。

4. **甾体及三萜类化合物**　如石杉素(lycoclavinin)、石松醇(lycoclavanol)等。

第二节 ｜ 蕨类植物的分类及常用药用植物

蕨类植物的种类较多而复杂，具有许多不同的性状，在蕨类植物分类鉴定中，常依据下列主要特征：茎、叶的外部形态及内部构造；孢子囊壁细胞层数及孢子形状；孢子囊的环带有无及其位置；

孢子囊群的形状、生长部位及有无囊群盖;叶柄中维管束排列的形式,叶柄基部有无关节;根状茎上有无毛、鳞片等附属物及形状。

蕨类植物通常作为一个自然类群而被划分为蕨类植物门,1978 年我国蕨类植物学家秦仁昌将蕨类植物门分为 5 个亚门,即松叶蕨亚门、石松亚门、水韭亚门、楔叶蕨亚门、真蕨亚门。

一、松叶蕨亚门　Psilophytina

松叶蕨亚门是最原始的蕨类,孢子体无真根,基部为根状茎,向上生出气生枝。根状茎匍匐生于腐殖质土壤中、岩石缝隙或大树干上,表面具毛状假根;气生枝直立或悬垂,其内有原生中柱或原始管状中柱。叶小,无叶脉或仅有单一不分枝的叶脉。孢子囊 2 或 3 个聚生成 1 个二或三室的聚囊,孢子同型。现存 1 目 1 科 2 属。

1. 松叶蕨科　Psilotaceae

【特征】　科特征与亚门特征相同。

【分布】　本科有 2 属,约 60 种;分布于热带及亚热带。北自大巴山脉、南至海南岛均有分布。广布于热带及亚热带地区。我国仅有松叶蕨属,自大巴山脉至南方各省区有分布。

【药用植物】　松叶蕨(松叶兰)*Psilotum nudum* (L.) Beauv.　附生植物,根状茎匍匐,棕褐色,内有真菌共生,表面生有毛状假根。地上茎直立或下垂,高 15~80 cm,上部二至五回二叉分枝。叶极小,厚革质,三角形或针形,尖头。孢子叶阔卵形,顶端二叉。孢子囊球形,3 个聚生成一个三室聚囊,生于叶腋内的短柄上。分布于我国东南、西南、江苏、浙江等地区。附生在树干或长在石缝中。全草(药材名:松叶蕨)能祛风除湿,舒筋活络,利水,止血。

二、石松亚门　Lycophytina

石松亚门孢子体具根、茎、叶的分化。茎具二叉式分枝。原生中柱或管状中柱。小型叶,常螺旋状排列。孢子叶常聚生枝顶形成孢子叶穗,孢子囊生于孢子叶的腹面,孢子同型或异型。仅存 2 目,4 科,即石松目(Lycopodiales)石杉科 Huperziaceae、石松科 Lycopodiaceae、石葱科 Phylloglossaceae 及卷柏目(Selaginellales)卷柏科 Selaginellaceae。

2. 石松科　Lycopodiaceae

【特征】　陆生或附生。多年生草本。主茎长而匍匐或攀缘状,具根状茎及不定根,编织中柱。叶小,线形、钻形或鳞片状。孢子叶穗集生于茎顶端,孢子囊圆球状肾形。孢子同型。

【分布】　本科有 7 属,约 60 种;广布于世界各地。我国有 5 属,14 种;已知药用 9 种。

【药用植物】　石松 *Lycopodium japonicum* Thunb.　多年生常绿草本。匍匐茎横走,主枝 2~3 回分叉;侧枝直立,高达 40 cm,多回二叉分枝。叶线形至线状披针形,薄而软,长 3~4 mm。每孢子枝有囊穗(3)4~8 个,囊穗长 2~8 cm,不等位着生,有长小柄;孢子叶阔卵形,长 2.5~3.5 mm,宽约 2 mm,先端具芒状长尖头。孢子囊生于孢子叶腋,圆肾形,孢子略呈四面体,淡黄色。分布于东北、内蒙古、河南及长江以南各地区。生于疏林下阴坡的酸性土壤上。全草(药材名:伸筋草)能祛风除湿,舒筋活络,利尿,通经。孢子作丸药包衣。(图 13-8)

扁枝石松(地刷子)*Diphasiastrum complanatum* (L.) Holub　匍匐茎蔓生。直立茎下部圆棒状,疏生钻形叶,茎顶端密生披针形的叶。侧生营养枝多回分枝,扁平;末回小枝上的叶 4 列,背腹 2 列的叶较小,侧生 2 列的叶较大,贴生枝上,具内弯的尖头。孢子枝远高于营养枝,孢子囊穗 2~5 个;孢子叶边缘有细齿,基部有柄,孢子囊圆肾形。分布于东北、华东、华南、西南等地。生于 850~

1 000 m 海拔的疏林下和阴坡上。功效同石松。

　　垂穗石松（铺地蜈蚣、灯笼草）*Palhinhaea cernua* (L.) Vasc. et Franco　主茎直立,高达 60 cm,叶螺旋状排列,稀疏;侧枝及小枝上叶密生。叶钻形至线形,长 3～5 mm,通直或略上弯。孢子囊穗单生枝顶,短圆柱形,长 3～10 mm,常下垂。孢子囊圆形。分布于西南、华东、华南等地。生于山区林缘阴湿处。功效同石松。

　　石松目常见药用植物还有: **蛇足石杉**（石杉科）*Huperzia serrata* (Thunb.) Trev. ,全草（药材名:千层塔）有小毒,能散瘀消肿,解毒,止痛。植物体含石杉碱甲（huperzine A）,为高效、高选择性、可逆性的乙酰胆碱酯酶抑制剂,可用于治疗阿尔茨海默病（Alzheimer's disease）。

3. 卷柏科　Selaginellaceae

　　【特征】　陆生草本。茎常背腹扁平,匍匐或直立,具原生中柱至多环管状中柱。单叶,细小,无柄,鳞片状,同型或异型,背腹各 2 列,交互对生,侧叶（背叶）较大而阔,近平展,中叶（腹叶）贴生并指向枝的顶端。腹面基部有 1 枚叶舌。孢子叶穗四棱柱形或扁圆形,生于枝的顶端。孢子囊异型,单生于孢子叶基部,肾形,孢子异型;每大孢子囊有大孢子 1～4 枚,每小孢子囊有多数小孢子,均为球状四面形。

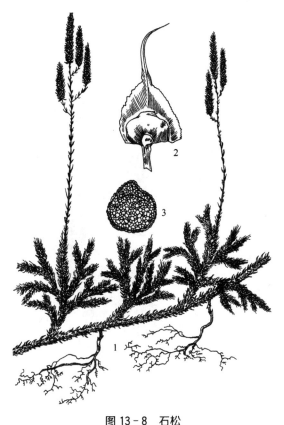

图 13-8　石松

1. 植株一部分　2. 孢子叶和孢子囊　3. 孢子（放大）

　　【分布】　本科有 1 属,约 700 种;广布于世界各地,多产于热带、亚热带。我国有 50 余种,已知药用 25 种。

　　【药用植物】　**卷柏**（还魂草）*Selaginella tamariscina* (Beauv.) Spring　多年生草本。高 5～15 cm,主茎常单一,直立,上部分枝多而丛生呈莲座状,干旱时拳卷,水分充足时,很快枝叶舒展、鲜绿蓬勃,且屡干屡绿,故称九死还魂草。中叶和侧叶的叶缘具细齿,腹叶斜向上,不平行,背叶斜展,长卵圆形。孢子叶卵状三角形,龙骨状,锐尖头,四列交互排列。孢子囊圆肾形。分布于全国各地。生于向阳山坡或岩石上。全草（药材名:卷柏）能活血通经,破血,止血;生用能破血,炒用能止血。(图 13-9)

　　垫状卷柏 *S. pulvinata* (Hook. et Grev.) Maxim.　形体很像卷柏,但中叶和侧叶的叶缘不具细齿,腹叶并行,指向上方,肉质,全缘。全国各地产。全草亦作"卷柏"入药。

　　本科药用植物还有: **翠云草** *S. uncinata* (Desv.) Spring,分布于浙江、福建、台湾、湖南;全草能清热解毒,利湿,通络,止血生肌,化痰止咳。**深绿卷柏** *S. doederleinii* Hieron. ,分布于浙江、江西、湖南、四川、福建、台湾、广东、广西、贵州、云南;全草能解毒消肿,祛风散寒,止血生肌等。**江南卷柏** *S. moellendorffii* Hieron. ,分布于长江以南各省区;全草清热解毒,利尿通淋,活血消肿,止痛等。

三、水韭亚门　Isoephytina

　　水韭亚门为草本。茎短,块茎状,具原生中柱。叶细长丛生,近轴面具叶舌。孢子囊生于孢子

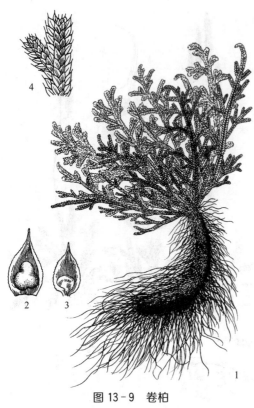

图 13-9　卷柏

1. 植株全形　2. 大孢子叶和大孢子囊（放大）
3. 小孢子叶和小孢子囊（放大）　4. 分枝一段，示中
叶及侧叶

叶的特化小穴中,大孢子囊生于外围叶上,小孢子囊生于内部叶上。孢子异型。精子多鞭毛。

本亚门仅存水韭科(Isoetaceae),共 2 属,约 60 种,分布于全世界,水生或生于沼泽地。我国仅有水韭属(Isoetes),4 种。常见有中华水韭 *Isoetes sinensis* Palmer,分布于长江流域下游地区;云贵水韭 *I. yunguiensis* Q. F. Wang et W. C. Taylo,分布于云南、贵州。

四、楔叶蕨亚门　Sphenophytina

楔叶蕨亚门孢子体具根、茎、叶的分化。茎具节和节间,节间中空,表面有纵棱,表皮常有矽质小瘤,茎内具管状中柱。小型叶,环生节上。孢子囊生于特殊的孢子叶上,孢子叶在枝顶聚生成孢子叶穗(球)。孢子同型,周壁具弹丝。

楔叶蕨亚门植物在古生代石炭纪时,曾盛极一时,既有高大木本,也有矮小草本,喜生于沼泽多水地区,现大多已绝迹,仅存 1 目,1 科,2 属。

4. 木贼科　Equisetaceae

【特征】　多年生草本。根状茎横走,棕色。地上茎直立,具明显的节和节间,有纵棱,表面粗糙,富含硅质。叶小,鳞片状,环生节上,基部联合成鞘状,边缘齿状。孢子叶盾形,聚生于枝顶成孢子叶穗。孢子圆球形,孢壁具十字形弹丝 4 条。

【分布】　本科有 2 属,30 余种;全球广布。我国有 2 属,10 余种;已知药用 8 种。

【药用植物】　木贼 *Equisetum hyemale* L. ［*Hippochaete hyemale* (L.) C. Boerner］　多年生草本。地上茎单一,直立,中空,有纵棱脊 20～30 条,棱脊上有 2 行疣状突起,极粗糙。叶鞘基部和鞘齿成黑色两圈。鞘齿顶部尾尖早落而成钝头,鞘片背上有 2 条棱脊,形成浅沟。孢子叶穗生于茎顶,无柄,长圆形具小尖头。孢子同型。分布于东北、华北、西北、四川等省区。生于山坡湿地或疏林下。地上部分(药材名:木贼)能疏散风热,明目退翳。(图 13-10)

问荆 *Equisetum arvense* L.　多年生草本。地上茎直立,二型。能育茎紫褐色,肉质,不分枝;叶膜质,下部联合成鞘状,具较粗大的鞘齿。孢子叶穗顶生,孢子叶六角形,盾状,下生 6～8 个长形的孢子囊。能育茎枯萎后生出不育茎,表面具棱脊,分枝多数,轮生,中实,下部联合成鞘状,鞘齿披针形,黑色。分布于东北、华北、西北、西南各省区。生于田边、沟旁。地上部分(药材名:小木贼)能止血,利尿,明目。(图 13-11)

同属植物节节草 *E. ramsissimum* Desf.,地上茎有轮生的分枝,各分枝中空,有纵棱 6～20 条,粗糙。鞘片背上无棱脊,叶鞘基部无黑色圈,鞘齿黑色。分布于全国各地。笔管草 *Hippochaete debilis* (Roxb.) Ching,地上茎有分枝,小枝光滑。叶鞘基部有黑色圈,鞘齿非黑色,鞘片背上无浅沟。分布于华南、西南、长江中下游各省区。以上两种的地上部分药用,功效似木贼。

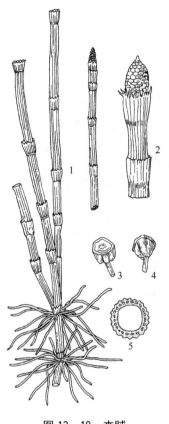

图 13-10 木贼

1. 植株全形 2. 孢子叶穗 3. 孢子囊与孢子
叶的正面观 4. 孢子囊与孢子叶的背面观
5. 茎的横切面

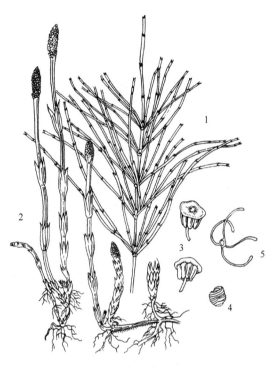

图 13-11 问荆

1. 不育茎 2. 能育茎 3. 孢子叶与孢子囊
4. 孢子,示弹丝收卷 5. 孢子,示弹丝松展

五、真蕨亚门 Filicophytina

真蕨亚门具根、茎、叶的分化。根为不定根。除树蕨外,茎均为根状茎,细长横走或短而直立或倾斜,常被鳞片或毛。幼叶常拳卷,叶形多样,单叶、掌状、二歧或羽状分裂,叶簇生、远生或近生。孢子囊形态多样,有柄或无柄,环带有或无,常聚生成孢子囊群,有盖或无盖。真蕨是现代蕨类的优势类群,全球广布,以热带、亚热带最多。

5. 瓶尔小草科 Ophioglossaceae

【特征】 小草本。根状茎短而直立。叶二型,营养叶单叶,全缘,叶脉网状,中脉不明显;孢子叶有柄,自总柄或营养叶基部生出。孢子囊大,扁圆形,陷入孢子囊托两侧,呈狭穗状,孢子囊横裂。孢子球状,四面型。

【分布】 本科有3属,约50种;分布于温、热带。我国有2属,约20种;已知药用5种。

【药用植物】 瓶尔小草(一枝箭)*Ophioglossum vulgatum* L. 高 10～30 cm,根肉质。根状茎短而直立。叶单生,狭卵形,两侧细脉与中脉平行。孢子囊穗自总柄顶端生出,远高出于营养叶,狭条形,顶端有小突起。分布于东北、陕西、长江中下游、广西、台湾及西南等地。生于林下或草地。全草(药材名:瓶尔小草)能清热解毒,凉血,消肿止痛。(图 13-12)

同属植物尖头瓶尔小草 *O. pedunculosum* Desv. 和狭叶瓶尔小草 *O. thermale* Kom. ,分布于我国热带和亚热带的地区,全草入药,功效似瓶尔小草。

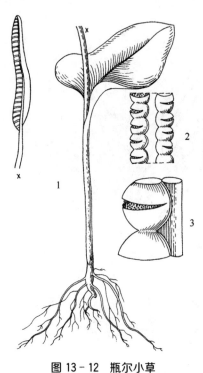

图 13 - 12　瓶尔小草
1. 植株全形　2. 孢子囊穗一段　3. 孢子囊

图 13 - 13　紫萁
1. 植株全形　2. 孢子叶的羽片

6. 紫萁科　Osmundaceae

【特征】　陆生草本,根状茎粗壮,直立,有宿存的叶柄残基,无鳞片,也无真正的毛。叶片幼时被棕色黏质腺状绒毛,老时脱落,叶柄长而坚突,但无关节,两侧有狭翅,叶片大,一至二回羽状,叶脉二叉分枝。孢子囊大,圆球形,裸露,着生于强度收缩变形的孢子叶羽片边缘,孢子囊顶端有几个增厚的细胞(盾状环带)。孢子为四面型。

【分布】　本科有 3 属,22 种;分布于温、热带。我国有 1 属,9 种;已知药用 6 种。

【药用植物】　紫萁 *Osmunda japonica* Thunb.　多年生草本。根状茎短块状,斜生,集有残存叶柄,无鳞片。叶丛生,二型,营养叶三角状阔卵形,顶部以下二回羽状,小羽片披针形至三角状披针形,叶脉叉状分离;孢子叶小羽片狭窄,卷缩成线状,沿主脉两侧密生孢子囊,成熟后枯死。分布于秦岭以南温带及亚热带地区,生于山坡林下、溪边、山脚路旁。根状茎及叶柄残基(药材名:紫萁贯众)能清热解毒,止血,杀虫。有小毒。(图 13 - 13)

7. 海金沙科　Lygodiaceae

【特征】　陆生缠绕植物。根状茎横走,具原生中柱,有毛而无鳞片。叶轴细长,沿叶轴相隔一定距离有互生的短分枝(距),羽片一至二回,二叉状或一至二回羽状,近二型,不育羽片生于叶轴下部,能育羽片生于叶轴上部。孢子囊穗生于能育叶羽片边缘的顶端,排成两行流苏状,环带顶生。孢子四面型。

【分布】　本科有1属,45种;分布于热带、亚热带。我国有10余种,已知药用5种。

【药用植物】　**海金沙** *Lygodium japonicum* (Thunb.) Sw.　缠绕草质藤本。根状茎横走,羽片近二型,纸质,连同叶轴和羽轴均有疏短毛,不育叶羽片尖三角形,二至三回羽状,小羽片2～3对,边缘有不整齐的浅锯齿;能育羽片卵状三角形,孢子囊穗生于能育羽片边缘的顶端,暗褐色。孢子表面有瘤状突起。分布于长江流域及南方各省区。生于山坡林边、灌木丛、草地。孢子(药材名:海金沙)能清利湿热,通淋止痛。地上部分(药材名:海金沙藤)能清热解毒,利湿热,通淋。(图13-14)

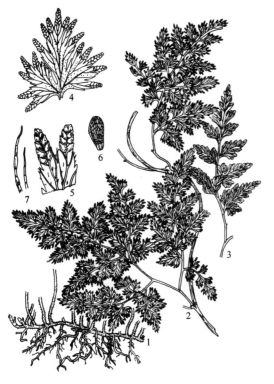

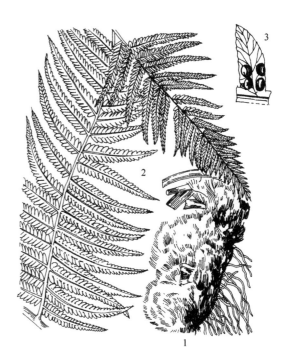

图 13-14　海金沙

1. 根状茎　2. 叶轴及孢子叶　3. 不育羽片(营养羽片)
4. 孢子叶放大　5. 孢子囊穗　6. 孢子囊　7. 根状茎
　　　　上的节毛

图 13-15　金毛狗脊

1. 根状茎　2. 叶的一部分　3. 羽片一部分,示孢子囊群

8. 蚌壳蕨科　Dicksoniaceae

【特征】　陆生,植物体树状,主干粗大,直立或平卧,具复杂的网状中柱,密被金黄色长柔毛,无鳞片。叶片大型,三至四回羽状,革质。孢子囊群生于叶背边缘,囊群盖裂成二瓣,形似蚌壳,内凹,革质;孢子囊梨形,环带稍斜生,有柄。孢子四面型。

【分布】　本科有5属,40余种;分布于热带及南半球。我国有1属,2种;已知药用1种。

【药用植物】　**金毛狗脊** *Cibotium barometz* (L.) J. Sm.　植株树状,高2～3 m。根状茎短而粗大,密被金黄色长柔毛。叶大,有长柄,叶片三回羽状分裂,末回裂片狭披针形,边缘有粗锯齿。孢子囊群生于裂片下部小脉顶端,囊群盖二瓣。分布于我国南部和西南地区,生于山麓沟边及林下阴湿酸性土壤中。根状茎(药材名:狗脊)能祛风湿,补肝肾,强腰膝。(图13-15)

9. 中国蕨科　Sinopteridaceae

【特征】　陆生草本。根状茎直立或斜生,少横卧,具管状中柱,被栗褐色披针形鳞片。叶簇生,一至三回羽状分裂;叶片三角形至五角形;叶柄栗色或近黑色。孢子囊群小,圆形有盖,囊群盖为反折的叶边部分变质所形成;孢子囊球状梨形。孢子四面型或二面型。

【分布】　本科有14属,300余种;主要产亚热带。我国有9属,70余种;已知药用16种。

【药用植物】　野雉尾金粉蕨(野鸡尾)*Onychium japonicum* (Thunb.) Kunze　多年生草本。根状茎横走,被棕色披针形鳞片。叶二型,叶柄细弱,光滑,稻秆色,叶片四至五回羽状分裂,裂片先端有短尖。孢子囊群生裂片背面边缘横脉上,与裂片的中脉平行,囊群盖膜质,向内开裂。分布于长江流域各省。生于阴湿林下、路边、沟边或阴湿石上。全草(药材名:野鸡尾)能清热解毒,利湿,止血。(图 13-16)

图 13-16　野鸡尾
1. 植物全形　2. 孢子叶,示孢子囊群

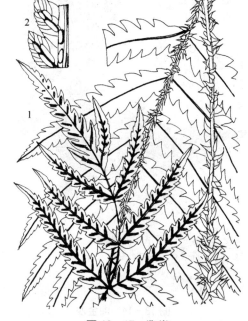

图 13-17　狗脊
1. 叶片　2. 羽片局部放大

10. 乌毛蕨科　Blechnaceae

【特征】　陆生草本,有时亚乔木状。根状茎粗大,直立或匍匐,具网状中柱,外被鳞片。叶同型或二型,叶片一至二回羽裂,少为单叶。孢子囊群长圆形或线形,沿主脉两侧着生,或着生于与主脉平行的网眼外侧。囊群盖与囊群同形。孢子囊大,环带纵行。孢子两面型。

【分布】　本科有13属,约240种;主产南半球热带。我国有7属,13种;已知药用8种。

【药用植物】　狗脊 *Woodwardia japonica* (L. f.) Sm.　多年生草本。根状茎短,倾斜,密生棕色披针形大鳞片。叶簇生,二回羽裂,羽片卵状披针形,上侧楔形,下侧圆形,叶脉网状。孢子囊群长形,生于主脉两侧对称的网脉上,囊群盖长肾形。分布于长江以南及西南地区,生于疏林下或溪沟边阴湿处。根状茎及叶柄残基(药材名:狗脊贯众)能清热解毒,杀虫,止血,祛风湿。(图 13-17)

单芽狗脊 *W. unigemmata* (Makino)Nakai　形似上种,但在叶轴顶部和羽片着生处下面生一个有红棕色鳞片的大芽孢。分布生境同上种。根状茎及叶柄残基也作狗脊贯众入药。

11. 鳞毛蕨科　Dryopteridaceae

【特征】　陆生草本。根状茎粗短,直立或斜生,连同叶柄多被鳞片,具网状中柱。叶一型,叶轴上面有纵沟,叶片一至多回羽状或羽裂。孢子囊群圆形,背生或顶生于叶脉上,囊群盖盾形或圆形,有时无盖。孢子囊扁圆形。孢子两面型,表面有疣状突起或有翅。

【分布】　本科有20属,1 700余种;分布于温带、亚热带地区。我国有13属,700余种;已知药用60种。

【药用植物】　粗茎鳞毛蕨(东北贯众)*Dryopteris crassirhizoma* Nakai　多年生草本。根状茎直立粗壮,连同叶柄密生棕色大鳞片。叶簇生,叶片二回羽状全裂,叶轴上密被黄褐色鳞片。孢子囊群生于叶中部以上的羽片下面,囊群盖肾圆形,棕色。分布于东北及河北省。生于林下潮湿处。根状茎及叶柄残基(药材名:绵马贯众)能清热解毒,止血,杀虫。(图13-18)

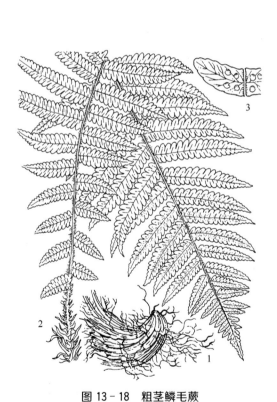

图13-18　粗茎鳞毛蕨
1.根状茎　2.叶　3.末回裂片及孢子囊群

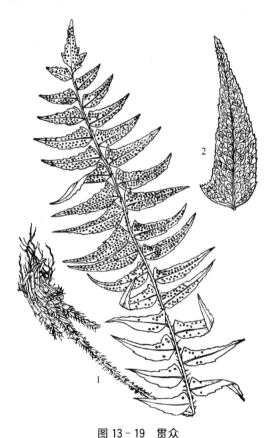

图13-19　贯众
1.植株全形　2.羽片

贯众 *Cyrtomium fortunei* J. Sm.　多年生草本,根状茎短。叶丛生,叶柄基部密生黑褐色大鳞片;叶一回羽状,羽片镰状披针形,基部上侧稍呈耳状突起,叶脉网状。孢子囊群圆形生于羽片下面,在主脉两侧各排成不整齐的3～4行,囊群盖大,圆盾形。分布于华北、西北及长江以南各省区。生于山坡林下、溪沟边、石缝中以及墙角等阴湿处。根状茎及叶柄残基入药,能清热解毒,凉血祛痰,驱虫。(图13-19)

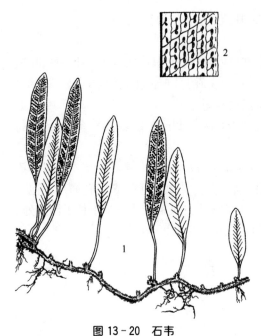

图 13 - 20 石韦

1. 植株全形 2. 叶片的一部分(放大),
示孢子囊群

12. 水龙骨科 Polypodiaceae

【特征】 陆生或附生,根状茎横走、被鳞片,具网状中柱。叶一型或二型,叶柄基部具关节。单叶,全缘或多少深裂,或羽裂,叶脉网状。孢子囊群圆形或线形,或有时布满叶背,无囊群盖,孢子囊梨形或球状梨形。孢子两面型。

【分布】 本科有 50 属,600 余种;主要分布于热带和亚热带。我国有 27 属,150 余种;已知药用 86 种。

【药用植物】 石韦 *Pyrrosia lingua* (Thunb.) Farwell 多年生草本,高 10～30 cm。根状茎长而横走,密生褐色披针形鳞片。叶近二型,远生,革质,叶片披针形,背面密被灰棕色星状毛,叶柄基部具关节。孢子囊群在侧脉间紧密而整齐地排列,初被星状毛包被,成熟时露出。分布于长江以南各省区。生于岩石或树干上。地上部分(药材名:石韦)能利尿通淋,清肺止咳,凉血止血。(图 13 - 20)

同属植物庐山石韦 *P. sheareri* (Bak.) Ching,多年生草本,高 30～60 cm。根状茎粗短,横走,密被鳞片。叶片阔披针形,革质,叶基不对称,背面密生黄色星状毛及孢子囊群。分布于长江以南各省区。有柄石韦 *P. petilolsa* (Christ.) Ching,多年生草本,高 15～10 cm。根状茎横走。叶二型,不育叶长为能育叶的 2/3～1/2,叶脉不明显,孢子囊群成熟时满布叶背面。分布于东北、华北、西南、长江中下游地区。上述两种植物的地上部分与石韦同等药用。

水龙骨 *Polypodium niponicum* Mett. 多年生草本,高 15～40 cm。根状茎长而横走,黑褐色,带白粉,顶部有卵状披针形鳞片。叶远生,薄纸质,两面密生灰白色短柔毛,叶柄长,叶片长圆状披针形,羽状深裂几达叶轴。孢子囊群生于主脉两侧各排成 1 行,无囊群盖。分布于长江以南各省区。生于林下阴湿的岩石上。根状茎能清热解毒,平肝明目,祛风利湿,止咳祛痰。

13. 槲蕨科 Drynariaceae

【特征】 陆生植物。根状茎横走,粗壮,肉质,具穿孔的网状中柱;密被鳞片,鳞片常大而狭长,基部盾状着生,边缘有睫毛状锯齿。叶常二型,叶片羽裂或深羽状,叶脉粗而明显,一至三回形成或大或小的四方形网眼。孢子囊群圆形,无盖。孢子囊梨形。孢子四面型。

【分布】 本科有 8 属,32 种;分布于亚热带、马来西亚、菲律宾至澳大利亚。我国有 4 属,约 12 种;已知药用 7 种。

【药用植物】 槲蕨(石岩姜)*Drynaria roosii* Nakaike [*D. fortunei* (Kze.) J. Sm.] 常绿附生草本。根状茎肉质,粗壮横走,密被钻状披针形鳞片。叶二型,营养叶基生,革质,枯黄色,卵圆形,无柄,基部心形,边缘全缘;孢子叶绿色,长椭圆形,羽状深裂,基部裂片耳状,叶柄短,有狭翅,两面叶脉明显。孢子囊群圆形,在裂片中肋两侧各排成 2～3 行,无囊群盖。分布于长江以南各省区及台湾、海南等地。附生于树干或山林石壁上。根状茎(药材名:骨碎补)能疗伤止痛,补肾强骨;外用能消风祛斑。(图 13 - 21)

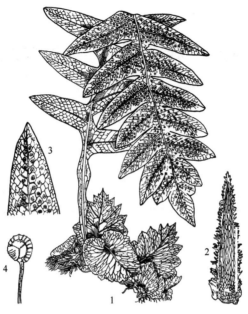

图 13 - 21　槲蕨
1. 植株全形　2. 地上茎的鳞片(放大)　3. 叶的一部分,
示叶脉及孢子囊群的位置(放大)　4. 孢子囊(放大)

　　同属植物秦岭槲蕨 *D. sinica* Diels[*D. baronii* (Christ) Diels],常无基生不育叶,能育叶羽状深裂,常仅叶片上部能育;孢子囊群在裂片中肋两侧各 1 行。分布于陕西、甘肃、四川、云南及西藏。团叶槲蕨 *D. bonii* Christ,不育叶常圆形,革质,网眼不透明,全缘或边缘略波状,孢子囊群不规则分布。分布于广东、海南及广西。石莲姜槲蕨 *D. propinqua* (Wall.) J. Sm.,有基生的不育叶,能育叶片常有裂片 8~12 对,孢子囊群在中肋两侧各 1 行。分布于四川、云南、贵州和广西。上述三种的根状茎与槲蕨具有类似功效。

第十四章 裸子植物门 Gymnospermae

导学

裸子植物能产生种子,大多数保留有颈卵器构造;孢子体高度发达,配子体极度简化。植物体多常绿乔木,茎中无限外韧型维管束环列,木质部主要为管胞,无木纤维;韧皮部主要为筛胞。

本章学习目标:

掌握裸子植物的主要特征、分类及主要科的特征。熟悉裸子植物的常用药用植物和主要化学成分。了解常用药用裸子植物识别特征、药用部位和医疗价值。

裸子植物(gymnosperms)最早出现约 3.5 亿年前的泥盆纪,到二叠纪,银杏等裸子植物相继出现,逐渐取代了古生代盛极一时的蕨类植物。从二叠纪到白垩纪早期长达 1 亿年的历史时期是裸子植物的繁盛时期。迄今地质气候经过多次重大变化,裸子植物种系也随之多次演变更替,古老的种类相继绝迹,新的种类陆续演化出来。现存的裸子植物种类已大大减少,如银杏、水杉等都是第三纪的孑遗植物。

裸子植物广布于世界各地,主要在北半球,常组成大面积森林,是木材的主要来源。我国裸子植物种类较多,资源丰富,是森林工业的重要原料,能提供木材、纤维、栲胶、松脂等多种产品。侧柏、马尾松、麻黄、银杏、香榧、金钱松等的枝叶、花粉、种子及根皮可供药用,同时也是绿化观赏树种。

第一节 裸子植物的特征

一、裸子植物的一般特征

1. 孢子体发达　裸子植物的植物体为其孢子体,多为常绿乔木、灌木,少落叶(银杏、金钱松)、极少为亚灌木(麻黄)或藤本(买麻藤)。维管束环状排列,具形成层及次生生长,多数裸子植物的次生木质部具管胞而无导管,韧皮部有筛胞而无筛管及伴胞;麻黄科、买麻藤科有导管。叶多针形、条形或鳞片形,极少呈扁平阔叶。

2. 花单性,胚珠裸露,不形成果实　花单性同株或异株,无花被(仅麻黄科,买麻藤科有类似花被的盖被)。雄蕊(小孢子叶)聚生成雄球花(staminate cone,小孢子叶球),心皮(大孢子叶或珠鳞)

呈叶状而不包卷成子房,常聚生成雌球花(female cone,大孢子叶球);形成胚珠(ovule),胚珠(经传粉、受精后发育成种子)裸露于心皮上,所以称裸子植物。

3. 具明显的世代交替现象　世代交替中孢子体占优势,配子体极其简化,雄配子体为花粉粒萌发形成的花粉管,花粉管的出现,使受精作用不需要在有水的条件下进行;雌配子体由胚囊和胚乳组成,寄生在孢子体上。

4. 具颈卵器构造　大多数裸子植物具颈卵器构造,但颈卵器结构简单,埋于胚囊中,仅有2~4个颈壁细胞露在外面,颈卵器内有1个卵细胞和1个腹沟细胞,无颈沟细胞,比蕨类植物的颈卵器更为简化。

5. 常具多胚现象　大多数裸子植物出现多胚现象(polyembryony),这是由于一个雌配子体上的几个颈卵器的卵细胞同时受精,形成多胚,或由一个受精卵在发育过程中,发育成原胚,再由原胚组织分裂为几个胚而形成多胚。

裸子植物的生殖器官在生活史的各个阶段与蕨类植物基本上是同源的,但所用的形态术语却各不一样。它们之间的对照名词见表14-1。

表 14-1　裸子植物与蕨类植物形态术语的比较

裸 子 植 物	蕨 类 植 物	裸 子 植 物	蕨 类 植 物
雄球花	小孢子叶球	雌球花	大孢子叶球
雄蕊	小孢子叶	珠鳞(心皮)	大孢子叶
花粉囊	小孢子囊	珠心	大孢子囊
花粉粒(单核期)	小孢子	胚囊(单细胞期)	大孢子

二、裸子植物的化学成分

裸子植物的化学成分,主要有黄酮类、生物碱类、萜类及挥发油、树脂等。

1. 黄酮类　黄酮类及双黄酮类在裸子植物中普遍存在,双黄酮除蕨类植物外很少发现,是裸子植物的特征性成分。

2. 生物碱类　生物碱在裸子植物中分布有限,现知仅存于三尖杉科、红豆杉科、罗汉松科、麻黄科及买麻藤科。

3. 树脂、挥发油、有机酸等　如松香、松节油,金钱松根皮含有土槿皮酸等。

第二节　裸子植物的分类及常用药用植物

现存裸子植物分为5纲,9目,12科,71属,约800种。我国有5纲,8目,11科,41属,约300种(含引种栽培);其中,银杏科、银杉属、金钱松属、水杉属、水松属、侧柏属、白豆杉属等是我国特有科、属。已知药用25属,104种。(图14-1)

一、苏铁纲　Cycadopsida

苏铁纲为常绿木本,茎干常不分枝。雌雄异株。精子具纤毛。仅1目,1科。

图 14-1   裸子植物各纲主要特征(图片：赵志礼)

1. 银杏纲(银杏：乔木；叶扇形)种子核果状) 2. 银杏雄球花(葇荑花序状) 3. 苏铁纲(苏铁：大孢子叶被毛，上部顶片边缘羽状分裂，胚珠生于大孢子叶柄两侧) 4. 苏铁种子(橘红色) 5. 苏铁雄株(叶羽状深裂；雄球花圆柱形) 6. 松柏纲(马尾松：雌球花由多数珠鳞与苞鳞组成) 7. 水杉球果(种鳞交互对生) 8. 红豆杉纲(南方红豆杉：种子具肉质假种皮) 9. 南方红豆杉(假种皮杯状) 10. 买麻藤纲(丽江麻黄：雌球花苞片肉质，红色) 11. 丽江麻黄种子(假花被发育为革质假种皮) 12. 丽江麻黄种子解剖(具珠被管)

		3	6	7
1	2			
		4	8	10
	5	9	11	12

1. 苏铁科   Cycadaceae

【特征】   常绿木本，树干粗大，常不分枝，髓部大，树皮有黏液道。叶螺旋状排列，鳞片叶和营养叶交互成环状着生；鳞状叶小，密被褐色绒毛，营养叶大，深裂成羽状，革质，集生于茎顶部。雌雄异株；雄球花单生茎顶，木质、直立、具柄，由多数鳞片状或盾状的雄蕊组成，每个雄蕊生多数球状 1室花药，花粉粒发育产生的精子具多数纤毛；雌蕊叶状或盾状，丛生于茎顶的羽状叶与鳞片叶之间。种子核果状。胚乳丰富，子叶 2 枚。本科植物常含苏铁苷(cycasin)、大泽明素(macrozamin)等氧化偶氮类化合物和双黄酮类衍生物等。

【分布】   本科有 10 属，110 余种；分布热带、亚热带地区。我国有 1 属，8 种；已知药用 4 种；分布西南、华南、华东等地。

【药用植物】   苏铁(铁树)*Cycas revoluta* Thunb.   常绿乔木，茎干圆柱形，有明显的叶柄残基。营养叶一回羽状深裂，叶柄基部两侧有刺，裂片条状披针形，质坚硬，深绿色有光泽，边缘反卷。雄球花圆柱状，雄蕊顶部宽平，有急尖头；下面着生许多花药，常 3～4 枚聚生；雌蕊密生黄褐色绒毛，上部羽状分裂，下部柄状。柄的两侧各生 1～5 枚胚珠。种子核果状，熟时橙红色。分布于四川、台湾、福建、广东、广西、云南等地。种子及种鳞(药材名：苏铁种子)能理气止痛，益肾固精；叶(药材名：苏铁叶)为收涩药，能收敛，止痛，止痢；根(药材名：苏铁根)为祛风湿药，能祛风，活络，补肾。(图 14-2)

本科常用药用植物还有：华南苏铁(刺叶苏铁)*C. rumphii* Miq.，华南各地有栽培；根治无名肿毒。云南苏铁 *C. siamensis* Miq.，分布于云南、广东、广西有栽培；根治黄疸性肝炎，茎、叶治慢性肝炎、难产、癌症，叶治高血压。篦叶苏铁 *C. pectinata* Griff.，产云南；功效同苏铁。

图 14 - 2　苏铁

1. 雌株全形　2. 小孢子叶　3. 花药　4. 大孢子叶

二、银杏纲　*Ginkgopsida*

银杏纲为落叶乔木。单叶,扇形。花雌雄异株,精子具纤毛。仅1目,1科。

2. 银杏科　*Ginkgoaceae*

【特征】　落叶乔木,营养性长枝顶生,叶螺旋状排列,稀疏;生殖性短枝侧生,叶簇生。叶片扇形,2裂,叶脉二叉状分枝。雄球花菜荑花序状,雄蕊多数,具短柄,花药2室;雌球花具长柄,柄端有2个杯状心皮,又称珠托(collar),其上各生1直立胚珠,常1个发育。种子核果状;外种皮肉质,成熟时橙黄色;中种皮白色,骨质;内种皮淡红褐色,膜质。胚乳肉质。叶含黄酮类、银杏内酯、苦味质、银杏酸等化合物。

【分布】　本科仅1属,1种和多个栽培品种。现世界各地均有银杏栽培,都是直接或间接来自中国,中国是银杏的故乡和原产地。

【药用植物】　银杏(白果、公孙树)*Ginkgo biloba* Linn.　形态特征与科同。我国特有种。北自辽宁,南至广东,东起浙江,西南至贵州、云南都有栽培。去肉质外种皮的种子(药材名:白果)为止咳平喘药,能敛肺定喘,止带浊,缩小便;叶(药材名:银杏叶)能益气敛肺,化湿止咳,止痢。叶的提取物能扩张动脉血管。(图14-3)

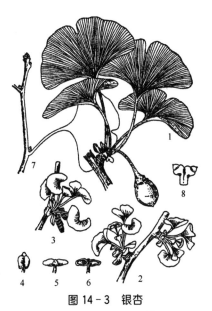

图 14 - 3　银杏

1. 着种子的枝　2. 着雌花的枝　3. 着雄花序的枝　4. 雄蕊,示未展开之二花粉囊　5. 雄蕊正面　6. 雄蕊背面　7. 着冬芽的长枝　8. 胚珠生于杯状心皮上

三、松柏纲 Coniferopsida

松柏纲为木本。茎多分枝,常有长、短枝之分。具树脂道。叶单生或成束,针形,条形,钻形或鳞片形。单性同株或异株,球花常呈球果状。花粉有气囊或无,精子无纤毛。

3. 松科 Pinaceae

【特征】 常绿乔木,稀落叶性。叶在长枝上螺旋状排列,在短枝上簇生,针形或条形。花单性,雌雄同株;雄球花穗状,雄蕊多数,各具2药室,花粉有气囊或无;雌球花由多数螺旋状排列的珠鳞(心皮)和苞鳞(苞片)组成,花期珠鳞较苞鳞小,每个珠鳞的腹面基部有2个胚珠,苞鳞与珠鳞分离,花后珠鳞增大,果时称种鳞,球果木质。种子具单翅,有胚乳,子叶2~16枚。本科植物常含树脂和挥发油、黄酮类、多元醇、生物碱等成分,树皮中含丰富鞣质和酚类,松针和油树脂中含多种单萜和树脂酸,木材中心含二苯乙烯、双苄、黄酮类化合物。(图14-4)

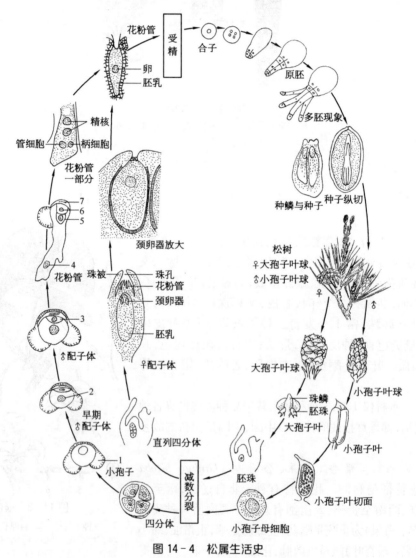

图14-4 松属生活史

1. 气囊 2、4. 管细胞 3. 生殖细胞 5. 精细胞 6. 柄细胞 7. 营养细胞

【分布】　本科有 10 属,230 余种;多产于北半球,是裸子植物第一大科,占裸子植物种类的 1/3。我国有 10 属,约 130 种(含变种);已知药用 40 余种;分布全国各地。

【药用植物】　马尾松 *Pinus massoniana* Lamb.　　常绿乔木。小枝轮生,长枝上叶鳞片状;短枝上叶针状,2 针一束,稀 3 针,细长柔软,长 12～20 cm,树脂道 4～8 个,边生。雄球花圆柱形、聚生于新枝下部成穗状;雌球花常 2 个生于新枝的顶端;种鳞的鳞盾菱形,鳞脐微凹,无刺头。球果卵圆形或圆锥状卵圆形,成熟后栗褐色。种子长卵形,子叶 5～8 枚。分布于淮河和汉水流域以南各地,西至四川、贵州和云南。生于阳光充足的丘陵山地酸性土壤。松节(药材名:油松节)为祛风湿药,能祛风燥湿,活血止痛,树皮(药材名:松树皮)为收敛止血药,能收敛生肌;叶(药材名:松针)为祛风湿药,能祛风活血,安神,解毒止痒;花粉(药材名:松花粉)为收敛止血药,能收敛止血;种子(药材名:松子仁)为润下药,能润肺滑肠;松脂及树脂的加工品(药材名:松香)为祛风湿药,能燥湿祛风,生肌止痛。(图 14-5)

油松 *P. tabulaeformis* Carr.　　本种与马尾松相似,但本种针叶较粗硬,长 10～15 cm,2 针一束。球果卵圆形,成熟时淡黄褐色,鳞盾肥厚隆起,鳞脐凸起有刺尖。种子淡褐色有斑纹。我国特有种,分布于我国北部和西部。生于干燥的山坡上。富含树脂。功效同马尾松。

图 14-5　马尾松
1. 球果枝　2. 雄球花　3. 球果　4. 种鳞　5. 种子
6. 鳞盾　7. 鳞脐

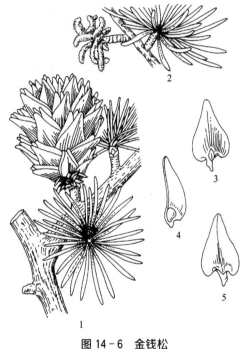

图 14-6　金钱松
1. 球果枝　2. 小孢子叶球枝　3. 种鳞背面及苞鳞
4. 种子　5. 种鳞腹面

金钱松 *Pseudolarix kaempferi* Gord.　　落叶乔木。长枝上的叶螺旋状散生,短枝上的叶 15～30 簇生,叶片条状或倒披针状条形,长 2～5.5 cm,宽 1.5～4 mm,辐射伸展,秋后金黄色,似铜钱。雄球花数个簇生于短枝顶端,雌球花单生于短枝的顶端,苞鳞大于珠鳞,成熟时种鳞和种子一起脱落。种子白色,具翅。我国特有种,分布我国长江以南各省区。喜生于温暖、多雨的酸性土山区。根皮及近根的树皮(药材名:土荆皮)为驱虫药,能杀虫,止痒等。(图 14-6)

本科常用药用植物还有：红松 *P. koraiensis* Sieb. et Zucc. ,分布于东北长白山区及小兴安岭。种子(药材名：海松子)能熄风,润肺,滑肠;松节、松针、树脂均有舒筋止痛、除风祛湿等功效。云南松 *P. yunnanensis* Franch. ,分布于西南地区,功效同马尾松。

4. 柏科 Cupressaceae

【特征】 常绿乔木或灌木。叶交互对生或轮生,常鳞形或刺形,或同一树上兼有两型叶。球花单性,同株或异株,单生枝顶或叶腋;雄球花椭圆状卵形有3~8对交互对生的雄蕊,每雄蕊有2~6药室,花粉无气囊;雌蕊花球形,有3~6枚交互对生的珠鳞,珠鳞与苞鳞合生,每珠鳞有1至数枚胚珠。球果木质或革质,熟时张开,或浆果状熟时不裂或仅顶端开裂。种子有翅或无翅,具有胚乳,子叶2枚。本科植物常含挥发油、黄酮、香豆素等成分。

【分布】 本科有22属,约150种;广布于全球。我国有8属,约40种(含变种);已知药用20余种;分布几遍全国。

【药用植物】 侧柏(扁柏)*Platycladus orientalis* (Linn.) Franco 常绿乔木,小枝扁平,排成一平面,直展。叶鳞形,交互对生,贴生小枝上。球花单性同株。球果近卵圆形,成熟前近肉质,蓝绿色,被白粉,种鳞4对,覆瓦状排列,有反曲尖头,熟时木质,开裂,中间种鳞各有种子1~2枚。种子卵形,无翅。我国特有种,除新疆、青海外,分布几遍全国。枝叶(药材名:侧柏叶)为止血药,能凉血止血,祛风消肿,清肺止咳;种子(药材名:柏子仁)为安神药,能养心安神,润肠通便。(图14-7)

本科常用药用植物还有：柏木 *Cupressus funebris* Endl. ,我国特有种,分布于华中、华南和西南地区。枝、叶入药,能凉血,祛风安神。圆柏 *Sabina chinensis* (Linn.) Ant. ,除新疆、西藏和东北外,分布几遍全国。枝、叶、树皮入药,能祛风散寒,活血消肿,解毒利尿。

图14-7 侧柏

1. 枝条 2. 球果枝 3. 小枝 4. 雄球花 5. 雄蕊的内面及外面 6. 雌球花 7. 珠鳞的内面 8. 球果 9. 种子

四、红豆杉纲(紫杉纲) Taxopsida

红豆杉纲为常绿乔木或灌木。叶条形、披针形、稀鳞形、钻形或退化成叶状枝。球花单性,雌雄异株,稀同株,胚珠生于盘状或漏斗状的珠托上,或由囊状、杯状的套被所包围。种子具有肉质的假种皮(由套被增厚形成的)或外种皮。

5. 红豆杉科(紫杉科) Taxaceae

【特征】 常绿乔木或灌木。叶条形或披针形,螺旋状排列或交互对生,基部常扭转排成2列,叶面中脉凹陷,叶背有2条气孔带。球花单性,雌雄异株,稀同株;雄球花单生叶腋或苞腋,或成穗状花序顶生,雄蕊多数,具3~9个花药,花粉粒无气囊;雌球花单生或2~3对组成球序,生于叶腋或苞腋。胚珠 1 枚,基部具盘状或漏斗状珠托。种子核果状,全部或部分包于肉质的假种皮中。本科植物常含紫杉醇(taxol)、金松双黄酮、紫杉宁(taxinin)、紫杉素(taxusin)、坡那甾 A(ponasterone A)、甾醇、草酸、挥发油、鞣质等成分。

【分布】　本科有 5 属,23 种;主要分布于北半球。我国有 4 属,12 种;已知药用 10 余种。

【药用植物】　榧树 *Torreya grandis* Fort. ex Lindl.　常绿乔木,树皮有条纹状纵裂。小枝近对生或轮生,二、三年生枝暗绿黄色或灰褐色。叶螺旋状着生,叶柄扭转而成 2 列,条形,革质,先端有刺状短尖,上面中脉不明显,下面具 2 条粉白色气孔带。雌雄异株;雄球花单生叶腋,圆柱状,雄蕊多数,各有 4 个药室;雌球花成对生于叶腋。种子椭圆形或卵形,成熟时核果状,由珠托发育成的淡紫红色、肉质假种皮所包被。我国特有种,分布于江苏、浙江、安徽南部、福建西北部、江西和湖南等地。种子(药材名:香榧子)为杀虫药,能杀虫消积,润燥通便。(图 14-8)

图 14-8　榧树
1. 雄球花枝　2、3. 雄蕊　4. 雌球花枝　5. 种子　6. 去假种皮的种子　7. 去假种皮与外种皮的种子横切面

红豆杉 *Taxus chinensis* (Pilger) Rehd.　常绿乔木,树皮裂成条片剥落。叶条形,微弯或直,排成 2 列,长 1~3 cm,宽 2~4 mm,叶上面深绿色,下面淡黄色,有 2 条气孔带。种子卵圆形,上部渐窄,先端微具 2 钝纵脊,先端有突起的短尖头,生于杯状红色肉质的假种皮中。我国特有种,分布于甘肃、陕西、安徽、湖北、湖南以及西南地区。生于海拔 1 000~1 500 m 石山杂木林中。叶入药能治疗癣;种子入药能消积,驱虫;茎皮提取紫杉醇(taxol)等抗肿瘤成分。(图 14-9)

同属植物南方红豆杉 *T. wallichiana* Zucc. var. *mairei* (Lemée et Lévl.) L. K. Fu et Nan Li,分布于西南、华中和华南,以及甘肃、陕西、河南、安徽等地。西藏红豆杉 *T. wallichiana* Zucc.,分布于四川、云南、西藏等地。东北红豆杉 *T. cuspidata* Sieb. et Zucc.,分布于吉林、辽宁。这些种的树皮也可用于提取紫杉醇(taxol)。

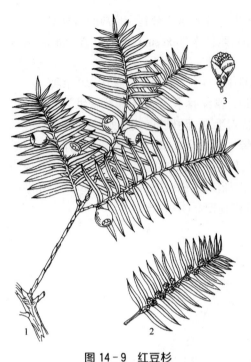

图 14－9　红豆杉

1. 种子枝　2. 雄球花枝　3. 雄球花

6. 三尖杉科(粗榧科)　Cephalotaxaceae

【特征】　常绿乔木或灌木。小枝近对生或轮生,基部有宿存芽鳞。叶条形或条状披针形,交互对生或近对生,侧枝叶在基部扭转而成2列,叶背有2条白色气孔带,叶内有树脂道。球花单性,雌雄异株,稀同株;雄球花6～11聚成头状花序,每雄球花有雄蕊4～16,各具2～4个药室(常3个),花粉无气囊;雌球花具长梗,生于小枝基部,花梗上有数对交互对生的苞片,每苞片基部生2枚胚珠,仅1枚发育。种子核果状,全部包于由珠托发育成的假种皮中,外种皮质硬,内种皮薄膜质;子叶2枚。本科植物含多种生物碱(粗榧碱类生物碱 cephalotaxine type alkaloids、高刺桐类生物碱 homoerythrine type alkaloids)、多种双黄酮类化合物(biflavone)等成分。

【分布】　本科有1属,9种;主要分布东亚。我国有7种,3变种;已知药用9种(含变种);分布于黄河以南及西南各地。

【药用植物】　三尖杉 *Cephalotaxus fortunei* Hook. f.　常绿乔木,树皮红褐色,片状脱落。叶片螺旋状着生,排成2行,披针状条形,常弯曲,长4～13 cm,宽3.5～4.5 mm,上面中脉隆起,下面2条气孔带被白粉。雄球花8～10聚生成头状,总梗长6～8 mm,生于叶腋,每球花有雄蕊6～16,生于苞片上;雌球花总梗长15～20 mm,生小枝基部。种子4～8,长卵形,核果状,假种皮熟时紫色。我国特有种,分布于陕西、甘肃及华东、华南、西南地区。生于疏林、溪谷地。种子(药材名:三尖杉)为驱虫药,能润肺,消积,杀虫。从枝叶提取的三尖杉总碱对淋巴肉瘤、肺癌疗效较好,对胃癌、上颚窦癌、食管癌也有效。(图14－10)

同属植物粗榧 *C. sinensis* (Rehd. et Wils.) Li,与三尖杉的主要区别:灌木或小乔木;叶条形,通常直,长2～5 cm,在小枝上排列较紧密。分布于长江以南及陕西、甘肃、河南等地。用途同三尖杉。篦子三尖杉 *C. oliveri* Mast.,分布于广东、江西、湖南、四川、贵州、云南等地。台湾三尖杉 *C. wisoniana* Hayata.,分布于我国台湾。这些种类都含有具抗肿瘤的三尖杉总碱。

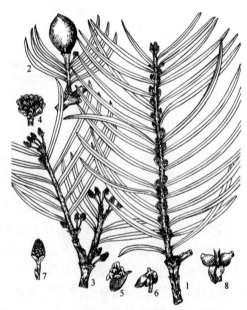

图 14－10　三尖杉

1. 着雄球花的枝　2. 具种子的枝　3. 着雌球花的枝　4. 雄球花序　5. 雄球花　6. 雄蕊(具3个药室)　7. 雌球花序　8. 雌球花去苞片,示2粒胚珠

五、买麻藤纲(倪藤纲)　Gnetopsida

买麻藤纲为灌木或木质藤本,木质部有导管,无树

脂道。叶对生,鳞片状或阔叶状。雌雄异株或同株,有类似花被的盖被(称假花被);胚珠1枚,珠被1~2层,具珠被管,精子无鞭毛;颈卵器极简化或无。种子包被于盖被发育成的假种皮中,胚乳丰富。子叶2枚。

7. 麻黄科　Ephedraceae

【特征】　小灌木、亚灌木或草本状。小枝对生或轮生,节明显,节间有多条细纵槽纹。叶2~3片,对生或轮生,退化,膜质,合生成鞘状,先端具裂齿。雌雄异株,稀同株;球花卵圆形或椭圆形,顶生或腋生;雄球花单生或数个丛生,具2~8对交互对生或轮生的苞片,每苞片有1雄花,外包膜质假花被;每花雄蕊2~8,花丝合成1~2束,花药1~3室;雌球花具2~8对交互对生或2~8轮(每轮3枚)苞片,仅顶端1~3枚苞片内有雌花,雌花具囊状假花被,包围胚珠,珠被1层,上部延长成珠被管,由假花被顶端开口处伸出。雌球花的苞片随胚珠生长发育而增厚、肉质,呈红色或橘红色,假花被发育成包围种子的革质假种皮;种子1~3,胚乳丰富,子叶2枚。本科植物含有多种生物碱(麻黄碱、伪麻黄碱等)及挥发油。

【分布】　本科仅1属,约40种;分布于亚洲、美洲、欧洲东部及非洲北部等干旱荒漠。我国有16种;已知药用15种;分布于东北、西北、西南等地。

【药用植物】　草麻黄 *Ephedra sinica* Stapf
亚灌木,高20~40 cm,木质茎短或横卧,小枝丛生于基部,小枝节间长3~4 cm。叶膜质,2裂,鞘占全长1/3~2/3,裂片锐三角形。球花的苞片2片对生;雄球花多成复穗状,常具总梗,苞片常4对,雄蕊7~8,花丝合生;雌球花单生,老枝上腋生或幼枝上顶生,苞片4对,仅最上一对各有1雌花,珠被管短而直,成熟时苞片变为肥厚肉质、红色而呈浆果状。种子常2粒包藏于肉质苞片内。分布于辽宁、吉林、内蒙古、河北、山西、河南西北部和陕西等地。生于沙质干燥地带,常见于山坡、河床和干草原。茎(药材名:麻黄)为解表药,能发汗散寒,宣肺平喘,利水消肿,也是提取麻黄碱的原料。(图14-11)

同属植物木贼麻黄 *E. equisetina* Bge.,直立灌木,高达1 m,节间细而较短,长1~2.5 cm;雌球花常2个对生于节上,珠被管弯曲;种子常1枚。本种含麻黄碱较其他种类高。分布于华北及陕西、甘肃、新疆等地。(图14-12)

中麻黄 *E. intermedia* Schrenk ex Mey.,直立灌木,高达1 m以上,节间长3~6 cm,叶3裂与2裂并存;珠被管常螺旋状弯曲;种子常3枚。分布于华北、西北、辽宁、山东等地。(图14-13)

上述两种与麻黄同等药用。

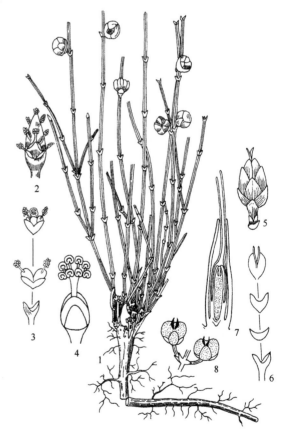

图14-11　草麻黄

1. 雌株　2. 雄球花　3. 雄球花解剖　4. 雄花　5. 雌球花　6. 雌球花解剖　7. 雌花纵切面　8. 种子及苞片

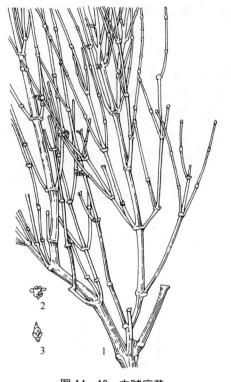

图 14-12　木贼麻黄

1. 植株　2. 雄球花　3. 雌球花

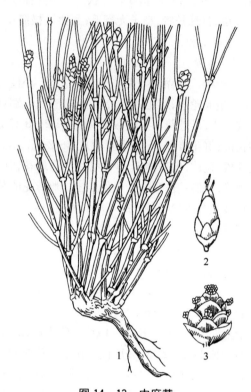

图 14-13　中麻黄

1. 植株　2. 雌球花　3. 雄球花

8. 买麻藤科　Gnetaceae

【特征】　多常绿木质藤本,节膨大。单叶对生,全缘,革质,具网状脉。球花单性,雌雄异株,稀同株,伸长成穗状花序,顶生或腋生,具多轮合生环状总苞;雄球花穗生于小枝上,各轮总苞内有雄花 20～80,排成 2～4 轮,上端常有 1 轮不育雌花,雄花具杯状假花被,雄蕊常 2,花丝合生;雌球花穗生于老枝上,每轮总苞内有 4～12 朵雌花,假花被囊状或管状,紧包于胚珠之外,珠被 2 层,内珠被顶端延长成珠被管,从假花被顶端开口处伸出,外珠被的肉质外层与假花被合生成假种皮。种子核果状,包于红色或橘红色肉质假种皮中;胚乳丰富,子叶 2 枚。本科植物茎、根含生物碱和低聚芪类化合物。

【分布】　本科有 1 属,30 多种;分布于亚洲、非洲及南美洲等热带及亚热带地区。我国有 10 种;已知药用有 8 种;分布于华南等地。

【药用植物】　小叶买麻藤(麻骨风)*Gnetum parvifolium* (Warb.) C. Y. Cheng ex Chun　常绿缠绕藤本,高 4～10 m,较细弱。茎枝圆形,节膨大,皮孔明显。叶对生,椭圆形至狭椭圆形或倒卵形,革质,长 4～10 cm。雌雄同株,球花穗的环状总苞在开花时不开展而直立紧闭,或多少外展;雄球花穗短小,总苞 5～10 轮,每轮总苞有雄花 40～70,上端具不育雌花 10～12;雌球花序生老枝上,一回三出分枝,雌球花穗每轮总苞有雌花 5～8。种子核果状,无柄,肉质假种皮呈红色或黑色。分布于华南。生于山谷、山坡疏林中。茎、叶(药材名:麻骨风)为祛风湿药,能祛风除湿,活血祛瘀,消肿止痛,行气健胃,接骨等。(图 14-14)

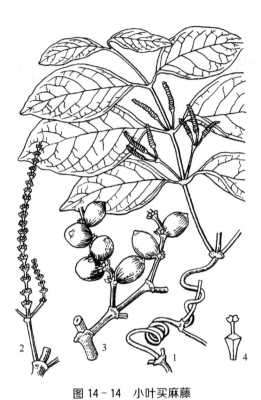

图 14－14　小叶买麻藤
1. 缠绕茎及雄球花序　2. 雌球花穗
3. 种子枝　4. 雄花

同属植物买麻藤(倪藤)*G. montanum* Markgr. ,形态与上种相似,但叶较大,长 10～20 cm;雌雄异株;成熟种子具短柄。分布于广东、广西、云南。功效同小叶买麻藤。

第十五章 被子植物门 Angiospermae

导学

被子植物是现代植物界进化最高级的一大类群,数量众多,植物体形态多样,构造复杂,具有真正的花和果实以及特有的双受精现象。被子植物分为双子叶植物纲和单子叶植物纲,双子叶植物纲还可分为离瓣花亚纲和合瓣花亚纲。

本章学习目标:

掌握被子植物的主要特征及其分类,双子叶植物与单子叶植物的区别。熟悉 30 个左右重点科的特征及常见药用植物的特征和入药部位。了解重点科的分布与化学成分特征。

第一节 被子植物概述

被子植物(angiosperms)和裸子植物相比,营养器官和繁殖器官都更加复杂和多样化,对各种环境有更强的适应能力。被子植物的心皮闭合,形成子房,胚珠内藏,最后子房发育成果实,因而有别于裸子植物,并演化出极为丰富的种类。被子植物除有乔木和灌木外,更多的是草本;在韧皮部有筛管和伴胞,在木质部有导管;有真正的花和果实;具有双受精作用和新型胚乳,此种胚乳不是单纯的雌配子体的一部分,而是经过受精作用的三倍体状态,增强了对胚的营养作用和被子植物的生命力。被子植物是现代植物界中最高级、最繁茂和分布最广的一大类群。

被子植物自从新生代以来,它们就在地球上占据着绝对优势。目前已知的有 1 万余属,25 万种左右。我国有 3 148 属,约 3 万种,是被子植物种系最丰富的地区。人类的出现和发展,亦与被子植物有密切关系。当今世界的粮食、能源、环境等全球问题,均与被子植物有关联。

一、被子植物的特征

(一) 具有真正的花和果实

具有真正的花,又称有花植物(flowering plants),被子植物的花是由花被(花萼和花冠组成)、雄蕊群、雌蕊群等部分组成。花被的形成,既加强了保护作用,同时又提高了传粉效率。雌蕊由心皮发育而来,结构有子房、花柱、柱头三部分。绝大多数被子植物的心皮已经完全闭合,胚珠内藏在子房内。子房上端形成花柱和柱头。被子植物的花粉粒是在柱头上萌发的,而裸子植物的花粉粒是在胚珠上萌发的。

花开放后,经传粉受精,胚珠发育成种子,子房也随之长大、发育成果实。有时花萼、花托甚至花序轴也参与了果实的形成。只有被子植物才具有真正的果实。果实的形成具有双重意义:其一在种子成熟前起保护作用;其二在种子成熟后,则以各种方式帮助种子散布。

(二) 具有独特的双受精作用

被子植物在受精过程中,一枚精子与卵细胞结合,形成受精卵,另一枚精子与两个极核细胞结合,发育成三倍体胚乳。这和裸子植物由雌配子体的一部分发育成的单倍体胚乳完全不同。被子植物的双受精是推动其种类繁衍,并最终取代裸子植物的重要原因之一。

(三) 高度分化的孢子体和极其简化的配子体

被子植物组织分化精细,生理功能效率高。在输导组织中的木质部出现了导管,并具有纤维。导管和纤维均由管胞进化而来。而裸子植物的木质部未分化出纤维。管胞兼具水分输导与支持功能。被子植物的习性具有明显的多样性,既有木本植物,又有草本植物;有常绿的,有落叶的;有陆生的,有水生的。它们的体内均具维管束,而且能开花结果,形成果实和种子。

随着孢子体高度发育分化,配子体进一步趋向简化,且寄生在孢子体上。雄配子体成熟时,由1个营养细胞2个精子组成。大部分被子植物在花粉粒散布时,含1个营养细胞和1个生殖细胞,称2细胞的雄配子体发育阶段;另一部分被子植物,在花粉粒散布前,生殖细胞已经发生了分裂,形成了2个精子,花粉粒散布时含3个细胞,称为3细胞的雄配子体发育阶段。雌配子体发育成熟时,常只有7个细胞8个核,即1个卵细胞、2个助细胞、3个反足细胞和1个中央细胞(或2个极核)。雌、雄配子体结构的极度简化是适应寄生生活的结果,也是进化的结果。

(四) 多种营养及传粉方式

被子植物常以自养营养方式为主,也有其他营养方式存在,常见的有寄生营养方式(如菟丝子属 *Cuscuta*)、半寄生营养方式(如桑寄生属 *Loranthus*、槲寄生属 *Viscum*)。此外,还有腐生营养方式(如大根兰属 *Cymbidium macrorhizon*)及与微生物建立共生关系的营养方式(如天麻属 *Gastrodia* 和豆科部分植物等)。

被子植物具有多种传粉方式,如风媒、虫媒、鸟媒、蝙蝠媒和水媒等。被子植物具有艳丽的花朵、强烈气味、蜜腺、花盘等。动物在花间寻找和获得花蜜时,会无意间将沾到身体上的花粉从一朵花带到另一朵花的柱头上,帮助了植物的繁殖,如昆虫类是被子植物的主要传粉者。而鸟媒传粉的花没有气味,当蜂鸟等的长而弯曲的鸟喙插进管状花获取花蜜时,同时将花粉带到另一朵花上进行传粉。具柔荑花序的植物均为风媒传粉。这些种类的花小而不起眼,产生大量的花粉靠风来传粉。还有少数为水媒传粉,如苦草属(*Vallisneria*)植物等。

被子植物所具有的这些特征较其他各类群的植物所拥有的器官和功能都完善得多,它的内部结构与外部形态高度适应地球上极悬殊的环境,使它们成为地球上现有种类繁多的一大类群。

二、被子植物的分类原则

被子植物在漫长的演化过程中,各器官均发生不同程度的变化。植物体各部分器官的变化程度,反映了该类植物的进化地位。植物器官的演化甚为复杂,既有从简单到复杂的分化,又有从复杂再到简化和特化,这是植物有机体适应环境的结果。在地球上,由于被子植物是在距今约1亿3 000万年前的中生代白垩纪兴起的,所以寻找足够的化石资料尤其是繁殖器官的化石证据尤为重要,而花部的特点又是被子植物演化的重要方面,就使得研究被子植物的演化关系困难重重。

植物在演进过程中,各器官并非同步进化,一部分器官变化多,而另一部分器官可能没有多大变化。因此不能孤立地依据其中某一条进化规律来判断某一类植物的进化地位,而必须综合地去考察植物体各部分的演进情况,不但要比较不同的方面,而且更需要比较相似的方面,基于多方面证据推断彼此的亲缘关系。下表是一般公认的被子植物形态构造的主要演化规律(表15-1)。

表15-1 被子植物主要的形态构造演化规律

器 官	初生的、原生性状	次生的、进化性状
根	主根发达(直根系)	主根不发达(须根系)
茎	乔木、灌木 直立 无导管,有管胞	多年生或一、二年生草本 藤本 有导管
叶	单叶 互生或螺旋排列 常绿 有叶绿素,自养	复叶 对生或轮生 落叶 无叶绿素,腐生、寄生
花	单生 花的各部螺旋排列 重被花 花的各部离生 花的各部多数而不固定 辐射对称 子房上位 两性花 花粉粒具单沟 虫媒花	形成花序 花的各部轮生 单被花或无被花 花的各部合生 花的各部有定数(3,4或5) 两侧对称或不对称 子房下位 单性花 花粉粒具3沟或多孔 风媒花
果实	聚合果、单果 蓇葖果、蒴果、瘦果	聚花果 核果、浆果、梨果
种子	胚小、有发达的胚乳 子叶2	胚大、无胚乳 子叶1

三、被子植物的起源

有关被子植物的起源问题一直是植物界争论最多的问题。争论的焦点是:被子植物如何起源与演化? 被子植物起源于什么时代? 其祖先类群应属哪一类植物? 其起源中心又是在何地? 上述问题一直未能得到彻底的解决。

(一)被子植物的起源时间

关于被子植物的起源时间,存在很大的争议,20世纪50年代流行的观点(D. I. Axelord,1952)认为被子植物起源于古生代晚期;60~70年代的观点则倾向于起源于中生代(A. Takhtajan,1969)和早白垩纪(C. B. Beck,1975; J. A. Doyle,1969)。90年代初期流行观点认为被子植物的起源不早于早白垩纪(距今1.3亿年前)。90年代晚期孙革等学者(1998)在辽宁西部义县组下部发现了早期被子植物化石辽宁古果(*Archaefructus liaoningensis* Sun et al.),经科学测算,确认辽宁古果时代为晚侏罗纪(距今1.55亿年前)。孙革等于2002年在同一地点同一时代的地层又发现了中华古果(*Archaefructus sinensis* Sun et al.),同时建立了古果科。上述科学数据确认古果科的植物就是白垩纪之前的被子植物,所以认为被子植物起源于晚侏罗纪。

(二)被子植物起源的地点

19世纪后期,有植物工作者在格陵兰发现了被子植物化石,希尔(Heer,1868)提出了被子植物"北极起源说",认为被子植物从北半球高纬度或北极圈起源,然后向南迁移。由于在北极地区发现的被子植物的化石多为晚白垩纪至第三纪的,时代较新,这一假说逐渐被摒弃。

20世纪50年代以来,大多数的植物学家和古植物学家逐渐倾向于被子植物起源于低纬度的热带地区(热带起源说),该起源说的创导者为苏联植物学家塔赫他间(A. L. Takhtajan,1969)。有植物工作者在西太平洋的斐济地区发现了单心木兰属(*Degeneria*),该属的心皮在受精前处于开放状态的原始特征,另外从印度阿萨姆到斐济的广大地区均含有该属丰富的种类,因此认为这里是被子植物的发源地。我国植物学家吴征镒认为"整个被子植物区系早在第三纪以前的古代大陆上的热带地区发生"。并认为我国南部、西南部及中南半岛(北纬20~40°之间)是被子植物的发源地,该地区最富于特有的古老科和属。这些第三纪古热带起源的植物区系便是近代东亚温带、亚热带植物区系的开端,也是北美、欧洲等北温带植物区系的开端和发源地。

关于被子植物起源地点问题,我国植物学家张宏达提出了"华夏植物区系起源说",认为被子植物起源于种子蕨类,中国的华夏古陆(华南地区及其毗邻地区)最有可能是被子植物的起源地或起源地之一。华夏植物区系的被子植物区系含有许多古老的类群,如木兰目(Magnoliales)、睡莲目(Nymphaeales)、毛茛目(Ranunculales)、金缕梅目(Hamamelidales)等;还有许多在系统发育过程的各个阶段具有关键性作用的科和目及它们的原始代表,如藤黄目(Guttiferales)、蔷薇目(Rosales)、芸香目(Rutales)、堇菜目(Violales)、卫矛目(Celastrales)、沼生目(Helobiales)、百合目(Liliales)等,由它们组成了系统发育完整的体系,这种被子植物演化的系统性和延续性是任何其他大陆都不能比拟的。

此外,在20世纪90年代末期至21世纪,我国学者孙革根据在辽宁古果和中华古果的化石,提出了"被子植物起源东亚中心"假说,该假说认为包括中国东北、蒙古和俄罗斯外贝加尔等在内的东亚地区是全球被子植物的起源中心,或是起源中心之一。

(三)被子植物的系统演化

现代植物界中,被子植物是种类繁多、分布广、变化复杂的一个植物类群。现在已知的被子植物约1万余属,20多万种,占植物界一半以上,我国有约3000属,近3万种。因此被子植物最古老的原始类型到底是什么样子?原始类群与进化类群各具有什么样的特征?长期以来成为植物分类学家研究的中心、争论的焦点,尤其是对于被子植物繁殖器官"花"的起源问题,意见分歧最大,形成两个学派,即所谓的"假花"学派(柔荑派)和"真花"学派(毛茛派)(图15-1)。

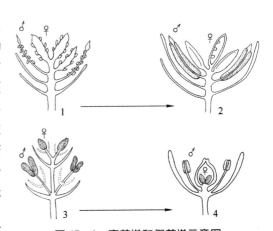

图15-1 真花说和假花说示意图

1、2. 真花说示意图　3、4. 假花说示意图

1. "假花"学派　认为被子植物的"花"是由原始的裸子植物的单性花序演化而来,设想被子植物

是来自裸子植物麻黄类的弯柄麻黄(*Ephedra campylopoda*)。其雄花的苞片变为花被,雌花的苞片变为心皮,每个雄花的小苞片消失后,只剩下 1 个雄蕊,雌花小苞片消失后只剩下胚珠,着生于子房基部。由于裸子植物,尤其是麻黄和买麻藤等都是以单性花为主,所以原始的被子植物,也必然是单性花。该理论被称为假花说(Pseudanthium theory)。根据此说,现代被子植物的原始类群,应具有单性花、无被花、风媒花、木本及柔荑花序等特征。如木麻黄目、胡椒目、杨柳目等植物。恩格勒分类系统就是"假花"学派的代表。

2. "*真花*"*学派*   认为被子植物的"花"是由原始裸子植物的两性孢子叶穗演化而来,设想被子植物是来自裸子植物中早已灭绝的本内苏铁目(Bennettitales),特别是准苏铁(Cycadeoidea),其孢子叶穗上的苞片变为花被,小孢子叶变为雄蕊,大孢子叶变为雌蕊(心皮),其孢子叶穗的轴变为花托。也就是说,本内苏铁植物的两性球花,可以演化成被子植物的两性花。该理论被称为真花说(Euanthium theory)。根据此假说,有被花、两性花、虫媒花及心皮多数且分离的木兰目等被认为是被子植物的原始类群。哈钦松分类系统就是"真花"学派的代表。

第二节   被子植物的系统发育

一、被子植物系统发育阶段

地球上现存的木兰目是被子植物中较为原始的类群,但并不代表由它可以发展出所有的被子植物,它只包括前被子植物(二叠纪)、多心皮类植物(侏罗纪衍生的种类)和过渡阶段的中间类型所组成的、原始的多心皮类植物。因此,现代被子植物发生之前,可能有过原始被子植物,或前被子植物(proangiosperms)。

现存的木兰目中只有个别种类中存在着受精前保持心皮开放、木质部具管胞、花药瓣裂、风媒传粉等原始特征,而具有全部或大部分原始特征的前被子植物或原始多心皮类尚未发现。目前只有孙革等从侏罗纪地层中发现了真正属于被子植物的辽宁古果,这对于进一步寻找具有原始特征的前被子植物无疑是有帮助的。

对于被子植物的起源和演化,我国植物学家张宏达有他的见解,即前被子植物经萌发阶段、适应阶段、扩展阶段直至白垩纪,被子植物已经遍布南北古陆各大陆块,进入了被子植物发展的全盛阶段。张宏达认为其过程可分为以下四个阶段。

(一)萌芽阶段(前被子植物阶段)

被子植物起源于某种子蕨或被归入种子蕨的某些大羽羊齿植物(三叠纪或晚二叠纪)。在三叠纪发现的三沟花粉,晚二叠纪的双孔花粉,或者三叠纪发现的化石果,均可能属于前被子植物的遗骸。这些发现是零星的、不完全的,只能证明前被子植物非常接近种子蕨。如开通类植物Sagenopteris 有可能就是前被子植物,其心皮在受粉之前是开放的,到了结果后才关闭起来。

(二)被子植物适应阶段

前被子植物从晚三叠纪到早侏罗纪,其繁殖器官或营养器官都是不完善的,必须在适应过程中逐步进行改造。它包括了从等面的小型叶转化为不等面的大型叶、木质部管胞演进出导管、从风媒传粉到虫媒传粉、花的构造进一步完善化,大小孢子叶完全转化为雄蕊和雌蕊、胚囊的进一步简化、双受精过程出现等。通过这一系列的改造,才真正转化为被子植物——原始多心皮类(Protopolycarpicae)。

（三）被子植物的扩展阶段（中侏罗纪至早白垩纪）

被子植物在早侏罗纪的晚期已获得了完善的结构,在各大陆高速地扩展,并在各大陆占据优势。此时,不仅华夏地区及亚洲其他各地遍布有被子植物,同时在西欧和北美也有被子植物。联合古陆从三叠纪末期开始分裂,到晚侏罗纪或白垩纪完全解体为南、北古陆。在联合古陆解体之前,前被子植物或原始的多心皮类植物已经从它的发起源地扩散,随着联合古陆的解体把被子植物带到南方古陆——冈瓦纳古陆地各个陆块,使得全球的被子植物有一个共同的起源。

（四）被子植物全盛阶段

从白垩纪开始,被子植物已经遍布于南、北古陆各大陆块。许多较原始的种系,如木兰目、毛茛目、金缕梅目(狭义)等已经形成了完整的自然系统,并扩展到各大陆块,从而形成了被子植物系统发育的完整体系。

二、被子植物系统发育理论

有关被子植物在地球上出现之后如何演化,有几种设想。

（一）单元论（monophyletic theory）

认为现代的被子植物来自1个前被子植物,多心皮类中的木兰目较接近这个前被子植物,也可能是它们的直接后裔。哈钦松(J. Hutchinson)、塔赫他间(A. L. Takhtajan)、克朗奎斯特(A. Cronquist)及我国的张宏达等人是单元论的主要代表。哈钦松是单元论多心皮学派的首创者,他将多心皮类分为木本的木兰目及草本的毛茛目两大群,认为这两者同出自原始被子植物,后分别演化为现代的木本群和草本群的被子植物。

（二）二元论（diphyletic theory）

认为现代的被子植物分别来源于无花瓣的柔荑花序类,即具有轴生胚珠的孢子穗类(Stachyospermae)的远祖,以及多心皮类具有叶生胚珠的孢子叶类(Phyllosporae)。因柔荑花序类的化石在侏罗纪地层已有发现,在地史上它并不比多心皮类出现晚,它们两者不存在直接联系。可能是平行发展的,各有自己的来源。二元论的主要代表是恩格勒(A. Engler)。

（三）多元论（Polyphyletic, pleiophyletic theory）

认为被子植物来自许多不相亲近的类群,彼此是平行发展的。哈利叶(Hallier)及我国学者胡先骕是此理论的代表。此外,我国植物学家吴征镒也是多元论的赞同者。目前支持单元论起源理论的学者比较多,由于被子植物具高度一致的特征,如木材结构中导管、筛管及伴胞、纤维组织的存在;花各部在轴上相对固定的位置;雄蕊分化为花丝、花药和药隔,花药由4个花粉囊组成,花粉囊具有特有药室内壁和花粉;雌蕊分化为子房、花柱和柱头;特殊而简化的7细胞8核胚囊;双受精现象与三倍体胚乳等。这些事实似乎表明,被子植物有共同的祖先。单元论起源有两种不同的见解,多心皮系统学派把木兰目当作最原始的被子植物,并说明全部被子植物均是从木兰目演化而来,这种单元单系的思想与有花植物的系统发育实际不相符合。实际上现代的木兰目、柔荑花序类、金缕梅目、睡莲目、泽泻目等,它们彼此之间并不连续,缺乏直接的亲缘关系,它们应该来自不同的原始祖先。

第三节　被子植物的分类及常用药用植物

本教材的被子植物门分类采用修正了的恩格勒系统,将被子植物门分为双子叶植物纲(Dicotyledoneae)和单子叶植物纲(Monocotyledoneae),两者主要差异特征见表15-2。

表 15-2　被子植物门两个纲的区别

器　官	双子叶植物纲	单子叶植物纲
根	直根系	须根系
茎	维管束环列,具形成层	维管束散列,无形成层
叶	网状脉	平行或弧形脉
花	通常为5或4基数 花粉粒3个萌发孔	3基数 花粉粒单个萌发孔
胚	子叶2	子叶1

上表中的区别点少数亦有例外,如双子叶植物纲的毛茛科、车前科、菊科等有须根系植物,胡椒科、睡莲科、毛茛科、石竹科等有散生维管束植物,樟科、木兰科、小檗科、毛茛科等有3基数的花,睡莲科、毛茛科、小檗科、罂粟科、伞形科等有1片子叶的现象,单子叶植物纲的天南星科、百合科、薯蓣科等有网状脉,眼子菜科、百合科、百部科等有4基数花等。

一、双子叶植物纲　Dicotyledoneae

双子叶植物纲分为离瓣花亚纲(Choripetalae)和合瓣花亚纲(Sympetalae)。

(一) 离瓣花亚纲　Choripetalae

离瓣花亚纲又称原始花被亚纲或古生花被亚纲(Archichlamydeae)。无花被、单被或重被,有花瓣时,花瓣分离;雄蕊和花冠离生。

1. 金粟兰科　Chloranthaceae

$\female\ P_0 A_{1,(3)} \overline{G}_{1:1:1}$; $\male\ P_0 A_1$; $\female\ P_{(3)} \overline{G}_{1:1:1}$

【特征】　草本、灌木或小乔木。单叶对生,边缘有锯齿。穗状花序、头状花序或圆锥花序;花小,两性或单性;常无花被;雄蕊1或3,常位于子房的一侧,花丝短,药隔发达;单心皮,子房下位,1室,胚珠1,顶生胎座。核果。本科植物含挥发油、黄酮苷、香豆素及有机酸等成分。(图15-2)

【分布】　本科有5属,约70种。我国有3属,16种;已知药用3属,12种;分布全国。

【药用植物】　草珊瑚(接骨金粟兰)*Sarcandra glabra* (Thunb.) Nakai　常绿亚灌木,节膨大。叶近革质,对生,长椭圆形或卵状披针形,边缘有粗锯齿。穗状花序顶生,常分枝;雄蕊1,花药2室;雌蕊柱头近头状。核果,熟时红色。分布于长江流域以南。生于常绿阔叶林下。全草(药材名:肿节风)能清热凉血,活血消斑,祛风通络。(图15-3)

图 15-2 金粟兰科主要特征(图片：赵志礼)

1. 植株(宽叶金粟兰：多年生草本) 2. 花(丝穗金粟兰：苞片2～3齿裂；药隔伸长呈丝状) 3. 花(宽叶金粟兰：雄蕊3) 4. 花(宽叶金粟兰：无花被；雄蕊位于子房上部一侧) 5. 雄蕊群(宽叶金粟兰：中央药隔较长，花药2室，两侧药隔稍短，花药各1室) 6. 核果(宽叶金粟兰：未成熟)

图 15-3 草珊瑚

1. 地上部分 2. 花 3. 雄蕊 4. 果实
5. 地下部分

图 15-4 及已

1. 地上部分 2. 子房及雄蕊腹面 3. 花的背面
4. 苞片 5. 茎基部及地下部分

及已 *Chloranthus serratus* (Thunb.) Roem. et Schult. 草本,叶对生,常4片生于茎上部,卵形。穗状花序,顶生或腋生;花两性;雄蕊3,下部合生。核果近球形,绿色。分布于长江流域及南部地区。生于林下湿地。全草(药材名:及已)有毒,能活血散瘀,祛风止痛,解毒杀虫。(图15-4)

同属植物银线草 *C. japonicus* Sieb.、宽叶金粟兰 *C. henryi* Hemsl. 和丝穗金粟兰 *C. fortunei* (A. Gray) Solms-Laub. 等,全草有毒,功效类同及已。

2. 桑科　Moraceae

$\hat{\delta} P_{2\sim6} A_{1\sim5}; \female P_{2\sim6} \underline{G}_{(2:1:1)}, \overline{G}_{(2:1:1)}$

【特征】 木本,稀草本和藤本。常有乳汁。叶互生。花小,单性,雌雄异株或同株,常集成柔荑、头状、隐头花序;单被花,花被片2~6;雄的雄蕊常与花被片同数且对生;雌花花被有时肉质,雌蕊2心皮合生,子房上位或下位。果多为聚花果。在植物皮层或韧皮部多具乳汁管;叶内常有钟乳体。本科植物含黄酮类、强心苷、生物碱、皂苷、酚类等成分。(图15-5)

图 15-5　桑科主要特征(图片:赵志礼)
1. 枝叶(桑)　2. 雄花序(桑:穗状)　3. 雄花(桑:花被片4;雄蕊4)　4. 隐头果(无花果)　5. 聚花果(构树:头状)　6. 雌花(桑:柱头2裂)　7. 聚花果(桑:桑椹)

【分布】 本科约有53属,1 400种。我国约有12属,153种;已知药用12属,约80种;分布全国。

【药用植物】 桑 *Morus alba* L. 落叶乔木。单叶互生,卵形,有时分裂。柔荑花序;花单性异株,花被片4,雄的雄蕊4,中央有退化雌蕊;雌花2心皮。瘦果包于肉质化的花被片内,组成聚花果,常黑紫色或白色。全国均有分布。野生或栽培。根皮(药材名:桑白皮)能泻肺平喘,利水消肿;嫩枝(药材名:桑枝)能祛风湿,利关节;叶(药材名:桑叶)能疏散风热,清肺润燥,清肝明目;果穗(药材名:桑椹)能补血滋阴,生津润燥。(图15-6)

图 15-6 桑
1. 雌花枝 2. 雄花枝 3. 雄花 4. 雌花

图 15-7 薜荔
1. 不育幼枝 2. 花枝—雄隐头花序 3. 果枝—雌隐头花序 4. 雄花 5. 雌花 6. 瘿花

薜荔 *Ficus pumila* L. 常绿攀缘灌木,具白色乳汁。叶互生,营养枝上的叶小而薄,生殖枝上的叶大而近革质。隐头花序单生叶腋,花序托肉质。雄花和瘿花同生于一花序托中,雌花生于另一花序托中;雄花有雄蕊 2;瘿花为不结实的雌花,花柱较短,常有瘿蜂产卵于其子房内,在其寻找瘿花过程中进行传粉。分布于华东、华南和西南。生于丘陵地区。隐花果(药材名:木馒头、薜荔果)能补肾固精,清热利湿,活血通经;茎、叶能祛风除湿,通络活血,解毒消肿。(图 15-7)

无花果 *Ficus carica* L. 落叶小乔木,有白色乳汁。叶互生,厚纸质,广卵圆形,3~5 裂;托叶卵状披针形。隐头花序单生叶腋;花单性异株。隐花果梨形。原产亚洲西部及地中海地区。全国各地有栽培。隐花果(药材名:无花果)能清热生津,健脾开胃,解毒消肿。

大麻 *Cannabis sativa* L. 一年生高大草本。叶互生或下部对生,掌状全裂,裂片披针形。花单性异株;雄花排成圆锥花序,雄花花被片 5,雄蕊

图 15-8 大麻
1. 根 2. 着雄花序枝 3. 着雌花序枝 4. 雄花 5. 雌花 6. 果实外被苞片 7. 果实

5;雌花丛生叶腋。瘦果扁卵形,为宿存苞片所包被。原产亚洲西部。现我国各地有栽培。果实(药材名:火麻仁)能润肠通便,利水通淋;雌花序及幼嫩果序能祛风镇痛,定惊安神(幼嫩果序有致幻作用,为毒品之一)。(图15-8)

本科常用药用植物还有:构树 Broussonetia papyrifera (L.) Vent.,果实(药材名:楮实子)能补肾清肝,明目,利尿;叶能祛风湿,降血压。粗叶榕 Ficus simplicissima Vahl,根和枝能祛风除湿,祛瘀消肿。啤酒花(忽布)Humulus lupulus L.,能健脾消食,安神利尿(未成熟带花果穗为制啤酒原料之一)。葎草 H. scandens (Lour.) Merr.,全草能清热解毒,利尿消肿。

3. 马兜铃科　Aristolochiaceae

$\female *, \uparrow P_{(3)} A_{6\sim\infty} \overline{G}_{(3\sim6 : 3\sim6 : \infty)}$

【特征】　多年生草本或藤本。单叶互生,基部常心形。花两性;两侧对称或辐射对称;单被花,常为花瓣状,下部合生成管状,顶端3裂或向一侧扩大;雄蕊6至多数,花丝短,分离或与花柱合生;雌蕊心皮3~6,合生,子房下位或半下位,3~6室,中轴胎座,花柱离生或合生而顶端3~6裂。蒴果,种子多数。本科植物含马兜铃酸、挥发油、生物碱等成分。马兜铃酸具肾毒性及致癌性,相关药材的使用中,应特别加以注意。(图15-9)

图15-9　马兜铃科主要特征(图片:晁志,许佳明,许亮,赵志礼)

1. 植株(马兜铃属植物:藤本)　2. 叶(细辛属植物:叶全缘)　3. 花(马兜铃属植物:两侧对称;花被管细长,基部膨大呈球状,管口扩大)　4. 花(细辛属植物:辐射对称;花被管壶状,花被裂片3)　5. 蒴果(马兜铃属植物:具6棱)

1	2	4
	3	5

【分布】　本科约有8属,600种。我国有4属,70余种;几乎全可供药用;分布全国。

【药用植物】　辽细辛(北细辛)Asarum heterotropoides Fr. Schmidt var. mandshuricum (Maxim.) Kitag.　多年生草本。根状茎横走,具多数细长须根,有浓烈辛香气。叶基生,常2片,具长柄,叶片肾状心形,全缘,两面有毛。花单生叶腋;花被紫棕色,顶端3裂,裂片向下反卷;雄蕊12;子房半下位,花柱6,柱头着生于顶端外侧。蒴果浆果状,半球形。种子椭圆状船形。分布于东北。

生于林下阴湿处。根和根茎(药材名:细辛)能解表散寒,祛风止痛,通窍,温肺化饮。(图15-10)

同属植物细辛(华细辛)*A. sieboldii* Miq.和汉城细辛 *A. sieboldii* Miq. var. *seoulense* Nakai,根和根茎也作为药材细辛入药。

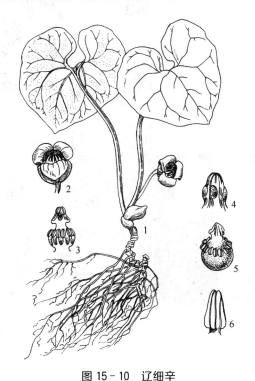

图 15-10 辽细辛

1. 植株全形 2. 花 3. 雄蕊及雌蕊 4. 柱头
5. 去花被的花 6. 雄蕊

图 15-11 马兜铃

1. 根 2. 果实 3. 花枝

马兜铃 *Aristolochia debilis* Sieb. et Zucc. 草质藤本。叶互生,三角状狭卵形,基部心形。花单生叶腋,花被基部球状,中部管状,上部成一偏斜的舌片;雄蕊6,贴生于花柱顶端,子房下位。蒴果近球形,基部室间开裂。种子三角形,有宽翅。分布于长江流域以南和山东、河南等地。生于沟边阴湿处及山坡灌丛中。地上部分(药材名:天仙藤)能行气活血,通络止痛;果实(药材名:马兜铃)为止咳平喘药,能清肺降气,止咳平喘,清肠消痔。(图15-11)

同属北马兜铃 *A. contorta* Bge.,地上部分、果实也分别以药材天仙藤、马兜铃入药。本科常用药用植物还有:杜衡 *Asarum forbesii* Maxim.和小叶马蹄香 *A. ichangense* C. Y. Cheng et C. S. Yang,全草(药材名:杜衡)能祛风散寒,消痰行水,活血止痛。单叶细辛 *A. himalaicum* Hook. f. et Thoms. ex Klotzsch.,全草(药材名:水细辛)能发散风寒,温肺化痰,理气止痛。绵毛马兜铃 *Aristolochia molissima* Hance,全草(药材名:寻骨风)为祛风湿药,能祛风除湿,活血通络,止痛。

4. 蓼科 Polygonaceae

$\diplchar * P_{(3\sim5),3+3} A_{3\sim\infty} \underline{G}_{(2\sim4:1:1)}$

【特征】 多为草本。茎节常膨大。单叶互生,托叶膜质,包围茎节基部成托叶鞘。花多两性;常排成穗状、圆锥状或头状花序;花被3~5深裂,或花被片6,两轮排列,常花瓣状,宿存;雄蕊3~9或较多;子房上位,3(稀2或4)心皮合生成1室,胚珠1。瘦果凸镜形、三棱形或近圆形,常包于宿存花被内。种子有胚乳。植物体内多具草酸钙簇晶;根及根茎中常有异型维管束。本科植物含蒽醌、黄酮、鞣质、苊类和吲哚苷等成分。(图15-12)

图15-12　蓼科主要特征(图片:赵志礼)

1. 植株(红蓼:草本)　2. 花(掌叶大黄:花被片6,两轮排列;雄蕊9)　3. 托叶鞘(红蓼:沿顶端具翅)
4. 花(红蓼:花被5裂;雄蕊7)　5. 雌蕊(红蓼:花柱2裂,柱头头状)　6. 瘦果(掌叶大黄:三棱状,棱
　　缘具翅)　7. 瘦果(虎杖:花被宿存,果实内藏)　8. 瘦果(红蓼:去宿存花被)

【分布】　本科约有50属,1 150余种。我国有13属,230多种;已知药用10属,约136种;分布全国。(表15-3)

表15-3　蓼科部分属检索表

1. 瘦果具翅 ………………………………………………………………… 大黄属 *Rheum*
1. 瘦果不具翅
　2. 花被片6;柱头画笔状 ……………………………………………… 酸模属 *Rumex*
　2. 花被片5,稀4;柱头头状。
　　3. 瘦果常比宿存的花被短 …………………………………………… 蓼属 *Polygonum*
　　3. 瘦果明显比宿存的花被长 ………………………………………… 荞麦属 *Fagopyrum*

【药用植物】　掌叶大黄 *Rheum palmatum* L.　多年生高大草本。根及根状茎粗壮,断面黄色。基生叶有长柄,叶大,宽卵形或近圆形,常掌状半5裂,裂片有时再羽裂;茎生叶较小;托叶鞘膜质。圆锥花序;花梗纤细,中下部有关节,花较小,花被片6,排成2轮,紫红色,果时不增大。瘦果具3棱,棱缘有翅。

唐古特大黄 *R. tanguticum* Maxim. ex Balf.　叶片5深裂,裂片通常又二回羽状深裂。

药用大黄 *R. officinale* Baill.　基生叶掌状浅裂,裂片大齿状三角形;花较大,绿色至黄白色。(图15-13)

以上三种属掌叶组。主要分布西北、西南地区。生于山地林缘或草坡,亦有栽培。根及根状茎(药材名:大黄)能泻热通肠,凉血解毒,逐瘀通经。同属波叶组植物河套大黄 *R. hotaoense* C. Y.

Cheng et C. T. Kao、藏边大黄 *R. australe* D. Don 和华北大黄 *R. franzenbachii* Munt. 等,叶缘具皱波,叶片不裂;根及根状茎(药材名:山大黄或土大黄),泻下作用很弱,外用能止血消炎;可作兽药或工业染料的原料。

图 15-13　药用大黄
1. 叶　2. 花序　3. 花　4. 果实

图 15-14　何首乌
1. 花枝　2. 块根

何首乌 *Polygonum multiflorum* Thunb.　多年生缠绕草本。块根暗褐色,断面具异型维管束形成的"云锦花纹"。叶卵状心形,有长柄,托叶鞘短筒状。圆锥花序;花小,白色;花被 5 深裂,外侧 3 片背部有翅。瘦果具 3 棱。全国均有分布。生于灌丛、山脚阴湿处或石隙中。块根(药材名:何首乌)生用能解毒,消痈,润肠通便;制首乌能补肝肾,益精血,乌须发,强筋骨。茎藤(药材名:首乌藤、夜交藤)能养血安神,祛风通络。(图 15-14)

虎杖 *Polygonum cuspidatum* Sieb. et Zucc.　多年生粗壮草本,根状茎粗大。地上茎散生红色或紫红色斑点。叶阔卵形;托叶鞘短筒状。圆锥花序;花单性异株;花被 5 深裂,雌花外侧 3 片,果时增大,背部生翅;雄花雄蕊 8;雌花花柱 3。瘦果卵状三棱形。分布于西北及长江流域和以南地区。生于山谷、路旁潮湿处。根状茎和根(药材名:虎杖)能祛风利湿,散瘀定痛,止咳化痰。(图 15-15)

拳参 *Polygonum bistorta* L.　多年草本。根状茎肥厚。茎直立。基生叶宽披针形或狭卵形,基部下延成翅;托叶鞘筒状,无缘毛。总状花序穗状,顶生,紧密;花白色或淡红色。分布于东北、华北、华东及西北。生于山坡草地、山顶草甸。根状茎(药材名:拳参)能清热解毒,消肿,止血。

红蓼(荭草) *Polygonum orientale* L.　一年生草本。全体有毛;茎多分枝。叶卵形或宽卵形;托叶鞘筒状,上部有绿色环边。总状花序穗状;花红色、淡红色或白色。瘦果扁圆形,黑褐色,有光泽。分布全国。生于沟边、路旁。果实(药材名:水红花子)能活血消积,健脾利湿。

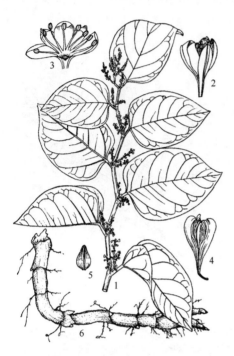

图 15 - 15 虎杖
1. 花枝　2. 雄花(侧面)　3. 雄花(花被展开)
4. 果实(外有宿存花被)　5. 果实　6. 根茎

图 15 - 16 羊蹄
1. 植株　2. 花　3. 果实(外有宿存花被)
4. 果实

羊蹄 *Rumex japonicus* Houtt.　草本。根粗大,断面黄色。基生叶长椭圆形,边缘有波状皱褶。茎生叶较小;托叶鞘筒状。花序圆锥状;花被片6,内轮果期增大,边缘有不整齐的牙齿;雄蕊6;花柱3。瘦果有3棱。分布于长江以南。生于山野湿地。根(药材名:土大黄)能清热解毒,凉血止血,通便。(图 15 - 16)同属植物巴天酸模 *R. patientia* Linn.,根亦作土大黄入药。

本科常用药用植物还有:蓼蓝 *Polygonum tinctorium* Aiton,叶(药材名:蓼大青叶)能清热解毒,凉血消斑;茎叶加工可制青黛。萹蓄 *P. aviculare* L.,全草(药材名:萹蓄)能利尿通淋,杀虫,止痒。水蓼 *P. hydropiper* L.,全草能清热解毒,利尿,止痢。金荞麦(野荞麦)*Fagopyrum dibotrys* (D. Don) H. Hara,根状茎(药材名:金荞麦)能清热解毒,排脓祛瘀。

5. 苋科　Amaranthaceae

$\female * P_{4\sim5} A_{(2\sim5)} \underline{G}_{(2\sim3:1:1\sim\infty)}$

【特征】　多为草本。单叶对生或互生;无托叶。花序穗状、头状、总状或圆锥状;花小,常两性;每花下常有1枚干膜质苞片和2枚小苞片;花单被,花被片4~5,干膜质;雄蕊2~5,常与花被片对生,花丝基部常合生;子房上位,心皮2~3,合生,1室,胚珠1到多数。胞果,稀浆果或坚果。植物根中常有异型维管束,呈同心环状排列。本科植物含三萜皂苷、生物碱、黄酮及甾类等成分。(图 15 - 17)

【分布】　本科约有60多属,900 种。我国有13属,约39 种;已知药用9属,28 种;分布全国。

【药用植物】　牛膝 *Achyranthes bidentata* Blume　多年生草本。根长圆柱形。茎四棱形,节

图 15-17　苋科主要特征(图片：赵志礼)

1. 植株(青葙：草本；叶互生)　2. 花(青葙：花被片5；雄蕊5)　3. 地上部分(牛膝：叶对生；穗状花序)
4. 花序(鸡冠花)　5. 雄蕊群(鸡冠花：雄蕊5,花丝基部连合)　6. 雌蕊(鸡冠花)　7. 雄蕊群及雌蕊(牛
膝：能育雄蕊5,花丝基部连合)　8. 胞果(青葙：盖裂；种子多数)

膨大。叶对生,椭圆形,全缘。穗状花序腋生或顶生;苞片1,膜质,小苞片硬刺状;花被片5,披针形;雄蕊5,花丝下部合生。胞果长圆形,包于宿存花被内。全国均有分布。主要栽培于河南,习称怀牛膝。根(药材名：牛膝)能补肝肾,强筋骨,逐瘀通经。(图15-18)

川牛膝 *Cyathula officinalis* Kuan　多年生草本。根圆柱形。茎中部以上近四棱形,疏被糙毛。叶对生。复聚伞花序密集成圆头状;花小,绿白色;苞片干膜质,顶端刺状;两性花居中,不育花居两侧;雄蕊5,与花被片对生,退化雄蕊5;子房1室,胚珠1枚。胞果。分布于西南。生于林缘或山坡草丛中,多有栽培。根(药材名：川牛膝)能逐瘀通经,通利关节,利尿通淋。(图15-19)

鸡冠花 *Celosia cristata* L.　一年生草本。单叶互生。穗状花序顶生,成扁平肉质鸡冠状、卷冠状或羽毛状。胞果卵形。全国各地有栽培。花序(药材名：鸡冠花)能收敛止血,止带,止痢。

本科常用药用植物还有：土牛膝(倒钩草)*Achyranthes aspera* L. 和柳叶牛膝 *A. longifolia* (Makino) Makino,根能活血祛瘀,泻火解毒,利尿通淋。青葙 *Celosia argentea* L. ,种子(药材名：青葙子)能清肝泻火,明目退翳。

6. 石竹科　Caryophyllaceae

☿ * $K_{5,(5)}$ C_5 A_{10} $\underline{G}_{(2\sim5:1:1\sim\infty)}$

【特征】　多草本。节常膨大。单叶对生,全缘。多聚伞花序;花两性,辐射对称;萼片5,分离或合生,宿存;花瓣5,常具爪;雄蕊10,二轮列;子房上位,2~5心皮合生,特立中央胎座或基底胎座,胚珠1~多数。蒴果齿裂或瓣裂,稀瘦果。种子多数,稀1枚。植物常具草酸钙簇晶与砂晶;气孔多为直轴式。本科植物含皂苷、黄酮类等成分。(图15-20)

【分布】　本科约有75属,2 000种。我国有30属,约390种;已知药用21属,106种;以北部和西部为主要分布区。

图 15－18　牛膝

1. 花枝　2. 花序轴(示下折苞片)　3. 花　4. 小苞片
5. 花(去花被)　6. 雌蕊　7. 胚珠

图 15－19　川牛膝

1. 花枝　2. 花　3. 苞片　4. 根

图 15－20　石竹科主要特征(图片：赵志礼)

1. 植株(石竹：多年生草本)　2. 花(石竹：花瓣5)　3. 花(鹅肠菜：雄蕊10)　4. 花萼(石竹：萼齿
5)　5. 花瓣(鹅肠菜：2深裂至基部)　6. 雌蕊(鹅肠菜：花柱5)　7. 花瓣(石竹：具长爪)　8. 雌蕊
(石竹：花柱2)　9. 蒴果(麦蓝菜：花萼宿存)

2	4	7	8
1		5	9
3		6	

【药用植物】　**瞿麦** *Dianthus superbus* L.　多年生草本。叶对生,线形至披针形。聚伞花序顶生;花萼下有小苞片4~6个;萼筒先端5裂;花瓣5,粉紫色,有长爪,顶端深裂成丝状;雄蕊10,花柱2。蒴果长筒形,顶端4齿裂。全国均有分布。生于山野、草丛或岩石缝中。全草(药材名:瞿麦)能利尿通淋,破血通经。(图15-21)

同属**石竹** *D. chinensis* L.,全草也作药材瞿麦入药。

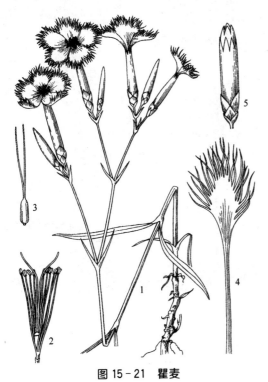

图 15-21　瞿麦
1. 植株全形　2. 雄蕊和雌蕊　3. 雌蕊　4. 花瓣
5. 蒴果(花萼宿存)

图 15-22　孩儿参
1. 植株全形　2. 茎下部的花　3. 茎顶部的花　4. 萼片
5. 雄蕊和雌蕊　6. 花药　7. 柱头

孩儿参 *Pseudostellaria heterophylla* (Miq.) Pax　草本。块根肉质,纺锤形。叶对生,下部叶匙形,顶端两对叶片较大,排成十字形。花二型:普通花1~3朵着生茎端总苞内,白色,萼片5,花瓣5,雄蕊10,花柱3;闭花受精花着生茎下部叶腋,小型,萼片4,无花瓣。蒴果熟时下垂。分布于长江以北和华中地区。生于山坡阴湿地。根(药材名:太子参)为补气药,能益气健脾,生津润肺。(图15-22)

银柴胡 *Stellaria dichotoma* L. var. *lanceolata* Bge.　多年生草本。主根粗壮,圆柱形。茎丛生,多次二歧分枝,被腺毛或短柔毛,叶线状披针形或长圆状披针形。聚伞花序顶生;花瓣5,白色;花柱3。蒴果,种子常1枚。分布于东北、西北。生于石质山坡和草原等处。根(药材名:银柴胡)为清虚药,能清虚热,除疳热。

王不留行(麦蓝菜) *Vaccaria segetalis* (Neck.) Garcke　分布于华南以外各地。生于草坡、麦田等处。种子(药材名:王不留行)为活血通经药,能活血通经,下乳消肿。

7. 毛茛科　Ranunculaceae

$$☿ *, ↑ K_{4\sim5} C_{2\sim5,0} A_\infty \underline{G}_{\infty\sim1}$$

【特征】　多草本,稀木质藤本。叶互生或基生,少对生;单叶或复叶,无托叶。花多两性,辐射对称或两侧对称;花单生或排成聚伞或总状花序;萼片常 4～5,有时花瓣状;花瓣常 2～5 或缺,常具蜜腺并特化;雄蕊多数,螺旋状排列;心皮常多数,离生,稀 1 枚,螺旋状排列在隆起的花托上或轮生,子房上位,胚珠 1 至多数。聚合蓇葖果或聚合瘦果,稀蒴果或浆果。种子有小的胚和丰富胚乳。本科植物含生物碱、皂苷、强心苷、黄酮及四环三萜类等成分。(图 15 - 23)

图 15 - 23　毛茛科主要特征(图片:赵志礼)

1. 植株(船盔乌头:草本;花两侧对称)　2. 花(船盔乌头:上萼片船形;雄蕊多数)　3. 块根(船盔乌头)　4. 花瓣(船盔乌头:爪细长)　5. 花(天葵:萼片 5,白色)　6. 花(毛茛:辐射对称;花瓣5)　7. 聚合蓇葖果(天葵:心皮 3)　8. 聚合蓇葖果(船盔乌头:心皮 5,被毛)　9. 聚合瘦果(毛茛:心皮多数)

1	2		5	7
	3	4	6	8
				9

【分布】　本科约有 50 属,2 000 多种。我国有 42 属,700 多种;已知药用的有 500 余种;分布全国。(表 15 - 4)

表 15 - 4　毛茛科部分属检索表

1. 蓇葖果。
　　2. 花两侧对称。
　　　3. 上萼片无距;花瓣有爪 ·· 乌头属 Aconitum
　　　3. 上萼片有距;花瓣无爪 ·· 翠雀属 Delphinium
　　2. 花辐射对称。
　　　　4. 花多数组成总状或圆锥花序 ·························· 升麻属 Cimicifuga
　　　　4. 花单生或聚伞花序。
　　　　　5. 心皮有细柄 ··· 黄连属 Coptis
　　　　　5. 心皮无细柄。
　　　　　　6. 花瓣线形 ··· 金莲花属 Trollius
　　　　　　6. 花瓣匙形 ··· 天葵属 Semiaquilegia
1. 瘦果。
　　　　7. 花无花瓣。
　　　　　8. 花柱在果期不延长。
　　　　　　9. 花序下具总苞 ·· 银莲花属 Anemone

【**药用植物**】 乌头 *Aconitum carmichaeli* Debx. 草本。块根倒圆锥形,似乌鸦头,母根周围生有数个附子(具有膨大不定根的更新芽)。叶片通常 3 全裂,中央裂片近羽状分裂,侧生裂片 2 深裂。萼片蓝紫色,上萼片盔状;花瓣有长爪。聚合蓇葖果。分布于长江中下游、华北、西南。生于山地草坡、灌丛中,四川、陕西大量栽培。栽培品的母根(药材名:川乌)有大毒,能祛风除湿,温经止痛,一般炮制后用;子根(药材名:附子)有毒,能回阳救逆,温中散寒,止痛。(图 15 - 24)

同属植物北乌头 *A. kusnezoffii* Reichb. ,块根也作药材草乌头入药。另外,黄花乌头 *A. coreanum*（H. Lév.）Rapaics,块根(药材名:草乌)有大毒,能祛风除湿,温经止痛。短柄乌头 *A. brachypodium* Diels,块根(药材名:雪上一枝蒿)有大毒,能祛风止痛。

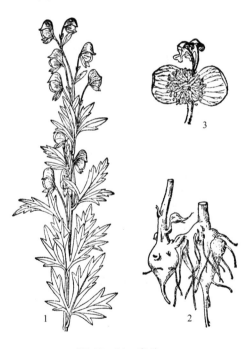

图 15 - 24 乌头

1. 花枝 2. 块根 3. 花(去部分萼片)

图 15 - 25 威灵仙

1. 花枝 2. 果枝 3. 雄蕊 4. 雌蕊
5. 瘦果(宿存花柱羽毛状)

威灵仙 *Clematis chinensis* Osbeck 藤本,干后变黑色。羽状复叶,对生,小叶 5 片,狭卵形。圆锥花序;萼片 4,白色,矩圆形,外面边缘密生短柔毛。瘦果具宿存的羽毛状花柱,聚成一头状体。分布于长江中、下游及以南地区。生于山区林缘及灌丛中。根及根状茎(药材名:威灵仙)为祛风湿散寒药,能祛风除湿,通络止痛。(图 15 - 25)

同属植物棉团铁线莲 *C. hexapetala* Pall. 和东北铁线莲 *C. mandshurica* Rupr. 的根及根状茎亦作药材威灵仙入药。小木通 *C. armandii* Franch. 和绣球藤 *C. montana* Buch. Ham. ex DC. ,藤

茎(药材名:川木通)能清热利尿,通经下乳。

黄连(味连)*Coptis chinensis* Franch. 草本。根状茎黄色,分枝成簇。叶基生,3全裂,中央裂片具细柄,羽状深裂,侧裂片不等2裂。聚伞花序;小花黄绿色;萼片狭卵形;花瓣条状披针形,中央有蜜腺;心皮8~12,有柄。聚合蓇葖果。分布于陕西南部、四川、贵州、湖北、湖南。生于海拔500~2 000 m的山地林下阴湿处,现多为栽培。根状茎(药材名:黄连)为清热燥湿药,能清热燥湿,泻火解毒。(图15-26)

同属植物三角叶黄连(雅连)*C. deltoidea* C. Y. Cheng et P. K. Hsiao和云南黄连(云连)*C. teeta* Wall. 的根状茎也作药材黄连入药。

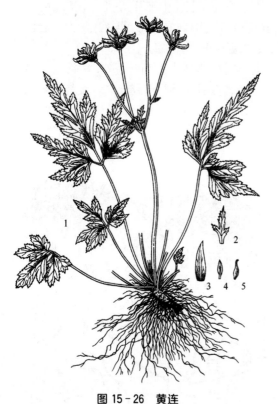

图15-26 黄连
1. 植株全形 2. 苞片 3. 萼片 4. 花瓣 5. 雌蕊

图15-27 白头翁
1. 植株全形 2. 聚合瘦果 3. 瘦果

白头翁 *Pulsatilla chinensis* (Bunge) Regel 多年生草本。全体密生白色长柔毛。叶基生,三出复叶,小叶2~3裂。花葶顶生1花,总苞片3;萼片6,紫色;无花瓣。瘦果聚合成头状,宿存花柱羽毛状,下垂如白发。分布于东北、华北、华东和河南、陕西、四川。生于山坡草地、林缘等处。根(药材名:白头翁)为清热凉血药,能清热解毒,凉血止痢。(图15-27)

毛茛 *Ranunculus japonicus* Thunb. 多年生草本。全体有粗毛。叶片五角形,3深裂,中裂片又3浅裂,侧裂片2裂。聚伞花序顶生;花瓣黄色带蜡样光泽。聚合瘦果近球形。分布于全国。生于山沟、水田边、湿草地。全草(药材名:毛茛)有毒,能利湿,消肿,止痛,退翳,杀虫。(图15-28)

本科常用药用植物还有:升麻 *Cimicifuga foetida* L.,根状茎(药材名:升麻)能发表透疹,清热解毒,升举阳气。冰凉花(福寿草、侧金盏花)*Adonis amurensis* Regel et Radde,带根全草有大毒,能强心利尿。阿尔泰银莲花 *Anemone altaica* Fisch.,根状茎能化痰开窍,安神,化湿醒脾,解

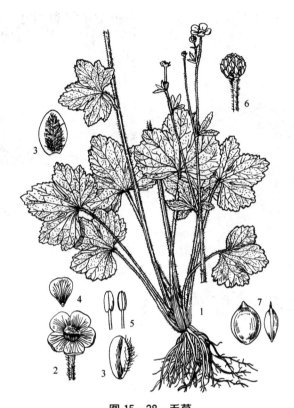

图 15 - 28　毛茛

1. 植株全形　2. 花　3. 萼片　4. 花瓣　5. 雄蕊
6. 聚合瘦果　7. 瘦果

毒。天葵 *Semiaquilegia adoxoides* (DC.) Makino,块根(药材名:天葵子)能清热解毒,消肿散结。金莲花 *Trollius chinensis* Bunge,花能清热解毒。金丝马尾连 *Thalictrum glandulosissinum* (Finet et Gagnep.) W. T. Wang et S. H. Wang、高原唐松草 *T. cultratum* Wall. 和多叶唐松草 *T. foliolosum* DC.,根及根状茎(药材名:马尾连)能清热燥湿,泻火解毒。

8. 芍药科　Paeoniaceae

$\male\female * K_{3\sim5} C_{5\sim13} A_\infty \underline{G}_{2\sim6}$

【特征】 多年生草本或灌木。常为二回三出复叶。花大,1 至数朵顶生;萼片 3~5;花瓣 5~13(栽培者多为重瓣),红、黄、白、紫各色;雄蕊多数,离心发育;花盘杯状或盘状,完全包裹或部分包裹心皮;子房上位,心皮常为 2~6,稀更多,离生,胚珠多数。聚合蓇葖果。植物体多具草酸钙簇晶。本科植物含特有的芍药苷(paeoniflorin)、牡丹酚(paeonol)及其苷类衍生物等成分。(图 15 - 29)

【分布】 本科有 1 属,约 35 种。我国约有 10 多种;几乎全部药用;主要分布于西南及西北地区。

【药用植物】 芍药 *Paeonia lactiflora* Pall.　多年生草本。根粗壮,圆柱形。二回三出复叶,小叶狭卵形,叶缘具骨质细乳突。花白色、粉红色或红色,顶生和腋生;萼片 4~5;花瓣 5~10;雄蕊多数,花盘肉质,仅包裹心皮基部。聚合蓇葖果。分布于我国北方。生于山坡草丛,各地有栽培。栽培种刮去栓皮的根(药材名:白芍)为补血药,能平肝止痛,养血调经,敛阴止汗。野生种不去外

图 15 - 29 芍药科主要特征(图片：赵志礼)

1. 植株(牡丹：灌木)　2. 花(芍药：草本；萼片4；花瓣9～13；雄蕊多数)　3. 雌蕊群(牡丹：花盘革质，杯状，紫红色，完全包住心皮，在心皮成熟时开裂)　4. 雌蕊群(芍药：花盘浅杯状，包裹心皮基部)　5. 蓇葖果(牡丹)

	2	3
1	4	5

图 15 - 30 芍药

1. 花枝　2. 小叶边缘部分放大　3. 雄蕊　4. 蓇葖果

皮的根(药材名：赤芍)为清热凉血药，能清热凉血，散瘀止痛。(图 15 - 30)

同属植物川赤芍 *P. veitchii* Lynch，根亦作药材赤芍入药。草芍药 *P. obovata* Maxim.，根功效同赤芍。

牡丹 *P. suffruticosa* Andr.　落叶灌木。叶常为二回三出复叶。花单生枝顶；萼片5；花瓣5或为重瓣，颜色多样；花盘革质，紫红色，全包心皮；心皮5或较多，密生柔毛。聚合蓇葖果。各地多有栽培。根皮(药材名：牡丹皮)为清热凉血药，能清热凉血，活血化瘀。杨山牡丹(凤丹)*P. ostii* T. Hong et J. X. Zhang 根皮(凤丹皮)功效同牡丹皮。

9. 小檗科　Berberidaceae

♀ * K$_{6\sim9}$C$_6$A$_6$G$_{(1:1:1\sim\infty)}$

【特征】灌木或草本。叶互生。花两性，辐射对称，单生、簇生或排成各种花序；萼片 6～9，常花瓣状，2～3轮；花瓣6；雄蕊与花瓣同数且对生；子房上位，1室，胚珠多数，稀1枚。常浆果，蒴果。种子1至多数。植物体多含草酸钙晶体。本科植物含生物碱、木脂素及苷类等成分。(图 15 - 31)

图 15 - 31 小檗科主要特征(图片：赵志礼)

1. 植株(南天竹：灌木；圆锥花序) 2. 果枝(小檗属植物：灌木具刺；单叶；浆果) 3. 花(南天竹：花瓣 6；雄蕊 6) 4. 植株(六角莲：草本；叶对生) 5. 雌蕊(六角莲：柱头头状) 6. 浆果(南天竹)

1	2	3
	4	5	6

【分布】 本科有 17 属，约 650 种。我国有 11 属，约 320 种；已知药用 11 属，140 余种；主要分布于西南地区。

【药用植物】 箭叶淫羊藿(三枝九叶草)*Epimedium sagittatum* (Sieb. et Zucc.) Maxim. 多年生草本。根状茎结节状，质硬。基生叶 1～3，一回三出复叶，小叶片卵形、狭卵形，侧生小叶基部不对称，箭状心形；茎生叶常 2。圆锥花序；萼片 8，2 轮，内轮白色，花瓣状；花瓣 4，黄色；雄蕊 4。蒴果。分布于长江以南各地。生于竹林下或岩石缝中。地上部分(药材名：淫羊藿)为补阳药，能补肾阳，强筋骨，祛风除湿。(图 15 - 32)

同属植物淫羊藿(心叶淫羊藿)*E. brevicornum* Maxim.、柔毛淫羊藿 *E. pubescens* Maxim.、巫山淫羊藿 *E. wushanense* Ying、朝鲜淫羊藿 *E. koreanum* Nakai 等，地上部分也作药材淫羊藿入药。

豪猪刺(三颗针)*Berberis julianae* Schneid. 常绿灌木。叶刺三叉状，粗壮坚硬。叶常 5 片丛生于刺腋内，卵状披针形，叶缘有锯齿。花黄色，簇生叶腋；萼片、花瓣、雄蕊均 6，花瓣基部有 2 蜜腺；胚珠单生。浆果，熟时黑色，有白粉。分布于云南、贵州、四川、广西、广东及湖南等省(区)。生于山坡、沟边。根、茎主含小檗碱，能清热燥湿，泻火解毒。(图 15 - 33)

八角莲 *Dysosma versipellis* (Hance) M. Cheng ex T. S. Ying 多年生草本。根状茎粗壮，横生，具明显的碗状节。茎生叶 1～2 片，盾状着生；叶片掌状深裂。伞形花序，着生于叶柄基部上方近叶片处；花下垂，深红色；萼片 6；花瓣 6；柱头大，盾状。浆果。分布长江流域以南各地。生于山坡林下阴湿处。根状茎(药材名：八角莲)能化痰散结，祛瘀止痛，清热解毒。

同属植物六角莲 *D. pleiantha* (Hance) Woodson 及川八角莲 *D. Veitchii* (Hemsl. et Wils.) Fu ex Ying，根状茎也作药材八角莲入药。

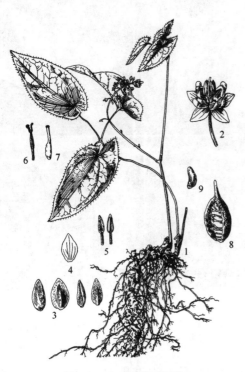

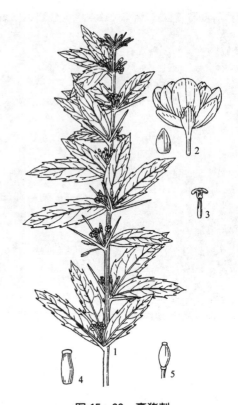

图 15-32　箭叶淫羊藿

1. 植株全形　2. 花　3. 外轮萼片　4. 内轮萼片
5. 雄蕊　6. 雄蕊　7. 雌蕊　8. 蒴果　9. 种子

图 15-33　豪猪刺

1. 花枝　2. 花和小苞片　3. 雄蕊(花药瓣裂)
4. 雌蕊　5. 浆果

本科常用药用植物还有：鲜黄连 *Plagiorhegma dubia* Maxim. [*Jeffersonia dubia* (Maxim.)
Benth. et Hook. f. ex Baker et Moore]，根状茎和根能清热燥湿，泻火解毒。桃儿七
Sinopodophyllum hexandrum (Royle) Ying，根及根状茎能祛风除湿，活血止痛，祛痰止咳。

10. 防己科　Menispermaceae

$$\male K_{4\sim\infty} C_{3\sim\infty} A_{2\sim\infty} ; \female K_{1\sim\infty} C_{1\sim\infty} \underline{G}_{(1\sim6:1\sim6:2)}$$

【特征】　多为藤本。叶互生，常具掌状脉。聚伞花序，或由聚伞花序再作圆锥花序式或总状花
序式等排列；花小，单性异株；萼片常轮生；花瓣常 6，2 轮排列，有时退化为 1 枚；雄蕊 2 至多数；子
房上位，心皮 1～6，分离，每室胚珠 2，仅 1 枚正常发育。核果。植物体多具有同心环状排列的异型
维管束；含草酸钙晶体。本科植物富含生物碱类(主要为双苄基异喹啉型、原小檗碱型和阿朴啡型)
成分。(图 15-34)

【分布】　本科约有 65 属，350 多种。我国有 19 属，约 80 种；已知药用 15 属，近 70 种；主产长
江流域及其以南各省区。

【药用植物】　粉防己(石蟾蜍、汉防己)*Stephania tetrandra* S. Moore　草质藤本。根圆柱形，
长而弯曲。叶三角状阔卵形，全缘；叶柄盾状着生。聚伞花序集成头状；花单性异株；雄花的萼片通
常 4；花瓣 4，淡绿色；雄蕊 4，花丝愈合成柱状；雌花的萼片和花瓣均 4，心皮 1，花柱 3。核果球形，
红色。核马蹄形，有小瘤状突起及横槽纹。分布于我国东部及南部。生于山坡、草丛及灌木林缘。
根(药材名：防己、粉防己)能利水消肿，祛风止痛。(图 15-35)

图 15 - 34　防己科主要特征(图片：刘守金，刘长利，赵志礼)

1. 植株(粉防己：草质藤本；叶宽三角形，盾状着生，掌状脉；核果)　2. 圆锥花序(蝙蝠葛)　3. 雌花(木防己：萼片 6；花瓣 6，顶端 2 裂；心皮 6)　4. 果枝(金线吊乌龟：核果)　5. 核果(蝙蝠葛)

1	2	3
	4	5

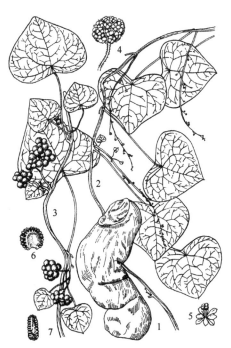

图 15 - 35　粉防己

1. 根　2. 雄花枝　3. 果枝　4. 雄花序　5. 雄花
6. 果核(正面)　7. 果核(侧面)

图 15 - 36　蝙蝠葛

1. 植物全形　2. 雄花

　　同属植物千金藤 *S. japonica* (Thunb.) Miers. 和金线吊乌龟(头花千金藤)*S. cepharantha* Hayata,块根(药材名:白药子)能清热解毒,祛风止痛,凉血止血。

　　蝙蝠葛 *Menispermum dauricum* DC.　藤本。根状茎细长。叶圆肾形或卵圆形,全缘或 5~7 浅裂,掌状叶脉;叶柄盾状着生。圆锥花序;花单性异株;萼片 6,花瓣 6~9;雄蕊 10~20;雌蕊 3 心皮,分离。核果黑紫色,核马蹄形。分布于东北、华北和华东地区。生于沟谷、灌丛中。根状茎(药材名:北豆根)能清热解毒,祛风止痛。(图 15 - 36)

　　青牛胆 *Tinospora sagittata* (Oliv.) Gagnep.　草质藤本。具连珠状块根。叶卵状箭形,叶基耳形,背部被疏毛。花单性异株,圆锥花序;花瓣 6,肉质,常有爪。核果红色,近球形。分布于华中、华南、西南。生于山谷溪边,林下。块根(药材名:金果榄)能清热解毒,利咽,止痛。

　　本科常用药用植物还有:青藤 *Sinomenium acutum* (Thunb.) Rehd. et Wils. ,茎藤(药材名:青风藤)能祛风湿,通经络,利小便。锡生藤 *Cissampelos pareira* L. var. *hirsuta* (Buch.-Ham. ex DC.) Forman,全草(药材名:亚乎奴)能消肿止痛,止血生肌。

　　11. 木兰科　Magnoliaceae

$$\diameter, \male, \female * P_{6\sim\infty} A_{\infty,0} \underline{G}_{\infty:\infty:1\sim\infty}, \underline{G}_0$$

　　【特征】　乔木、灌木或木质藤本。单叶互生,托叶贴生于叶柄或与叶柄离生,早落,脱落后留有环状托叶痕,如贴生于叶柄,则叶柄上亦留有托叶痕,稀托叶无。花单生,辐射对称;常两性,稀单性;花被片 6 至多数,常 2 至多轮排列;雄蕊与雌蕊多数,分离,常螺旋状排列在伸长的花托上,稀花托不伸长,轮状排列;每心皮常具胚珠 1 至多数。聚合蓇葖果或聚合浆果。植物体常具油细胞、石细胞及草酸钙方晶。本科植物多含挥发油、生物碱及木脂素等成分。有学者将五味子属 *Schisandra*、南五味子属 *Kadsura* 及八角属 *Illicium* 从本科分出,前两属成立五味子科 Schisandraceae,后者成立八角科 Illiciaceae。(图 15 - 37)

　　【分布】　本科有 18 属,330 余种。我国有 14 属,160 多种;已知药用 8 属,约 90 种;主要分布于东南部至西南部。(表 15 - 5)

表 15 - 5　木兰科部分属检索表

1. 木质藤本;花单性;浆果。
　　2. 果期花托伸长,聚合浆果排成穗状 ·················· 五味子属 *Schisandra*
　　2. 果期花托不伸长,聚合浆果排成近球状 ············ 南五味子属 *Kadsura*
1. 乔木或灌木;花两性;蓇葖果。
　　3. 雌蕊和雄蕊螺旋状排列于伸长的花托上。
　　　　4. 花顶生;雌蕊群无柄。
　　　　　　5. 每心皮胚珠 2 ····································· 木兰属 *Magnolia*
　　　　　　5. 每心皮胚珠 4 至多枚 ························· 木莲属 *Manglietia*
　　　　4. 花腋生;雌蕊群具显著的柄 ····················· 含笑属 *Michelia*
　　3. 花托不伸长,雌蕊和雄蕊轮状排列 ··················· 八角属 *Illicium*

　　【药用植物】　厚朴 *Magnolia officinalis* Rehd. et Wils.　落叶乔木,小枝具环状托叶痕。叶大,革质,倒卵形,集生于小枝顶端。花白色,单生枝顶,花被片 9~12 或更多。聚合蓇葖果木质,长椭圆状卵形。种子 1~2 枚,外种皮红色肉质。分布于长江流域和陕西、甘肃南部。多为栽培。根皮、干皮和枝皮(药材名:厚朴)为化湿药,能燥湿消痰,下气除满;花蕾(药材名:厚朴花)能芳香化湿,理气宽中。(图 15 - 38)

　　其亚种凹叶厚朴 *M. officinalis* Rehd. et Wils. subsp. *biloba* (Rehd. et Wils.) Law 的根皮、干皮和枝皮也作药材厚朴入药,花蕾也作药材厚朴花入药。

图 15 – 37　木兰科主要特征(图片：赵志礼)

1. 花枝(玉兰：落叶乔木；单被花)　2. 雄花(华中五味子)　3. 雄蕊群与雌蕊群(含笑：具雌蕊群柄)
4. 雌蕊群(披针叶茴香：心皮轮列)　5. 雄蕊群与雌蕊群(玉兰：柱状花托)　6. 聚合浆果(五味子：果
期花托伸长)　7. 聚合蓇葖果(木兰属)

1	2	4	6
	3	5	7

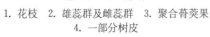

图 15 – 38　厚朴

1. 花枝　2. 雄蕊群及雌蕊群　3. 聚合蓇葖果
4. 一部分树皮

图 15 – 39　望春花

1. 花枝　2. 雄蕊群及雌蕊群　3. 雄蕊
4. 雌蕊群及伸长的花托　5. 果枝

望春玉兰(望春花)*M. biondii* Pamp.　落叶乔木。叶长圆状披针形。花先叶开放;外轮花被片3,萼片状,紫红色,近狭倒卵状条形;中、内轮花被片6,白色,外面基部带紫红色;雄蕊多数。聚合蓇葖果圆柱形,稍扭曲。种子深红色。分布于陕西、甘肃、河南、湖北、四川等省。常生于山坡路旁。花蕾(药材名:辛夷)为发散风寒药,能散风寒,通鼻窍。(图15-39)

图 15 - 40　五味子
1. 雌花枝　2. 雌花　3. 心皮　4. 果枝　5. 叶缘放大,示腺状小齿　6. 浆果　7. 种子

同属植物玉兰 *M. denudata* Desr.、武当玉兰 *M. sprengeri* Pamp. 的花蕾也作药材辛夷入药。

五味子 *Schisandra chinensis* (Turcz.) Baill.　藤本。叶近膜质,阔椭圆形或倒卵形,边缘具腺齿。花单性异株;花被片6～9,乳白色至粉红色;雄蕊5;心皮17～40。聚合浆果排成穗状,红色。分布于东北、华北等地。生于沟谷、溪边及山坡。果实(药材名:五味子,习称"北五味子")为敛肺涩肠药,能收敛固涩,益气生津,补肾宁心。(图15-40)

同属植物华中五味子 *S. sphenanthera* Rehd. et Wils.,果实(药材名:南五味子)功效同五味子。

八角 *Illicium verum* Hook. f.　常绿乔木。叶革质,倒卵状椭圆形至椭圆形。花红色,单生叶腋或近顶生;花被片7～12;雄蕊11～20;心皮通常8。聚合果由8个蓇葖果组成,饱满平直,呈八角形。分布广西,其他地区有引种。果实(药材名:八角茴香)能温阳散寒,理气止痛。

同属植物披针叶茴香(莽草)*I. lanceolatum* A. C. Smith 和红茴香 *I. henryi* Diels 等的果实,外形与八角极相似,有毒,防止误用。

本科常用药用植物还有:木莲 *Manglietia fordiana* (Hemsl.) Oliv.,果实(药材名:木莲果)能通便,止咳。白兰 *Michelia alba* DC.,花(药材名:白兰花)能化湿,行气,止咳。南五味子 *Kadsura longipedunculata* Finet et Gagnep.,根及根皮(药材名:红木香)能理气止痛,祛风通络,活血消肿。地枫皮 *Illicium difengpi* B. N. Chang et al.,树皮(药材名:地枫皮)能祛风除湿,行气止痛。

12. 樟科　Lauraceae

$\male, \Phi, \female * P_{(3+3),(2+2)} A_{3+3+3,2+2+2,0} \underline{G}_{(3:1:1)}, \underline{G}_0$

【特征】　多为乔木或灌木;有香气。单叶,羽状脉、三出脉或离基三出脉。花小,两性或由于败育而成单性,辐射对称;单被花,常3基数,亦有2基数;花被裂片常6或4,2轮排列;能育雄蕊常3轮排列,每轮3或2,内方常具1轮退化雄蕊,花药常4室,瓣裂,第一、第二轮花药药室常内向,第三轮外向,花丝常具腺体;子房上位,1室,顶生胚珠1。核果或浆果,常具宿存花被筒形成的果托。种子无胚乳。本科植物含挥发油、生物碱及黄酮类等成分。(图15-41)

【分布】　本科约45属,2000余种。我国约有20属,400余种;已知药用13属,110种;主要分布于长江以南各省区。

【药用植物】　肉桂 *Cinnamomum cassia* Presl　常绿乔木,幼枝略呈四棱形;树皮厚,灰褐色,内皮红棕色;全株有香气。叶互生,长椭圆形,革质,具离基三出脉。圆锥花序常腋生;花小,黄绿色,

图 15-41　樟科(樟)主要特征(图片：赵志礼)

1. 植株(常绿乔木)　2. 雄蕊(花药4室,瓣裂)　3. 花(花被裂片6;能育雄蕊9,3轮排列)　4. 果实(紫黑色)　5. 果托(杯状)

2	3
4	5

1

图 15-42　肉桂

1. 果枝　2. 花纵剖面　3. 第一、二轮雄蕊　4. 第三轮雄蕊　5. 第四轮退化雄蕊　6. 雌蕊

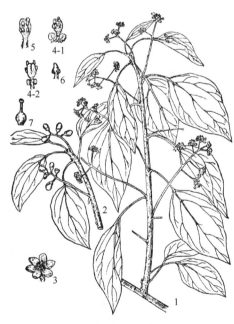

图 15-43　樟

1. 花枝　2. 果枝　3. 花　4. 第三轮雄蕊　(1)正面　(2)背面　5. 外两轮雄蕊　6. 第四轮退化雄蕊　7. 雌蕊

花被裂片 6,基部合生。子房上位,1 室,1 胚珠。核果浆果状,黑紫色,果托浅杯状。分布于广东、广西、福建和云南。多栽培。树皮(药材名:肉桂)为温里药,能散寒止痛,活血通经;嫩枝(药材名:桂枝)为发散风寒药,能解表散寒,发汗解肌,温经通络;果实(药材名:肉桂子)能温中散寒。(图 15-42)

樟(香樟)*C. camphora* (L.) Presl　常绿乔木。全株具樟脑气味。叶互生,薄革质,卵形或卵状椭圆形,离基三出脉,脉腋有腺体。圆锥花序腋生;花被片 6,淡黄绿色,内面密生短柔毛;雄蕊 12,花丝基部有 2 个腺体。果球形,紫黑色,果托杯状。分布于长江以南及西南。生于山坡、疏林、村旁。根、茎木材及叶的挥发油主含樟脑,能通关窍,利滞气,杀虫止痒,祛风散寒,消肿止痛。(图 15-43)

乌药 *Lindera aggregata* (Sims) Kosterm.　常绿灌木。根木质,膨大呈结节状。叶互生,革质,叶片椭圆形,背面密生灰白色柔毛,三出脉。伞形花序腋生;花小,单性异株,黄绿色;花药 2 室;雌花有退化雄蕊。核果椭圆形或圆形,半熟时红色,熟时黑色。分布于长江以南及西南。生于向阳山坡灌丛中。根(药材名:乌药)为理气药,能行气止痛,温肾散寒。

本科常用药用植物还有:山鸡椒(山苍子)*Litsea cubeba* (Lour.) Pers.,果实(药材名:澄茄子)能温中止痛,行气活血,平喘利尿。

13. 罂粟科　Papaveraceae

$\male\female$ *, ↑ $K_2 C_{4,0} A_{3+3,\infty,4} \underline{G}_{(2\sim\infty:1:\infty\sim1)}$

【特征】　多草本,常具乳汁或有色液汁。叶基生或互生。花单生或排成总状花序、聚伞花序或圆锥花序;花两性,辐射对称或两侧对称;萼片 2,早落;花瓣常 4,稀无;雄蕊多数,离生,或 6 枚合生成 2 束,稀 4 枚分离;子房上位,2 至多心皮合生,1 室,侧膜胎座,胚珠多数,稀 1 枚。蒴果,瓣裂或顶孔开裂。种子细小。植物体常具有节乳汁管。本科植物含生物碱及黄酮类等成分。(图 15-44)

图 15-44　罂粟科主要特征(图片:赵志礼)

1. 植株(总状绿绒蒿:草本;花瓣 5~8;雄蕊多数)　2. 花(虞美人:花瓣 4;雄蕊多数;柱头 5~18,辐射状)　3. 花侧面观(延胡索:上花瓣有距)　4. 花(白屈菜:花瓣 4;雄蕊多数)　5. 蒴果(博落回)　6. 花正面观(延胡索:两侧对称)　7. 蒴果(虞美人:顶孔开裂)

【分布】 本科约有38属,700多种。我国有18属,360多种;已知药用15属,130余种;主要分布于西南部。

【药用植物】 延胡索 *Corydalis yanhusuo* W. T. Wang ex Z. Y. Su et C. Y. Wu 多年生草本。块茎扁球形。叶二回三出全裂,二回裂片近无柄或具短柄,常2~3深裂,末回裂片披针形。总状花序顶生;苞片全缘或下部稍分裂;萼片2,早落;花冠两侧对称,花瓣4,紫红色,上面一瓣基部有长距;雄蕊6,花丝联合成2束;2心皮。蒴果条形。分布于华东、华中及陕西等地。生于丘陵草地,多栽培。块茎(药材名:延胡索、元胡)能活血散瘀,理气止痛。(图15-45)

同属植物齿瓣延胡索 *C. turtschaninovii* Bess.,块茎功效同延胡索。

伏生紫堇(夏天无)*C. decumbens* (Thunb.) Pers. 多年生草本。块茎近球形。基生叶有长柄,二回三出全裂。末回裂片狭倒卵形,具短柄。总状花序顶生;花瓣紫色,有距。蒴果线形。分布于华东及湖南等地。生于丘陵或山坡草地。块茎(药材名:夏天无)能舒通筋络,活血止痛。

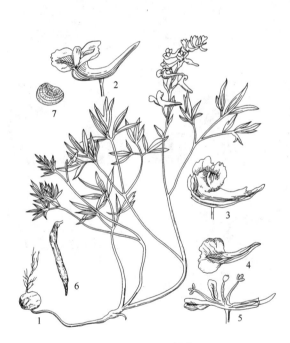

图15-45 延胡索
1. 植株全形 2. 花 3. 花解剖(上花瓣和内花瓣) 4. 下花瓣
5. 内花瓣展开,示雄蕊群和雌蕊群 6. 蒴果 7. 种子

图15-46 罂粟
1. 植株上部 2. 雌蕊 3. 雄蕊 4. 未成熟果实横切面
5. 未成熟果实纵切面 6. 种子

罂粟 *Papaver somniferum* L. 一年生或二年生草本。全株粉绿色,具白色乳汁。叶互生,长椭圆形,基部抱茎,边缘有缺刻。花大,单生;萼片2,早落;花瓣4,白、红、淡紫等色;雄蕊多数,离生;心皮多数,侧膜胎座,无花柱,柱头具8~12辐射状分枝。蒴果,于柱头分枝下孔裂。原产南欧。果壳(药材名:罂粟壳)为敛肺涩肠药,能敛肺,涩肠,止痛;果实中的乳汁,制后称鸦片,能镇痛,止咳,止泻。(图15-46)

白屈菜 *Chelidonium majus* L. 草本,有黄色液汁。叶互生,羽状全裂,被白粉。花瓣4,黄色;雄蕊多数。蒴果条状圆筒形。分布东北、华北及新疆、四川等地。全草有毒,能镇痛,止咳,利尿,解毒。

本科常用药用植物还有:地丁草(布氏紫堇)*Corydalis bungeana* Turcz.,全草(药材名:苦地丁)能清热毒,消痈肿。博落回 *Macleaya cordata* (Willd.) R. Br.,根或全草有大毒,禁内服;外用能散瘀,解毒,祛风止痛,杀虫。虞美人 *Papaver rhoeas* L.,全草有毒,能止咳,镇痛,止泻。

14. 十字花科 Cruciferae (Brassicaceae)

$\male\female * K_{2+2} C_4 A_{2+4} \underline{G}_{(2:1\sim2:1\sim\infty)}$

【特征】 多草本。叶基生,茎生;茎生叶常互生,单叶全缘或分裂,有时呈各式深浅不等的羽状分裂(如大头羽状分裂)或羽状复叶。花两性,辐射对称,总状花序;萼片4,2轮;花瓣4,十字形排列;雄蕊6,四强雄蕊,基部常具蜜腺;子房上位,雌蕊2心皮合生,侧膜胎座,常由心皮边缘延伸出假隔膜分成2室,胚珠1至多枚。长角果或短角果。植物体常具含芥子酶的分泌细胞;气孔不等式。本科植物含特征性成分硫苷、吲哚苷,其他成分尚有强心苷、生物碱以及胡萝卜素等四萜类化合物。(图15-47)

图 15-47 十字花科主要特征(图片:赵志礼)

1. 植株(菘蓝:草本;圆锥花序状) 2. 花(萝卜:花瓣4,十字形排列) 3. 长角果(萝卜) 4. 花(菘蓝:花瓣4;四强雄蕊) 5. 短角果(菘蓝:边缘有翅)

1	2	4
	3	5

【分布】 本科有300多属,约3 200种。我国有95属,420多种;已知药用30属,100余种;全国各地均有分布。

【药用植物】 菘蓝 *Isatis indigotica* Fort. 一至二年生草本。主根长圆柱形。叶互生,基生叶有柄,长圆状椭圆形;茎生叶长圆状披针形,基部垂耳圆形,半抱茎。圆锥花序;花黄色。短角果扁平,边缘有翅,成熟后紫色,不开裂,1室。种子1枚。各地有栽培。根(药材名:板蓝根)能清热解毒,凉血利咽。叶(药材名:大青叶)能清热解毒,凉血消斑。叶加工制成青黛,功效同大青叶。(图15-48)

葶苈(独行菜)*Lepidium apetalum* Willd. 草本。茎多分枝,有乳头状腺毛。基生叶狭匙形,羽状浅裂或深裂,上部叶条形。总状花序;花小,白色;雄蕊2或4。短角果卵圆形而扁,顶端微缺。分布于全国各地。生于路旁、田野。种子(药材名:葶苈子、北葶苈子)为止咳平喘药,能泻肺平喘,利水消肿。

播娘蒿 *Descurainia sophia* (L.) Webb. ex Prantl　草本。全株灰白色。叶二至三回羽状全裂或深裂。总状花序顶生;花瓣黄色。长角果细圆柱形。分布全国各地。种子(药材名:葶苈子、南葶苈子)与葶苈同等入药。

白芥 *Sinapis alba* L.　草本,全株被白色粗毛。茎基部的叶具长柄,大头羽裂或近全裂。总状花序顶生或腋生;花黄色。长角果圆柱形,密被白色长毛,顶端具扁长的喙。原产欧亚大陆,我国有栽培。种子(药材名:白芥子)为化痰药,能温肺化痰,散结消肿。

本科常用药用植物还有:莱菔(萝卜)*Raphanus sativus* L.,种子(药材名:莱菔子)为消食药,能消食除胀,降气化痰。菥蓂 *Thlaspi arvense* L.,全草(药材名:菥蓂)能清湿热,消肿排脓。芥菜 *Brassica juncea* (L.) Czern. et Coss.,种子(药材名:黄芥子)功效与白芥子类同。油菜 *B. campestris* L.,种子(药材名:芸薹子)能行气破气,消肿散结。荠菜 *Capsella bursa-pastoris* (L.) Medic.,全草能清热利水,凉血止血。蔊菜 *Rorippa indica* (L.) Hiern,全草能解表散寒,祛痰止咳,利湿退黄。

15. 景天科 Crassulaceae

$\female \male * K_5 C_{5,(5)} A_{5,5+5} \underline{G}_{5:5:\infty}$

【特征】　草本、半灌木或灌木,茎、叶常肥厚、肉质。常为单叶。多聚伞花序;花常两性,辐射对称;花各部常为5数或其倍数;萼片宿存;花瓣分离,或多少合生;雄蕊常与萼片或花瓣同数,或为其2倍;子房上位,心皮常与萼片或花瓣同数,分离或基部合生,每心皮基部常有1鳞片状腺体,胚珠常多数。蓇葖果。本科植物常含黄酮、苷类、有机酸类等。(图15-49)

【分布】　本科有34属,1500多种。我国有10属,240余种;已知药用8属,60多种;主要分布于西南部。

【药用植物】　垂盆草 *Sedum sarmentosum* Bunge　多年生肉质草本。枝细弱,匍匐而节上生根。叶常3片轮生,倒披针形至矩圆形,顶端急尖,基部下延。聚伞花序顶生,有分枝;花无梗,黄色。蓇葖果。分布于东北、华北、华东及华中。生于低山阴湿石上。全草入药,为利湿退黄药,能清热利湿,解毒消肿。(图15-50)

景天三七(土三七)*S. aizoon* L.　多年生肉质草本。茎直立,不分枝。叶互生,椭圆状披针形至倒披针形。聚伞花序顶生;花黄色;萼片5,条形;花瓣5,椭圆状披针形;雄蕊10;心皮5,基部合生。蓇葖果呈星芒状排列。分布于东北、西北、华北至长江流域。生于山地阴湿岩石上或草丛中。全草(药材名:景天三七)能散瘀止血,宁心安神。

大花红景天(大红七)*Rhodiola crenulata* (Hook. f. et Thoms.) H. Ohba　多年生草本,根状茎短,被基生鳞片叶。花茎多,直立或扇状排列。叶椭圆状长圆形至近圆形。花序伞房状,花多而较大,单性异株;雄花萼片5;花瓣5,红色;雄蕊10;心皮5,不育。蓇葖果。分布于西藏、云南西北部、四川西部。生于高山山坡草地、灌丛、石缝中。带根及根状茎的全草(药材名:红景天)能益气活血,通脉平喘。(图15-51)

图15-48　菘蓝
1. 根　2. 花、果枝　3. 花　4. 短角果

图 15 - 49 景天科主要特征(图片：赵志礼)

1. 植株(垂盆草：草本；聚伞花序)   2. 花枝(红景天属：聚伞花序)   3. 花(垂盆草：花瓣5；雄蕊10)
4. 叶序(垂盆草：3叶轮生，基部有距)   5. 雌花(红景天属：花瓣5；心皮5)   6. 心皮(红景天属：子房上位)   7. 雌蕊群(垂盆草：心皮5，基部具鳞片)

2		5	
1	3	6	7
	4		

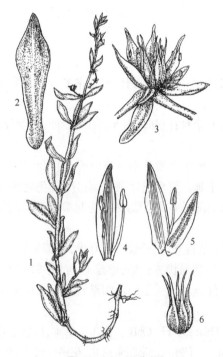

图 15 - 50 垂盆草

1. 植株全形 2. 叶 3. 花 4. 花瓣与雄蕊
5. 萼片、花瓣与雄蕊 6. 雌蕊群(心皮5，分离)

图 15 - 51 大花红景天

1. 植株 2. 萼片 3. 花瓣及雄蕊 4. 鳞片 5. 心皮

同属多种供药用,库页红景天(高山红景天)*R. sachalinensis* A. Bor.、小丛红景天 *R. dumulosa* (Franch.) S. H. Fu、唐古特红景天 *R. algida* (Ledeb.) Fisch. et Mey. var. *tangutica* (Maxim.) S. H. Fu、狭叶红景天(狮子七)*R. kirilowii* (Regel) Maxim. 等,带根及根状茎的全草也作红景天入药。

16. 杜仲科 Eucommiaceae

$$\male\, P_0 A_{5\sim10}\,;\,\female\, P_0 \underline{G}_{(2:1:2)}$$

【特征】 落叶乔木;枝、叶折断后有银白色胶丝。单叶互生,叶片椭圆形或椭圆状卵形,边缘有锯齿,无托叶。花单性异株,无花被,先叶开放或与新叶同时长出;雄花簇生,具小苞片,雄蕊 5～10;雌花单生,具苞片,子房由 2 心皮合生,1 室,胚珠 2。翅果扁平,狭椭圆形,内含种子 1。本科植物含杜仲胶、环烯醚萜类等成分。(图 15-52)

图 15-52 杜仲科主要特征(图片:赵志礼)

1. 雌株(落叶乔木) 2. 雄花(簇生) 3. 雄花(无花被) 4. 叶(折断后可见杜仲胶丝) 5. 翅果(未成熟,先端 2 裂) 6. 翅果(种子 1)

	2	5
1	3	6
	4	

【分布】 我国特产,仅 1 属 1 种;大部分地区有分布,各地多有栽培。

【药用植物】 杜仲 *Eucommia ulmoides* Oliv. 特征与科同。树皮(药材名:杜仲)能补肝肾,强筋骨,安胎;叶(药材名:杜仲叶)能补肝肾,强筋骨。(图 15-53)

17. 蔷薇科 Rosaceae

$$\female\, * K_5 C_5 A_\infty \underline{G}_{1\sim\infty} \overline{\underline{G}}_{(2\sim5:2\sim5:2)}, \overline{G}_{(2\sim5:2\sim5\sim\infty)}$$

【特征】 草本、灌木或乔木。单叶或复叶,多互生,有托叶。花两性,辐射对称,周位花或上位花;花托凸起或凹陷,发育成一碟状、钟状、杯状或圆筒状的托杯(hypanthium,可能有萼片、花瓣及雄蕊基部参与);萼片、花瓣和雄蕊均着生于萼筒边缘;萼片 5,有时具副萼片;花瓣 5;雄蕊常多数;心皮 1 至多数,分离或合生,子房上位至下位,每室 1 至多数胚珠。蓇葖果、瘦果、核果或梨果。本科植物含三萜皂苷、氰苷、多元酚、二萜生物碱及有机酸类等成分。(图 15-54)

图 15-53　杜仲

1. 雄花枝　2. 果枝　3. 雄花与苞片　4. 雌花与苞片
5. 种子

图 15-54　蔷薇科主要特征(图片：赵志礼)

1. 植株(桃：落叶乔木)　2. 花解剖(桃：萼筒钟状；子房上位)　3. 蓇葖果(珍珠梅属：心皮5)　4. 聚
合核果(掌叶覆盆子)　5. 蔷薇果解剖(金樱子：聚合瘦果)　6. 花(桃：辐射对称；雄蕊多数)　7. 核果
解剖(桃：核具沟纹及孔穴)　8. 梨果(枇杷)

	2	6
1	3	7
	4 5	8

【分布】　本科约有 124 属,3 300 余种。我国约有 51 属,1 000 余种;已知药用约 43 属,360 多种;广布全国。(表 15－6)

表 15－6　蔷薇科亚科及部分属检索表

1. 果实为开裂的蓇葖果,稀蒴果 …………………………… **绣线菊亚科 Spiraeoideae**;绣线菊属 *Spiraea*
1. 非上述情况。
  2. 子房上位。
    3. 多复叶;心皮常多数;常为瘦果 …………………………………………………… **蔷薇亚科 Rosoideae**
      4. 花托(萼筒)杯状或坛状。
        5. 心皮多数;蔷薇果 ……………………………………………………… 蔷薇属 *Rosa*
        5. 非上述情况。
          6. 有花瓣 …………………………………………………… 龙芽草属 *Agrimonia*
          6. 无花瓣 …………………………………………………… 地榆属 *Sanguisorba*
      4. 花托(萼筒)扁平或隆起。
        7. 每心皮含胚珠 2;小核果 …………………………………………… 悬钩子属 *Rubus*
        7. 每心皮含胚珠 1;瘦果 …………………………………………… 路边青属 *Geum*
    3. 单叶;心皮常为 1;核果 …………………………………………………… **李亚科 Prunuoideae**
      8. 果实有沟。
        9. 核有孔穴 …………………………………………………………… 桃属 *Amygdalus*
        9. 核常光滑。
          10. 子房和果实被短毛;花先叶开放…………………………… 杏属 *Armeniaca*
          10. 子房和果实无毛;花叶同开放 …………………………… 李属 *Prunus*
      8. 果实无沟 …………………………………………………………… 樱属 *Cerasus*
  2. 子房下位或半下位 ……………………………………………………… **苹果亚科 Maloideae**
      11. 心皮成熟时骨质,果实含 1～5 小核 …………………………… 山楂属 *Crataegus*
      11. 非上述情况。
        12. 伞形总状花序,有时花单生。
          13. 每心皮含种子 3 至多数 …………………………… 木瓜属 *Chaenomeles*
          13. 每心皮含种子 1～2。
            14. 花柱离生;果实常含多数石细胞 …………………… 梨属 *Pyrus*
            14. 花柱基部合生;果实多无石细胞 …………………… 苹果属 *Malus*
        12. 复伞房花序或圆锥花序。
          15. 子房下位 …………………………………………… 枇杷属 *Briobotrya*
          15. 子房半下位 ………………………………………… 石楠属 *Photinia*

根据果实类型、子房位置及心皮数目等特征分为绣线菊亚科、蔷薇亚科、李亚科和苹果亚科(图 15－55)。

【药用植物】

(1) 绣线菊亚科　Spiraeoideae

绣线菊(柳叶绣线菊)*Spiraea salicifolia* L.　灌木。叶互生,披针形,边缘有锯齿。花序为长圆形或金字塔形的圆锥花序;花粉红色。蓇葖果直立,常有反折萼片。分布于东北、华北。生于河流沿岸、湿草原或山沟。全株能通经活血,通便利水。

(2) 蔷薇亚科　Rosoideae

龙芽草(仙鹤草)*Agrimonia pilosa* Ledeb.　多年生草本,全体密生长柔毛。单数羽状复叶,小叶 5～7 片,杂有小型叶;小叶椭圆状卵形或倒卵形。圆锥花序顶生;花黄色,萼筒顶端有一圈钩状刚毛;心皮 2,子房上位。瘦果。分布于全国各地。生于山坡、路旁、草地。全草(药材名:仙鹤草)为收

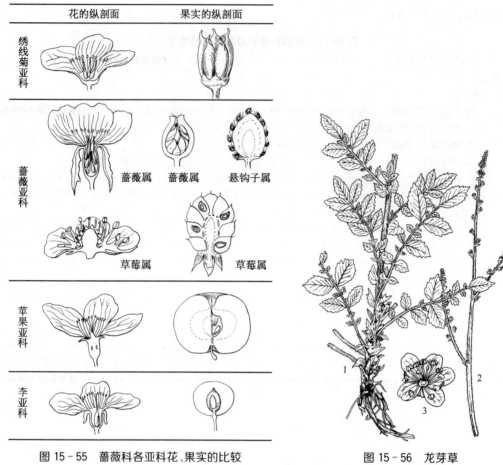

图 15-55 蔷薇科各亚科花、果实的比较

图 15-56 龙芽草
1. 植株中下部　2. 植株上部　3. 花

敛止血药,能收敛止血,截疟,止痢,解毒;冬芽(仙鹤芽)能驱绦虫,解毒消肿。(图 15-56)

掌叶覆盆子(华东覆盆子)*Rubus chingii* Hu　落叶灌木,有皮刺。单叶互生,掌状 5 深裂,边缘有重锯齿;托叶条形。花单生于短枝顶端,白色。聚合小核果,球形,红色。分布于华东各省。生于山坡林边或溪旁。果(药材名:覆盆子)为固精缩尿药,能补肝益肾,固精,缩尿。(图 15-57)

同属植物悬钩子 *R. palmatus* Thunb.,聚合果黄色。插田泡 *R. coreanus* Miq.,聚合果紫黑色。功效同覆盆子。

金樱子 *Rosa laevigata* Michx.　常绿攀缘有刺灌木。羽状复叶,小叶 3,稀 5 片,椭圆状卵形。花大,白色,单生于侧枝顶部。蔷薇果倒卵形,有直刺,顶端具宿存萼片。分布于华中、华东及华南地区。生于向阳山野。果(药材名:金樱子)为固精缩尿止带药,能涩精益肾,固精缩尿。(图 15-58)

同属植物月季 *R. chinensis* Jacq.,花(药材名:月季花)为活血调经药,能活血调经,解毒消肿。玫瑰 *R. rugosa* Thunb.,花(药材名:玫瑰花)能行气解郁,活血止痛,活血调经。

地榆 *Sangusorba officinalis* L.　多年生草本。根粗壮。奇数羽状复叶,小叶 5~15,长圆状卵

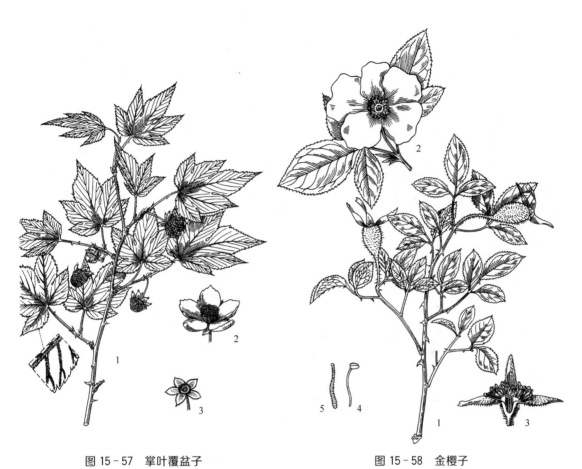

图 15-57　掌叶覆盆子
1. 果枝　2. 花　3. 花萼(去花瓣、雄蕊及雌蕊)

图 15-58　金樱子
1. 果枝　2. 花枝　3. 花(纵剖)　4. 雄蕊　5. 雌蕊

形,边缘有具芒尖的粗锯齿。花小,穗状花序密集成椭圆形、圆柱形或卵球形;紫色或暗紫色;萼片4,紫红色;无花瓣;雄蕊4枚。瘦果褐色,有棱。全国大部分地区有分布。生于山坡、草地。根(药材名:地榆)为凉血止血药,能凉血止血,解毒敛疮。(图 15-59)

本亚科常用药用植物还有:委陵菜 *Potentilla chinensis* Ser. ,全草能清热解毒,凉血止痢。翻白草 *P. discolor* Bge. ,功效似委陵菜。水杨梅 *Geum aleppicum* Jacq. ,全草能祛风除湿,活血消肿。

(3) 李亚科　Prunoideae

杏 *Armeniaca vulgaris* Lam. (*Prunus armeniaca* L.)　落叶乔木,小枝浅红棕色,有光泽。叶卵形至近圆形,边缘具圆钝锯齿。花单生,先叶开放,白色或带红色。核果球形,黄白色或黄红色,常有红晕,核扁圆形,平滑。分布我国北部,多为栽培。种子(药材名:苦杏仁)为止咳平喘药,能降气化痰,止咳平喘,润肠通便。

同属植物野杏 *A. vulgaris* Lam. var. *ansu* (Maxim.) Yu et Lu (*Prunus armeniaca* L. var. *ansu* Maxim.)、西伯利亚杏 *A. sibirica* (L.) Lam. (*Prunus sibirica* L.)、东北杏 *A. mandshurica* (Maxim.) Skv. [*Prunus mandshurica* (Maxim.) Koehne],种子也作药材苦杏仁入药。杏的某些栽培品种味淡的种子,称甜杏仁,较苦杏仁稍大,味不苦,多供副食品用。

本亚科常用药用植物还有：桃 *Amygdalus persica* L. [*Prunus persica* (L.) Batsch.]，种子(药材名：桃仁)为活血调经药，能活血祛瘀，润肠通便。郁李 *Cerasus japonica* (Thunb.) Lois (*Prunus japonica* Thunb.)，种子(药材名：郁李仁)为润下药，能润燥滑肠，下气利水。

(4) 苹果亚科 Maloideae

山楂 *Crataegus pinnatifida* Bunge 落叶乔木，小枝紫褐色，通常有刺。叶宽卵形至菱状卵形，两侧各有3～5羽状深裂片，边缘有尖锐重锯齿；托叶较大，镰形。伞房花序；花白色。梨果近球形，深红色，有灰白色斑点。分布于东北、华北及河南、陕西、江苏。生于山坡林地。果实(药材名：山楂)为消食药，能消食健胃，行气散瘀。

山里红 *C. pinnatifida* Bge. var. *major* N. E. Br. 果较大，深亮红色。华北各地栽培。果实亦作药材山楂入药。(图 15-60)

贴梗海棠(皱皮木瓜)*Chaenomeles speciosa* (Sweet) Nakai 落叶灌木；枝有刺。叶卵形至长椭圆形，叶缘有尖锐锯齿；托叶大形，草质，肾形或半圆形。花先叶开放，猩红色，稀淡红色或白色，3～5朵簇生，花梗粗短，萼筒钟

图 15-59 地榆
1. 根 2. 植株的一部分 3. 花枝
4. 花 5. 瘦果

图 15-60 山里红(果枝)

图 15-61 贴梗海棠
1. 花枝 2. 梨果

状。梨果球形或卵形,木质,黄色或黄绿色,芳香。分布于华东、华中、西北和西南地区。各地有栽培。果实干后外皮皱缩(药材名：皱皮木瓜)为祛风湿散寒药,能平肝舒筋,和胃化湿。(图15-61)

同属植物木瓜(榠楂)*C. sinensis* (Thouin) Koehne,落叶灌木或小乔木,枝无刺。托叶较小,卵状披针形。花单生,后于叶开放。果长椭圆形。分布于长江流域以南,习见栽培。果实(药材名：光皮木瓜)与木瓜同等药用。

本亚科常用药用植物还有：野山楂 *Crataegus cuneata* Sieb. et Zucc.,果实(药材名：南山楂)与山楂同等药用。枇杷 *Eriobotrya japonica* (Thunb.) Lindl.,叶(药材名：枇杷叶)为止咳平喘药,能清肺止咳,降逆止呕。

18. 豆科　Leguminosae (Fabaceae)

$\male\female$ *, $\uparrow$ $K_{(5),5}$ $C_{5,(5)}$ $A_{10,(10),(9)+1,\infty,(\infty)}$ $\underline{G}_{1:1:1\sim\infty}$

【特征】　草本、灌木或乔木。叶互生,多为羽状复叶。花两性,辐射对称或两侧对称,组成各种花序;萼片5,分离或连合;花瓣5,分离或连合,多为蝶形花冠;雄蕊10,分离或连合,单体或二体雄蕊,有时多数,分离或连合;单心皮,子房上位,胚珠1至多数,边缘胎座。荚果。种子无胚乳。植物体多具草酸钙方晶。本科植物含黄酮类、生物碱、蒽醌类及三萜皂苷类等成分。下列3个亚科,有学者主张将其分别提升为3个独立的科,即含羞草科 Mimosaceae、云实科 Caesalpiniaceae 和蝶形花科 Papilionaceae。(图15-62)

图 15-62　豆科主要特征(图片：赵志礼)

1. 植株(甘草：草本)　2. 花(紫荆：两侧对称,旗瓣位于最内方)　3. 花侧面观(甘草)
4. 花(合欢：花冠5裂;雄蕊多数)　5. 荚果(合欢)　6. 荚果(岩黄芪属：节荚近圆形)
7. 荚果(紫荆)　8. 蝶形花冠解剖(甘草：旗瓣1,翼瓣2,龙骨瓣2)　9. 二体雄蕊(甘草：花丝长短交互排列,花药2型)　10. 雌蕊(甘草：子房被刺毛状腺体)　11. 荚果(甘草：镰刀状,密生瘤状突起和刺毛状腺体)

1	2	3	4	5	6	7
	8		9		10	11

【分布】　本科约有650属,18 000种(被子植物第三大科,仅次于菊科和兰科)。我国172属,近1 500种;已知药用109属,600余种;各地均有分布。(表15-7)

表 15-7 豆科亚科及部分属检索表

1. 花辐射对称,花瓣镊合状排列 ··· **含羞草亚科 Mimosoideae**
  2. 雄蕊多数;荚果扁平而直,不具荚节 ······························· 合欢属 *Albizia*
  2. 雄蕊 10 枚或较少;荚果具荚节 ··································· 含羞草属 *Mimosa*
1. 花两侧对称,花瓣覆瓦状排列。
  3. 花冠假蝶形,最上 1 枚花瓣位于最内方 ················· **云实亚科 Caesalpinoideae**
    4. 单叶,全缘 ·· 紫荆属 *Cercis*
    4. 羽状复叶。
      5. 花杂性或单性异株;干和枝常具分枝硬刺 ·············· 皂荚属 *Gleditsia*
      5. 花两性;无刺 ·· 决明属 *Cassia*
  3. 花冠蝶形,最上 1 枚花瓣位于最外方 ············ **蝶形花亚科 Papilionoideae**
    6. 雄蕊 10,分离或仅基部合生。
      7. 羽状复叶;荚果常在种子间紧缩成串珠状 ·············· 槐属 *Sophora*
      7. 三出复叶;荚果不成串珠状 ············ 野决明属(黄华属)*Thermopsis*
    6. 雄蕊 10,合生为单体或二体,多具明显的雄蕊管。
      8. 单体雄蕊。
        9. 荚果不肿胀,含 1 枚种子 ························· 补骨脂属 *Psoralaea*
        9. 荚果肿胀,含种子 2 枚以上 ·············· 猪屎豆属(野百合属)*Crotalaria*
      8. 二体雄蕊。
        10. 复叶小叶 3 或退化为 1 小叶。
          11. 藤本 ·· 葛属 *Pueraria*
          11. 非上述情况。
            12. 荚果仅具 1 节;无小托叶 ·············· 胡枝子属 *Lespedeza*
            12. 荚果扁平,具数节;有小托叶 ·············· 山蚂蝗属 *Desmodium*
        10. 小叶 5 至多枚。
          13. 藤本、灌木或乔木 ······················· 崖豆藤属 *Millettia*
          13. 草本。
            14. 花药 2 型,花丝长短交错 ·············· 甘草属 *Glycyrrhiza*
            14. 非上述情况 ····························· 黄芪属 *Astragalus*

【药用植物】

(1) 含羞草亚科 Mimosoideae

合欢 *Albizia julibrissin* Durazz. 落叶乔木,树皮有密生椭圆形横向皮孔。二回羽状复叶,小叶镰刀状,主脉偏向一侧。头状花序呈伞房状排列;花淡红色,花冠漏斗状,均 5 裂;雄蕊多数,花丝细长,淡红色。荚果扁条形。全国均有分布。野生或栽培。树皮(药材名:合欢皮)为养心安神药,能解郁安神,活血消肿。花或花蕾(药材名:合欢花)能解郁安神,理气开胃,活血止痛。(图 15-63)

本亚科常用药用植物还有:儿茶 *Acacia catechu* (L. f.) Willd. ,心材及去皮枝干煎制的浸膏(药材名:儿茶)能收湿敛疮,止血定痛,清热化痰。含羞草 *Mimosa pudica* L. ,全草能安神,散瘀止痛。

(2) 云实亚科 Caesalpinoideae

决明 *Cassia obtusifolia* L. 一年生草本。偶数羽状复叶,小叶 6 片,在叶轴第一和第二对小叶间各有 1 针刺状腺体。花成对腋生;花瓣 5,黄色;雄蕊 10,发育雄蕊 7,荚果长条形。种子棱柱形,淡褐色,具光泽。全国均有分布;各地有栽培。种子(药材名:决明子)为清热泻火药,能清热明目,润肠通便。(图 15-64)

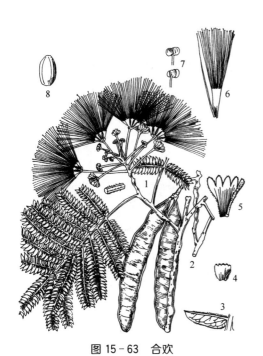

图 15-63 合欢
1. 花枝 2. 果枝 3. 小叶(下面) 4. 花萼 5. 花冠
6. 雄蕊和雌蕊 7. 花粉囊 8. 种子

图 15-64 决明
1. 果枝 2. 复叶(一部分,示小叶间的钻状腺体)
3. 花 4. 雄蕊和雌蕊 5. 种子

同属小决明 *C. tora* L. 的种子亦作药材决明子入药。

皂荚 *Gleditsia sinensis* Lam. 乔木,棘刺有分枝。羽状复叶,小叶边缘有细锯齿。总状花序;花杂性,萼片、花瓣4,黄白色。荚果扁条形,红棕色或黑棕色,有白色粉霜。因树衰老或外伤等所结的畸形果实(不育)称猪牙皂。全国均有分布。果实(药材名:皂荚)、不育果实(药材名:猪牙皂)为化痰药,能祛痰开窍,散结消肿;棘刺(药材名:皂角刺)能消肿托毒,搜风。

本亚科常用药用植物还有:狭叶番泻 *Cassia angustifolia* Vahl. 和尖叶番泻 *C. acutifolia* Delile,其小叶(药材名:番泻叶)能泻热行滞,通便,利水,止血。紫荆 *Cercis sinensis* Bunge,树皮(药材名:紫荆皮)能活血通经,消肿解毒。云实 *Caesalpinia decapetala* (Roth) Alston,种子(药材名:云实)能解毒除积,止咳化痰,杀虫。苏木 *C. sappan* L.,心材(药材名:苏木)为活血祛瘀药,能行血祛瘀,消肿止痛。

(3) 蝶形花亚科 Papilionoideae

膜荚黄芪 *Astragalus membranaceus* (Fisch.) Bge. 多年生草本。主根粗长。羽状复叶,小叶9~25,卵状披针形或椭圆形,两面有白色长柔毛。总状花序;蝶形花冠黄白色;雄蕊10,二体;子房被柔毛。荚果膜质,膨胀,卵状矩圆形,有长柄,被黑色短柔毛。分布于东北、华北、甘肃、四川、西藏。生于向阳山坡、草丛或灌丛中。根(药材名:黄芪)为补气药,能补气固表,利尿托毒,排脓,敛疮生肌。(图 15-65)

蒙古黄芪 *A. membranaceus* (Fisch.) Bunge var. *mongholicus* (Bunge) Hsiao 小叶25~27,宽椭圆形,下面密生短柔毛。子房及荚果无毛。分布于内蒙古、吉林、山西、河北。根也作药材黄芪入药。

图 15-65　膜荚黄芪
1. 花枝　2. 根　3. 花　4. 花瓣展开　5. 雄蕊群
6. 雌蕊　7. 荚果　8. 种子

图 15-66　甘草
1. 花枝　2. 果序　3. 根

同属植物扁茎黄芪 A. complanatus R. Br. ex Bunge，种子(药材名：沙苑子)为补阳药，能温补肝肾，固精，缩尿，益肝明目。

甘草 Glycyrrhiza uralensis Fisch.　多年生草本。根状茎圆柱状，多横走；主根粗长，外皮红棕色至暗棕色。全株被白色短毛及刺毛状腺体。羽状复叶；小叶 7～17 片，卵形或宽卵形。总状花序腋生；花冠蓝紫色；雄蕊 10，二体。荚果呈镰刀状或环状弯曲，密被刺状腺毛及短毛。分布于东北、华北、西北。生于向阳干燥的钙质草原及河岸沙质土上。根和根状茎(药材名：甘草)为补气药，能补脾益气，清热解毒，祛痰止咳，缓急止痛，调和诸药。(图 15-66)

同属植物光果甘草 G. glabra L.，小叶较多，植物体密被淡黄棕色腺点和腺鳞，无腺毛。花序穗状，较叶短。荚果扁长圆形，无毛。胀果甘草 G. inflata Batalin，小叶 3～7 片，上面有黄棕色腺点，下面有涂胶状光泽。荚果短小而直，膨胀，无毛。以上两种主产新疆，根和根状茎也作药材甘草入药。

野葛 Pueraria lobata (Willd.) Ohwi　藤本。块根肥厚。全株有黄色长硬毛。三出复叶，顶生小叶菱状卵形。总状花序腋生；花密集，紫红色。荚果条形，扁平，密生黄色长硬毛。分布几遍全国。生于草坡、疏林中。根(药材名：葛根)为发散风热药，能解肌退热，生津止渴，透疹，升阳止泻，通经活络，解酒毒。

同属植物甘葛藤 P. thomsonii Benth.，根作药材粉葛药用。

槐 Sophora japonica L.　落叶乔木。羽状复叶，小叶片卵圆形，下面疏生短柔毛。圆锥花序顶生；花冠乳白色，有紫脉；雄蕊 10，分离。荚果肉质，串珠状，不裂。全国各地有栽培。花(药材名：槐花)、花蕾(药材名：槐米)及果实(药材名：槐角)均为凉血止血药，能凉血止血，清热泻火，清肝明目。槐花为提取芦丁的原料。

同属植物柔枝槐 *S. tonkinensis* Gapnep.，根（药材名：山豆根、广豆根）为清热解毒药，能清热解毒，消肿利咽。

密花豆 *Spatholobus suberectus* Dunn.　木质大藤本。老茎扁圆柱形，砍断后有红色汁液流出，横断面呈数圈偏心环。三出复叶。圆锥花序；花白色。荚果舌形，具黄色茸毛，顶端有种子1枚。分布于云南、广东。藤茎（药材名：鸡血藤）为活血调经药，能活血舒筋，养血调经。

香花崖豆藤 *Millettia dielsiana* Harms ex Diels　攀缘灌木。老茎断面韧皮部有一圈紫红色汁液流出。羽状复叶。圆锥花序；花紫色。荚果条形，具黄褐色绒毛。（图15－67）

网络崖豆藤 *M. reticulata* Benth.　小叶7～9片，两面有毛。

以上两种的藤茎在部分地区作鸡血藤药用。

本科常用药用植物还有：苦参 *Sophora flavescens* Ait.，南北各地均有分布。常见于沙地及山坡阴处。根（药材名：苦参）为清热燥湿药，能清热燥湿，杀虫，利尿。补骨脂 *Psoralea corylifolia* L.，种子（药材名：补骨脂）为补阳药，能温肾助阳，纳气平喘，温脾止泻。金钱草 *Desmodium styracifolium* (Osbeck) Merr.，全草（药材名：广金钱草）能清热除湿，利尿通淋。广东相思子 *Abrus cantoniensis* Hance，全草（药材名：鸡骨草）能清热解毒，疏肝止痛。降香檀 *Dalbegia odorifera* T. Chen，树干和根的心材（药材名：降香）能行气活血，止痛，止血。扁豆 *Dolichos lablab* L.，种子（药材名：白扁豆）能健脾化湿，和中消暑。胡芦巴 *Trigonella foenum-graecum* L.，种子（药材名：胡芦巴）能温肾阳，逐寒湿。绿豆 *Vigna radiata* (L.) Wilczek，种子（药材名：绿豆）能清热，消暑，利水，解毒。赤小豆 *V. umbellata* (Thunb.) Ohwi et Ohashi 和赤豆 *V. angularis* (Willd.) Ohwi et Ohashi，种子（药材名：赤小豆）能利水消肿，清热解毒。

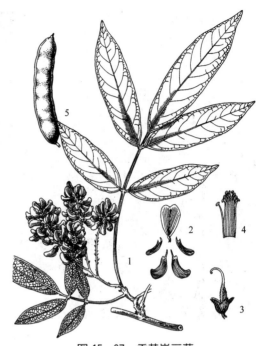

图 15－67　香花崖豆藤
1. 花枝　2. 花瓣展开　3. 花萼及雌蕊
4. 雄蕊群　5. 荚果

19. 芸香科　Rutaceae

$\male$，$\hermaphrodite$，$\female *$ $K_{4\sim5,(4\sim5)} C_{4\sim5} A_{4\sim\infty,0} \underline{G}_{2\sim5:2\sim5:2,(2\sim15:2\sim15:1\sim\infty)}$，$\underline{G}_0$

【特征】　乔木，灌木或草本。叶、花、果常有油点。叶互生或对生。花两性或单性，辐射对称；常为聚伞花序；萼片4～5，离生或合生；花瓣4～5；雄蕊常与花瓣同数或为其倍数，稀多数，药隔顶端常具油点；常具花盘；子房上位，心皮2～15，离生或合生，每室胚珠2，稀1或较多。常为蓇葖果，蒴果，核果或柑果。本科植物常含挥发油、有机酸、生物碱、黄酮及香豆素类等。（图15－68）

【分布】　本科约有150属，1 600种。我国约有28属，150多种；已知药用23属，105种；各地均产。（表15－8）

【药用植物】　橘 *Citrus reticulata* Blanco　常绿小乔木或灌木，常具枝刺。叶互生，革质，卵状披针形，单身复叶，有半透明油点。花小，黄白色；多体雄蕊，心皮9～15。柑果扁球形。长江以南各地多栽培。成熟的外、中果皮（药材名：陈皮）为理气药，能理气化痰，和胃降逆；中果皮及内果皮

图 15－68　芸香科主要特征(图片：赵志礼)

1. 植株(吴茱萸：乔木或灌木)　2. 雌花(吴茱萸：花瓣5)　3. 叶(吴茱萸：具透明油点)　4. 柑果(柑橘属)　5. 雌花侧面观(吴茱萸)　6. 雌蕊(吴茱萸：子房上位,基部具花盘)　7. 核果(黄檗属)　8. 蓇葖果(吴茱萸：未成熟)　9. 蓇葖果(吴茱萸：每分果瓣种子1)

	2	5	6
1	3	7	
	4	8	9

表 15－8　芸香科部分属检索表

1. 蓇葖果。
  2. 木本；花单性。
    3. 叶互生。
      4. 奇数羽状复叶；每心皮胚珠 2 ·························· 花椒属 *Zanthoxylum*
      4. 单叶；每心皮胚珠 1 ······························ 臭常山属 *Orixa*
    3. 叶对生 ···································· 吴茱萸属 *Evodia*
  2. 草本；花两性。
    5. 花辐射对称。
      6. 花瓣白色,有时顶部桃红色 ···················· 石椒草属 *Boenninghausenia*
      6. 花黄色 ································· 芸香属 *Ruta*
    5. 花稍两侧对称 ····························· 白鲜属 *Dictamnus*
1. 核果或柑果。
    7. 核果 ·································· 黄檗属 *Phellodendron*
    7. 柑果。
      8. 叶具 3 小叶 ···························· 枳属 *Poncirus*
      8. 单小叶。
        9. 子房 7～15 室,每室胚珠多枚 ·················· 柑橘属 *Citrus*
        9. 子房 3～6 室,每室胚,珠 1～2 ················· 金橘属 *Fortunella*

间的维管束(药材名：橘络)能通络化痰；种子(药材名：橘核)能理气,止痛,散结；叶(药材名：橘叶)能行气,散结。幼果或未成熟果皮(药材名：青皮)为理气药,能疏肝破气,消积化滞。同属多种植物的果皮亦常作陈皮用。

　　橘的栽培变种茶枝柑 *C. reticulata* 'Chachi'、大红袍 *C. reticulata* 'Dahongpao'、温州蜜柑 *C.*

reticulata 'Unshiu'、福橘 *C. reticulata* 'Tangerina'等,药用部位均与橘同等入药。

酸橙 *C. aurantium* L.　常绿小乔木,小枝三棱状,有长刺。叶互生,革质,卵状矩圆形至倒卵形;叶柄有明显的叶翼。花白色,芳香。柑果近球形,橙黄色,果皮粗糙。主产四川、江西等南方各省区,多为栽培。幼果(药材名:枳实)为理气药,能破气消积,化痰除痞;未成熟而横切开两半的果实(药材名:枳壳)能理气宽胸,行滞消积。(图 15-69)

同属药用植物还有:香圆 *C. wilsonii* Tanaka,成熟果实(药材名:香橼)能理气,宽中,化痰。枸橼 *C. medica* L.　成熟果实亦作香橼入药。佛手 *C. medica* L. var. *sarcodactylis* (Noot.) Swingle,果入药,能疏肝理气,和胃止痛。

同科植物枳(枸橘)*Poncirus trifoliata* (L.) Raf. 的果实。产我国中部、南部。现河南、江苏等个别地区使用,称绿衣枳壳。

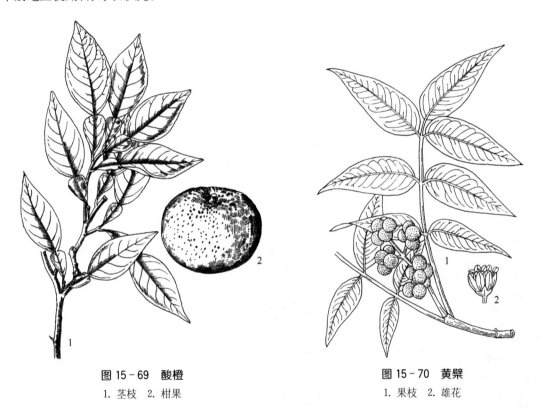

图 15-69　酸橙
1. 茎枝　2. 柑果

图 15-70　黄檗
1. 果枝　2. 雄花

黄檗(黄柏、关黄柏)*Phellodendron amurense* Rupr.　落叶乔木,树皮有深沟裂,木栓层很发达,内层鲜黄色。叶对生,单数羽状复叶,小叶 5～13,叶下中脉基部有长柔毛。花小,雌雄异株。果为浆果状核果,黑色。分布于东北、华北等地。生于山区杂木林中,也有栽培。树皮(药材名:关黄柏)为清热燥湿药,能清热燥湿,泻火解毒。(图 15-70)

同属植物黄皮树(川黄柏)*P. chinensis* Schneid,树皮亦作黄柏入药,习称川黄柏。

吴茱萸 *Evodia rutaecarpa* (Juss.) Benth.　落叶小乔木。叶对生;羽状复叶具小叶 5～11,叶轴及叶两面被短柔毛,有腺点,揉之有辛辣气味。雌雄异株,顶生聚伞状圆锥花序。蒴果开裂时呈蓇葖果状,紫红色。分布于长江流域及南方各省区。生于山区疏林及林缘旷地,常有栽培。近成熟果实(药材名:吴茱萸)为温里药,有小毒,能温中散寒,理气止痛,止呕。

吴茱萸的两个变种：石虎 E. rutaecarpa (Juss.) Benth. var. officinalis (Dode) Huang 和疏毛吴茱萸 E. rutaecarpa (Juss.) Benth. var. bodinieri (Dode) Huang，它们的近成熟果实亦作吴茱萸入药。

花椒 Zanthoxylum bungeanum Maxim.　灌木，有刺。羽状复叶，互生；叶柄两侧常具 1 对皮刺；小叶 5～11，叶缘齿缝间有透明腺点；叶背基部中脉两侧常具一簇锈色柔毛蓇果裂成蓇葖果状，果皮有瘤状突起的腺点。除新疆及东北外几遍布全国。

青椒 Z. schinifolium Sieb. et Zucc.　分布南北各地。

上述两种的果皮(药材名：花椒)为温里药，能温中散寒，燥湿杀虫。种子(药材名：椒目)能利水消肿，祛痰平喘。

光叶花椒(两面针)Z. nitidum (Roxb.) DC.　分布我国南部。根、根皮、茎皮入药，能祛风活血，麻醉止痛，解毒消肿。

本科常用药用植物还有：白鲜 Dictamnus dasycarps Turcz.，分布东北至西北。根皮(药材名：白鲜皮)为清热燥湿药，能清热解毒，燥湿，祛风止痒。

20. 远志科　Polygalaceae

$\male \female \uparrow K_5 C_{3,5} A_{8,(4\sim8)} \underline{G}_{(2:1\sim2:1\sim\infty)}$

【特征】　草本、灌木或乔木。单叶，全缘，常无托叶。花两性，两侧对称，常呈总状、穗状或圆锥花序；萼片 5，2 轮排列，外侧 3 枚较小，内侧 2 枚较大，常呈花瓣状，或 5 枚几相等；花瓣 3，中间 1 枚呈龙骨瓣状，顶端背面常具鸡冠状附属物；雄蕊 4～8，花丝常合生成鞘或分离，花药顶孔开裂；子房上位，心皮 2，合生，常 2 室，每室具胚珠 1，稀 1 室，具多数胚珠。蒴果、翅果或核果。本科植物常含皂苷及生物碱类等。(图 15 - 71)

图 15 - 71　远志科主要特征(图片：杨成梓，樊锐锋，白吉庆，刘长利)
1. 植株(狭叶香港远志：总状花序；叶狭披针形)　2. 花枝(黄花倒水莲：总状花序，花黄色)　3. 花侧面观(远志属：龙骨瓣具流苏状附属物)　4. 花正面观(远志属)　5. 花序(远志属：总状)

【分布】　本科约有13属,1 000种。我国有4属,约50多种;已知药用3属,27种,3变种;分布于全国各地。

【药用植物】　远志 *Polygala tenuifolia* Willd.　多年生小草本,茎丛生。叶互生,披针形,长1～3 cm,宽1～3 mm,全缘。总状花序;具较疏的花,花蓝紫色;萼宿存。蒴果倒心形,扁平,周边有窄翅,无睫毛。分布于东北、华北、西北及山东、江苏、安徽和江西等地。生于山坡、干燥沙质草地。根(药材名:远志)能祛痰利窍,养心安神。(图15-72)

同属植物西伯利亚远志 *P. sibirica* L. 的根亦作为药材远志入药,与远志极相似,主要区别是本种的叶椭圆形至矩圆形,披针形,长1～2 cm,宽3～6 mm。果实周围有短睫毛。分布于我国南北各地。生于山坡或草地。瓜子金 *P. japonica* Houtt. ,与西伯利亚远志相似,其主要区别是本种最上的一个花序低于茎的顶端。蒴果具较长的翅而无睫毛。分布于南北各地。生于山坡或草丛中。根及全草能祛痰止咳,散瘀止血,镇痛,解毒止痛。荷包山桂花 *P. arillata* Buch. -Ham. ex D. Don,分布于华东、西南、湖北及陕西等地。根能祛痰利窍,安神益智。

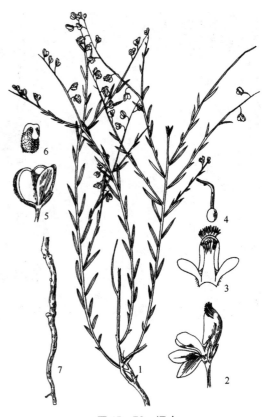

图15-72　远志
1. 果枝　2. 花(侧面观)　3. 花冠剖开,示雄蕊(花丝部分合生)　4. 雌蕊　5. 蒴果(具宿萼;一侧已开裂)　6. 种子　7. 根

21. 大戟科　Euphorbiaceae

$\hat{\diamond} K_{0,3\sim6} C_{0,5} A_{1\sim\infty,(\infty)}$; $\female K_{0,3\sim6}, C_{0,5} \underline{G}_{(3:3:1\sim2)}$

【特征】　草本、灌木或乔木。常含有乳汁。多为单叶互生,叶柄基部或顶端有时具腺体,有托叶。花单性,雌雄同株或异株;常为聚伞花序、杯状聚伞花序、总状或穗状花序;萼片存在,有时无;花瓣有或无;常具花盘;雄蕊1～多数;雌蕊通常由3个心皮组成,子房上位,多为3室,每室1～2胚珠,中轴胎座。蒴果,少为浆果状或核果状。种子常具种阜,胚乳丰富。植物体常具无节乳管。本科植物常含有生物碱、萜类、香豆素类等成分。(图15-73)

【分布】　本科约有300属,5 000余种。我国有70多属,约460余种;已知药用39属,160余种;分布于全国各地。

【药用植物】　大戟 *Euphorbia pekinensis* Rupr.　多年生草本,具乳汁。茎被短柔毛。叶互生,矩圆状披针形。总花序常有伞梗5,基部有5～8枚叶状苞片;每伞梗再分3～4小枝,其基部着生3～4枚苞片;每小枝又作1至数回叉状分枝,其分枝处着生苞片1对。花单性同株,黄绿色,皆生于杯状聚伞花序中;杯状总苞顶端4裂,腺体4,椭圆形。蒴果三角状扁球形,表面具疣状凸起。种子卵形光滑。分布于全国各地。生于山坡及原野湿润处。根(药材名:京大戟)有毒,为峻泻逐水药,能泻水逐饮。(图15-74)

同属药用植物还有:甘遂 *E. kansui* T. N. Liou ex S. H. Ho,分布于华北、西北等地。根(药

图 15-73　大戟科主要特征(图片：赵志礼)

1. 植株(蓖麻：草本)　2. 雄花(蓖麻：雄蕊多数，花丝合生为多束)　3. 蒴果(叶下珠属：浆果状，未成熟)　4. 杯状聚伞花序(续随子：腺体 4，两端具短角)　5. 腺体(油桐：2 枚，位于叶柄顶端)　6. 蒴果(续随子)　7. 雄花(油桐：花瓣 5)　8. 核果(油桐)　9. 种子(续随子：具种阜)

	2	4	7
1	3	5	8
		6	9

材名：甘遂)有毒，功效同大戟。续随子(千金子)*E. lathyris* L.，种子(药材名：续随子)为峻泻逐水药，能逐水消肿，破血消癥。狼毒大戟 *E. fischeriana* Steud.，分布于东北、内蒙古及河北等地。根(药材名：狼毒)有大毒，外用治各种疮毒。地锦 *E. humifusa* Willd.，分布于我国大部分地区。全草(药材名：地锦草)能清热利湿，凉血止血。飞扬草(大飞扬)*E. hirta* L.，分布于江西、广西、云南等地。全草能收敛解毒，利尿消肿。乳浆大戟 *Euphorbia esula* L.，分布于东北、内蒙古、河北、山东。全草有毒，能利尿消肿，拔毒止痒。

　　蓖麻 *Ricinus communis* L.　一年生大草本，在南方常成小乔木。叶互生，呈盾状，掌状分裂，叶柄有腺体。花单性同株；单被花；圆锥花序；雄花生于花序下部，花萼 3～5 裂，雄蕊多数，花丝树状分枝；雌花生于花序上部，萼片 5，子房上位，3 室。蒴果常有软刺。种子有种阜。全国普遍栽培。种子(药材名：蓖麻子)有毒，能消肿排毒，泻下通滞；蓖麻油为刺激性泻药。

　　铁苋菜 *Acalypha australis* L.　一年生草本。叶互生，卵状菱形。花单性，雌雄同株；穗状花序腋生；雄花多数生于花序上端，花萼 4 裂，雄蕊 8，花药弯曲；雌花萼片 3，生于花序下端的蚌形叶状苞片内。蒴果。分布于全国各地。生于河岸、山坡林下。全草能清热解毒，止血，止痢。(图 15-75)

　　本科常用药用植物还有：一叶萩 *Securinega suffruticosa* (Pall.) Rehd.，分布于东北、华北及河南、四川等地。生于山坡灌丛中。枝条、根、叶、花均含一叶萩碱，对神经系统有兴奋作用，能活血通络，健脾化积。巴豆 *Croton tiglium* L.，分布于南方及西南地区。种子(药材名：巴豆)有大毒，为峻泻逐水药，外用蚀疮；其炮制加工品巴豆霜能峻下积滞，逐水消肿。黑面神 *Breynia fruticosa* (L.) Hook. f.，分布于华南各省区。根、叶能清热解毒，散瘀止痛。算盘珠 *Glochidion puberum* (L.) Hutch.，分布于华东、中南及西南等地。全株能清热解毒，活血散瘀，止痢。叶下珠 *Phyllanthus*

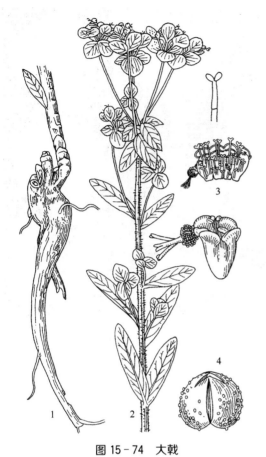

图 15 - 74　大戟

1. 根　2. 花枝　3. 杯状聚伞花序解剖(示总苞、腺体、雄蕊及雌蕊)　4. 蒴果

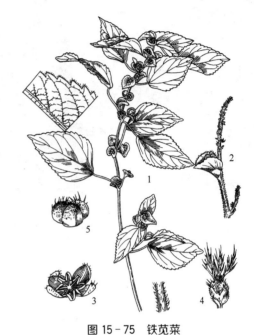

图 15 - 75　铁苋菜

1. 果枝　2. 花序　3. 雄花　4. 雌花　5. 蒴果

urinaria L.,分布于华东、华南等地。全草能清肝明目,渗湿利水。乌桕 *Sapium sebiferum* (L.) Roxb.,分布于华东、中南、西南等地。根皮、叶有毒,能清热利湿,拔毒消肿。

22. 卫矛科　Celastraceae

$\male\female, \male, \female * K_{(4\sim5)} C_{4\sim5} A_{4\sim5,0} \underline{G}_{(2\sim5:2\sim5:1\sim\infty)}, \underline{G}_0$

【特征】　灌木或乔木,常攀缘状。叶对生或互生。花常两性,少单性,辐射对称;聚伞花序;花部常 4~5 数;萼小,宿存;花盘发达,雄蕊着生于花盘之上或花盘之下;子房上位,与花盘分离或藏于花盘内,心皮 2~5,子房室常 2~5。多为蒴果,少有浆果、核果或翅果。种子常有假种皮。本科植物常含二萜内酯(如雷公藤碱甲、乙)和大环生物碱类(如美登木碱)等成分。(图 15 - 76)

【分布】　本科约有 60 属,850 种。我国有 12 属,约 200 种;已知药用 9 属,99 种;分布于全国各地。

【药用植物】　卫矛(鬼箭羽)*Euonymus alatus* (Thunb.) Sieb.　灌木,小枝有 2~4 条木栓质阔翅。叶对生,椭圆形。聚伞花序;花部 4 数;花盘肥厚方形;雄蕊具短花丝。蒴果常 4 瓣裂,有时只有 1~3 瓣。种子成熟具橘红色假种皮。分布于我国南北各地。生于山坡丛林中。带翅的枝(药材名:鬼箭羽)能破血通经,杀虫,止痒。近来用于抗过敏,民间用于治漆疮。(图 15 - 77)

雷公藤 *Tripterygium wilfordii* Hook. f.　藤状灌木,小枝有 4~6 条细棱,密生锈色短毛及瘤

图 15－76　卫矛科主要特征(图片：赵志礼)

1. 植株(卫矛：灌木)　2. 花侧面观(卫矛：花盘扁平；雄蕊 4，着生于花盘边缘)　3. 蒴果(冬青卫矛：种子具橘红色假种皮)　4. 叶序(卫矛：对生)　5. 花(卫矛：花瓣 4)　6. 蒴果(冬青卫矛：近球形，不凹裂)　7. 蒴果(卫矛：4 深裂)

1	2	5
	3	6
	4	7

图 15－77　卫矛

1. 花枝　2. 花(背面观)　3. 果枝　4. 蒴果　5. 种子

状皮孔。叶互生,椭圆形。圆锥状聚伞花序,顶生或腋生,花序梗及小花梗被锈色短毛;花白绿色;花萼浅5裂;花瓣5;雄蕊5,着生于花盘边缘凹处。蒴果具3膜质翅,矩圆形。分布于长江流域至西南地区。生于山地林内阴湿处。根(药材名:雷公藤)含雷公藤素,有大毒,主治类风湿关节炎。

同属植物昆明山海棠 *T. hypoglaucum* (Levl.) Hutch.,与雷公藤区别主要是叶背面有白粉,卵圆形至长圆状卵形,聚伞花序长10 cm以上。根亦含雷公藤素。分布和效用同雷公藤素。

本科常用药用植物还有:南蛇藤 *Celastrus orbiculatus* Thunb.,分布于我国南北各地。根、茎、叶能行气活血,祛风除湿,消肿解毒。美登木 *Maytenus hookeri* Loes.,分布于云南南部。根、茎、果含有美登木碱,具有抗癌作用。

23. 鼠李科　Rhamnaceae

$$\text{☿} * K_{(4\sim5)} C_{4\sim5} A_{4\sim5} \underline{G}, \overline{\underline{G}}_{(2\sim4:2\sim4:1)}$$

【特征】　多为乔木或灌木,直立或攀缘,常有刺。叶多互生,具羽状脉或三至五基出脉,托叶小。花小,辐射对称,常两性;花序多样;萼片、花瓣及雄蕊均4~5数,有时花瓣缺;雄蕊与花瓣对生;花盘明显发育;雌蕊由2~4个心皮合生,子房上位、半下位,稀下位,2~4室,每室胚珠1,花柱2~4裂。多为核果。本科植物含有蒽醌类化合物、黄酮类、三萜皂苷及生物碱类等。(图15-78)

图 15-78　鼠李科主要特征(图片:赵志礼)

1. 植株(勾儿茶属:灌木;叶具羽状脉)　2. 叶(枣:基生三出脉)　3. 花(枣:萼片5;雄蕊5,与花瓣对生;花盘厚,肉质)　4. 核果(枣)　5. 核果解剖(枣:中果皮肉质;核顶端锐尖)

1	2	3
	4	5

【分布】　本科约有58属,900多种。我国有14属,130多种;已知药用12属,77种;分布于南北各地。

【药用植物】　枣 *Ziziphus jujuba* Mill.　落叶小乔木或灌木。小枝有2个托叶刺,长刺粗直,短刺钩状。叶卵形,基生三出脉。聚伞花序腋生;花小,黄绿色。核果熟时深红色,核两端锐尖。全国各地有栽培。果实(药材名:大枣)为补虚药,能补中益气,养血安神。(图15-79)

酸枣 *Z. jujuba* Mill. var. *spinosa* (Bge.) Hu ex H. F. Chow　常为灌木,叶小;果较小,短矩

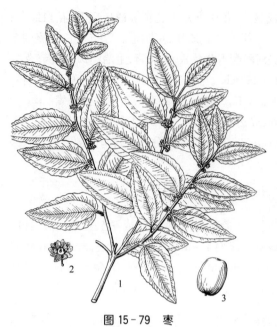

图 15-79 枣
1. 花枝　2. 花　3. 核果

圆形,皮薄,味酸,核两端钝。分布于长江以北除黑龙江、吉林、新疆外的广大地区。生于向阳或干燥的山坡、丘陵、平原。种子(药材名:酸枣仁)能补肝肾,养心安神,敛汗生津。

枳椇(拐枣)*Hovenia dulcis* Thunb.　落叶乔木。单叶互生;叶柄红褐色,叶片卵形或宽卵形,基出三出脉。复聚伞花序顶生或腋生,花5数;子房上位,花柱3。果实近球形,灰褐色,果柄肥厚扭曲,肉质,红褐色,味甜。种子扁圆形,暗褐色,有光泽。分布于华北、东北、华东、中南、西北、西南各地。生于阳光充足的沟边、路边或山谷中。果梗连同果实能健脾补血;种子能止渴除烦,解酒醉。

本科常用药用植物还有:铁包金 *Berchemia lineata* (L.) DC.,分布于福建、台湾、广东、广西等地。根能止咳化痰,散瘀。牯岭勾儿茶 *B. kulingensis* Schneid.,分布于长江以南各地。根能祛风利湿,活血止痛。马甲子 *Paliurus ramosissimus* Poir.,分布于华东、中南、西南及陕西。全株能清热消肿,活血散瘀。鼠李 *Rhamnus davurica* Pall.,分布于东北、华北及宁夏等地。树皮能清热通便;果能消炎,止咳。

24. 葡萄科　Vitaceae

$\female * K_{(4\sim5)} C_{4\sim5} A_{4\sim5} \underline{G}_{(2\sim6:2\sim6:1\sim2)}$

【特征】多为木质藤本,具有卷须,或直立灌木,无卷须。叶互生;卷须常与叶对生。聚伞花序;花小,两性,或杂性同株、异株;花萼4~5裂;花瓣4~5;雄蕊与花瓣同数而对生;花盘明显;子房上位,常2室,每室胚珠2,或多室,每室胚珠1。浆果。(图15-80)

【分布】本科有16属,约700余种。我国有9属,150多种;已知药用7属,100种;分布于南北各地。

【药用植物】葡萄 *Vitis vinifera* L.　木质藤本。茎具分叉的卷须。叶近圆形,3~5裂,裂片具粗齿,基部深心形。圆锥花序与叶对生;花小;萼片、花瓣各5,黄绿色,花瓣顶部粘合,成帽状脱落;雄蕊5,着生于花盘上;雌蕊由2心皮构成2室。浆果熟时绿色或紫红色。我国各地栽培。根、藤能祛风湿,利水;叶能止呕;果能解表透疹,利尿。(图15-81)

白蔹 *Ampelopsis japonica* (Thunb.) Makino　攀缘藤本,全体无毛。根块状,多为纺锤形。掌状复叶,小叶3~5,小叶片羽状分裂至羽状缺刻,叶轴有阔翅。聚伞花序;花小,黄绿色。浆果球形,熟时白色或蓝色。分布于东北南部、华北、华东、中南各省区。生于山坡林下。根能清热解毒,消肿止痛。(图15-82)

三叶崖爬藤(三叶青)*Tetrastigma hemsleyanum* Diels et Gilg　攀缘藤本。有块根,卷须不分枝。掌状复叶,小叶3。聚伞花序腋生;花小,黄绿色。浆果球形,红褐色,熟时黑色。分布于长江以南各省区。生于林中阴处,伏生岩石或树干上。块根及全株能清热解毒,祛风化痰,活血止痛。

乌蔹莓 *Cayratia japonica* (Thunb.) Gapnep.　分布于华东和中南各地。生于山坡草丛或灌丛中。全草能解毒消肿,活血散瘀,利尿,止血。

图 15-80 葡萄科主要特征(图片: 赵志礼)

1. 植株(地锦属: 木质藤本;掌状 5 小叶) 2. 复二歧聚伞花序(乌蔹莓) 3. 花枝(乌蔹莓) 4. 花(乌蔹莓: 花瓣 4;雄蕊 4;花盘发达) 5. 浆果(乌蔹莓)

1	2	4
	3	5

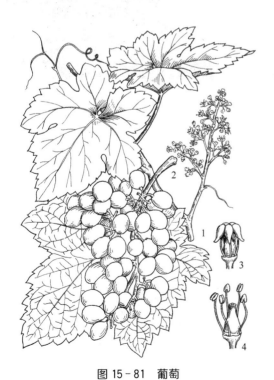

图 15-81 葡萄

1. 花枝 2. 果枝 3. 花,示花瓣脱落状
4. 雄蕊、雌蕊及花盘

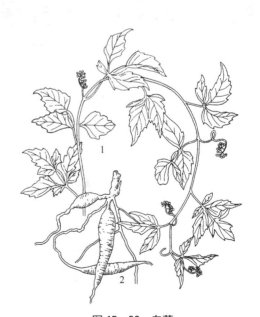

图 15-82 白蔹

1. 花枝 2. 根

25. 锦葵科　Malvaceae

♀ * $K_{(3\sim5),3\sim5}C_5A_{(\infty)}\underline{G}_{(2\sim\infty:2\sim\infty:1\sim\infty)}$

【特征】　草本、灌木或乔木。单叶互生,常具掌状脉,有托叶。花两性,辐射对称;单生、簇生、聚伞花序至圆锥花序;萼片3～5,分离或合生;其下面常有总苞状的小苞片(又称副萼)3至多数;花瓣5;雄蕊多数,花丝合生成管状,称雄蕊柱(单体雄蕊),花药1室,花粉粒表面有刺状突起;子房上位,2至多室,每室胚珠1至多数,花柱与心皮同数或为其2倍。多为蒴果,常数枚果爿分裂。本科植物常含黄酮苷、生物碱、酚类和黏液质等。(图15-83、图15-84)

图 15-83　锦葵科主要特征(图片:赵志礼)

1. 植株(锦葵:草本)　2. 花(锦葵:花瓣5)　3. 花(苘麻)　4. 单体雄蕊(锦葵:雄蕊柱顶端着生花药)
5. 蒴果(木芙蓉:室背开裂,果爿5)　6. 蒴果(苘麻:每1分果爿顶端具长芒2)　7. 雌蕊(锦葵:子房上位,花柱上部分枝)　8. 种子(木芙蓉:背面被长柔毛)　9. 种子(苘麻:肾形)

2	4	7
	5	8
3	6	9

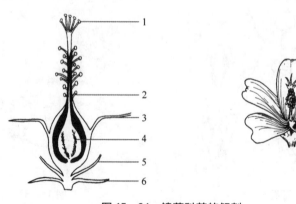

图 15-84　锦葵科花的解剖
1. 柱头　2. 雄蕊柱　3. 花瓣　4. 子房　5. 萼片　6. 副萼

【分布】 本科约有 50 属,1 000 余种。我国有 16 属,80 多种;已知药用 12 属,60 种;分布于南北各地。(表 15 - 9)

表 15 - 9 锦葵科部分属检索表

1. 心皮 8 至多数;果裂成分果,与果轴或花托脱离。
  2. 每室胚珠 1。
    3. 副萼片 3,分离 ······················· 锦葵属 *Malva*
    3. 副萼片 6~9,基部合生 ··················· 蜀葵属 *Althaea*
  2. 每室胚珠 2 或更多 ······················· 苘麻属 *Abutilon*
1. 心皮 3~5;蒴果室背开裂。
  4. 花柱不分枝 ························· 棉属 *Gossypium*
  4. 花柱分枝 ·························· 木槿属 *Hibiscus*

【药用植物】 苘麻 *Abutilon theophrasti* Medic. 一年生大草本,高 1~2 m,全株密生星状毛。叶互生,圆心形。花单生于叶腋,黄色;单体雄蕊;心皮 15~20,排列成轮状。蒴果半球形,分果爿 15~20,被粗毛,顶端具长芒 2。种子肾形,黑色。分布于南北各地。生于荒地、田野,也有栽培。种子(药材名:苘麻子)为利水渗湿药,能清热解毒,利湿,退翳。(图 15 - 85)

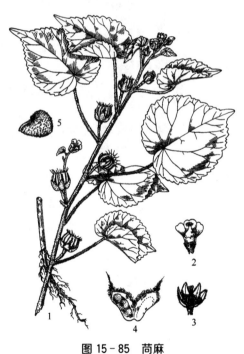

图 15 - 85 苘麻

1. 花、果枝 2. 花解剖(示单体雄蕊) 3. 花解剖(示雌蕊)
4. 分果爿(示种子) 5. 种子

图 15 - 86 木芙蓉

木芙蓉 *Hibiscus mutabilis* L. 落叶灌木或小乔木。叶互生,卵圆状心形,通常 5~7 裂,两面有星状毛。花单生于枝顶或叶腋;具副萼片 8;花多粉红色。分布于除东北、西北外的各地。生于山坡或水边沙质土壤上,各地多栽培。叶、花及根能清热凉血,消肿排脓,散瘀止血;外用治痈疮。(图 15 - 86)

同属植物木槿 *H. syriacus* L.,落叶灌木。叶菱状卵圆形,常 3 裂;具副萼片 6~7 枚;花冠淡紫、白、红等色。在我国南部有野生,各地多栽培。根皮及经茎皮(药材名:木槿皮)能清热利湿,杀虫止痒;花能清热凉血,解毒消肿;果实(药材名:朝天子)能清肺化痰,解毒止痛。

本科常用药用植物还有:草棉 *Gossypium herbaceum* L.,广东、广西、贵州、四川、云南等地有栽培。花能清热利湿,解暑;茎皮能祛风除湿,活血消肿;根能补气,散结止痛;种子(药材名:棉籽)有毒慎用,能补肝肾,强腰膝。野葵(冬苋菜)*Malva verticillata* L.,产全国各省区。果实(药材名:冬葵果)能清热利尿,消肿。

26. 藤黄科   Guttiferae (Clusiaceae)

$\male, \hat{\ }, \female * K_{4\sim5} C_{4\sim5} A_{\infty,(\infty),0} \underline{G}_{(3\sim5:1\sim12:1\sim\infty)}, \underline{G}_0$

【特征】 乔木、灌木,或草本,常具透明或黑色腺点。单叶对生,有时轮生。花两性或单性,辐射对称;单生或花序各式;萼片和花瓣常 4~5;雄蕊多数,花丝常基部合生成数束(多体雄蕊),或分离;子房上位,心皮多为 3~5 合生,1~12 室,每室胚珠 1 至多数。蒴果、浆果或核果。本科植物常含藤黄酸(gambogic acid)、新藤黄酸(neogambogic acid)、金丝桃苷、金丝桃素及贯叶金丝桃素等。(图 15-87)

图 15-87   藤黄科主要特征(图片:赵志礼)

1. 植株(金丝桃:灌木) 2. 果实(金丝桃:未成熟) 3. 雌蕊(金丝桃:子房上位,花柱合生达顶端)
4. 花(金丝桃:雄蕊多数,合生为 5 束) 5. 叶(金丝桃:具腺点) 6. 浆果(莽吉柿:假种皮白色)
7. 蒴果(金丝桃:室间开裂)

	2	3	4
1		5	
	6		7

【分布】 本科约有 40 属,1 000 余种。我国有 8 属,近 90 种,其中金丝桃属(*Hypericum*)种类较多;各地多有分布。

【药用植物】 湖南连翘(红旱莲、黄海棠)*Hypericum ascyron* L. 多年生草本。茎四棱。叶对生,宽披针形,基部抱茎。顶生聚伞花序花黄色;雄蕊多数,成 5 束;花柱 5 裂。蒴果卵圆形。分布于东北及黄河、长江流域。生于村边、山坡、草丛或林下。全草能凉血,止血,泻火解毒。(图 15-88)

地耳草(田基黄)*H. japonicum* Thunb.　一年生小草本。叶小,对生,卵形,基部抱茎,具透明腺点。顶生聚伞花序;花黄色;雌蕊花柱3。蒴果3裂。分布于长江流域以南各省区。全草能清热解毒,利湿退黄,活血消肿。

元宝草 *H. sampsonii* Hance　草本,叶对生,基部合生,茎贯穿其中。雄蕊成3束;花柱3条。分布于长江流域各省区及台湾省。全草能调经通络,止血,解毒。

同属植物金丝桃(金丝海棠)*H. monogynum* L.,分布于华北、华中、华东及华南等地区。全草能清热解毒,祛风消肿。

27. 堇菜科　Violaceae

♀ *,↑$K_5C_5A_5\underline{G}_{(3:1:\infty)}$

【特征】　多为草本。单叶互生或基生,有托叶。花常两性,两侧对称或辐射对称;单生或花序各式;萼片5;花瓣5,下面1枚常扩大而基部有距;雄蕊5,药隔延伸成膜质附属物,下方2枚雄蕊基部有距状蜜腺;子房上位,常3心皮合生,1室,侧膜胎座,胚珠常多数。蒴果,通常3瓣裂。(图15-89)

【分布】　本科约有22属,900多种。我国有4属,130余种;已知药用1属,约50种;南北均有分布。

图 15-88　湖南连翘
1. 花枝　2. 雌蕊　3. 蒴果(萼片、花瓣宿存)

图 15-89　堇菜科(紫花地丁)主要特征(图片:赵志礼)
1. 植株(草本)　2. 花(两侧对称)　3. 雄蕊与雌蕊(侧面观)　4. 上方1枚雄蕊(药隔顶端具附属物)
5. 下方1枚雄蕊(距细管状)　6. 花(侧面观)　7. 花解剖(下方1枚花瓣基部有距)　8. 雌蕊(柱头
　　前方具短喙)　9. 子房横切(侧膜胎座)　10. 蒴果(3瓣裂)

	2		6	
1	3	4	7	8
	5		9	10

图 15-90　紫花地丁

1. 植株　2. 花侧面观　3. 花展开　4. 花解剖
（示雄蕊、雌蕊）　5. 上方 1 枚雄蕊　6. 下方 1 枚
雄蕊　7. 雌蕊

【药用植物】　紫花地丁 *Viola philippica* Cav.（*Viola yedoensis* Makino）　一年生草本，全株密被白色短毛。叶基生，有长柄，常带紫色，叶片狭披针形或卵状披针形，顶端圆钝，基部近截形或稍呈心形，下延于叶柄成翅，叶柄与叶片近等长，托叶膜质，大部分与叶柄合生。花紫色，花柄长，中部有 2 枚苞片；萼片 5；花瓣 5，下方花瓣基部延长成距；子房上位，1 室。蒴果椭圆形。分布于东北、华北、中南、华东等地。生于较湿润地路旁或草坡上。全草（药材名：紫花地丁）能清热解毒，凉血消肿。（图 15-90）

早开堇菜 *V. prionantha* Bunge，与上种近似，主要形态区别是叶卵状披针形，叶柄绿色，短于叶片。分布全国大部分地区。功效同上种，均作紫花地丁入药。

同属植物心叶堇菜 *V. concordifolia* C. J. Wang（*V. cordifolia* W. Beck.），叶卵形、长卵形至三角状卵形，边缘具粗齿，基部深心形至心形。花紫色，距长约 2 mm。分布于长江流域及南部各省区。长萼堇菜 *V. inconspicua* Bl.，叶三角状卵形，大小常不等，基部宽心形，两侧垂片发达，稍下延于叶柄，上面有乳头状白点。花紫色，距短，长约 3 mm；花梗长于叶。分布于长江流域及以南各地。以上几种因花均为紫色，故有作紫花地丁药用者，又因叶多少似犁头形，故亦有作犁头草入药者。七星莲（蔓茎堇菜）*V. diffusa* Ging.，一至二年生草本，全株被白色长柔毛，有葡萄茎，着地生根，并发出新叶丛。叶卵形或卵状椭圆形，基部下延成狭翅；叶柄扁平。花淡紫色或白色。分布于我国中部及南部。全草可清热解毒，消肿排脓。

28. 桃金娘科　Myrtaceae

$\male\female * K_{(4\sim5)} C_{4\sim5} A_\infty \overline{G}, \overline{\underline{G}}_{(2\sim\infty:1\sim\infty:1\sim\infty)}$

【特征】　乔木或灌木。单叶对生或互生，常有油腺点，无托叶。花两性，单生或排成各式花序；花萼常 4～5 裂；花瓣 4～5，分离或连成帽状体；雄蕊多数，着生于花盘边缘，花丝分离或多少连成短管或成束而与花瓣对生，药隔顶端常有 1 腺体；子房下位或半下位，心皮 2 至多枚，1 至多室，每室有 1 至多数胚珠。蒴果、浆果、核果或坚果。（图 15-91）

【分布】　本科约有 100 属，3 000 种以上；主要分布于美洲、大洋洲及亚洲热带地区。我国原产及引入栽培总共约 16 属，100 多种。

【药用植物】　丁香 *Syzygium aromaticum*（L.）Merr. et L. M. Perry（*Eugenia caryophyllata* Thunb.）　常绿乔木。叶对生，长椭圆形，聚伞花序顶生；花淡紫色，有浓香。浆果红棕色。产于马来西亚、印度尼西亚及东非等地。我国海南岛有栽培。花蕾（药材名：丁香）能温中降逆，补肾助阳；近成熟果实（药材名：母丁香）亦能温中降逆，补肾助阳。

本科常用药用植物还有：桃金娘（岗稔）*Rhodomyrtus tomentosa*（Ait.）Hassk.，分布于南部各省区。生于丘陵、旷野、灌木丛中。根能祛风活络，收敛止泻；叶能收敛止泻，止血；果能补血，滋养，安胎。桉（大叶桉）*Eucalyptus robusta* Smith，原产澳大利亚，我国南部、西南部有栽培。叶能疏风

图 15-91　桃金娘科主要特征(图片：杨成梓)

1. 植株(白千层：乔木)　2. 聚伞花序(蒲桃)　3. 浆果(桃金娘)
4. 花(桃金娘：花瓣 5；雄蕊多数)　5. 浆果(洋蒲桃)

1	2	3
	4	5

散热,抗菌消炎,止痒,又是提取桉叶油的原料。蓝桉 *E. globulus* Labill.,产地与功效与桉相同。叶可提取挥发油,能消炎杀菌。

29. 五加科　Araliaceae

$\male\female * K_{(5),0} C_5 A_5 \overline{G}_{(2\sim5:2\sim5:1)}$

【特征】　常为木本,稀多年生草本,有刺或无刺。叶互生,稀轮生,单叶、掌状复叶或羽状复叶。花辐射对称,常两性;伞形花序、头状花序或总状花序,常再组成圆锥状复花序;萼筒与子房合生,萼齿常为 5 或不明显;花瓣常为 5;雄蕊与花瓣同数而互生;子房下位,2~5 室,稀较多,每室胚珠 1,花柱与子房室同数,离生、部分合生至完全合生;花盘生于子房顶部(花盘上位)。浆果或核果。(图 15-92)

本科植物多含三萜皂苷类成分,尚含黄酮、香豆素、二萜及酚类等其他化合物。

【分布】　本科约有 80 属,900 多种。我国有 22 属,160 多种;已知药用 19 属,100 余种;除新疆外,分布几遍全国。(表 15-10)

表 15-10　五加科部分属检索表

1. 多木本植物;叶互生。
　2. 单叶或掌状复叶。
　　3. 单叶。
　　　4. 植株有刺 ························· 刺楸属 *Kalopanax*
　　　4. 植株无刺。
　　　　5. 攀缘灌木 ························· 常春藤属 *Hedera*
　　　　5. 非上述情况。
　　　　　6. 叶片常不分裂;伞形花序单生或复伞形花序 ························· 树参属 *Dendropanax*
　　　　　6. 叶片掌状分裂;伞形花序再组成圆锥花序 ························· 通脱木属 *Tetrapanax*

3. 掌状复叶。

    7. 植株无刺 ······························· 鹅掌柴属 *Schefflera*

    7. 植株常有刺 ···························· 五加属 *Acanthopanax*

2. 羽状复叶 ··································· 楤木属 *Aralia*

1. 草本植物;叶轮生,掌状复叶 ······················· 人参属 *Panax*

图 15-92 五加科主要特征(图片:赵志礼)

1. 植株(土当归:羽状复叶) 2. 掌状复叶(五加) 3. 花侧面观(五加:子房下位) 4. 伞形花序(五加) 5. 植株(人参:草本;掌状复叶,轮生) 6. 花(五加:花瓣5;雄蕊与花瓣互生) 7. 果枝(五加:灌木) 8. 果实(五加:宿存花柱2)

	2	3	6
1	4		7
	5		8

【药用植物】 人参 *Panax ginseng* C. A. Mey. 多年生草本。主根肉质,圆柱形或纺锤形,下面稍有分枝,淡黄色,芦头(根茎)很短,每年增生1节。地上茎不分枝。掌状复叶轮生茎端,一年生茎具1枚3小叶的复叶,二年生茎具1枚5小叶的复叶,以后逐年增加1枚具5小叶的复叶,至六年生者可具5枚5小叶的复叶,最多可达6枚复叶;小叶片椭圆形,中央一片较大;上面脉上疏生刚毛,下面无毛。伞形花序单个顶生,总花梗长于总叶柄。浆果状核果,扁球形,熟时红色。分布于东北等地,现多栽培。根及根茎(药材名:人参)为补虚药,能大补元气,复脉固脱,补脾益肺,生津养血,安神益智;叶(药材名:人参叶)能补气,益肺,祛暑,生津。(图15-93)

西洋参 *Panax quinquefolium* L. 形态和人参很相似,但本种的总花梗与叶柄近等长或稍长,小叶片腹面脉上几无刚毛,边缘的锯齿不规则且较大而容易区分。原产加拿大和美国,现全国部分省区引种栽培。根(药材名:西洋参)能补气养阴,清热生津。

三七(田七)*Panax notoginseng* (Burk.) F. H. Chen 多年生草本。主根倒圆锥形或短柱形。掌状复叶,3~6枚轮生于茎顶;小叶3~7,常5枚,中央一枚较大,两面脉上密生刚毛。主要栽培于云南、广西,种植在海拔400~1 800 m的林下或山坡人工荫棚下。生于林下。根及根茎(药材名:三七)为止血药,能散瘀止血,消肿定痛。(图15-94)

图 15-93　人参
1. 根　2. 花枝　3. 花　4. 果实

图 15-94　三七
1. 果枝　2. 根状茎及根　3. 花　4. 雄蕊
5. 花解剖(示花柱及花萼)

　　刺五加 *Acanthopanax senticosus* (Rupr. et Maxim.) Harms　落叶灌木,小枝密生针刺。掌状复叶,小叶5枚,叶背沿脉密生黄褐色毛。伞形花序单生或2～4个丛生枝顶;花瓣黄绿色;花柱5,从基到顶愈合,子房5室。浆果状核果,球形,有5棱,黑色。分布于东北及河北、山西。生于林缘、灌丛中。根、根状茎及茎(药材名:刺五加)为祛风湿药,能益气健脾,补肾安神。(图15-95)

　　五加(细柱五加、南五加)*A. gracilistylus* W. W. Smith　落叶灌木,茎疏生反曲扁刺。掌状复叶,小叶常5片,在长枝上互生,短枝上簇生,叶柄基部常有刺;叶无毛或仅在脉上疏生刚毛。伞形花序常腋生;花黄绿色;花柱2,分离。浆果扁球形,熟时黑色。分布于南方各省。生于林缘或灌丛中。根皮(药材名:五加皮)能祛风除湿,补益肝肾,强筋壮骨,利水消肿。(图15-96)

　　同属其他多种植物的根皮或茎皮亦作五加皮用,如无梗五加(短梗五加)*A. sessiliflorus* (Rupr. et Maxim.) Seem.,分布于东北与河北等地。红毛五加 *A. giraldii* Harms,分布于华北、西北及四川、湖北等地。

　　食用土当归(土当归,九眼独活)*Aralia cordata* Thunb.　多年生草本。根状茎粗壮,横走,有多数结节,每节有一内凹的茎痕;侧根肉质,圆锥状。二至三回羽状复叶,小叶基部心形。伞形花序集成圆锥状。分布于我国中部以南的各省区。根状茎能祛风燥湿,活血止痛,消肿。

　　同属植物楤木 *A. chinensis* L.,分布于华北、华中、华东、华南和西南。根皮能活血化瘀,健胃,利尿。辽东楤木(刺老鸦)*A. elata* (Miq.) Seem.,分布于东北。根皮能健胃,利尿,活血止痛。

　　通脱木(通草)*Tetrapanax papyrifer* (Hook.) K. Koch　灌木。小枝、花序均密生黄色星状厚绒毛。茎髓大,白色。叶大,集生于茎顶,叶片掌状5～11裂。伞形花序集成圆锥花序状;花瓣、

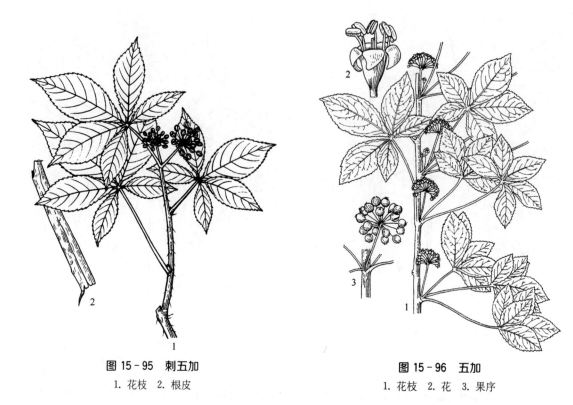

图 15-95　刺五加
1. 花枝　2. 根皮

图 15-96　五加
1. 花枝　2. 花　3. 果序

雄蕊常 4 数;子房 2 室,花柱 2,分离。分布于长江以南各地和陕西。茎髓(药材名:通草)为利水渗湿药,能清热利尿,通气下乳。

本科常用药用植物还有:刺楸 *Kalopanax sptemlobus* (Thunb.) Koidz.,分布于我国南北各省区。根皮及枝能祛风除湿,解毒杀虫。树参(半枫荷)*Dendropanax dentiger* (Harms) Merr.,分布于华中、华东、西南。根、茎、叶能祛风活络,舒筋活血。

30. 伞形科　Umbelliferae (Apiaceae)

$\male\female * K_{(5),0} C_5 A_5 \overline{G}_{(2:2:1)}$

【特征】　草本。茎常中空,具纵棱。叶互生,叶片通常分裂或多裂,或为各式分裂的复叶,稀单叶全缘;叶柄基部扩大成鞘状。花小,常两性;单伞形花序或常再排成复伞形花序;萼齿 5 或无;花瓣 5;雄蕊 5,与花瓣互生;子房下位,2 室,每室胚珠 1,子房顶部有盘状或短圆锥状的花柱基(上位花盘),花柱 2。果实成熟时常裂成 2 个分生果,每一分生果有 1 心皮柄和果柄相连,且各悬于心皮柄上,称双悬果;分生果外面有 5 条主棱(背棱 1 条,中棱 2 条,侧棱 2 条),有时主棱之间还可形成次棱;果皮内及合生面常有纵走的油管 1 至多条。本科植物常含挥发油、香豆素类、黄酮类、三萜皂苷、生物碱和聚炔类等成分。(图 15-97、图 15-98、图 15-99)

【分布】　本科 200 多属,2 500 多种。我国 90 多属,500 多种;已知药用 55 属,230 多种;全国均产。(表 15-11)

本科植物的一般特征易掌握,但属和种的鉴定较为困难。特别注意双悬果的形态特征,如背腹扁压或两侧扁压;表面光滑或具有毛或小瘤等;主棱和次棱的情况,棱上有无翅和翅的特征;油管的多少和分布等。

图 15-97 伞形科主要特征(图片：赵志礼)

1. 植株(白亮独活：草本) 2. 叶鞘(白亮独活) 3. 复伞形花序(白亮独活) 4. 果序(白亮独活)
5. 未成熟果实(窃衣：果皮具钩刺) 6. 双悬果(芫荽：圆球形) 7. 双悬果(白亮独活：分生果2，背腹扁压，侧棱加宽翅状，棱槽内具油管，背面油管4，合生面油管2) 8. 分生果横切(白亮独活) 9. 花(蛇床：花瓣5) 10. 未成熟果实(蛇床：花柱2，花柱基稍隆起) 11. 双悬果(蛇床：主棱全部翅状)

		7		
1	3		8	
		4	9	10
2	5	6	11	

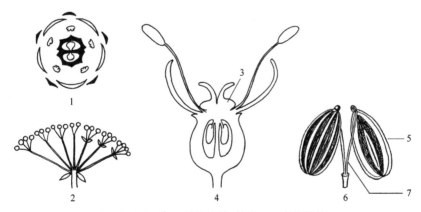

图 15-98 伞形科植物花、花序及果实的结构

1. 花图式 2. 复伞形花序 3. 花柱基 4. 花的纵切 5. 分生果 6. 双悬果 7. 心皮柄

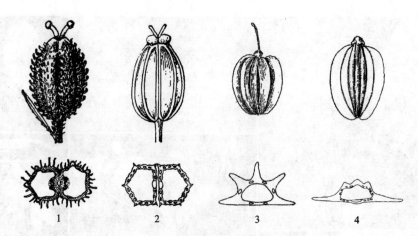

图 15-99 伞形科植物果实及横剖面图

1. 窃衣属(果皮有钩刺) 2. 柴胡属(分生果横剖面近五边形,果棱无明显的翅) 3. 蛇床属(分生果主棱均扩大成翅) 4. 当归属(分生果横剖面背腹扁压,背棱及中棱稍隆起,侧棱明显加宽成翅)

表 15-11 伞形科部分属检索表

1. 单伞形花序。
  2. 果实表面无网纹 ·· 天胡荽属 *Hydrocotyle*
  2. 果实表面呈网纹状 ··· 积雪草属 *Centella*
1. 复伞形花序。
  3. 果实有刺毛、柔毛或小瘤。
    4. 果实有刺毛。
      5. 苞片常羽状分裂 ······························ 胡萝卜属 *Daucus*
      5. 苞片线形 ································· 窃衣属 *Torilis*
    4. 果实有柔毛或小瘤。
      6. 果实有柔毛 ······························ 珊瑚菜属 *Glehnia*
      6. 果实有小瘤 ···························· 防风属 *Saposhnikovia*
  3. 果实常无刺毛、柔毛或小瘤。
      7. 果实横剖面常近圆形或近五边形;果棱无明显的翅。
        8. 单叶全缘 ····························· 柴胡属 *Bupleurum*
        8. 叶羽状分裂或羽状全裂。
          9. 果实圆球形 ····················· 芫荽属 *Coriandrum*
          9. 非上述情况。
            10. 花黄色 ··················· 茴香属 *Foeniculum*
            10. 花白色 ··················· 明党参属 *Changium*
      7. 果实横剖面近五角形至背腹扁压;果棱有翅。
         11. 主棱有翅。
           12. 棱翅发育不均匀 ··············· 羌活属 *Notopterygium*
          12. 非上述情况。
            13. 果棱的翅薄膜质 ············ 藁本属 *Ligusticum*
            13. 果棱的翅木栓质 ············ 蛇床属 *Cnidium*
         11. 侧棱明显有翅。
           14. 侧棱的翅薄,两个分生果的翅不紧贴,易分离 ············ 当归属 *Angelica*
           14. 侧棱的翅较厚,合生面紧紧契合,不易分离 ········· 前胡属 *Peucedanum*

【药用植物】　当归 *Angelica sinensis* (Oliv.) Diels　多年生草本,根粗短,具香气。叶三出式二至三回羽状分裂,末回裂片卵形或狭卵形,3 浅裂,有尖齿。复伞形花序,总苞片无或有 2 枚,小总苞片 2～4 枚,小花绿白色。双悬果椭圆形,背向压扁,每分生果有 5 条果棱,侧棱延展成宽翅,每棱槽中有油管 1,合生面油管 2。分布于西北、西南地区,主产于四川、甘肃,多为栽培。根(药材名:当归)为补血药,能补血活血,调经止痛,润肠通便。(图 15－100)

白芷(兴安白芷)*A. dahurica* (Fisch. ex Hoffm.) Benth. et Hook. f. ex Franch. et Sav.　多年生高大草本。茎极粗壮,茎及叶鞘暗紫色。叶二至三回羽状分裂,最终裂片椭圆状披针形,基部下延成翅。花白色。双悬果背向压扁,阔椭圆形或近圆形。分布于东北、华北。多生于沙质土及石砾质土壤上。根(药材名:白芷)为解表药,能解表散寒,祛风止痛,宣通鼻窍,燥湿止带,消肿排脓。

图 15－100　当归
1. 叶　2. 果枝　3. 根

图 15－101　杭白芷
1. 叶　2. 果枝　3. 花　4. 双悬果

杭白芷 *A. dahurica* (Fisch. ex Hoffm.) Benth. et Hook. f. ex Franch. et Sav. var. *formosana* (H. Boiss.) Shan et Yuan　植株较矮。根肉质,圆锥形,具四棱。茎基及叶鞘黄绿色。叶三出式二回羽状分裂,最终裂片卵形至长卵形。小花黄绿色。双悬果长圆形至近圆形,背棱及中棱细线状,侧棱延展成宽翅,棱槽中有油管 1,合生面有油管 2。分布于福建、台湾、浙江、江苏,并多栽培。根亦作白芷用。(图 15－101)

重齿当归 *A. biserrata* (Shan et Yuan) Yuan et Shan (*A. pubescens* Maxim. f. *biserrata* Shan et Yuan)　分布于安徽、浙江、江西、湖北、广西、新疆等省区。根(药材名:独活)能祛风除湿,通痹止痛。部分地区有用独活属 (*Heracleum*)植物的根作独活入药的。

紫花前胡 *A. decursiva* (Miq.) Franch. et Sav. [*Peucedanum decursivum* (Miq.) Maxim.]茎高可达 2 m,紫色。叶为一至二回羽状全裂。茎上部叶简化成膨大紫色的叶鞘。复伞形花序,有

总苞片1~2,花深紫色。主产于湖南、浙江、江西、山东等地。生于向阳的山坡草丛中。根(药材名:紫花前胡)属于化痰药,能降气化痰,散风清热。

柴胡(北柴胡)*Bupleurum chinense* DC. 多年生草本。主根粗大,坚硬。茎多丛生,上部多分枝,稍成"之"字形折曲。基生叶早枯,中部叶倒披针形或狭椭圆形,宽6 mm以上,全缘。有平行脉7~9条,叶下面具粉霜。复伞形花序,无总苞或有2~3片;小总苞片5;花黄色。双悬果宽椭圆形,两侧略扁,棱狭翅状,棱槽中通常有油管3个,接合面有油管4个。分布于东北、华北、中南、西南等地。生于向阳山坡。(图15-102)

狭叶柴胡(红柴胡)*B. scorzonerifolium* Willd. 与柴胡不同点:根皮红棕色,茎基密覆叶柄残余纤维。叶线状披针形,宽5 mm左右,有3~5条平行脉,叶缘白色,骨质。每棱槽中有油管5~6个,接合面油管4~6个。分布于我国东北、华中、西北等地,主产于东北草原地区。生于干燥草原或山坡。

上述两种柴胡的根均作中药柴胡入药,按药材性状不同,分别习称"北柴胡"和"南柴胡",为辛凉解表药,能疏散退热,疏肝解郁,升举阳气。

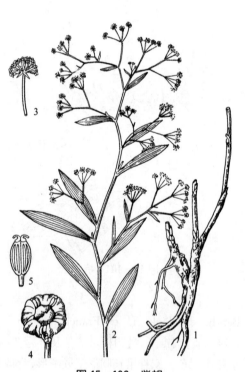

图15-102 柴胡
1. 根 2. 花枝 3. 小伞形花序 4. 花 5. 双悬果

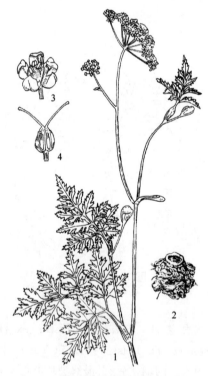

图15-103 川芎
1. 花枝 2. 根茎 3. 花 4. 未成熟的果实

川芎 *Ligusticum chuanxiong* Hort. 多年生草本。根茎呈不规则的结节状拳形团块。地上茎枝丛生。茎基部的节膨大成盘状,生有芽(称苓子,供繁殖用)。叶为二至三回羽状复叶,小叶3~5对,边缘呈不整齐羽状分裂。复伞形花序;花白色。双悬果卵形。分布于西南地区。主产于四川灌县,西南及北方均有种植。根茎(药材名:川芎)为活血祛瘀药,能活血行气,祛风止痛。(图15-103)

同属藁本(西芎)*L. sinense* Oliv.，分布于华中、西北、西南。辽藁本 *L. jeholense*（Nakai et Kitag.）Nakai et Kitag.，分布于东北、华北的山地林缘或林下，主产河北。上述两种植物的根茎和根(药材名：藁本)为辛温解表药，能祛风，散寒，除湿，止痛。

前胡(白花前胡)*Peucedanum praeruptorum* Dunn 多年生草本。主根粗壮，圆锥形。茎直立，上部分枝。基生叶和下部二至三回羽状分裂，叶柄长，基部有宽鞘；茎生叶较小，有短柄。复伞形花序，无总苞片，伞辐12～18；小总苞片7，线状披针形；花白色。双悬果椭圆形或卵形，侧棱有窄而厚的翅。主产于湖南、浙江、江西、四川等地。生于山地林下。根(药材名：前胡)属于化痰药，可降气化痰，散风清热。

防风 *Saposhnikovia divaricata*（Turcz.）Schischk. 多年生草本。根粗壮。茎基密被褐色纤维状的叶柄残物。基生叶二回或近三回羽状全裂，最终裂片条形至倒披针形，顶生叶仅具叶鞘。复伞形花序；花白色。双悬果矩圆形宽卵形，幼时具瘤状凸起。分布于东北、华北等地，主产东北草原。根(药材名：防风)为辛温解表药，能祛风解表，胜湿止痛，止痉。(图 15-104)

图 15-104 防风
1. 根 2. 花枝 3. 基生叶 4. 花 5. 双悬果

本科常用药用植物还有：珊瑚菜(北沙参)*Glehnia littoralis* Fr. Schmidt ex Miq.，主要分布于山东半岛及辽东半岛。多生于海滨沙地或栽培。根(药材名：北沙参)为补阳药，能养阴清肺，养胃生津。野胡萝卜 *Daucus carota* L.，全国各地均产。果实(药材名：南鹤虱)有小毒，为驱虫药，能杀虫消积。蛇床 *Cnidium monnieri*（L.）Cuss.，分布于全国各地。果实(药材名：蛇床子)有小毒，能燥湿祛风，杀虫止痒，温肾壮阳。明党参 *Changium smyrnioides* Wolff，分布于长江流域各省区。根(药材名：明党参)能润肺化痰，养阴和胃，平肝，解毒。羌活 *Notopterygium incisum* Ting ex H. T. Chang，分布于青海、甘肃、四川、云南等省高寒山区。生疏林下、河边、草坡潮湿肥沃土壤。宽叶羌活 *N. franchetii* H. Boiss.，分布于四川、青海，生境同上种。上述两种植物的根茎及根(药材名：羌活)为辛温解表药，能解表散寒，祛风除湿，止痛。茴香 *Foeniculum vulgare* Mill.，各地栽培。果实(药材名：小茴香)为温里药，能散寒止痛，理气和胃。芫荽 *Coriandrum sativum* L.，全国各地广为栽培。全草或果实能发表透疹，健胃。

（二）合瓣花亚纲 Sympetalae

合瓣花亚纲又称后生花被亚纲(Metachlamydeae)，主要特征是花瓣多少联合，形成各种形态的花冠，如漏斗状、钟状、唇形、管状、舌状等，其花冠各式的联合增加了对昆虫传粉的适应和对雄蕊、雌蕊的保护。花的轮数逐渐减少，由5轮减为4轮(主要是雄蕊的轮数由2轮减少为1轮)，且各轮数目也逐渐减少。通常无托叶，胚珠只有1层胚被。因此，合瓣花类群比离瓣花类群进化。

31. 杜鹃花科 Ericaceae

☿ * K$_{(4\sim5)}$ C$_{(4\sim5)}$ A$_{8,10}$ $\underline{G}$，$\overline{G}_{(4\sim5:4\sim5:\infty)}$

【特征】 多为常绿灌木。叶互生，常革质。花两性，辐射对称或略两侧对称；花萼4～5裂，宿存;花冠4～5裂;雄蕊常为花冠裂片数的2倍,着生花盘基部,花药2室,多顶孔开裂,部分属有芒状或距状附属物;子房上位或下位,常4～5心皮,4～5室,中轴胎座,胚珠多数。蒴果或浆果,少浆果状核果。本科植物常含有黄酮类及挥发油等。(图15-105)

图15-105 杜鹃花科主要特征(图片:徐艳琴)

1. 植株(黄山杜鹃:叶卵状披针形)　2. 花(锦绣杜鹃:花冠5裂;雄蕊10)　3. 总状伞形花序(羊踯躅:子房被毛,花柱细长)　4. 总状花序(江南越橘:花冠筒状坛形)　5. 浆果(江南越橘:未成熟)

1	2	4
	3	5

【**分布**】　本科约有103属,3 300多种。我国有15属,750多种;已知药用12属,127种;分布全国,以西南各省区为多。

【**药用植物**】　兴安杜鹃 *Rhododendron dauricum* L.　半常绿灌木。多分枝,小枝被鳞片和柔毛。单叶互生,近革质,椭圆形,下面密被鳞片。花生枝端,先花后叶;花紫红或粉红,外具柔毛;雄蕊10。蒴果矩圆形。分布于东北、西北、内蒙古。生长在干燥山坡、灌丛中。叶(药材名:满山红)能止咳祛痰。(图15-106)

羊踯躅 *R. molle* (Bl.) G. Don　落叶灌木。嫩枝被短柔毛及刚毛。单叶互生,纸质,长椭圆形或倒披针形,叶缘具睫毛,下面密生灰色柔毛。总状伞形花序顶生,先花后叶或同时开放;花冠黄色,宽钟状,5裂,外被短柔毛,雄蕊5。蒴果长圆形。分布长江流域及华南。生长在山坡、林缘、灌丛、草地。花(药材名:闹羊花)有大毒,能祛风除湿,散瘀定痛。(图15-107)

本科常用药用植物还有:烈香杜鹃 *R. anthopogonoides* Maxim.,叶能祛痰,止咳,平喘。照白杜鹃(照山白)*R. micranthum* Turcz.,有大毒,叶、枝能祛风,通络,止痛,化痰止咳。广东紫花杜鹃 *R. mariae* Hance,花、叶、嫩枝或根(药材名:紫杜鹃)可祛痰止咳,消肿止痛。杜鹃(映山红)*R. simsii* Planch.,根、花、叶均可入药;花(药材名:杜鹃花)能和血,调经,止咳,祛风湿,解疮毒;叶(药材名:杜鹃花叶)能清热解毒,止血,化痰止咳。白珠树(滇白珠、满山香)*Gaultheria leucocarpa* var. *yunnanensis* (Franchet) T. Z. Hsu et R. C. Fang,全株(药材名:白珠树)能祛风湿,舒筋络,活血止痛;也是提取水杨酸甲酯(冬绿油)的原料。乌饭树 *Vaccinium bracteatum* Thunb.,根、果(药

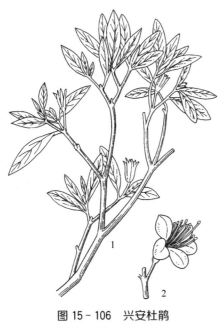

图 15-106　兴安杜鹃

1. 花枝　2. 花

图 15-107　羊踯躅

1. 花枝　2. 果枝

材名：乌饭树)，根能散瘀，消肿，止痛；果能强筋，益气，固精；叶(药材名：南烛叶)，能益肠胃，养肝肾。岩须 *Cassiope selaginoides* Hook. f. et Thoms.，全株(药材名：草灵芝)能行气止痛，安神。

32. 紫金牛科　Myrsinaceae

$$\text{♀} * K_{(4\sim5)} C_{(4\sim5)} A_{4\sim5} \underline{G}_{(4\sim5:1:\infty)}$$

图 15-108　紫金牛科主要特征(图片：徐艳琴)

1. 植株(紫金牛：灌木)　2. 花(东方紫金牛：花冠5裂；雄蕊5，与花冠裂片对生)　3. 伞形花序(山血丹)
4. 未成熟果实(山血丹：果皮具腺点)　5. 浆果(紫金牛：核果状)

【特征】　灌木或乔木,稀藤本。单叶互生,常具腺点或腺状条纹。花序多种;花常两性,辐射对称,4～5 数;萼宿存,常具腺点;花冠合生,常有腺点或腺状条纹;雄蕊着生花冠上,与花冠裂片同数且对生;子房上位,稀半下位或下位,4～5 心皮合生,1 室,特立中央胎座(有时为基生胎座);胚珠多数,常埋藏于胎座中,常 1 枚发育;花柱 1,宿存。浆果状核果,稀蒴果。植物体皮层和髓部常具内含红棕色树脂的分泌组织。(图 15 - 108)

【分布】　本科约有 42 属,2 200 余种。我国有 5 属,约 120 种;已知药用 5 属,72 种;主要分布于长江流域以南各省区。

【药用植物】　紫金牛(平地木)*Ardisia japonica* (Thunb.) Blume　常绿矮小灌木,多不分枝。叶坚纸质,椭圆形,具腺点。花序近伞形;花冠粉红色或白色;子房上位,1 室。果近球形,鲜红色。分布于长江流域以南地区。生长在低山疏林下阴湿处。全株(药材名:矮地茶)能化痰止咳,清利湿热,活血化瘀。

　　本科常用药用植物还有:朱砂根 *A. crenata* Sims,根(药材名:朱砂根)能解毒消肿,活血止痛,祛风除湿。百两金 *A. crispa* (Thunb.) A. DC.,根及根茎(药材名:百两金、八爪金龙)能清热利咽,祛痰利湿,活血解毒。走马胎 *A. gigantifolia* Stapf,根及根茎(药材名:走马胎),能祛风湿,活血止痛,化毒生肌。小花酸藤子 *Embelia parviflora* Wall.,根及老茎(药材名:当归藤)能补血,活血,强壮腰膝。铁仔 *Myrsine africana* L.,根、枝叶(药材名:大红袍)能祛风止痛,清热利湿,收敛止血。

33. 报春花科　Primulaceae

$$\male\female * K_{(5)} C_{(5)} A_{5,(5)} \underline{G}_{(5:1:\infty)}$$

图 15 - 109　报春花科主要特征(图片:赵志礼,嘎务)

1. 植株(偏花报春:草本;叶基生)　2. 花侧面(仙客来:花开放后花冠裂片剧烈反卷)　3. 雄蕊群(仙客来:雄蕊与花冠裂片对生)　4. 花蕾侧面(仙客来:花冠裂片旋转状排列)　5. 花(点腺过路黄:花冠 5 裂)　6. 雄蕊群(点腺过路黄:雄蕊 5,花丝下部合生)　7. 子房横剖(仙客来:胚珠多数,特立中央胎座)　8. 雌蕊(点腺过路黄:子房上位)　9. 蒴果(泽珍珠菜:瓣裂;花萼宿存)

2		5	6
1	3	7	8	9
4			

【特征】　多为草本。茎生叶互生、对生或轮生,或无地上茎而基生叶常莲座丛状。花单生或排成多种花序;花两性,辐射对称;花萼常5裂,宿存;花冠常5裂;雄蕊与花冠裂片同数且对生,花丝分离或下部连合成筒;子房上位,稀半下位,心皮5,1室,特立中央胎座,胚珠多数。蒴果,常5齿裂或瓣裂。种子胚乳丰富。(图15-109)

【分布】　本科约有22属,1 000种。我国有13属,500种左右;已知药用7属,119种;多见于西部高原和山区。

【药用植物】　过路黄 Lysimachia christinae Hance
多年生草本。茎柔弱,带红色,匍匐地面,常在节上生根。叶、花萼、花冠均具点状及条状黑色腺条纹。叶对生,卵圆形至近圆形。花单生叶腋;花冠黄色,先端5裂;雄蕊5,与花冠裂片对生;子房上位,1室,特立中央胎座,胚珠多数。蒴果球形。分布于长江流域至南部各省区,北至陕西。生于山坡疏林下和沟边阴湿处。全草(药材名:金钱草)能利湿退黄,利尿通淋,解毒消肿。(图15-110)

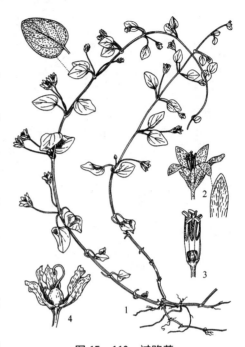

图15-110　过路黄
1. 植株　2. 花　3. 花解剖(示雄蕊及雌蕊)
4. 未成熟果实(花萼宿存)

灵香草 Lysimachia foenum-graecum Hance　多年生草本,有香气。茎具棱或狭翅。叶互生,椭圆形或卵形,叶基下延。花单生叶腋,直径2～3.5 cm,黄色;雄蕊长约为花冠的一半。分布于华南及云南。生长在林下及山谷阴湿地。全草(药材名:灵香草)能清热,行气,止痛,驱蛔。

本科常用药用植物还有:点地梅(喉咙草)Androsace umbellata (Lour.) Merr.,全草能清热解毒,消肿止痛。临时救(聚花过路黄)Lysimachia congestiflora Hemsl.,全草(药材名:小过路黄)能祛风散寒,止咳化痰,消积解毒。

34. 木犀科　Oleaceae

$$\male \female * K_{(4)} C_{(4)} A_2 \underline{G}_{(2:2:2)}$$

【特征】　灌木或乔木。单叶、三出复叶或羽状复叶,常对生。花序各式;花常两性,稀单性;辐射对称;花萼、花冠常4裂,稀无花冠;雄蕊常2枚;子房上位,2心皮,2室,每室常胚珠2,柱头2裂。核果、蒴果、浆果、翅果。本科植物含有酚类化合物、木脂素类、苦味素类、苷类、香豆素类及挥发油等。(图15-111)

【分布】　本科约有27属,400多种。我国有12属,约180种;已知药用8属,89种;南北均产。

【药用植物】　连翘 Forsythia suspensa (Thunb.) Vahl　落叶灌木。节间中空。单叶或三出复叶,卵形或长椭圆状卵形,对生。花1～3朵簇生于叶腋,先于叶开放,花黄色;花萼、花冠4深裂;花冠管内有橘红色条纹;雄蕊2,2室。蒴果狭卵形,木质,表面有瘤状皮孔。种子多数,有翅。分布于东北、华北等地。生长在荒野山坡或栽培。果实(药材名:连翘)能清热解毒,消肿散结,疏散风热;种子(药材名:连翘心)能清心安神。(图15-112)

女贞 Ligustrum lucidum Ait.　常绿乔木。单叶对生,革质,全缘。花小,密集成顶生圆锥花序;花冠白色,漏斗状,先端4裂;雄蕊2。核果矩圆形,微弯曲,熟时紫黑色,被白粉。分布于长江流域以南。生长在混交林或林缘、谷地。果实(药材名:女贞子)能滋补肝肾,明目乌发。(图15-113)

图 15 - 111 木犀科主要特征(图片：赵志礼)

1. 植株(女贞：灌木或乔木) 2. 花(女贞：花冠 4 裂；雄蕊 2) 3. 花枝(金钟花：先叶开放)
4. 雌蕊(金钟花：子房上位，柱头 2 裂) 5. 枝纵剖(金钟花：具片状髓) 6. 翅果(白蜡树属)
7. 核果(女贞：浆果状) 8. 蒴果(连翘：室间开裂)

图 15 - 112 连翘
1. 花枝 2. 茎叶 3. 蒴果

图 15 - 113 女贞
1. 花枝 2. 花

白蜡树(梣)*Fraxinus chinensis* Roxb.　落叶乔木。叶对生,单数羽状复叶,小叶 5～7,卵形、倒卵状长圆形或披针形。圆锥花序顶生或腋生枝梢;花雌雄异株;无花冠。翅果匙形。产于我国南北各省区。生山间向阳坡地湿润处。我国栽培历史悠久,以养殖白蜡虫生产白蜡。枝皮或干皮(药材名:秦皮)能清热燥湿,收涩止痢,止带,明目。(图 15－114)

同属花曲柳(苦枥白蜡树)*F. rhynchophylla* Hance、尖叶梣(尖叶白蜡树)*F. szaboana* Lingelsh. 或宿柱梣(宿柱白蜡树)*F. stylosa* Lingelsh. 的枝皮或干皮亦作药材秦皮入药。

图 15－114　白蜡树
1. 果枝　2. 雄花　3. 翅果

35. 龙胆科　Gentianaceae

♀ * $K_{(4\sim5)} C_{(4\sim5)} A_{4\sim5} \underline{G}_{(2;\,1;\,\infty)}$

【特征】　草本。常单叶对生,无托叶。常为聚伞花序或复聚伞花序;花两性,稀单性,常辐射对称;花萼常 4～5 裂;花冠常 4～5 裂;雄蕊与花冠裂片同数且互生;子房上位,2 心皮,常 1 室,侧膜胎座,胚珠多数,柱头全缘或 2 裂;腺体或腺窝着生于子房基部或花冠上。蒴果。种子具丰富的胚乳。有学者主张将龙胆科睡菜亚科(Menyanthoideae Gilg)5 属(包括国产睡菜属 *Menyanthes* 及荇菜属 *Nymphoides*)从龙胆科中分出,另立一睡菜科(Menyanthaceae)。本科植物常含龙胆苦苷(gentiopicroside)、马钱苷酸(loganic acid)及獐牙菜苷(sweroside)等环烯醚萜类、叫酮类及黄酮类等成分。(图 15－115)

【分布】　本科约有 80 属,700 种。我国有 22 属,约 430 种;已知药用 15 属,约 108 种;绝大多数类群分布于西南高山地区。

【药用植物】　龙胆 *Gentiana scabra* Bunge　多年生草本。根茎平卧或直立,具多数粗壮、略肉质的须根。花枝单生,直立。枝下部叶膜质,鳞片形;中、上部叶近革质,卵形或卵状披针形。花多数,簇生枝顶和叶腋;花冠蓝紫色;子房具柄,柱头 2 裂。蒴果。种子表面具网纹,两端具宽翅。分布于东北、西北、华东及华南等地区。生于山坡草地、路边、林缘及林下。根及根茎(药材名:龙胆)能清热燥湿,泻肝胆火。(图 15－116)

同属植物条叶龙胆 *G. manshurica* Kitag.、三花龙胆 *G. triflora* Pall. 或滇龙胆草(坚龙胆)*G. rigescens* Franch. ex Hemsl. 的根和根茎亦作药材龙胆入药。

秦艽(大叶秦艽)*G. macrophylla* Pall.　多年生草本。须根多条粘结成一圆柱形的根。茎基部被枯存的纤维状叶鞘包裹。具莲座丛状基生叶;茎生叶椭圆状披针形或狭椭圆形,叶脉 3～5 条。花无梗,簇生枝顶呈头状或腋生作轮状;花萼一侧开裂;花冠蓝色或蓝紫色;子房无柄。蒴果。分布于西北、华北及东北地区。生于河滩、路旁及山坡草地。根(药材名:秦艽)能祛风湿,清湿热,止痹痛,退虚热。(图 15－117)

同属麻花艽(麻花秦艽)*G. straminea* Maxim.、达乌里秦艽(小秦艽)*G. dahurica* Fisch. 或粗茎秦艽 *G. crassicaulis* Duthie ex Burk. 的根亦作药材秦艽入药。

图 15 - 115 龙胆科主要特征(图片：赵志礼)

1. 植株(西藏秦艽：草本；花多数，簇生呈头状) 2. 花(湿生扁蕾：花冠 4 裂) 3. 花(椭圆叶花锚：花 4 数；花冠裂片基部有距) 4. 花萼(达乌里秦艽：5 裂) 5. 花冠解剖(达乌里秦艽：雄蕊 5，与花冠裂片互生) 6. 花(达乌里秦艽：花冠裂片间具褶) 7. 雌蕊(达乌里秦艽：腺体轮生于子房基部) 8. 花(轮叶獐牙菜：花 4 数；花冠裂片基部具腺窝) 9. 花冠裂片(轮叶獐牙菜：基部具腺窝 1) 10. 蒴果(轮叶獐牙菜)

图 15 - 116 龙胆

1. 花枝 2. 根茎及根

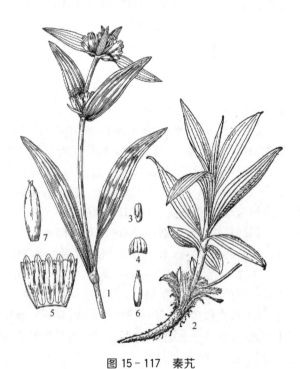

图 15 - 117 秦艽

1. 花枝 2. 根、枝及叶 3. 花萼 4. 花萼(展开) 5. 花冠(展开) 6. 雌蕊 7. 蒴果

椭圆叶花锚 *Halenia elliptica* D. Don 一年生草本。茎生叶卵形、椭圆形或长椭圆形,叶脉 5 条。花 4 数;花冠蓝色或紫色,花冠裂片基部有窝孔并延伸成一长距,距内有蜜腺;柱头 2 裂。蒴果。分布于西藏、云南、四川、青海、甘肃、山西及辽宁等省区。生于高山林下及林缘、山坡草地。根或全草能清热利湿,平肝利胆。(图 15 - 118)

本科常用药用植物还有:红花龙胆 *Gentiana rhodantha* Franch. ex Hemsl. ,全草(药材名:红花龙胆)能清热除湿,解毒,止咳。青叶胆 *Swertia mileensis* T. N. Ho et W. L. Shi,全草(药材名:青叶胆)能清肝利胆,清热利湿。瘤毛獐牙菜 *S. pseudochinensis* Hara,全草(药材名:当药)能清湿热,健胃。川西獐牙菜 *S. mussotii* Franch. ,全草能清肝利胆,退诸热。双蝴蝶 *Tripterospermum chinense* (Migo) H. Smith,全草(药材名:肺形草)能清热解毒,止咳止血。湿生扁蕾 *Gentianopsis paludosa* (Hook. f.) Ma,全草能清瘟热,利胆,止泻。

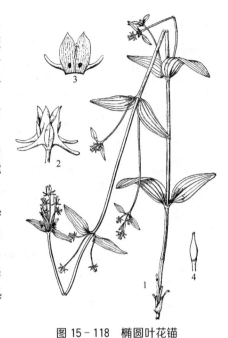

图 15 - 118 椭圆叶花锚
1. 植株 2. 花(距水平开展) 3. 花冠纵剖(示窝孔及距) 4. 雌蕊

36. 夹竹桃科 Apocynaceae

$$☿ * K_{(5)} C_{(5)} A_5 \underline{G}_{2:2:\infty,(2:1\sim2:1\sim\infty)}$$

【特征】 乔木,灌木,木质藤木或多年生草本;具乳汁或水液。单叶对生、轮生,稀互生。花两性,辐射对称,单生或多数组成聚伞花序;花萼常 5 裂;花冠高脚碟状、漏斗状、坛状或钟状,常 5 裂,裂片覆瓦状排列,其基部边缘向左或向右覆盖,稀镊合状排列,花冠喉部常有副花冠或鳞片等附属体;雄蕊 5,内藏或伸出,花丝分离,花药长圆形或箭头状,2 室,分离或互相粘合并贴生在柱头上;常具花盘;子房上位,稀半下位,心皮 2,分离或合生,1~2 室;花柱单 1,基部合生或裂开;柱头常 2 裂;胚珠 1 至多数。蓇葖果、浆果、核果或蒴果。种子常一端被毛。植物体的茎常有双韧维管束。本科植物常含生物碱(吲哚类生物碱、甾体类生物碱)、强心苷类(强心苷、C_{21} 甾苷)、倍半萜类及木脂素等。(图 15 - 119)

【分布】 本科约有 250 属,2 000 余种。我国产 46 属,176 种,33 变种;已知药用 35 属,95 种;主要分布于长江以南各省区及台湾省等沿海岛屿。

【药用植物】 萝芙木 *Rauvolfia verticillata* (Lour.) Baill. 灌木,全株无毛。单叶对生或 3~5 叶轮生,长椭圆状披针形,叶腋间或腋内具腺体。二歧聚伞花序顶生;花冠白色,高脚碟状,花冠筒中部膨大;雄蕊 5;心皮 2,离生。核果 2,离生,卵形或椭圆形,熟时由红变黑。分布于西南、华南地区。生长在潮湿的山沟、坡地的疏林下或灌丛中。全株含利血平等吲哚类生物碱,能镇静,降压,活血止痛,清热解毒;为提取降压灵和利血平的原料。(图 15 - 120)

络石 *Trachelospermum jasminoides* (Lindl.) Lem. 常绿攀缘灌木,具白色乳汁;嫩枝被柔毛。叶对生;叶片椭圆形或卵状披针形。聚伞花序;花萼 5 裂,裂片覆瓦状;花冠高脚碟状,白色,顶端 5 裂。蓇葖果叉生。种子顶端具白色绢质种毛。分布于除新疆、青海、西藏及东北地区以外的各省区。生长在山野、溪边、沟谷、林下,攀缘于岩石、树木或墙壁上。带叶藤茎(药材名:络石藤)能祛风通络,凉血消肿。(图 15 - 121)

本科常用药用植物还有:罗布麻 *Apocynum venetum* L. ,叶(药材名:罗布麻叶)能平肝安神,

图 15－119 夹竹桃科主要特征(图片：赵志礼)

1. 植株(络石：木质藤本) 2. 花(白花夹竹桃：花冠喉部具副花冠) 3. 花(络石：花冠裂片5,向右覆盖) 4. 花冠纵切(白花夹竹桃：花药不伸出花冠筒喉部之外) 5. 花冠管纵切(络石：花药箭头形) 6. 种子(络石：顶端具种毛) 7. 蓇葖果(络石：双生,叉开)

2	4
1	5
3	6 7

图 15－120 萝芙木

1. 果枝 2. 花序 3. 花及花冠纵剖 4. 雌蕊

图 15－121 络石

1. 花枝 2. 花蕾 3. 蓇葖果 4. 种子

清热利水。长春花 *Catharanthus roseus* (L.) G. Don,全草有毒,能解毒抗癌,清热平肝;为提取长春碱和长春新碱的原料。羊角拗 *Strophanthus divaricatus* (Lour.) Hook. et Arn.,根或茎叶(药材名:羊角拗)有大毒,能祛风湿,通经络,解疮毒,杀虫;种子(药材名:羊角拗子)有大毒,能祛风通络,解毒杀虫;为提取羊角拗苷的原料。杜仲藤 *Parabarium micranthum*（A. DC.）Pierre,树皮（药材名:红杜仲）能祛风活络,强筋壮骨。黄花夹竹桃 *Thevetia peruviana*（Pers.）K. Schum.,种子有大毒,能强心,利尿,消肿,可提取黄夹苷(强心灵)。

37. 萝藦科　Asclepiadaceae

$$\lightning * K_{(5)} C_{(5)} A_5 \underline{G}_{2;2;\infty}$$

【特征】　草本、藤本或灌木,有乳汁。叶对生或轮生;叶柄顶端常具有丛生的腺体。聚伞花序常呈伞形、伞房状或总状;花两性,辐射对称,5 数;花萼 5 裂,裂片内面基部常有腺体;花冠 5 裂;副花冠由 5 枚离生或基部合生的裂片或鳞片所组成;雄蕊 5,与雌蕊粘生成合蕊柱,花丝合生成为 1 个有蜜腺的筒,称合蕊冠,或花丝分离;花粉粒联合,形成花粉块,常通过花粉块柄而系结于着粉腺上,每花药有花粉块 2 或 4,或花粉器匙形,上部为载粉器,内藏四合花粉,载粉器下面有 1 柄状结构(载粉器柄),基部有 1 黏盘,粘于柱头上;子房上位,心皮 2,离生;花柱 2,合生;胚珠多数。蓇葖果双生,或因一个不发育而单生。种子多数,顶端具丛生的种毛。本科植物常含 C_{21} 甾体、强心苷、生物碱、三萜类皂苷及黄酮类等。(图 15-122、图 15-123)

图 15-122　萝藦科主要特征(图片: 赵志礼)

1. 植株(萝藦:草质藤本)　2. 花(鹅绒藤:副花冠杯状,上部分裂)　3. 花(马利筋:副花冠裂片匙状,内有舌状片)　4. 合蕊柱与副花冠(萝藦:雄蕊 5,与雌蕊粘生,花药顶端具白色膜片)　5. 种子(萝藦:顶端具种毛)　6. 花粉器(萝藦:花粉块每室 1,下垂)　7. 蓇葖果(萝藦)

	2	4	6
1	3		7
		5	

【分布】　本科约有 180 属,2 200 种;我国有 44 属,245 种;已知药用 33 属,112 种;各地常有分布,以西南及东南部为多。

　　本科植物的分类鉴定中,花粉块和副花冠特征是最主要的分类依据。

【药用植物】　白薇 *Cynanchum atratum* Bunge　多年生草本,具乳汁;全株被绒毛。根须状,有香气。茎直立,中空。叶对生,卵形或卵状长圆形。伞状聚伞花序,无花序梗;花深紫色。蓇葖果单生。种子一端有绢毛。分布于南北各省。生长在林下草地或荒地草丛中。根及根茎(药材名:

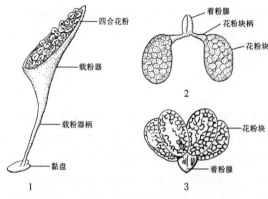

图 15－123　萝藦科花粉器形态与结构
1. 杠柳亚科　2. 马利筋亚科　3. 鲫鱼藤亚科

白薇)为清虚热药,能清热凉血,利尿通淋,解毒疗疮。(图 15－124)

同属植物变色白前(蔓生白前)*C. versicolor* Bunge 的根及根茎亦作药材白薇入药。

柳叶白前 *C. stauntonii* (Decne.) Schltr. ex Lévl.　半灌木,无毛。根茎细长,匍匐,节上丛生须根。叶对生,狭披针形。伞状聚伞花序;花冠紫红色,裂片三角形,内面具长柔毛;副花冠裂片盾状;花粉块 2,每室 1 个,长圆形;蓇葖果单生。种子顶端具绢毛。分布于长江流域及西南各省。生长在低海拔山谷、湿地、溪边。根及根茎(药材名:白前)为化痰止咳平喘药,能降气,消痰,止咳。

同属植物白前(芫花叶白前)*C. glaucescens* (Decne.) Hand.-Mazz.,根及根茎亦作药材白前入药。

杠柳 *Periploca sepium* Bunge　落叶蔓性灌木,具白色乳汁。叶对生,披针形,革质。聚伞花序

图 15－124　白薇
1. 花枝　2. 根　3. 花　4. 雄蕊(腹面观)
5. 花粉器　6. 蓇葖果　7. 种子

图 15－125　杠柳
1. 花枝　2. 花萼裂片(示基部两侧的腺体)　3. 花冠裂片内面观(示中间加厚及被长柔毛)　4. 花解剖(示花药及副花冠)　5. 蓇葖果　6. 种子　7. 根皮

腋生;萼5深裂,其内面基部有10枚小腺体;花冠紫红色,裂片5,反折,内面被柔毛;副花冠环状,顶端10裂,其中5裂延伸成丝状而顶部内弯;四合花粉,承载于基部有黏盘的匙形载粉器上。菁葖果双生,圆柱状。种子顶部有白色绢毛。分布于长江以北及西南地区。生长在平原及低山丘林缘、山坡。根皮(药材名:香加皮)有毒,为祛风湿药,能利水消肿,祛风湿,强筋骨。(图15-125)

　　本科常用药用植物还有:徐长卿 *Cynanchum paniculatum* (Bunge) Kitag. ,根及根茎(药材名:徐长卿)能祛风,化湿,止痛,止痒。牛皮消(耳叶牛皮消)*C. auriculatum* Royle ex Wight,根或全草(药材名:飞来鹤,隔山消)有小毒,能补肝肾,益精血,强筋骨。白首乌(戟叶牛皮消)*C. bungei* Decne. ,块根(药材名:白首乌)能安神,补血。娃儿藤(卵叶娃儿藤)*Tylophora ovata* (Lindl.) Hook. ex Steud. ,根或全草(药材名:卵叶娃儿藤)有毒,能祛风除湿,散瘀止痛,止咳定喘。马利筋 *Asclepias curassavica* L. ,全草(药材名:莲生桂子花)有毒,能消炎止痛,止血。

38. 旋花科　Convolvulaceae

$\male\female * K_{5,(5)} C_{(5)} A_5 \underline{G}_{(2:2:2)}$

【特征】　草质藤本,稀木本,一些类群为寄生植物,常具乳汁。单叶互生,寄生种类无叶或退化为小鳞片。花辐射对称,5数;单花腋生或聚伞花序;花萼分离或基部连合,常宿存;花冠漏斗状、钟状、坛状等,冠檐近全缘或5裂,开花前呈旋转状卷叠;雄蕊与花冠裂片同数且互生;花盘环状或杯状;子房上位,常心皮2,2室,每室胚珠2,稀1室或有发育的假隔膜而为4室,每室胚珠1;花柱1~2。蒴果,稀浆果。植物体常具双韧维管束。(图15-126)

图 15-126　旋花科主要特征(图片:赵志礼)

1. 植株(圆叶牵牛:缠绕草本)　2. 花(南方菟丝子:花柱2)　3. 茎(南方菟丝子:寄生植物;茎缠绕;无叶)
4. 蒴果(圆叶牵牛:3瓣裂)　5. 花(马蹄金:花冠深5裂;雄蕊5)　6. 蒴果(飞蛾藤:萼片增大翅状,宿存)
7. 蒴果(马蹄金:具2分果)

2	5
1	3	6
4	7

【分布】　本科约有56属,1 800多种。我国有22属,约125种;已知药用16属,50余种;南北均产,主产西南与华南。

【药用植物】 牵牛(裂叶牵牛)*Pharbitis nil* (Linn.) Choisy 分布于全国大部分地区或栽培。种子(药材名：牵牛子)为峻下逐水药，能泻水通便，消痰涤饮，杀虫攻积。

同属植物圆叶牵牛 *P. purpurea* (Linn.) Voigt 的种子亦作牵牛子入药。

菟丝子 *Cuscuta chinensis* Lam. 分布全国大部分地区。寄生在豆科、菊科等多种植物体上。种子(药材名：菟丝子)为补阳药，能补益肝肾，固精缩尿，安胎，明目，止泻。

同属植物南方菟丝子 *C. australis* R. Br. 的种子亦作菟丝子入药。

丁公藤 *Erycibe obtusifolia* Benth. 分布于广东中部及沿海岛屿。生长在湿润山谷、密林及灌丛中。藤茎(药材名：丁公藤)有小毒，能祛风除湿，消肿止痛。

同属植物光叶丁公藤 *E. schmidtii* Craib 的藤茎亦作药材丁公藤入药。

本科常用药用植物还有：马蹄金 *Dichondra repens* Forst.，全草(药材名：马蹄金)能清热利湿，解毒消肿。番薯 *Ipomoea batatas* (Linn.) Lam.，是主要的栽培粮食作物之一，其块根(药材名：番薯)能补中和血，益气生津，宽肠胃，通便秘。

39. 紫草科 Boraginaceae

$$\male\female * K_{(5)} C_{(5)} A_5 \underline{G}_{(2:2:2)}$$

【特征】 多为草本，较少为灌木或乔木，常被粗硬毛。单叶互生。常为聚伞花序或蝎尾状(scorpioid)聚伞花序；花两性，整齐，5 基数；花冠管状或漏斗状，在喉部常有附属物；雄蕊 5，着生长在花冠管上；具花盘；子房上位，心皮 2，每室 2 胚珠，或子房常 4 深裂而成 4 室，每室 1 胚珠，花柱常单生于子房顶部或 4 裂子房的基部。果为 4 个小坚果或核果。本科植物常含萘醌类色素、吡咯里西啶类生物碱等。(图 15 - 127)

图 15 - 127 紫草科主要特征(图片：李国栋，赵志礼)

1. 植株(西南粗糠树：乔木) 2. 花序(丛茎滇紫草：单歧聚伞花序) 3. 花(丛茎滇紫草：花冠 5 裂，喉部无附属物) 4. 花(倒提壶：花冠喉部具 5 个梯形附属物) 5. 花枝(西南粗糠树：聚伞花序呈圆锥状) 6. 核果(二叉破布木：未成熟) 7. 核果(西南粗糠树) 8. 小坚果(倒提壶：4 个，密生锚状刺；花萼宿存)

	2	4	6
1	3	5	7
			8

【分布】　本科约有100属，2 000种。我国约有48属，200多种；已知药用21属，62种；全国均产，但多数分布于西南地区。

【药用植物】　软紫草(新疆紫草)*Arnebia euchroma* (Royle) Johnst.　分布于西藏、新疆。生长在高山多石砾山坡及草坡。根(药材名：紫草)能清热凉血，活血解毒，透疹消斑。

同属植物黄花软紫草(内蒙紫草)*A. guttata* Bunge，分布于新疆、甘肃、内蒙古。根亦作药材紫草入药。

紫草*Lithospermum erythrorhizon* Sieb. et Zucc.，分布于东北、华北、华中、西南等地。生长在向阳山坡、草地、灌丛间。根(药材名：硬紫草)传统作紫草入药。滇紫草*Onosma paniculatum* Bur. et Fr.、露蕊滇紫草*O. exsertum* Hemsl.、密花滇紫草*O. confertum* W. W. Smith的根、根皮或根部栓皮(药材名：滇紫草或紫草皮)在四川、云南、贵州习作紫草入药。

40. 马鞭草科　Verbenaceae

$\male\female$ *,↑$K_{(4\sim5)}$ $C_{(4\sim5)}$ A_4 $\underline{G}_{(2:2\sim4:2\sim1)}$

【特征】　木本，稀草本，常具特殊的气味。叶对生，单叶或复叶。花序各式；花两性，常两侧对称，稀辐射对称；萼4~5裂，宿存；花冠高脚碟状，稀钟形或二唇形，常4~5裂；雄蕊4，二强，少5或2枚，着生花冠管上；具花盘；子房上位，全缘或稍4裂，心皮2，2或4室，因假隔膜而成4~10室，每室胚珠1~2，花柱顶生，柱头2裂。果为核果或蒴果状。植物体具各式腺毛和非腺毛。本科植物常含环烯醚萜类、黄酮类、醌类、萜类以及挥发油等。(图15-128)

图15-128　马鞭草科主要特征(图片：赵志礼)

1. 植株(豆腐柴：灌木)　2. 穗状花序(马鞭草)　3. 花(豆腐柴：花冠二唇形)　4. 花(紫珠：花冠4裂,辐射对称；聚伞花序)　5. 雄蕊群(豆腐柴：雄蕊2长2短)　6. 雌蕊(豆腐柴：子房上位,柱头2裂)　7. 核果(紫珠：浆果状)　8. 蒴果(单花莶：4瓣裂)

1	2	3	4
		5	6	7
				8

【分布】　本科约有80多属，3 000余种。我国约21属，180种；已知药用15属，101种；主要分布于长江以南各地。

【药用植物】　马鞭草 *Verbena officinalis* L. 多年生草本。茎四方形。叶对生,卵形至长圆形;基生叶边缘常有粗锯齿及缺刻;茎生叶常 3 深裂,裂片作不规则的羽裂,两面被粗毛。花小,穗状花序细长如马鞭;萼 5 齿裂;花冠淡紫色,5 裂,略二唇形;雄蕊二强;子房 4 室,每室 1 胚珠。果包藏于萼内,熟时分裂成 4 个小坚果。分布全国各地。生山野或荒地。地上部分(药材名:马鞭草)能活血散瘀,解毒,利水,退黄,截疟。(图 15 - 129)

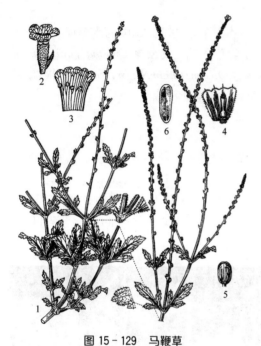

图 15 - 129　马鞭草
1. 花枝　2. 花　3. 花冠解剖(示雄蕊)
4. 花萼解剖(示雌蕊)　5. 果实　6. 种子

图 15 - 130　海州常山
1. 花枝　2. 果枝　3. 花萼及雌蕊
4. 花冠解剖(示雄蕊)

海州常山 *Clerodendrum trichotomum* Thunb. 灌木或小乔木,枝、叶具臭气;枝具片状髓。叶对生,广卵形或卵状椭圆形,全缘或微波状,两面被柔毛。伞房状聚伞花序;花萼紫红色;花冠由白转为粉红色。核果蓝紫色,包藏于增大的宿萼内。分布于华北、华东、中南、西南各地。嫩枝及叶(药材名:臭梧桐)能祛风除湿,平肝降压,解毒杀虫;根(药材名:臭梧桐根)能治疟疾,风湿痹痛,高血压,食积饱胀,小儿疳疾,跌打损伤。(图 15 - 130)

本科常用药用植物还有:蔓荆 *Vitex reifolia* L. ,果实(药材名:蔓荆子)能疏风散热,清利头目;叶治跌打损伤。单叶蔓荆 *V. trifolia* L. var. *simplicifolia* Cham. 的果实亦作药材蔓荆子入药。牡荆 *V. negundo* L. var. *cannabifolia* (Sieb. et Zucc.) Hand. -Mazz. ,新鲜叶(药材名:牡荆叶)能祛痰,止咳,平喘;供提取牡荆油用。根、茎能祛风解表,清热止咳,解毒消肿;果(药材名:牡荆子)能化湿祛痰,止咳平喘,理气止痛。黄荆 *V. negundo* L. 和荆条 *V. negundo* L. var. *heterophylla* (Franch.) Rehd. ,应用同牡荆。大青 *Clerodendrum cyrtophyllum* Turcz. ,根、茎、叶(药材名:大青)能清热解毒,凉血止血。是我国历史上大青叶的来源。臭牡丹 *C. bungei* Steud. ,茎、叶能解毒消肿,祛风湿,降血压。杜虹花(紫珠)*Callicarpa formosana* Rolfe,叶(药材名:紫珠叶)能凉血收敛止血,散瘀消肿。大叶紫珠 *C. macrophylla* Vahl. 叶或带叶茎枝(药材名:大叶紫珠)能散瘀止血,消肿止痛。广东紫珠 *C. kwangtungensis* Chun 的茎枝和叶(药材名:广东紫珠)能收敛止血,散瘀,清热解毒。裸花紫珠 *C. nudiflora* Hook. et Arn.,应用同紫珠。兰香草 *Caryopteris incana* (Thunb.) Miq.,全草或带根全草(药材名:兰香草)能疏风解表,祛寒除湿,散瘀止痛。马缨丹 *Lantana camara* L. 的花(药材名:五色梅)能清热,止血;根清热能解毒,散结止痛;枝、叶有小毒,能祛风止痒,解毒消肿。

41. 唇形科　Labiatae（Lamiaceae）

$\male\female$ $\uparrow$ K$_{(5)}$C$_{(5)}$A$_{2+2,2}$ $\underline{G}_{(2:4:1)}$

图 15 - 131　唇形科主要特征(图片:赵志礼)

1. 植株(夏枯草:草本)　2. 花(香科科属:花冠单唇,上唇不发育,0/5 式)　3. 花(黄芩:花冠二唇形,2/3 式)　4. 盾片(黄芩)　5. 花盘与子房柄(黄芩)　6. 雄蕊群(丹参:雄蕊 2)　7. 雄蕊群(活血丹:雄蕊 4,前对较短)　8. 雄蕊群(夏枯草:雄蕊 4,前对较长)　9. 花(罗勒:花冠二唇形,上唇 4 裂,4/1 式)　10. 雌蕊(活血丹:花柱先端 2 裂)

	2	6	7	8
1	3			
	4	5	9	10

【特征】　草本。茎四棱形。叶对生或轮生。轮伞花序,组成总状、穗状或圆锥状的混合花序;花两性,两侧对称;花萼宿存;花冠 5 裂,二唇形(上唇 2 裂,下唇 3 裂),少为假单唇形(上唇很短,2 裂,下唇 3 裂,如筋骨草属),或单唇形(即无上唇,5 个裂片全在下唇,如香科科属);雄蕊 4,二强,或退化为 2 枚;下位花盘,肉质,全缘或 2~4 裂;子房上位,2 心皮,常 4 深裂形成假 4 室,每室胚珠 1,花柱常着生于 4 裂子房的底部(花柱基生)。果实为 4 枚小坚果。本科植物常含挥发油、萜类、黄酮及生物碱类等。(图 15 - 131、图 15 - 132)

【分布】　本科约有 220 多属,3 500 多种,其中单

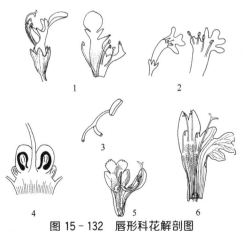

图 15 - 132　唇形科花解剖图

1. 花单唇形　2. 花冠假单唇形　3. 雄蕊　4. 子房基部与花柱纵切　5. 花解剖　6. 花冠 2/3 式

种属约占 1/3。我国有 99 属,800 多种;已知药用 75 属,436 种;全国均有分布。(表 15-12)

表 15-12　唇形科部分属检索表

1. 花冠单唇形或假单唇形。
 2. 花冠假单唇,上唇很短,2 深裂或浅裂,下唇 3 裂 ………………………………… 筋骨草属 *Ajuga*
 2. 花冠单唇,下唇 5 裂 ……………………………………………………………… 香科科属 *Teucrium*
1. 花冠二唇形或整齐。
 3. 花萼 2 裂,上裂片背部常具盾片;子房有柄 ……………………………………… 黄芩属 *Scutellaria*
 3. 非上述情况。
  4. 花冠下裂片为船形,比其他裂片长,不外折 ……………………………………… 香茶菜属 *Rabdosia*
  4. 花冠下裂片不为船形。
   5. 花冠管包于萼内 ………………………………………………………………… 罗勒属 *Ocimum*
   5. 花冠管不包于萼内。
    6. 花药非球形,药室平行或叉开,呈长圆、线形或卵形,顶部不贯通。
     7. 花冠为明显的二唇形,有不相等的裂片;上唇盔瓣状、镰刀形或弧形等。
      8. 雄蕊 4。
       9. 后对雄蕊比前对雄蕊长。
        10. 药室初平行,后叉开状;后对雄蕊下倾,前对雄蕊上升,两者交叉 ………… 藿香属 *Agastache*
        10. 药室初略叉开,以后平叉开。
         11. 后对雄蕊直立;叶有缺刻或分裂 ……………………………………… 荆芥属 *Schizonepeta*
         11. 4 枚雄蕊均上升;叶肾形或肾状心形,边缘有齿 ……………………… 活血丹属 *Glechoma*
       9. 后对雄蕊比前对雄蕊短。
        12. 萼二唇形,上唇顶端截形,上部凹陷,有 3 短齿 …………………………… 夏枯草属 *Prunella*
        12. 非上述情况。
         13. 小坚果多少呈三角形,顶平截。
          14. 花冠上唇成盔状;萼齿顶端无刺。叶全缘或具齿牙……………………… 野芝麻属 *Lamium*
          14. 花冠上唇直立;萼齿顶端有刺。叶有裂片或缺刻 ……………………… 益母草属 *Leonurus*
         13. 小坚果倒卵形,顶端钝圆 ……………………………………………… 水苏属 *Stachys*
      8. 雄蕊 2 ……………………………………………………………………… 鼠尾草属 *Salvia*
     7. 花冠近辐射对称。
       15. 雄蕊 4,近等长。
        16. 能育雄蕊 2,为前对,药室略叉开 ……………………………………… 地瓜儿苗属 *Lycopus*
        16. 能育雄蕊 4,药室平行 ………………………………………………… 薄荷属 *Mentha*
       15. 雄蕊 2 或二强雄蕊。
        17. 能育雄蕊 4 ……………………………………………………………… 紫苏属 *Perilla*
        17. 能育雄蕊 2 ……………………………………………………………… 石荠苎属 *Mosla*
    6. 花药球形,药室平叉开,顶部贯通为一体 ………………………………………… 香薷属 *Elsholtzia*

【**药用植物**】　益母草 *Leonurus japonicus* Houtt.　一年生或二年生草本。茎下部叶具长柄,叶片卵状心形或近圆形,边缘 5～9 浅裂;中部叶菱形,掌状 3 深裂,柄短;顶生叶近无柄,线形或线状披针形。轮伞花序腋生;花冠淡红紫色。小坚果长圆状三棱形。分布全国。全草(药材名:益母草)为活血化瘀药,能活血调经,利尿消肿,清热解毒;果实(药材名:茺蔚子)能活血调经,清肝明目。(图 15-133)

同属植物白花益母草 *L. artemisia* (Laur.) S. Y. Hu var. *albiflorus* (Migo) S. Y. Hu 和细叶益母草 *L. sibiricus* L.,全草和果实的功用同益母草。

丹参 *Salvia miltiorrhiza* Bunge　多年生草本。全株密被长柔毛及腺毛。根粗壮,外皮砖红色。羽状复叶对生;小叶常 3～5,卵圆形或椭圆状卵形。轮伞花序组成假总状花序;花冠紫色;能

图 15 - 133 益母草

1. 花枝　2. 花　3. 花冠解剖　4. 花萼　5. 雌蕊
6. 雄蕊　7. 雄蕊　8. 茎下部叶

图 15 - 134 丹参

1. 根　2. 茎与叶　3. 花枝
4. 花冠解剖　5. 雌蕊

育雄蕊 2,药隔长而柔软,上端的药室发育,下端的药室不发育。全国大部分地区有分布,也有栽培。根(药材名:丹参)为活血化瘀药,能活血祛瘀,通经止痛,清心除烦,凉血消痈。(图 15 - 134)

黄芩 *Scutellaria baicalensis* Georgi　多年生草本。主根肥厚,断面黄绿色。茎基部多分枝。叶披针形至条状披针形,下面具多数下陷的腺点。总状花序顶生;二强雄蕊。小坚果卵球形。分布于北方地区。根(药材名:黄芩)为清热燥湿药,能清热燥湿,泻火解毒,止血,安胎。(图 15 - 135)

同属植物滇黄芩(西南黄芩)*S. amoena* C. H. Wright、粘毛黄芩(黄花黄芩、腺毛黄芩)*S. viscidula* Bunge、甘肃黄芩 *S. rehderiana* Diels 和丽江黄芩 *S. likiangensis* Diels 的根在不同地区亦作药材黄芩入药。

薄荷 *Mentha haplocalyx* Brig.　多年生草本,有清凉浓香气。茎四棱。叶对生,叶片卵形或长圆形,两面均有腺鳞及柔毛。轮伞花序腋生;花冠淡紫色或白色。小坚果椭圆形。分布于南北各省。全国各地均有栽培,主产江苏、江西及湖南等省。全草(药材名:薄荷)为辛凉解表药,能疏散风热,清利头目,利咽,透疹,疏肝行气。(图 15 - 136)

紫苏 *Perilla frutescens* (L.) Britt.　一年生草本,具香气。

图 15 - 135 黄芩

1. 花枝　2. 根

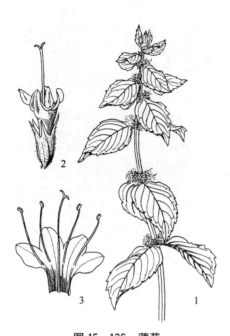

图 15 - 136　薄荷
1. 花枝　2. 花　3. 花冠解剖

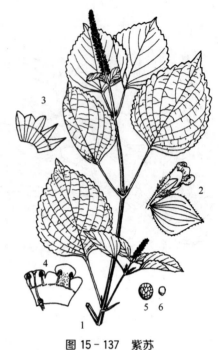

图 15 - 137　紫苏
1. 花枝　2. 花　3. 花萼解剖　4. 花冠解剖
5. 果实　6. 种子

茎四棱,绿色或紫色。叶阔卵形或圆形,边缘有粗锯齿,两面紫色或仅下面紫色。轮伞花序集成总状花序;花冠白色至紫红色。小坚果球形,具网纹。产于全国各地,多为栽培。果实(药材名:紫苏子)能降气化痰,止咳平喘,润肠通便;叶(药材名:紫苏叶)能解表散寒,行气和胃;梗(药材名:紫苏梗)能理气宽中,止痛,安胎。(图 15 - 137)

紫苏变种鸡冠紫苏(回回苏)*P. frutescens* (L.) Britt. var. *crispa* (Thunb.) Hand.-Mazz.,功用同紫苏。

本科常用药用植物还有:藿香 *Agastache rugosa* (Fisch. et Meyer) O. Ktze.,茎叶(药材名:土藿香)为芳香化湿药,能芳香化湿,健胃止呕,发表解暑。石香薷 *Mosla chinensis* Maxim.,全草(药材名:香薷)为辛温解表药,能发汗解表,化湿和中。半枝莲 *Scutellaria barbata* D. Don,全草(药材名:半枝莲)能清热解毒,化瘀利尿。荆芥 *Schizonepeta tenuifolia* (Benth.) Briq.,地上部分(药材名:荆芥)、花序(药材名:荆芥穗)生用能解表散风,透疹,消疮;炒炭后(荆芥碳和荆芥穗碳)能收敛止血。夏枯草 *Prunella vulgaris* L.,果穗(药材名:夏枯草)能清肝泻火,明目,散结消肿。广藿香 *Pogostemon cablin* (Blanco) Benth.,地上部分(药材名:广藿香)能芳香化浊,和中止呕,发表解暑。毛叶地瓜儿苗 *Lycopus lucidus* Turcz. var. *hirtus* Regel,地上部分(药材名:泽兰)能活血调经,祛瘀消痈,利水消肿。碎米桠 *Rabdosia rubescens* (Hamsl.) H. Hara,地上部分(药材名:冬凌草)能清热解毒,活血止痛。含冬凌草甲素和延命素,具有抗菌消炎和抑制肿瘤的活性;已知数十种同属植物具有类似成分和活性。金疮小草(白毛夏枯草、筋骨草)*Ajuga decumbens* Thunb.,全草(药材名:筋骨草)能清热解毒,凉血平肝。活血丹 *Glechoma longituba* (Nakai) Kupr.,地上部分(药材名:连钱草)能利湿通淋,清热解毒,散瘀消肿。

42. 茄科 Solanaceae

$\male\female$ * $K_{(5)} C_{(5)} A_5 \underline{G}_{(2:2:\infty)}$

【特征】 草本或灌木,稀乔木。单叶,有时为羽状复叶。花单生、簇生或排成各式花序;两性,辐射对称;花萼常 5 裂,宿存,果时常增大;花冠钟状、漏斗状或辐状等,檐部 5 裂;雄蕊与花冠裂片同数而互生,着生在花冠管上;子房上位,心皮 2,合生,常 2 室,中轴胎座,胚珠常多数。浆果或蒴果。植物体的茎常具双韧维管束。本科植物常含生物碱(莨菪烷类生物碱、吡啶型生物碱及甾体类生物碱),其中莨菪烷类生物碱(tropane alkaloids)为该科的特征性成分,并含有甾体皂苷及黄酮类等。(图 15 - 138)

图 15 - 138 茄科主要特征(图片:赵志礼)

1. 植株(枸杞:灌木) 2. 花(枸杞:花冠 5 裂;雄蕊 5) 3. 聚伞花序(烟草:圆锥状;花冠漏斗状) 4. 花侧面观(枸杞) 5. 雌蕊(枸杞:子房上位) 6. 浆果(枸杞:花萼宿存) 7. 蒴果(曼陀罗:规则 4 瓣裂)

1	2	3
	4	5	6	7

【分布】 本科约有 80 属,3 000 种。我国有 24 属,约 105 种;已知药用 23 属,84 种;全国各地均有分布。

【药用植物】 洋金花(白花曼陀罗)*Datura metel* L. 多年生草本或亚灌木。叶互生;叶片卵形至宽卵形,全缘或具稀疏锯齿。花大,单生枝杈间或叶腋,直立;花萼圆筒状,先端 5 裂;花冠漏斗状,白色,裂片 5,三角状;雄蕊 5;子房不完全 4 室。蒴果斜生至横生,圆球形,疏生短刺,成熟后不规则 4 瓣裂。种子扁平,近三角形,褐色。分布于华东和华南。多为栽培。花(药材名:洋金花)有毒,能平喘止咳,解痉定痛。(图 15 - 139)

宁夏枸杞(中宁枸杞)*Lycium barbarum* L. 有刺灌木,分枝披散或稍斜上。单叶互生或丛生,披针形至卵状长圆形。花腋生或数朵簇生短枝上;花萼 2 中裂;花冠漏斗状,粉红色或紫色,5 裂;雄蕊 5。浆果倒卵形,成熟时鲜红色。分布于西北和华北。生长在向阳潮湿沟岸、山坡。主产于宁夏(以中宁县最著名)、甘肃,产地多有栽培,现已在我国中部、南部许多省区引种栽培。果实(药材名:枸杞)为补阴药,能滋补肝肾,益精明目;根皮(药材名:地骨皮)为清虚热药,能凉血除蒸,清肺降火。(图 15 - 140)

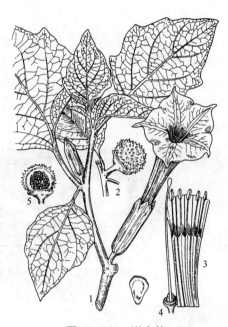

图 15 - 139 洋金花

1. 花枝　2. 果枝　3. 花冠解剖(示雄蕊)
4. 雌蕊　5. 果实纵剖

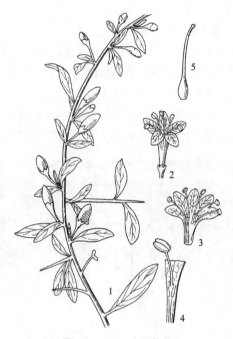

图 15 - 140 宁夏枸杞

1. 果枝　2. 花　3. 花冠解剖(示雄蕊)
4. 雄蕊　5. 雌蕊

同属植物枸杞 L. chinense Mill. 的根皮亦作药材地骨皮入药。

本科常用药用植物还有：天仙子(莨菪)Hyoscyamus niger L.,种子(药材名：天仙子)有大毒,能解痉止痛,平喘,安神；根、茎、叶多为提莨菪碱和东莨菪碱的原料。漏斗泡囊草 Physochlaina infundibularis Kuang,根(药材名：华山参)有毒,能温肺祛痰,平喘止咳,安神镇惊；为提取莨菪烷类生物碱的资源植物。龙葵 Solanum nigrum L.,全草有小毒,能清热解毒,活血消肿。白英 Solanum lyratum Thunb.,全草有小毒,能清热解毒,熄风,利湿。颠茄 Atropa belladonna L.,叶及根有镇痉、镇痛、抑制腺体分泌及扩大瞳孔的作用,也是提取阿托品的原料。酸浆 Physalis alkekengi L. var. franchetii (Mast.) Makino,宿萼或带果实的宿萼(药材名：锦灯笼),根及全草能清热,利咽,化痰,利尿。山莨菪 Anisodus tanguticus (Maxim.) Pascher,根有毒,能镇痛解痉,活血祛瘀,止血生肌；为提取莨菪碱、樟柳碱等的原料。同属植物三分三 A. acutangulus C. Y. Wu et C. Chen ex C. Chen et C. L. Chen,根(药材名：三分三)有大毒,能解痉,镇痛。马尿泡 Przewalskia tangutica Maxim.,根有小毒,能解毒消肿,也是提取莨菪烷类生物碱的重要原料。

43. 玄参科　Scrophulariaceae

$\male\female \uparrow K_{(4\sim5)} C_{(4\sim5)} A_{4,2} \underline{G}_{(2:2:\infty)}$

【特征】　草本、灌木或少有乔木。叶常为对生或轮生。总状、穗状或聚伞花序,常排成圆锥花序；花两性,常两侧对称；花萼常 4～5 裂,宿存；花冠 4～5 裂,常二唇形；雄蕊常 4,二强,有时 2 或更多；花盘常存在；子房上位,2 心皮,2 室,中轴胎座,每室胚珠多数。蒴果,稀浆果状。植物体具双韧维管束。本科植物常含环烯醚萜类、苯丙素类、强心苷及黄酮类等。(图 15 - 141)

图 15 - 141　玄参科主要特征(图片：赵志礼)

1. 植株(玄参：草本)　2. 花(马先蒿属：花冠 2 唇形,上唇特化伸长为喙)　3. 花侧面(天目地黄：萼片合生)　4. 花(天目地黄：花冠裂片 5,略呈 2 唇形)　5. 雄蕊群(玄参：2 强雄蕊)　6. 雌蕊(玄参：子房上位;子房周围有花盘)　7. 花(玄参：花冠 2 唇形,退化雄蕊近圆形)　8. 子房横切(地黄：2 室,胚珠多数)　9. 蒴果(玄参：室间开裂)

	2		7
1	3	4	8
	5	6	9

【分布】　本科约有 220 属,4 500 种。我国约有 61 属,681 种;已知药用 45 属,233 种;各地均有分布,主产于西南部地区。

【药用植物】　玄参 *Scrophularia ningpoensis* Hemsl.　多年生高大草本。根数条,纺锤形,干后变黑色。茎方形。下部叶对生,上部有时互生;叶片卵形至披针形。聚伞花序组成大而疏散的圆锥花序;花萼 5 裂近达基部;花冠褐紫色,管部多少壶状,顶端 5 裂,上唇明显长于下唇;二强雄蕊。蒴果卵形。分布于华东、华中、华南、西南等地。生长在溪边、丛林、高草丛中,各地多有栽培。根(药材名：玄参)为清热凉血药,能清热凉血,滋阴降火,解毒散结。(图 15 - 142)

地黄 *Rehmannia glutinosa* (Gaertn.) Libosch. ex Fisch. et C. A. Mey.　多年生草本,全株密被灰白色长柔毛及腺毛。根状茎肥大呈块状。叶基生,成丛,叶片倒卵形或长椭圆形,上面绿色多皱。总状花序顶生;花冠管稍弯曲,外面紫红色,内面有黄色带紫的条纹,顶端 5 浅裂,略呈二唇形;二强雄蕊;子房上位,2 室。蒴果卵形。分布于辽宁和华北、西北、华中、华东等地,各地多栽培。主产于河南。新鲜块根(药材名：鲜地黄)能清热生津,凉血,止血;烘焙干燥后(药材名：生地黄)能清热凉血,养阴生津;生地黄的加工炮制品(药材名：熟地黄)能补血滋阴,益精填髓。(图 15 - 143)

本科常用药用植物还有：胡黄连 *Picrorhiza scrophulariiflora* Pennell,根茎(药材名：胡黄连)能退虚热,除疳热,清湿热。阴行草 *Siphonostegia chinensis* Benth.,全草(药材名：北刘寄奴)能活血祛瘀,通经止痛,凉血,止血,清热利湿。苦玄参 *Picria fel-terrae* Lour. 全草(药材名：苦玄参)能清热解毒,消肿止痛。短筒兔耳草 *Lagotis brevituba* Maxim. 全草(药材名：洪连)能清热,解毒,利湿,平肝,行血,调经。毛地黄(洋地黄)*Digitalis purpurea* L. 的叶含洋地黄毒苷,有兴奋心肌、增强心肌收缩力、使收缩期的血液排出量明显增加及改善血液循环的作用。

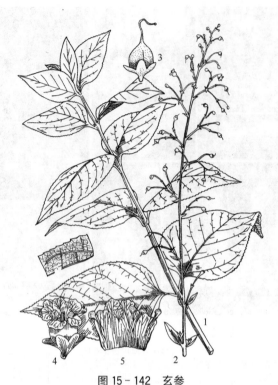

图 15-142　玄参
1. 茎叶　2. 果枝　3. 蒴果　4. 花
5. 花冠解剖(示雄蕊)

图 15-143　地黄
1. 植株　2. 花纵剖　3. 花冠解剖(示雄蕊)
4. 二强雄蕊

44. 爵床科　Acanthaceae

$\text{♀}\uparrow K_{(4\sim5)} C_{(5)} A_{4,2} \underline{G}_{(2:2:2\sim\infty)}$

【特征】　草本、灌木,稀小乔木。叶常对生;叶片、小枝和花萼上常有条形的钟乳体。花两性,两侧对称;花序各式,有时花单生或簇生;花萼常 4~5 裂;花冠管直或不同程度扭弯,冠檐常 5 裂,整齐或二唇形;二强雄蕊,或雄蕊 2;子房上位,基部具花盘,2 心皮合生,2 室,中轴胎座,每室胚珠 2 至多数。蒴果。种子常着生于胎座的珠柄钩上。本科植物常含二萜类(如穿心莲内酯)、生物碱及黄酮类等。(图 15-144)

【分布】　本科约有 220 属,4 000 种。我国约有 35 属,304 种;已知药用 32 属,70 余种;主要分布于长江以南各省区。

【药用植物】　穿心莲 *Andrographis paniculata* (Burm. f.) Nees　一年生草本。茎四棱,下部多分枝,节膨大。叶对生,叶片卵状长圆形至披针形。总状花序;苞片和小苞片细小;花冠白色,二唇形,下唇带紫色斑纹;雄蕊 2,药室一大一小。蒴果长椭圆形,中具 1 沟,2 瓣裂。种子 10 余粒。原产于热带地区,我国南方有栽培。地上部分(药材名:穿心莲)为清热解毒药,能清热解毒,凉血,消肿。(图 15-145)

板蓝(马蓝)*Baphicacanthus cusia* (Nees) Bremek.　多年生草本。多分枝,茎节膨大。单叶对生,叶片卵形至披针形。总状花序,2~3 节,每节有 2 朵对生;苞片卵形,常脱落。花萼 5 裂,花冠 5裂,二唇形,淡紫色、玫瑰红色或白色;二强雄蕊。蒴果棒状。种子每室 2 粒。分布于华北、华南、西南地区,我国台湾亦产。根及根茎(药材名:南板蓝根)能清热解毒,凉血消斑;叶或茎叶可加工制

图 15 - 144　爵床科主要特征(图片：赵志礼)

1. 植株(爵床：草本;穗状花序)　2. 花(爵床：花冠 2 唇形)　3. 花(穿心莲：花冠 2 唇形,上唇微 2
裂)　4. 雄蕊群(爵床：雄蕊 2,下方 1 药室有距)　5. 花(穿心莲：下唇 3 深裂;雄蕊 2,药室基部及花
丝有毛)　6. 花(九头狮子草：花冠 2 唇形,下唇 3 裂;雄蕊 2)　7. 雌蕊(爵床：子房被毛,有花盘)
8. 蒴果(爵床：种子每室 2 粒,具珠柄钩)

	2	3		4	
1	5	6	7	8	

成药材"青黛",能清热解毒,凉血消斑,泻火定惊。

　　本科常用药用植物还有：小驳骨 *Gendarussa vulgaris* Nees,地上部分(药材名：小驳骨)能祛瘀止痛,续筋接骨。水蓑衣 *Hygrophila salicifolia* (Vahl.) Nees,种子(药材名：南天仙子)能清热解毒,消肿止痛。爵床 *Rostellularia procumbens* (L.) Nees,全草能清热解毒,利湿消积,活血止痛。九头狮子草 *Peristrophe japonica* (Thunb.) Bremek.,全草能祛风清热,凉肝定惊,散瘀解毒。

　　45. 茜草科　Rubiaceae

　　$\male\female * K_{(4\sim5)} C_{(4\sim5)} A_{4\sim5} \overline{G}_{(2:2:1\sim\infty)}$

　　【特征】　草本、灌木或乔木,有时攀缘状。单叶对生或轮生,常全缘。花序各式,均由聚伞花序复合而成,稀单花;花常两性,辐射对称;花萼 4～5 裂;花冠 4～5 裂;雄蕊与花冠裂片同数而互生;雌蕊由 2 心皮合生,子房下位,常 2 室,每室 1 至多数胚珠。果为蒴果、核果或浆果。本科植物常含生物碱(喹啉类生物碱、吲哚类生物碱及嘌呤类生物碱)、环烯醚萜类、蒽醌类及三萜类等。(图 15 - 146)

图 15 - 145　穿心莲

1. 花枝　2. 花　3. 雌蕊　4. 茎横切(四棱形)

图 15-146　茜草科主要特征(图片：赵志礼)

1. 植株(栀子：灌木)　2. 花(鸡矢藤：花冠 5 裂)　3. 花侧面(鸡矢藤：花冠管外被粉末状柔毛)　4. 花序(龙船花)　5. 花(猪殃殃：花冠 4 裂)　6. 果实(猪殃殃：分果爿 2,被钩毛)　7. 浆果(栀子)

【分布】　本科约有 660 属,11 000 余种。我国约有 97 属,700 种;已知药用 59 属,210 余种;多分布于东南部、南部和西南部。

【药用植物】　栀子 *Gardenia jasminoides* Ellis　常绿灌木。叶对生或三叶轮生;椭圆状倒卵形至倒阔披针形;上面光亮,下面脉腋有簇生短毛;托叶在叶柄内合成鞘。单花顶生,白色,芳香;萼筒具翅状直棱;花冠高脚碟状;子房下位,1 室,胚珠多数。果肉质,外果皮略带革质,熟时黄色,具 5~8 条翅状棱。分布于我国南部和中部。生长在山坡木林中,各地有栽培。果实(药材名：栀子)为清热泻火药,能泻火除烦,清利湿热,凉血解毒;外用消肿止痛;加工成栀子碳,能凉血止血。(图 15-147)

茜草 *Rubia cordifolia* L.　多年生蔓生草本。根成束,红褐色。茎方形,具倒生刺。叶 4 枚轮生,具长柄;卵形至卵状披针形,下面中脉及叶柄上有倒刺。聚伞花序呈疏松的圆锥状;花小,5 数,黄白色;子房下位,2 室。果为浆果,成熟时呈黑色。分布几遍全国。生长在灌丛中。根(药材名：茜草)为止血药,能凉血,祛瘀,止血,通经。(图 15-148)

钩藤 *Uncaria rhynchophylla* (Miq.) Miq. ex Havil.　蔓生木质藤本。嫩茎四棱形,光滑。叶对生,卵圆形或椭圆形;托叶 2 深裂,裂片条状钻形。头状花序单生叶腋或总状花序状顶生,不发育的总花梗变成曲钩(钩状茎);花 5 数,花冠黄色;子房下位。蒴果。分布于湖南、江西、福建、广东、广西及西南地区。生长在山谷、溪边、湿润灌丛中。带钩的茎枝(药材名：钩藤)为平肝熄风药,能熄风定惊,清热平肝。(图 15-149)

同属植物华钩藤 *U. sinensis* (Oliv.) Havil.,与钩藤的主要区别点：托叶近圆形,全缘;头状花序单个腋生。大叶钩藤 *U. macrophylla* Wall.,与钩藤的主要区别点：叶椭圆形,被毛。此外,同属多种植物的带钩的茎枝在产区亦作钩藤入药。

鸡矢藤 *Paederia scandens* (Lour.) Merr.　草质藤本,全株具鸡屎臭味。叶卵形至椭圆状披

图 15-147 栀子

1. 花枝 2. 果枝 3. 花冠解剖

图 15-148 茜草

1. 果枝 2. 根 3. 花 4. 花萼及雌蕊 5. 浆果

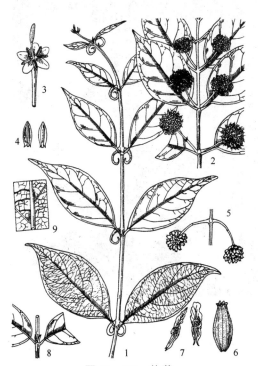

图 15-149 钩藤

1. 枝叶(具钩) 2. 花枝 3. 花解剖(去花萼及部分
花冠管) 4. 雄蕊 5. 果序 6. 蒴果 7. 种子
8. 茎节(示托叶) 9. 叶背面(示叶脉)

图 15-150 鸡矢藤

1. 花枝 2. 花 3. 果实

针形。聚伞花序;花冠管外面灰白色,内面紫色,花5基数;花柱2。核果。分布于长江流域及以南各省区。生长在山坡林缘或灌丛中。全草(药材名:鸡矢藤)能祛风利湿,止痛解毒,消食化积,活血消肿。(图15-150)

其变种毛鸡矢藤 P. scandens (Lour.) Merr. var. tomentosa (Bl.) Hand.-Mazz.,与鸡矢藤主要区别是:小枝被柔毛,叶背面密被茸毛。功用相同。

本科常用药用植物还有:巴戟天 Morinda officinalis F. C. How,根(药材名:巴戟天)为补阳药,能补肾壮阳,强筋骨,祛风湿。红大戟 Knoxia velerianoides Thorel ex Pitard,块根(药材名:红大戟)为峻下逐水药,能泻水逐饮,消肿散结。白花蛇舌草 Hedyotis diffusa Willd.,全草(药材名:白花蛇舌草)能清热解毒,利湿。咖啡 Coffea arabica L.,种子能兴奋神经,强心,健胃,利尿。白马骨 Serissa serissoides (DC.) Druce,全草能祛风,利湿,清热,解毒。金鸡纳树 Cinchona ledgeriana (Howard) Moens ex Trim.,树皮含奎宁等多种生物碱,用于截疟。

46. 忍冬科 Caprifoliaceae

$\female *, \uparrow K_{(4\sim5)} C_{(4\sim5)} A_{4,5} \overline{G}_{(2\sim5:2\sim5:1\sim\infty)}$

【特征】 木本,稀草本。单叶对生,少羽状复叶;常无托叶。聚伞花序,或由聚伞花序构成其他花序;花两性,辐射对称或两侧对称,4或5数;萼4~5裂;花冠管状,常5裂,有时二唇形,覆瓦状排列;雄蕊5,或4枚而二强;子房下位,2~5心皮合生,常2~5室,每室胚珠1至多数。果为浆果、核果或蒴果。本科植物含环烯醚萜类、黄酮类、酚酸类(绿原酸、咖啡酸、奎宁酸等)及酚性杂苷等。(图15-151)

图15-151 忍冬科主要特征(图片:赵志礼)

1. 植株(忍冬:藤本) 2. 花(忍冬:花冠白色,后变黄色;上唇4裂,下唇带状) 3. 花侧面(忍冬:雄蕊5) 4. 花序(荚蒾属:具白色大型不孕边花) 5. 花(接骨草:花5数;辐射对称) 6. 核果(血满草:浆果状) 7. 浆果(忍冬)

【分布】 本科约有13属,约500种。我国有12属,200多种;已知药用有9属,100余种;多分布于华中和西南各省区。

【药用植物】　忍冬 *Lonicera japonica* Thunb.　半常绿缠绕灌木。幼枝密生柔毛和腺毛。单叶对生,卵状椭圆形,幼时两面被短毛。花双生于叶腋,苞片叶状;花萼5裂;花冠白色,凋落前转黄色,故称"金银花",芳香,外面被有柔毛和腺毛,二唇形,上唇4裂,下唇反卷不裂;雄蕊5;子房下位。浆果,熟时黑色。分布于我国除新疆外的各省区。生长在山坡灌丛中。花蕾或带初开的花(药材名:金银花)为清热解毒药,能清热解毒,疏散风热;茎枝(药材名:忍冬藤)能清热解毒,疏风通络。(图15-152)

同属植物灰毡毛忍冬 *L. macranthoides* Hand.-Mazz.、红腺忍冬 *L. hypoglauca* Miq.、华南忍冬 *L. confusa* DC. 或黄褐毛忍冬 *L. fulvotomentosa* Hsu et S. C. Cheng 的花蕾或带初开的花(药材名:山银花),能清热解毒,疏散风热。

本科常用药用植物还有:陆英 *Sambucus chinensis* Lindl. ,茎叶(药材名:陆英)能祛风,利湿,舒筋,活血。接骨木 *S. williamsii* Hance,全株(药材名:接骨木)能祛风利湿,活血止血。荚蒾 *Viburnum dilatatum* Thunb. ,枝、叶(药材名:荚蒾)能疏风解表,清热解毒,活血。

图 15-152　忍冬
1. 花枝　2. 果枝　3. 花冠解剖　4. 雌蕊

47. 败酱科　Valerianaceae

$\male \; \uparrow K_{(5)} C_{(3\sim5)} A_{3\sim4} \overline{G}_{(3:1\sim3)}$

图 15-153　败酱科主要特征(图片:杨成梓,徐艳琴)
1. 植株(墓头回:草本)　2. 花序(攀倒甑:由聚伞花序组成圆锥状)　3. 叶(攀倒甑:边缘具粗齿,大头羽状深裂)　4. 花(墓头回:花冠5裂;雄蕊4)　5. 花序(少蕊败酱:聚伞圆锥花序)

图 15-154 败酱

1. 植株 2. 花枝 3. 花解剖
4. 花冠纵剖 5. 瘦果

【特征】 多年生草本。常具特殊气味。叶对生或基生,常羽状分裂。聚伞花序呈各种排列;花小,常两性,略不整齐;花萼各种;花冠筒状,基部常具偏突囊或距,上部 3~5 裂;雄蕊 3 或 4,有时 1~2 枚,着生花冠筒上;子房下位,3 心皮合生,3 室,仅 1 室发育,内含 1 胚珠,悬垂于室顶。瘦果,有时顶端的宿存萼呈冠毛状,或与增大的苞片相连而成翅果状。本科植物常含挥发油、萜类、黄酮类及生物碱类等。(图 15-153)

【分布】 本科约有 13 属,400 余种。我国有 3 属,40 余种;已知药用 3 属,24 种;南北均有分布。

【药用植物】 败酱 *Patrinia scabiosaefolia* Fisch. ex Trev. 草本。根及根茎具特殊的败酱气。基生叶卵形,具长柄;茎生叶对生,常 4~7 深裂,两面疏被粗毛。花小,黄色,组成顶生伞房状聚伞花序,花序梗一侧具白色硬毛;花冠 5 裂,基部有小偏突;雄蕊 4;子房下位。瘦果无膜质增大苞片,仅由不发育 2 室延展成窄边。分布几遍全国。生长在山坡草丛、灌木丛中。全草或根及根茎(药材名:败酱草)能清热解毒,消肿排脓,祛痰止咳。根及根状茎能治疗神经衰弱等症。(图 15-154)

同属植物白花败酱(攀倒甑)*P. villosa* (Thunb.) Juss. 与黄花败酱的区别点:茎具倒生白色粗毛。茎上部叶不裂或仅有 1~2 对窄裂片。花白色。瘦果与宿存增大的圆形苞片贴生。除西北地区外,全国均有分布。功用同败酱。

本科常用药用植物还有:甘松 *Nardostachys jatamansi* DC.,根及根茎(药材名:甘松)能理气止痛,开郁醒脾;外用祛湿消肿。蜘蛛香 *Valeriana jatamansi* Jones,根茎和根(药材名:蜘蛛香)能理气止痛,消食止泻,祛风除湿,镇惊安神。缬草 *V. officinalis* L.,根及根茎能安神,理气,止痛。

48. 葫芦科 Cucurbitaceae

♂ * $K_{(5)}$ $C_{(5)}$ $A_{3,(3),5,(5)}$; ♀ * $K_{(5)}$ $C_{(5)}$ $\overline{G}_{(3 : 1\sim 3 : \infty)}$

【特征】 草质藤本,具卷须。叶互生;常为单叶,掌状分裂,有时为鸟趾状复叶。花单性,同株或异株,辐射对称;花萼和花冠裂片 5,稀为离瓣花冠;雄花:雄蕊 3 或 5,分离或各式合生,花药直或折叠弯曲;雌花:子房下位,3 心皮,3 室或 1 室,侧膜胎座。多瓠果。植物体的茎具双韧维管束。本科植物常含三萜类化合物(达玛烷型或齐墩果烷型)、黄酮类及酚类等。(图 15-155,图 15-156)

【分布】 本科有 113 属,800 种。我国有 38 属,155 种;已知药用约 25 属,90 余种;全国均有分布,以南部和西部最多。

【药用植物】 栝楼 *Trichosanthes kirilowii* Maxim. 草质藤本。根肥厚,圆柱形。叶近心形,掌状浅裂,裂片 3~9,少为不裂,裂片菱状倒卵形,边缘常再浅裂或有齿。雌雄异株,雄花组成总状花序,雌花单生;花萼、花冠均 5 裂,花冠白色,中部以上细裂成流苏状;雄蕊 3 枚。瓠果椭圆形,熟时果皮果瓤橙黄色。种子椭圆形、扁平,浅棕色。分布于长江以北,江苏、浙江亦产。生长在山坡、林缘。成熟果实(药材名:瓜蒌)为化痰药,能清热涤痰,宽胸散结,润燥滑肠;成熟果皮(药材名:

图 15－155　葫芦科主要特征(图片：赵志礼)

1. 植株(绞股蓝：草质攀缘植物)　2. 雄花(赤瓟属：花冠 5 深裂；雄蕊 5,分离)　3. 雄花(波棱瓜：花冠 5 深裂)　4. 花枝(波棱瓜：卷须 2 歧；雌花单生)　5. 雄蕊群(波棱瓜：雄蕊 3,花药合生)　6. 柱头(波棱瓜：3 裂)　7. 果实(木鳖子：肉质；密生刺状突起)　8. 果实(绞股蓝：肉质)

瓜蒌皮)能清热化痰,利气宽胸;成熟种子(药材名：瓜蒌子)能润肺化痰,滑肠通便;根(药材名：天花粉)为清热泻火药,能清热泻火,生津止渴,消肿排脓;天花粉蛋白用于抗肿瘤、抗病毒,还能引产。

中华栝楼(双边栝楼)*T. rosthornii* Harms 与栝楼相近,主要区别是：叶常 5 深裂,近达基部,中部裂片 3 枚,裂片条形或倒披针形。种子深棕色,有一圈与边缘平等的明显棱线。分布于华中、西南、华南及陕西、甘肃。常栽培。功效同栝楼。(图 15－157)

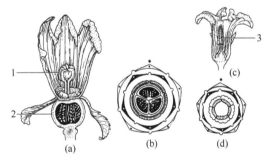

图 15－156　南瓜花解剖及花图式
(a)(b) ♀　(c)(d) ♂
1. 柱头　2. 子房　3. 花药

绞股蓝 *Gynostemma pentaphyllum* (Thunb.) Makino　草质藤本。卷须 2 叉,着生叶腋;鸟足状复叶,小叶 5～7 枚,被柔毛。雌雄异株;雌雄花序均圆锥状;花小,萼、冠均 5 裂;雄蕊 5;子房 3 室,稀为 2 室。浆果球形,熟时黑色。分布于陕西南部及长江以南各省区。生长在林下、沟旁。全草能清热解毒,止咳祛痰。其含有多种人参皂苷类成分,具类似人参的功效。(图 15－158)

本科常用药用植物还有：雪胆 *Hemsleya chinensis* Cogn. ex Forbes et Hemsl.,块根(药材名：雪胆)具小毒,能清热解毒,健胃止痛。罗汉果 *Siraitis grosvenorii* (Swingle) C. Jeffrey ex A. M. Lu et Z. Y. Zhang (*Momordica grosvenorii* Swingle),果实(药材名：罗汉果)能清肺利咽,化痰止咳,润肠通便。木鳖子 *Momordica cochinchinensis* (Lour.) Spreng.,种子(药材名：木鳖子)有毒,能散结消肿,攻毒疗疮。丝瓜 *Luffa cylindrica* (L.) Roem.,成熟果实的维管束(药材名：丝瓜

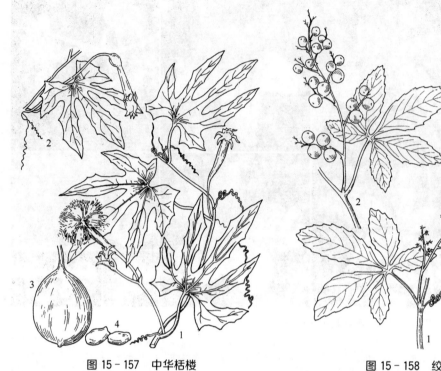

图 15-157　中华栝楼
1. 雄花枝　2. 雌花枝　3. 果实　4. 种子

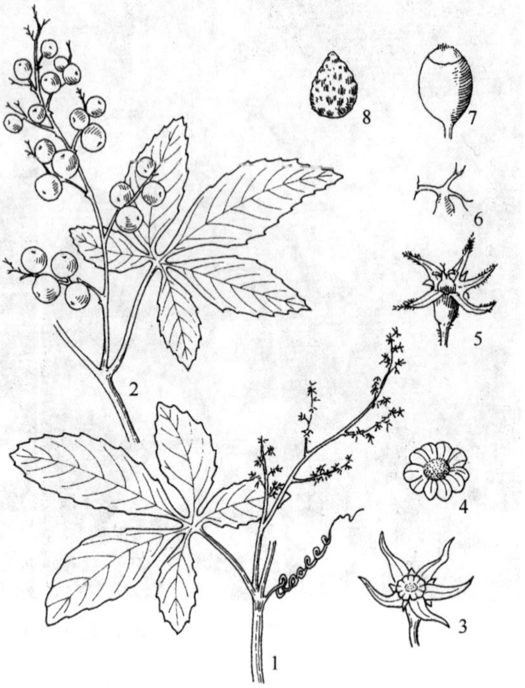

图 15-158　绞股蓝
1. 雄花枝　2. 果枝　3. 雄花　4. 花药
5. 雌花　6. 柱头　7. 果实　8. 种子

络)能祛风,通络,活血,下乳;根(药材名:丝瓜根)能活血通络,清热解毒;果(药材名:丝瓜)能清热化痰,凉血解毒。冬瓜 *Benincasa hispida* (Thunb.) Cogn. ,外层果皮(药材名:冬瓜皮)能清热利水,消肿;种子(药材名:冬瓜子)能清肺化痰,消痈排脓,利湿。王瓜 *Trichosanthes cucumeroides* (Ser.) Maxim. ,块根(药材名:王瓜根)具小毒,能清热利尿,解毒消肿,散瘀止痛;果实(药材名:王瓜)能清热,生津,消瘀,通乳;种子(药材名:王瓜子)能清热凉血。

49. 桔梗科　Campanulaceae

$\math+{\Phi} *, \uparrow K_{(5)} C_{(5)} A_5 \overline{G}, \overline{G}_{(2\sim5:2\sim5:\infty)}$

【特征】　草本,常具乳汁。叶互生,少对生或轮生。花单生或呈各种花序;花两性,辐射对称或两侧对称;萼 5 裂,宿存;花冠常钟状或管状,5 裂;雄蕊 5,分离或合生;3 心皮合生,中轴胎座,常 3 室(稀 2、5 心皮,2、5 室),子房下位或半下位。蒴果,稀浆果。植物体常具菊糖、乳汁管。本科植物常含三萜类、多炔类、生物碱、倍半萜内酯及苯丙素类等。有学者主张将半边莲属 *Lobelia* 从桔梗科分出,独立成半边莲科 Lobeliaceae。其依据为该类群的花两侧对称,花冠二唇形,5 枚雄蕊着生长在花冠管上,花丝分离,仅上部与花药合生环绕花柱,而与桔梗科其他属有诸多不同。(图 15-159)

【分布】　本科有 60 属,2 000 种。我国有 16 属,172 种;已知药用 13 属,111 种;全国均有分布,以西南地区为多。

【药用植物】　桔梗 *Platycodon grandiflorum* (Jacq.) A. DC.　草本,具白色乳汁。根肉质,长圆锥状。叶对生、轮生或互生。花单生或数朵生长在枝顶;花萼 5 裂,宿存;花蕾包袱状,花冠阔钟状,蓝色,5 裂;雄蕊 5,花丝基部极阔大;子房半下位,5 心皮合生,5 室,中轴胎座,柱头 5 裂。蒴

图 15 - 159　桔梗科主要特征(图片：赵志礼)

1. 植株(党参：草本；茎缠绕)　2. 花(桔梗：辐射对称；柱头 5 裂)　3. 花(半边莲：两侧对称)
4. 叶序(桔梗：3 叶轮生)　5. 子房横切(桔梗：5 室，中轴胎座)　6. 花侧面(桔梗：花冠宽漏斗状钟形)
7. 子房纵切(桔梗：子房半下位)　8. 蒴果(桔梗：顶端室背 5 裂)

果顶部 5 裂。分布南北各省。多栽培，生长在山地草坡或林缘。根(药材名：桔梗)为祛痰药，能宣肺，利咽，祛痰，排脓。(图 15 - 160)

沙参 *Adenophora stricta* Miq. (*A. axilliflora* Borb.)　多年生草本，具白色乳汁。根呈胡萝卜状。茎生叶互生，无柄，狭卵形。茎、叶、花萼均被短硬毛。花序狭长；花 5 数；花冠钟状，蓝紫色；花丝基部边缘被毛；花盘宽圆筒状；子房下位，花柱与花冠近等长。蒴果。分布于四川、贵州、广西、湖南、湖北、河南、陕西、江西、浙江、安徽、江苏。生长在山坡草丛中。根(药材名：南沙参)为补阴药，能养阴清肺，益胃生津，化痰，益气。(图 15 - 161)

同属植物轮叶沙参 *A. tetraphylla* (Thunb.) Fisch. (*A. verticillata* Fisch.)的根也作药材南沙参入药。

党参 *Codonopsis pilosula* (Franch.) Nannf.　多年生缠绕草本，具白色乳汁。根圆柱状，顶端具多数瘤状茎痕，常在中部分枝。叶互生，常卵形，两面有毛。花单生于枝端，或与叶柄互生或近于对生；花 5 数，萼裂片狭矩圆形；花冠淡绿色，略带紫晕，阔钟状；子房半下位，3 室。蒴果 3 瓣裂。分布于陕西、甘肃、山西、内蒙古、四川及东北。生长在林边或灌丛中。全国均有栽培。根(药材名：党参)为补气药，能健脾益肺，养血生津。(图 15 - 162)

同属植物素花党参 *C. pilosula* Nannf. var. *modesta* (Nannf.) L. T. Shen、川党参 *C. tangshen* Oliv. 的根也作药材党参入药。

半边莲 *Lobelia chinensis* Lour.　多年生小草本，具白色乳汁。主茎平卧，分枝直立。叶互生，近无柄，狭披针形。花单生于叶腋；花冠粉红色或白色，5 枚裂片全部平展于半边；花丝上部与花药合生，下方的两个花药近端具髯毛；子房下位，2 室。蒴果 2 裂。分布于长江中下游及以南地区。生长在水边，沟边或潮湿草地。全草(药材名：半边莲)能清热解毒，利尿消肿。(图 15 - 163)

图 15-160 桔梗

1. 植株 2. 花解剖(示雄蕊与雌蕊)
3. 蒴果

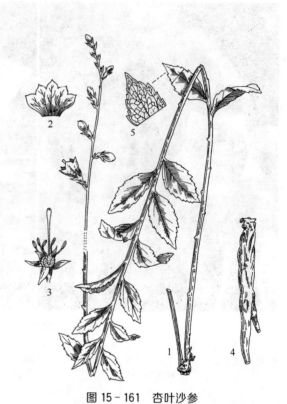

图 15-161 杏叶沙参

1. 花枝 2. 花冠解剖 3. 花解剖(示花萼、雄蕊与雌蕊)
4. 根 5. 叶片解剖(背面,被毛)

图 15-162 党参

1. 花枝 2. 根

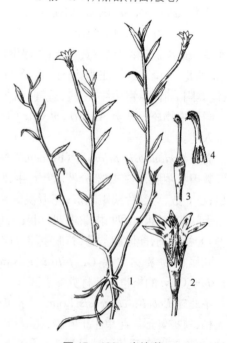

图 15-163 半边莲

1. 植株 2. 花 3. 雌蕊 4. 雄蕊

本科常用药用植物还有：羊乳(四叶参)*Codonopsis lanceolata* (Sieb. et Zucc.) Trautv.，根(药材名：四叶参)能益气养阴，消肿解毒。山梗菜 *Lobelia sessilifolia* Lamb.，根或全草(药材名：山梗菜)能祛痰止咳，利尿消肿，清热解毒。铜锤玉带草 *Pratis nummularia* (Lam.) A. Br. et Aschers,全草(药材名：铜锤玉带草)能祛风除湿，活血，解毒。蓝花参 *Wahlenbergia marginata* (Thunb.) A. DC.，根及全草(药材名：蓝花参)能益气补虚，祛痰，截疟。

50. 菊科　Compositae (Asteraceae)

$$\male\female * K_0 C_{(4\sim5)} A_{(4\sim5)} \overline{G}_{(2:1:1)} ; \quad \male\female \uparrow K_0 C_{(5)} A_{(5)} \overline{G}_{(2:1:1)} ; \quad \female \uparrow K_0 C_{(3)} \overline{G}_{(2:1:1)}$$

图 15-164　菊科主要特征(图片：赵志礼)

1. 植株(菊花)　2. 雄蕊群(牛蒡：聚药雄蕊)　3. 舌状花(马兰：雌花)　4. 管状花(马兰：两性花)　5. 舌状花(蒲公英：两性花；冠毛毛状)　6. 头状花序(舌状花亚科蒲公英：均为舌状花)　7. 头状花序(管状花亚科马兰：外围舌状花，中央管状花)　8. 总苞(马兰)　9. 瘦果(蒲公英)　10. 瘦果(马兰)

2	3	4	7
1	5	6	8
			9	10

【特征】　草本、亚灌木或灌木,稀乔木。有时具乳汁管或树脂道。头状花序常由多数小花集生于花序托上而组成(花序托即是缩短的花序轴),外有总苞围绕,单生或再排列成总状、伞房状等;小花基部具苞片(称托片),或呈毛状(称托毛),或缺;头状花序中有同形的小花,即全为管状花或舌状花,或有异形小花,即外围为雌花,舌状,中央为管状花,两性;萼片不发育,常变态为鳞片状、刚毛状或毛状的冠毛(pappus);花冠合瓣,常辐射对称,管状,或两侧对称,舌状或二唇形;雄蕊4~5,花药合生为筒状;雌蕊由2心皮合生,1室,子房下位,胚珠1,花柱上端2裂。瘦果。植物体普遍含菊糖。本科植物常含倍半萜内酯类、黄酮类、生物碱类、聚炔类、香豆素类及三

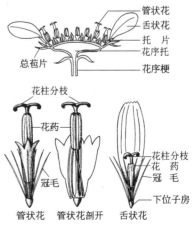

图 15-165　菊科头状花序及花的结构

萜类等成分。(图 15 - 164、图 15 - 165)

　　【分布】　菊科是被子植物第一大科,约有 1 000 属,25 000～30 000 种。我国约有 227 属,2 000 多种;已知药用 155 属,778 种;全国广布。(表 15 - 13)

　　根据头状花序花冠类型的不同、乳汁的有无,常分成 2 个亚科,即管状花亚科和舌状花亚科。

表 15 - 13　菊科亚科与部分属检索表

1. 植物体无乳汁管;头状花序不是全部由舌状花组成 ……………………………………… **管状花亚科 Asteroideae**
　　2. 头状花序仅由管状花(两性或单性)组成。
　　　　3. 叶对生,或下部对生,上部互生;总苞片多层;瘦果有冠毛 …………………………… 泽兰属 *Eupatorium*
　　　　3. 叶互生,总苞片 2 至多层。
　　　　　　4. 瘦果无冠毛。
　　　　　　　　5. 花序单性,雌花序仅有 2 朵小花,总苞外多钩刺 ……………………………… 苍耳属 *Xanthium*
　　　　　　　　5. 花序外层雌花,内层两性花,头状花序排成总状或圆锥状 ………………………… 蒿属 *Artemisia*
　　　　　　4. 瘦果有冠毛。
　　　　　　　　6. 叶缘有刺。
　　　　　　　　　　7. 冠毛羽状,基部联合成环。
　　　　　　　　　　　　8. 花序基部有叶状苞片,花两性或单性;果多柔毛 ……………………… 苍术属 *Atractylodes*
　　　　　　　　　　　　8. 花序基部无叶状苞片,花两性;果无毛 ……………………………… 蓟属 *Cirsium*
　　　　　　　　　　7. 冠毛呈鳞片状或缺;总苞片外轮叶状,边缘有刺;花红色 ………………… 红花属 *Carthamus*
　　　　　　　　6. 叶缘无刺。
　　　　　　　　　　9. 根具香气。
　　　　　　　　　　　　10. 多年生高大草本;茎生叶互生;冠毛羽毛状 ……………………………… 云木香属 *Aucklandia*
　　　　　　　　　　　　10. 多年生低矮草本;叶呈莲座状丛生;冠毛刚毛状 ……………………… 川木香属 *Vladimiria*
　　　　　　　　　　9. 根不具香气。
　　　　　　　　　　　　11. 总苞片顶端呈针刺状,末端钩曲;冠毛多而短,易脱落 ………………… 牛蒡属 *Arctium*
　　　　　　　　　　　　11. 总苞片顶端无钩刺;冠毛长,不易脱落 …………………………… 祁州漏芦属 *Rhaponticum*
　　2. 头状花序由管状花和舌状花(单性或无性)组成。
　　　　　　　　12. 冠毛较果实长,有时单性花无冠毛或极短。
　　　　　　　　　　13. 舌状花、管状花均为黄色;总苞片数层 ……………………………… 旋覆花属 *Inula*
　　　　　　　　　　13. 舌状花白色或蓝紫色,管状花黄色;总苞片 2 至多层 ………………… 紫菀属 *Aster*
　　　　　　　　12. 冠毛较果实短,或缺。
　　　　　　　　　　14. 叶互生 ………………………………………………………………… 菊属 *Dendranthema*
　　　　　　　　　　14. 叶对生。
　　　　　　　　　　　　15. 舌状花 1 层,先端 3 裂;总苞片 2 层 ……………………………… 豨莶属 *Siegesbeckia*
　　　　　　　　　　　　15. 舌状花 2 层,先端全缘或 2 裂;总苞片数层 …………………… 鳢肠属 *Eclipta*
1. 植物体具乳汁管;头状花序全部由舌状花组成 ……………………………………………… **舌状花亚科 Liguliflorae**
　　　　　　　　16. 冠毛有细毛,瘦果粗糙或平滑,有喙或无喙部;叶基生。
　　　　　　　　　　17. 头状花序单生于花葶上,瘦果有向基部渐厚的长喙 …… 蒲公英属 *Taraxacum*
　　　　　　　　　　17. 头状花序在茎枝顶端排成伞房状,瘦果极扁压,无喙部 …… 苦苣菜属 *Sonchus*
　　　　　　　　16. 冠毛有糙毛,瘦果极扁或近圆柱形。
　　　　　　　　　　18. 瘦果极扁平或较扁,两面有细纵肋,顶端有羽毛盘 ……… 莴苣属 *Lactuca*
　　　　　　　　　　18. 瘦果近圆柱形,果腹背稍扁。
　　　　　　　　　　　　19. 瘦果具不等形的纵肋,常无明显的喙部 ……………… 黄鹌菜属 *Youngia*
　　　　　　　　　　　　19. 瘦果具 10 翅肋,花序少,总苞片显然无肋 ………… 苦荬菜属 *Ixeris*

【药用植物】

(1) 管状花亚科　Tubuliflorae (Asteroideae,Carduoideae)

菊花 *Dendranthema morifolium* (Ramat.) Tzvel. (*Chrysanthemum morifolium* Ramat.)　多年生草本,基部木质,全体被白色绒毛。叶片卵形至披针形,叶缘有粗大锯齿或羽裂。头状花序直

径 2.5~20 cm;总苞片多层,外层绿色,边缘膜质;缘花舌状,雌性,形色多样;盘花管状,两性,黄色,具托片。瘦果无冠毛。全国各地栽培。头状花序(药材名:菊花)为辛凉解表药,能散风清热,平肝明目,清热解毒。药材按产地和加工方法不同,分为"亳菊""滁菊""贡菊""杭菊""怀菊"。(图 15-166)

同属植物野菊 D. indicum (L.) Des Moul.,全国广布。生长在山坡丛中。头状花序(药材名:野菊花),能清热解毒,泻火平肝。

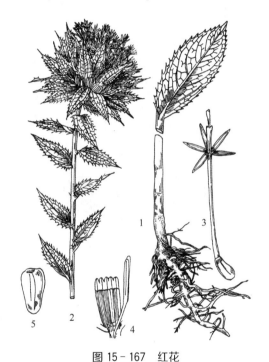

图 15-166　菊花
1. 花枝　2. 舌状花(雌性)　3. 管状花(两性)

图 15-167　红花
1. 植株下部　2. 植株上部　3. 管状花
4. 聚药雄蕊(花药)及花柱上部　5. 瘦果

红花 Carthamus tinctorius L.　一年生草本。叶互生,长椭圆形或卵状披针形,叶缘齿端有尖刺。头状花序具总苞片 2~3 列,卵状披针形,上部边缘有锐刺,内侧数列卵形,无刺;花序全由管状花组成,初开时黄色,后变为红色。瘦果无冠毛。花(药材名:红花)为活血祛瘀药,能活血通经,散瘀止痛。(图 15-167)

白术 Atractylodes macrocephala Koidz.　多年生草本。根茎肥大,略呈骨状,有不规则分枝。叶具长柄,3 裂,稀羽状 5 深裂,裂片椭圆形至披针形,边缘有锯齿。头状花序;苞片叶状,羽状分裂呈刺状;全为管状花,紫红色。瘦果密被柔毛,冠毛羽状。分布于陕西、湖北、湖南、江西、浙江。生长在山坡林地,亦多栽培。根茎(药材名:白术)为补气药,能健脾益气,燥湿利水,止汗,安胎。(图 15-168)

茅苍术(南苍术、苍术)A. lancea (Thunb.) DC.　多年生草本。根茎粗肥,结节状,横断面有红棕色油点,具香气。叶无柄,下部叶常 3 裂,上部叶不裂。头状花序;花冠白色,而与白术区别。分布于山西、四川、山东、湖北、江苏、安徽、浙江。生长在山坡灌丛、草丛中。根茎(药材名:苍术)为芳香化湿药,能燥湿健脾,祛风散寒,明目。

同属植物北苍术 A. chinensis (Bunge) Koidz. 的根茎也作药材苍术入药。

图 15-168　白术
1. 花枝　2. 管状花　3. 聚药雄蕊及花冠(展开)
4. 雌蕊　5. 瘦果　6. 根状茎

图 15-169　木香
1. 根　2. 基生叶　3. 花枝

木香(云木香、广木香)Aucklandia lappa Decne. [Saussurea costus (Falc.) Lipsch.] 多年生草本。主根粗壮,干后芳香。基生叶片较大,三角状卵形,边缘具不规则浅裂或波状,疏生短齿,叶片基部下延成翅;茎生叶互生。头状花序具总苞片约 10 层;托片刚毛状;全为管状花,暗紫色。瘦果具肋,上端有 1 轮淡褐色羽状冠毛。西藏南部、云南、四川有分布或栽培。根(药材名:木香)为理气药,能行气止痛,健脾消食。(图 15-169)

本亚科常用药用植物还有:川木香 Vladimiria souliei (Franch.) Ling 或灰毛川木香 V. souliei (Franch.) Ling var. cinerea Ling,根(药材名:川木香)能行气止痛,温中和胃。黄花蒿 Artemisia annua L.,地上部分(药材名:青蒿)为清虚热药,能清虚热,除骨蒸,解暑热,截疟,退黄;所含青蒿素(artemisinin)用于治疗疟疾。艾 A. argyi Levl. et Vant.,叶(药材名:艾叶)为止血药,能温经止血,散寒止痛;外用祛湿止痒;供灸治或熏洗用。祁州漏芦 Rhaponticum uniflorum (L.) DC.,根(药材名:漏芦)为清热解毒药,能清热解毒,活血通乳。蓝刺头(禹州漏芦)Echinops latifolius Tausch (E. dahuricus Fisch.),根(药材名:禹州漏芦),功效同祁州漏芦。苍耳 Xanthium sibiricum Patr.,成熟带总苞的果实(药材名:苍耳子)有毒,为辛温解表药,能散风寒,通鼻窍,祛风湿。牛蒡(大力子)Arctium lappa L.,全国各地均有分布,果实(药材名:牛蒡子)为辛凉解表药,能疏散风热,宣肺透疹,解毒利咽。豨莶 Siegesbeckia orienthalis L.、腺梗豨莶 S.

pubescens Makino 或毛梗豨莶 *S. glabrescens* Makino,地上部分(药材名:豨莶草)为祛风湿药,能祛风湿,利关节,解毒。祁木香(土木香)*Inula helenium* L.,根(药材名:土木香)能健脾和胃,行气止痛,安胎。茵陈蒿 *Artemisia capillaris* Thunb.,幼苗(药材名:绵茵陈)、花期地上部分(药材名:花茵陈)为利水渗湿药,能清利湿热,利胆退黄。滨蒿(猪毛蒿)*A. scoparia* Waldst. et Kit.,幼苗及幼叶等入药,民间称"土茵陈",功用与茵陈蒿同。紫菀 *Aster tataricus* L. f.,根和根茎(药材名:紫菀)为止咳平喘药,能润肺下气,消痰止咳。旋覆花 *Inula japonica* Thunb.,地上部分(药材名:金沸草)能降气,消痰,行水;头状花序(药材名:旋覆花)为化痰药,能降气,消痰,行水,止呕。鳢肠(旱莲草)*Eclipta prostrata* L.,地上部分(药材名:墨旱莲)为补阳药,能滋补肝肾,凉血止血。蓟 *Cirsium japonicum* Fisch. ex DC.,全草(药材名:大蓟)为止血药,能散瘀消痈,凉血止血。刺儿菜 *Cirsium setosum*(Willd.)MB,全草(药材名:小蓟)能凉血止血,散瘀解毒消痈。鼠曲草 *Gnaphalium affine* D. Don(*G. multiceps* DC.),全草能止咳平喘,除风湿。佩兰 *Eupatorium fortunei* Turcz.,地上部分(药材名:佩兰)为芳香化湿药,能芳香化湿,醒脾开胃,发表解暑。一枝黄花 *Solidago decurrens* Lour.,全草或根(药材名:一枝黄花)能疏风泄热,解毒消肿。千里光 *Senecio scandens* Buch.-Ham. ex D. Don,地上部分能清热解毒,明目,利湿。

(2) 舌状花亚科　Liguliflorae (Cichorioideae)

蒲公英 *Taraxacum mongolicum* Hand.-Mazz. 多年生草本,有乳汁。基生叶莲座状,叶片倒披针形,羽状深裂,顶裂片较大。花葶数个,外层苞片先端常有小角状突起,内层总苞远长于外层,先端有小角;全为黄色舌状花。瘦果先端具细长的喙,冠毛白色。广布全国。生长在田野、山坡、草地。全草(药材名:蒲公英)为清热解毒药,能清热解毒,消肿散结,利尿通淋。(图15-170)

同属植物碱地蒲公英 *T. borealisinense* Kitam. 或同属数种植物的全草也作药材蒲公英入药。

本亚科常用药用植物还有:山莴苣 *Lactuca indica* L.,全草或根(药材名:山莴苣)能清热解毒,活血,止血。莴苣 *L. sativa* L.,果实(莴苣子)能通乳汁,利小便,活血行瘀。苦荬菜 *Ixeris denticulata*(Houtt.)Stebb.,全草(药材名:苦荬菜)能清热解毒,消肿止痛。苦苣菜 *Sonchus oleraceus* L.,全草(药材名:苦菜)入药,能清热解毒,凉血止血。

图 15-170　蒲公英
1. 植株　2. 外层总苞片　3. 舌状花
4. 聚药雄蕊(展开)　5. 瘦果

二、单子叶植物纲　Monocotyledoneae

51. 泽泻科　Alismataceae

$\male\female, \hat{\male}, \female * P_{3+3} A_{6\sim\infty,0} \underline{G}_\infty, \underline{G}_0$

【特征】　多年沼生或水生草本;地下变态茎形态多样。单叶常基生,具叶鞘,直立挺水、浮水或

图 15 - 171 泽泻科(东方泽泻)主要特征(图片: 赵志礼)
1. 植株(水生或沼生) 2. 花序(分枝轮生) 3. 花序(小分枝)
4. 花(两性;外轮花被片3,绿色;内轮花被片3,白色;心皮分离)

沉水。花序总状、圆锥状或圆锥状聚伞花序,花两性、单性或杂性,辐射对称;花被片6,2轮,外轮花被片3枚,绿色、宿存;雄蕊6枚或多数;离生心皮,花柱宿存,胚珠常1枚。瘦果或小坚果。本科植物常含三萜类、糖类及生物碱等活性成分。(图 15 - 171)

【分布】 本科有13属,约100种;多分布于北半球温带至热带地区。我国有5属,100多种;已知药用2属,12种;全国各地均有分布。

【药用植物】 东方泽泻 *Alisma orientale* (Samuel.) Juz. 多年生水生或沼生草本,具块茎、球形。挺水叶宽披针形或椭圆形,具长柄。花序具3~9轮分枝,每轮分枝3~9枚;两性花;外轮花被片卵形,内轮花被片近圆形,边缘波状,比外轮大,常白色或淡红色;雄蕊6;心皮多数,轮生。瘦果椭圆形。全国大部分地区有分布。干燥块茎(药材名:泽泻)能利水渗湿,泄热,化浊降脂。(图 15 - 172)

本科常用药用植物还有慈姑 *Sagittaria trifolia* L. var. *sinensis* (Sims) Makino,广布全国。生于水田、浅水沟及沼泽地等处。球茎能清热止血,行血通淋,消肿散结。

52. 禾本科 Gramineae (Poaceae)

$$\text{♀}\ *\ P_{2\sim3}\ A_{3\sim6}\ \underline{G}_{(2\sim3:1:1)}$$

【特征】 多草本,稀为木本。茎特称为秆(culm),多直立,节和节间明显。单叶互生,2列;常由叶片、叶鞘和

图 15 - 172 东方泽泻
1. 植株下部 2. 花 3. 果序

叶舌组成,叶片常带形或披针形,基部直接着生在叶鞘顶端;在叶片、叶鞘连接处的近轴面常有膜质薄片,称为叶舌;在叶鞘顶端的两侧各有1附属物,称为叶耳。花序以小穗(spikelet)为基本单位,然后再排成各种复合花序;小穗轴(花序轴)基部的苞片称为颖(glume);花常两性,小穗轴上具小花1至多数;小花基部的2枚苞片,特称为外稃(lemma)和内稃(palea);花被片退化为鳞被(浆片),常2~3枚;雄蕊多为3~6,花药常丁字状着生;雌蕊1,子房上位,1室,胚珠1,花柱2~3,柱头羽毛状。颖果。植物体表皮细胞中常含硅质体,气孔保卫细胞为哑铃形,叶上表皮常有运动细胞,叶肉无栅栏组织与海绵组织的分化,主脉维管束具维管束鞘。本科植物常含生物碱、黄酮类化合物、萜类、脂肪酸等活性成分。(图15-173、图15-174)

图15-173　禾本科主要特征(图片:赵志礼)

1. 植株(薏米:一年生草本)　2. 箨片腹面观(竹亚科:狭长三角形;箨舌截形)　3. 竿箨背面观(竹亚科:箨鞘宽卵形)　4. 笋(竹亚科)　5. 花序(薏米:总状;雌小穗位于基部,雄小穗位于上部)
6. 雌小穗(薏米:总苞甲壳质;雌花花柱2,柱头羽毛状)　7. 稃片(稻:外稃,具5脉;内稃)　8. 小穗(稻:具1两性小花)　9. 颖果(稻)

2	5	8
1 3	6 7	9
4		

【**分布**】　本科约有700属,近1万种;广泛分布于世界各地。我国有200多属,1500多种;已知药用85属,170多种;全国各省区均有分布。本科是单子叶植物中仅次于兰科的第二大科,但在分布上则更为广泛且个体繁茂,更能适应各种不同类型的生态环境,凡是地球上有种子植物生长的场所基本上都有禾本科植物的踪迹。本科还是粮食作物第一大科,诸多种具有重要的经济价值与药用价值。

【**药用植物**】

(1) 竹亚科　Bambusoideae

灌木或乔木状。叶分为茎生叶(笋壳、竿箨)与营养叶(普通叶),茎生叶由箨鞘、箨叶组成,箨鞘大,箨叶小而中脉不明显,两者相接处有箨舌,箨鞘顶端两侧各有1箨耳;营养叶具短柄,叶片常披针形,具有明显的中脉;叶鞘和叶柄连接处有关节,叶易从关节处脱落。

毛金竹(淡竹) *Phyllostachys nigra* (Lodd. ex Lindl.) Munro var. *henonis* (Mitford) Stapf ex Rendle　竿高7~18 m,竿壁厚,箨鞘顶端极少有深褐色微小斑点。小穗披针形,具2~3朵小花,小

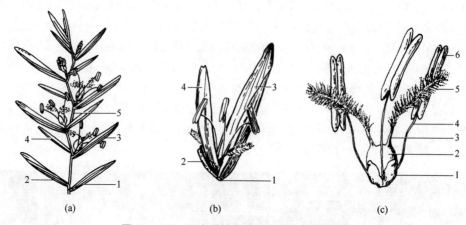

图 15-174 禾本科植物小穗、小花及花的构造

(a)小穗解剖 1.外颖 2.内颖 3.外稃 4.内稃 5.小穗轴 (b)小花 1.基部 2.小穗轴节间
3.外稃 4.内稃 (c)花的解剖 1.鳞被 2.子房 3.花柱 4.花丝 5.柱头 6.花药

图 15-175 毛金竹

1.枝叶 2.花枝 3.笋 4.竿箨
5.竿的一节 6.花 7.雌蕊 8.雄蕊

穗轴具柔毛;颖片1~3;外稃密生柔毛,内稃短于外稃;柱头3,羽毛状。原产我国,分布于黄河流域以南地区。茎秆的干燥中间层(药材名:竹茹)为化痰药,能清热化痰,除烦止呕。(图15-175)

(2)禾亚科 Agrostidoideae

草本。秆上生普通叶,叶片常为狭长披针形或线形,中脉明显,通常无叶柄,叶鞘明显,叶片与叶鞘连接处无关节。

薏米(薏苡)*Coix lacryma-jobi* L. var. *mayuen* (Roman.)Stapf 一年生草本。秆高1~1.5 m,多分枝。总状花序,雄花序位于雌花序上部,具5~6对雄小穗;雌小穗位于花序下部,为甲壳质的总苞所包被。颖果长圆形。全国大部分地区有分布。种仁(药材名:薏苡仁)为利水渗湿药,能利水渗湿,健脾止泻,除痹,排脓,解毒散结。(图15-176)

淡竹叶 *Lophatherum gracile* Brongn. 多年生草本,须根中部膨大呈纺锤形小块根。叶舌质硬,褐色,背有糙毛;叶片披针形。圆锥花序,小穗线状披针形;颖片具5脉,边缘膜质;雄蕊2。颖果长椭圆形。分布于华东、华南、西南等地区。干燥茎叶(药材名:淡竹叶)为清热泻火药,能清热除烦,利尿,生津止渴。(图15-177)

本科重要药用植物还有芦苇 *Phragmites communis* Trin. 多年生草本,根状茎发达。秆直立。叶片披针状线形,叶舌边缘密生一圈长约1 mm的短纤毛。圆锥花序,小穗具4花;颖片具3脉;雄蕊3。全国各地区均有分布。新鲜或干燥根状茎(药材名:芦根)为清热泻火药,能清热生津,除烦,止呕,利尿。稻 *Oryza sativa* L. 一年生水生草本。秆直立。叶舌披针形,具2枚镰形抱茎的叶耳。圆锥花序,成熟期向下弯垂;小穗含1朵成熟的花;退化外稃2,锥刺状;雄蕊6。全国各地多有栽

图 15 - 176 薏米
1. 植株上部 2. 雌小穗 3. 雌蕊及退化雄蕊

图 15 - 177 淡竹叶
1. 植株 2. 小穗

培。成熟果实发的芽(药材名:稻芽)能和中消食,健脾开胃。青竿竹 *Bambusa tuldoides* Munro、大头典竹 *Dendrocalamopsis beecheyana* (Munro)Keng var. *pubescens* (P. F. Li) Keng f. ,以上两种植物茎秆的干燥中间层亦作竹茹入药。丝茅(白茅)*Imperata cylindrica* (L.) Beauv. var. *major* (Nees) C. E. Hubb. 干燥根状茎(药材名:白茅根)为止血药,能清热利尿,生津止渴。

53. 莎草科 Cyperaceae

☿ * $P_0 A_3 \underline{G}_{(2\sim3:1:1)}$; ♂ * $P_0 A_3$; ♀ * $P_0 \underline{G}_{(2\sim3:1:1)}$

【特征】 多年生草本,稀一年生;常具根状茎或少数兼具块茎。地上茎(特称秆)三棱形。叶基生或秆生,叶片狭长,叶鞘闭合。小穗单生或多数排列为各式花序;小穗具花 1 至多朵,花两性或单性,着生于鳞片(颖片)腋间;花被缺或退化成下位鳞片或下位刚毛,有时雌花为果囊包裹;雄蕊 3枚;子房上位,1 室,胚珠 1 枚,柱头 2~3。小坚果。本科与禾本科的主要区别是:秆三棱形,叶鞘闭合,花柱单一,柱头 2~3 裂;小坚果或瘦果。(图 15 - 178)

【分布】 本科有 80 多属,4 000 余种;广泛分布于世界各地。我国有 31 属,670 多种;已知药用17 属,110 种;分布于全国各地。

【药用植物】 香附子(莎草)*Cyperus rotundus* L. 根状茎匍匐状,具椭圆形块茎。秆锐三棱

图 15-178　莎草科(香附子)主要特征(图片：白吉庆，寻路路)

1. 植株上部(秆锐三棱形)　2. 花序(小穗线形，鳞片2列)　3. 地下部分

形,平滑,基部呈块茎状。叶较多,叶鞘棕色,常裂成纤维状。穗状花序具3～10个小穗;小穗具8～28朵花,小穗轴具白色透明的翅;鳞片覆瓦状排列,膜质;雄蕊3,药隔突出于花药顶端;柱头3。小坚果长圆状倒卵形,三棱状,具细点。全国大部分地区有分布。干燥块茎(药材名:香附)为理气药,能疏肝解郁,理气宽中,调经止痛。(图 15-179)

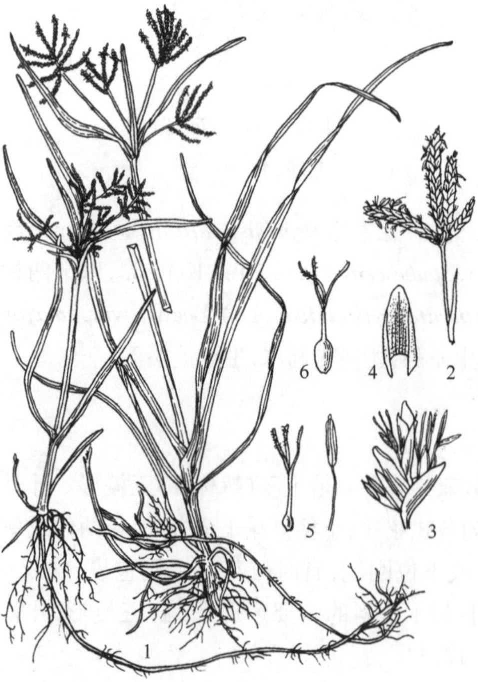

荆三棱 *Scirpus yagara* Ohwi　分布于东北各省以及江苏、浙江、贵州、台湾等地。块茎(药材名:黑三棱)为活血化瘀药,能破血行气,消积止痛。

本科常用药用植物还有:荸荠 *Heleocharis dulcis* (Burm. f.) Trin. ex Henschel,分布于长江流域各省区,生于浅水处。球茎能清热生津,开胃解毒。

54. 棕榈科　Palmae (Arecaceae)

$\female, \male ; \female * K_{3,(3)} C_{3,(3)} A_{3+3,0} \underline{G}_{(3),3} , \underline{G}_0$

【特征】　乔木、灌木或藤本。茎通常不分枝。叶互生,多为羽状或掌状分裂;叶柄基部常扩大成具纤维的鞘。花两性或单性,雌雄同株或异株,有时杂性,组成肉穗花序;花序通常大型多分枝,具一个或多个佛焰苞;萼片3,花瓣3,离生或合生;雄蕊多为6枚,2轮;子房上位,心皮3,离生或基部合生,子房

图 15-179　香附子

1. 植株　2. 花序　3. 小穗上鳞片内发育的花
4. 鳞片　5. 雌蕊与雄蕊　6. 果实(未成熟)

图 15-180　棕榈科(棕榈)主要特征(图片：赵志礼)

1. 植株(乔木状；叶掌状深裂)　2. 雌花序(雌雄异株)　3. 叶裂片(先端 2 裂)　4. 雄花序　5. 果序
6. 雄花(萼片 3，花瓣 3，雄蕊 6)　7. 雌花(心皮 3，分离)　8. 果实(近成熟)　9. 果实(被白粉)

1~3 室,柱头 3,每心皮内有胚珠 1~2。核果或浆果。(图 15-180)

【分布】　本科约有 210 属,2 800 种;分布于热带、亚热带地区。我国约有 28 属,100 多种;已知药用 16 属,25 种;分布于西南至东南部各省区。

【药用植物】　棕榈 *Trachycarpus fortunei* (Hook. f.) H. Wendl.　乔木状,树干被老叶柄基部和密集的网状纤维。叶片近圆形,掌状深裂,裂片 30~50,先端浅 2 裂或具 2 齿;叶柄两侧具细圆齿,顶端有明显的戟突。花序粗壮,多次分枝;花单性,雌雄异株。雄花具雄蕊 6 枚,花药卵状箭头形。雌花心皮被银色毛。果实阔肾形,有脐,成熟时淡蓝色,被白粉。分布于长江以南各省区。生于疏林中,野生或栽培。棕榈干燥叶柄(煅后药材名:棕榈炭)能收敛止血。(图 15-181)

槟榔 *Areca catechu* L.　茎直立,乔木状,有明显的环状叶痕。叶簇生茎顶,羽片多数。雌雄同株,花序多分枝;雄花小,具雄蕊 6 枚;退化雌蕊 3枚,线形。雌花较大,具退化雄蕊 6 枚,合生;子房长圆形。果实长圆形或卵球形,橙黄色,中果皮厚,纤维质。分布于云南、海南及台湾等省区。果皮

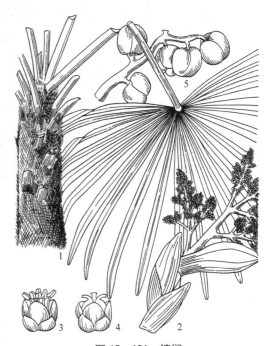

图 15-181　棕榈

1. 树干上部与叶　2. 花序　3. 雄花
4. 雌花　5. 果实

(药材名：大腹皮)能下气宽中,利水消肿;种子(药材名：槟榔)为驱虫药,能杀虫消积,降气,行水,截疟。

麒麟竭 *Daemonorops draco* Bl. 分布于印度尼西亚等国家。果实渗出的树脂经加工制成的药材(血竭),为活血化瘀药,能活血定痛,化瘀止血,生肌敛疮。

百合科植物海南龙血树 *Dracaena cambodiana* Pierre ex Gagnep.,分布于海南等省。茎木提取的树脂,功效类似血竭。

55. 天南星科 Araceae

$$\male \female * P_{0,2+2,3+3} A_{4,6} \underline{G}_{(2\sim3:1\sim3:1\sim\infty)}; \male P_0 A_{1\sim\infty,(2\sim8)}; \female P_0 \underline{G}_{(1\sim4:1\sim4:1\sim\infty)}$$

【特征】 草本植物,地下茎多样,常含有乳汁。叶常基生。肉穗花序,花序外面有1枚佛焰苞包围;花两性或单性,辐射对称。花雌雄同序者,雌花位于花序轴下部,雄花位于花序轴上部。花被片无或4～6;雄蕊1至多数;子房上位,心皮1至数枚,合生,每室胚珠1至多数。浆果。植物体常含有黏液细胞、针晶及针晶束;根状茎或块茎具周木型维管束。本科植物常含挥发油、生物碱、苷类、黄酮类及多糖等活性成分。(图15-182)

图15-182 天南星科主要特征(图片：赵志礼)

1. 植株(半夏：叶3全裂) 2. 幼苗(半夏：单叶;具珠芽) 3. 肉穗花序(石菖蒲：佛焰苞叶状) 4. 花(石菖蒲：两性) 5. 浆果(一把伞南星：未成熟) 6. 块茎(半夏) 7. 根状茎(石菖蒲) 8. 肉穗花序(半夏：佛焰苞管部席卷,附属器线形,外伸) 9. 花(半夏：雄花序位于上部,雌花序位于下部)

【分布】 本科有115属,2 000多种;分布于热带及亚热带地区。我国有35属,200多种;已知药用22属,106种;多分布于西南、华南各省区。(表15-14)

表15-14 天南星科部分属检索表

1. 花两性 ……………………………………………………………………………… 菖蒲属 *Acorus*
1. 花单性。
  2. 肉穗花序有顶生附属器。

【**药用植物**】　一把伞南星(天南星)*Arisaema erubescens*(Wall.)Schott　块茎扁球形。叶1,叶柄中部以下具鞘,叶片放射状分裂,裂片无定数。佛焰苞绿色,管部圆筒形,檐部常三角状卵形至长圆状卵形,先端渐狭,略下弯,有线形尾尖或无。肉穗花序单性;附属器棒状,圆柱形,直立。雄花雄蕊2~4。雌花子房卵圆形。浆果。全国大部分地区有分布。块茎(药材名:天南星)为化痰药,能燥湿化痰,祛风止痉,散结消肿。(图15-183)

同属植物异叶天南星 *A. heterophyllum* Blume,全国大部分地区有分布。东北南星 *A. amurense* Maxim.,分布于东北、华北及西北等地区。块茎(药材名:天南星)功效同天南星。

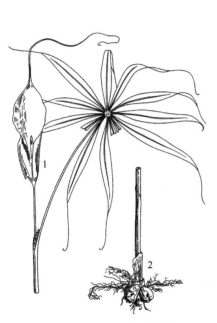

图 15 - 183　一把伞南星
1. 肉穗花序　2. 块茎

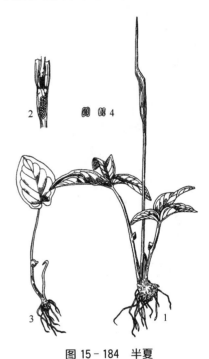

图 15 - 184　半夏
1. 植株　2. 肉穗花序纵切,示雄花序和雌花序
3. 幼苗　4. 花药

半夏 *Pinellia ternata*(Thunb.)Breit.　块茎圆球形。叶2~5,有时1。叶柄上具珠芽。幼苗叶片为全缘单叶;老株叶片3全裂。佛焰苞绿色或绿白色,管部狭圆柱形。肉穗花序,雌花集中在花轴下部,雄花集中在花轴上部,中间间隔约3 mm;附属器细柱状,长达10 cm。浆果。全国大部分地区有分布。生于田间、林下、荒坡等地。块茎(药材名:半夏)为化痰药,能燥湿化痰,降逆止呕,消痞散结。(图15-184)

石菖蒲 *Acorus tatarinowii* Schott.　分布于黄河以南各省区。根状茎(药材名:石菖蒲)为开窍药,能化湿开胃,开窍豁痰,醒神益智。

菖蒲(藏菖蒲)*A. calamus* L.　多年生草本。根茎芳香。叶基生,叶片剑状线形。佛焰苞叶

状,剑状线形;肉穗花序。两性花,花黄绿色。浆果。广泛分布于全国各地。根状茎(药材名:藏菖蒲),能温胃,消炎止痛。(图 15-185)

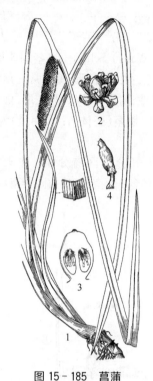

图 15-185　菖蒲
1. 植株　2. 两性花　3. 子房纵切　4. 胚珠

图 15-186　独角莲
1. 植株　2. 肉穗花序(去佛焰苞),示雄花序(上)、
中性花序(中)和雌花序(下)

　　独角莲 *Typhonium giganteum* Engl.　具块茎。一至二年生植株常具 1 叶,三至四年生者有 3～4 叶;叶片幼时内卷如角状,发育展开后呈箭形。佛焰苞紫色。肉穗花序,雌花集中在花轴下部,雄花集中在花轴上部,中间由多数中性花分隔;附属器紫色,圆柱形,直立。浆果。我国特产,分布于河北、山东、吉林、辽宁、河南、湖北、陕西、甘肃、四川及西藏。块茎(药材名:禹白附)为化痰药,能祛风痰,定惊搐,解毒散结止痛。(图 15-186)

　　千年健 *Homalomena occulta* (Lour.) Schott.　具根状茎。叶片箭状心形至心形。佛焰苞绿白色。肉穗花序,雌花集中在花轴下部,雄花集中在花轴上部。浆果。分布于海南、广西及云南等省区。生于林下沟谷湿地。根状茎(药材名:千年健)能驱风湿,强筋骨。

　　56. 百部科　Stemonaceae

$$♀ * P_{2+2} A_4 \underline{G}_{(2:1:2\sim\infty)}$$

　　【特征】　半灌木。常具纺锤状肉质块根。花序腋生或贴生于叶片中脉;两性花,辐射对称;花被片 4,2 轮;雄蕊 4,药隔常明显伸长,呈钻状线形或线状披针形;子房上位或近半下位,1 室;胚珠 2 至多数。蒴果。本科植物常含百部类生物碱等。(图 15-187)

　　【分布】　本科有 3 属,约 30 种;分布于亚洲东部,南部至澳大利亚及北美洲的亚热带地区。我国有 2 属,11 种;已知药用 2 属,6 种;分布于秦岭以南各省区。

　　【药用植物】　大百部(对叶百部)*Stemona tuberosa* Lour.　具纺锤状块根。茎攀缘状,下部木

图 15 - 187 百部科主要特征(图片:赵志礼)

1. 植株(百部) 2. 花(大百部:花被片4;雄蕊4) 3. 花(百部:花序柄贴生于叶片中脉上)
4. 块根(百部) 5. 雌蕊(大百部) 6. 外轮花被片(大百部) 7. 雄蕊群(大百部:药隔肥厚,向上延伸) 8. 雄蕊(大百部:花药顶端具钻状附属物,侧面观) 9. 雄蕊(大百部:正面观)
10. 雄蕊与雌蕊(百部) 11. 蒴果(百部) 12. 种子(百部:簇生膜质附属物)

	2		6	7	8	9
1	3			10		11
	4	5				12

质化。叶常对生或轮生,卵状披针形、卵形或宽卵形。花单生或2～3朵排成总状花序;花被片黄绿色带紫色脉纹;雄蕊紫红色,花药顶端具短钻状附属物,药隔肥厚,向上延伸为长钻状或披针形的附属物。蒴果。分布于长江流域以南各省区。生于山坡林下。块根(药材名:百部)为止咳平喘药,能润肺下气止咳,杀虫灭虱。(图 15 - 188)

同属植物直立百部 *Stemona sessilifolia* (Miq.) Miq.,分布于浙江、江苏、安徽、江西、山东、河南等地。生于山坡、草丛或林下。百部(蔓生百部) *Stemona japonica* (Bl.) Miq.,分布于浙江、江苏、安徽、江西等地。生于山坡草丛、路旁或林下。块根均做"百部"入药,功效同百部。

57. 百合科 Liliaceae

♀ * P$_{3+3,(3+3)}$ A$_{3+3}$ G$_{(3:3:1\sim\infty)}$

【特征】 常为多年生草本,稀为亚灌木、灌木或乔木状。有根状茎、块茎或鳞茎。花两性,稀单性;常为辐射对称;花被片6,2轮,离生或部分联合,常为花冠状;雄蕊通常6枚,花药基生或丁字状着生;子房上位,稀半下位;常3室,中轴胎座,每室胚珠1～多数。蒴果或浆果,稀坚果。植物体常有黏液细胞,并含有草酸钙针晶束。本科植物常含甾体生物碱、甾体皂苷、甾体强心苷等。(图 15 - 189)

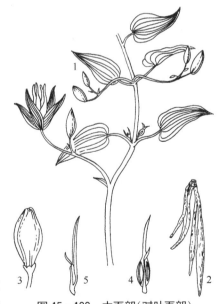

图 15 - 188 大百部(对叶百部)

1. 花枝 2. 块根 3. 果实
4. 雄蕊正面观 5. 雄蕊侧面观

图 15 - 189 百合科主要特征(图片:赵志礼)

1. 植株(百合:多年生草本) 2. 花(百合:花被片 6,两轮) 3. 雄蕊(卷丹:花药丁字状着生)
4. 鳞茎(卷丹)5. 蜜腺(百合:位于花被片基部,两边具乳头状突起) 6. 叶(百合:平行脉) 7. 根
状茎(多花黄精:连珠状) 8. 雌蕊(百合:柱头 3 裂;子房上位) 9. 子房横切(百合:中轴胎座)
    10. 蒴果(知母) 11. 浆果(万年青) 12. 种子(百合:扁平,周围具翅)

	2	3			9
1	4	5	8		10
	6				11
	7				12

【分布】 本科约有 230 属,3 500 种;分布于温带和亚热带地区。我国有 60 属,约 560 种;已知药用 52 属,374 种;分布遍及全国。(表 15 - 15)

表 15 - 15 百合科部分属检索表

1. 植株无鳞茎。
    2. 叶轮生茎顶端;花顶生 ·· 重楼属 *Paris*
    2. 非上述情况。
        3. 植株具叶状枝 ·· 天门冬属 *Asparagus*
        3. 植株无叶状枝。
            4. 成熟种子小核果状。
                5. 子房上位 ·· 山麦冬属 *Liriope*
                5. 子房半下位 ··· 沿阶草属 *Ophiopogon*
            4. 浆果或蒴果。
                6. 叶肉质肥厚 ··· 芦荟属 *Aloe*
                6. 叶非上述情况。
                    7. 花单性 ·· 菝葜属 *Smilax*
                    7. 花两性。
                        8. 雄蕊 3 枚 ···································· 知母属 *Anemarrhena*
                        8. 雄蕊 6 枚。
                            9. 蒴果 ····································· 萱草属 *Hemerocallis*
                            9. 浆果 ····································· 黄精属 *Polygonatum*
1. 植株具鳞茎。
    10. 伞形花序;植株常具葱蒜味 ································· 葱属 *Allium*
    10. 非上述情况。
        11. 花被片基部有蜜腺窝 ······································ 贝母属 *Fritillaria*
        11. 花被片基部无蜜腺窝 ······································ 百合属 *Lilium*

【药用植物】 卷丹 *Lilium lancifolium* Thunb. 具鳞茎。茎具白色绵毛。叶散生,矩圆状披针形或披针形,上部叶腋有珠芽。花下垂,花被片披针形,反卷,橙红色,有紫黑色斑点。蒴果。全国大部分地区有分布。肉质鳞叶(药材名:百合)能养阴润肺,清心安神。(图 15 - 190)

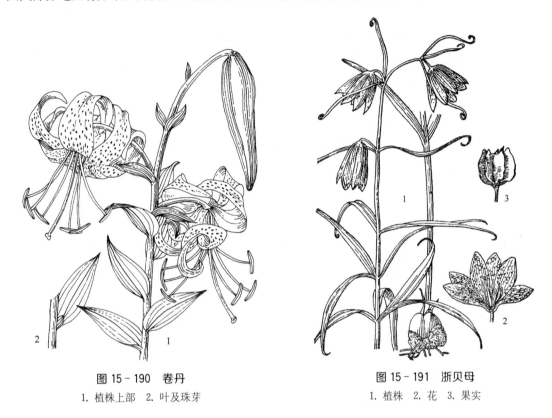

图 15 - 190 卷丹
1. 植株上部 2. 叶及珠芽

图 15 - 191 浙贝母
1. 植株 2. 花 3. 果实

同属植物百合 *L. brownii* F. E. Brown ex Miellez var. *viridulum* Baker,分布于河北、山西、河南、陕西、湖北、湖南、江西、安徽、浙江等地。山丹(细叶百合)*L. pumilum* DC.,分布于西北、华北及东北等地。肉质鳞叶亦做百合入药,功效与百合相同。

浙贝母 *Fritillaria thunbergii* Miq. 具鳞茎。叶在最下面的对生或散生,向上常兼有散生、对生和轮生,近条形至披针形。花 1～6 朵,淡黄色,叶状苞片先端卷曲。蒴果具棱,棱上有宽 6～8 mm 的翅。分布于浙江、江苏及湖南。较小鳞茎(药材名:珠贝)、鳞茎除芯芽的鳞片(药材名:大贝),能清热化痰止咳,解毒散结消痈。(图 15 - 191)

川贝母 *F. cirrhosa* D. Don 鳞茎由 2 枚鳞片组成。叶常对生,少数在中部兼有散生或 3～4 枚轮生,狭条形至条状披针形,先端稍卷曲或不卷曲。花通常单朵,极少 2～3 朵,花被紫色至黄绿色,通常有小方格,少数仅具斑点或条纹;叶状苞片常 3 枚,先端卷曲。蒴果具狭翅。主要分布于四川、云南、西藏等地。生于高山灌丛及草甸等地。鳞茎(药材名:川贝母)为化痰药,能清热润肺,化痰止咳,散结消痈。是川贝母中青贝的主要来源。

同属植物甘肃贝母 *F. przewalskii* Maxim. ex Batal.,鳞茎中有鳞叶 3～4 枚。分布于甘肃、青海及四川等地,生于高山山坡草丛。暗紫贝母 *F. unibracteata* Hsiao et K. C. Hsia,鳞茎外面有 2 枚鳞片。分布于四川西北部、青海及甘肃南部等地,生于高山灌丛及草甸。梭砂贝母 *F. delavayi* Franch.,鳞茎较大,有鳞叶 3～4 枚。分布于云南、四川、青海及西藏等地,生于高海拔的流石滩等地。以上三种植物的鳞茎均作"川贝母"入药,其中甘肃贝母是川贝母中青贝的主要来源,暗紫贝母是川贝母中松贝的主要来源,梭砂贝母是川贝母中炉贝的主要来源。

同属植物伊贝母 *F. pallidiflora* Schrenk,分布于新疆西北部,生于阳坡草地等处。新疆贝母 *F. walujewii* Regel,分布于新疆天山地区,生于阴湿地等处。鳞茎(药材名:伊贝母)能清热润肺,化痰止咳。平贝母 *F. ussuriensis* Maxim.,分布于辽宁、吉林及黑龙江,生林下、草丛中。鳞茎(药材名:平贝母)能清热润肺,化痰止咳。

玉竹 *Polygonatum odoratum* (Mill.) Druce　具根状茎。茎高 20～50 cm,具 7～12 叶。叶互生。花黄绿色至白色,花被片联合,花被筒较直。浆果蓝黑色。全国大部分地区有分布。生于向阳山坡草丛中。根状茎(药材名:玉竹)能养阴润燥,生津止渴。

黄精 *P. sibiricum* Delar. ex Redoute　分布于东北、华北、西北、华东各省区。生于林下、灌丛及山坡阴湿处。根状茎(药材名:黄精)为滋阴药,能补气养阴,健脾,润肺,益肾。(图 15 - 192)

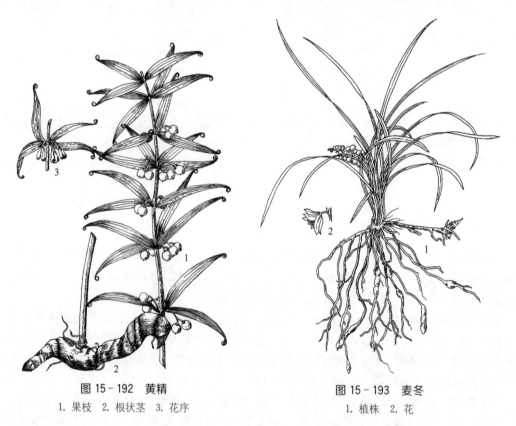

图 15 - 192　黄精
1. 果枝　2. 根状茎　3. 花序

图 15 - 193　麦冬
1. 植株　2. 花

同属植物滇黄精 *P. kingianum* Coll. et Hemsl.,分布于云南、四川及贵州。生于林下、灌丛或阴湿草坡地。多花黄精 *P. cyrtonema* Hua,全国大部分地区有分布。生于林下、灌丛及山坡阴处。以上两种植物根状茎亦作黄精入药。

麦冬 *Ophiopogon japonicus* (L. f.) Ker-Gawl.　具椭圆形或纺锤形的小块根。叶基生成丛,禾叶状。总状花序;花被片常稍下垂而不展开,披针形,白色或淡紫色;花柱基部宽阔,向上渐狭。种子球形。全国大部分地区有分布。生于山坡阴湿处、林下或溪边等地。块根(药材名:麦冬)为滋阴药,能养阴生津,润肺清心。(图 15 - 193)

阔叶山麦冬(短葶山麦冬)*Liriope platyphylla* Wang et Tang 具肉质小块根。叶密集成丛,禾叶状。总状花序;花被片紫色或红紫色;子房近球形。种子球形,成熟时黑紫色。全国大部分地区有分布。生于林下阴湿处。块根(药材名:山麦冬)能养阴生津,润肺清心。

同属植物湖北麦冬 *L. spicata* (Thunb.) Lour. var. *prolifera* Y. T. Ma,块根亦做山麦冬入药。

本科常用药用植物还有:华重楼(七叶一枝花)*Paris polyphylla* Smith var. *chinensis* (Franch.) Hara,分布于华东、华南及西南等各省区。生于林下及灌丛。根状茎(药材名:蚤休)能清热解毒,消肿止痛,凉肝定惊。宽瓣重楼(云南重楼)*P. polyphylla* Smith var. *yunnanensis* (Franch.) Hand. Mazz.,分布于云南、贵州、四川、湖北、湖南、福建、广西等省区。根状茎(药材名:蚤休)功效与华重楼相同。天门冬 *Asparagus cochinchinensis* (Lour.) Merr.,全国大部分地区有分布。生于山坡、路旁及疏林下。块根(药材名:天冬)为滋阴药,能养阴润燥,清肺生津。知母 *Anemarrhena asphodeloides* Bunge,分布于华北、西北及东北等各省区。生于干燥的丘陵地、草甸、草原。根状茎(药材名:知母)能清热泻火,生津润燥。土茯苓(光叶菝葜)*Smilax glabra* Roxb.,分布于长江流域以南各省区,甘肃南部亦有分布。生于山坡、灌丛及疏林下。块根(药材名:土茯苓)能除湿,解毒,通利关节。库拉索芦荟 *Aloe barbadensis* Miller、好望角芦荟 *Aloe ferox* Miller 或同属其他近缘植物叶的汁液干燥品(药材名:芦荟),能泻下通便,清肝泻火,杀虫疗疳。藜芦 *Veratrum nigrum* L.,分布于东北、华北、西北及四川、江西、河南、山东等省。生于林下阴湿处。鳞茎(药材名:藜芦)为涌吐药,能涌吐,杀虫,有毒。海南龙血树 *Dracaena cambodiana* Pierre ex Gagnep.,分布海南等地。剑叶龙血树 *D. cochinchinensis* (Lour.) S. C. Chen,分布于广西、云南等省区。树脂(药材名:国产血竭)为活血化瘀药,内服能活血化瘀,止痛;外用能止血,生肌,敛疮。丽江山慈姑 *Iphigenia indica* Kunth et Benth.,分布于云南西北部和四川南部。生于向阳草坡、灌丛、林下。鳞茎习称"土贝母",为提取秋水仙碱的原料药。

58. 石蒜科 Amaryllidaceae

$\male\female *, \uparrow P_{(3+3), 3+3} A_6 \overline{G}_{(3:3:1\sim\infty)}$

【特征】 多为草本,具膜被的鳞茎,少为根状茎。叶多数基生。花单生或伞形花序,常具佛焰苞状总苞,总苞片1至数枚;两性花,辐射对称或两侧对称;花被片6,2轮,离生或部分联合;副花冠有或无;雄蕊通常6;子房下位,3室,中轴胎座,每室胚珠1至多数,柱头头状或3裂。蒴果,稀浆果状。本科植物常含多种生物碱、甾体皂苷类成分。石蒜碱,可作吐根代用品;某些种类还含有加兰他敏(Galanthamine)、力可拉敏(Lycoramine),临床上为治疗小儿麻痹后遗症的要药。甾体皂苷元是生产甾体激素药物的重要原料。(图15-194)

【分布】 本科有100多属,1 200多种;分布于热带、亚热带及温带。我国约有17属,近44种及4变种;已知药用10属,29种;全国各地均有分布。

【药用植物】 仙茅 *Curculigo orchioides* Gaertn. 根状茎粗厚,直生。叶线形、线状披针形或披针形。总状花序多少呈伞房状,通常具4~6朵花;苞片披针形,具缘毛;花黄色;花被裂片长圆状披针形;柱头3裂,子房狭长,顶端具长喙,被疏毛。浆果近纺锤状。种子表面具纵凸纹。分布于浙江、江西、福建、台湾、湖南、广东、广西、四川、云南及贵州等省区。生于丘陵草地及荒地。根状茎(药材名:仙茅)为补阳药,能补肾阳,强筋骨,祛寒湿。(图15-195)

石蒜 *Lycoris radiata* (L'Hérit.) Herb. 鳞茎近球形。秋季出叶,叶狭带状。总苞片2枚,披针形;伞形花序有花4~7朵,花鲜红色;花被裂片狭倒披针形,强度皱缩和反卷;雄蕊显著伸于花被外,比花被长1倍左右。全国大部分地区有分布。生于阴湿山谷及河边。鳞茎能解毒祛痰,催吐,杀虫,有毒,仅外用,民间治疗疔疮等症。(图15-196)

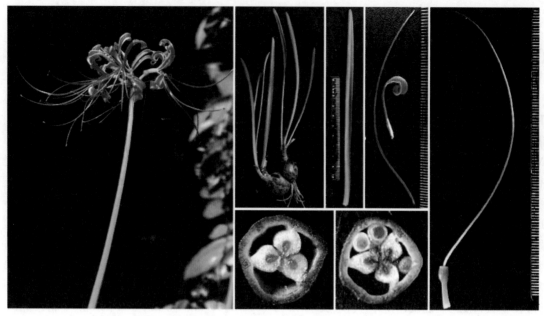

图 15 - 194　石蒜科(石蒜)主要特征(图片：赵志礼)

1. 花茎(伞形花序)　2. 植株(草本;具鳞茎;秋季出叶)　3. 叶(狭带状,宽约5 mm)　4. 花被裂片与雄蕊(花被裂片皱缩、反卷;雄蕊比花被长1倍左右)　5. 子房横切(3室)　6. 子房横切(中轴胎座)　7. 雌蕊(花柱细长。子房下位)

图 15 - 195　仙茅

1. 植株　2. 花　3. 花之剖面　4. 雄蕊　5. 种子

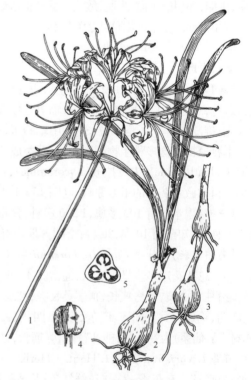

图 15 - 196　石蒜

1. 着花的花茎　2. 鳞茎及叶　3. 重生鳞茎
4. 果实　5. 子房横切面

59. 薯蓣科　Dioscoreaceae

$$♂ * P_{3+3,(3+3)} A_6 ; ♀ * P_{3+3,(3+3)} \overline{G}_{(3:3:2)}$$

【特征】　缠绕草质或木质藤本。有根状茎或块茎。叶互生,有时中部以上对生,单叶或掌状复叶,基出脉 3～9,侧脉网状;叶柄扭转,有时基部有关节。花小,花单性或两性,常雌雄异株。雄花花被片 6,2 轮,离生或基部合生;雄蕊 6,有时其中 3 枚退化。雌花花被片与雄花相似;子房下位,3 室,每室常有胚珠 2,花柱 3,分离。蒴果具三棱的翅,种子常有翅。植物体常具黏液细胞,并含有草酸钙针晶。本科植物常含甾体皂苷、生物碱、多糖及鞣质等活性成分。(图 15 - 197)

图 15 - 197　薯蓣科(薯蓣)主要特征(图片: 纪宝玉)
1. 叶(叶腋具珠芽)　2. 果序(蒴果)　3. 根状茎

【分布】　本科约有 9 属,650 多种;分布于全球的热带和温带地区。我国有 1 属,约 50 种;已知药用 1 属,37 种;主要分布于西南至东南各省区。

【药用植物】　**薯蓣** *Dioscorea opposita* Thunb.　缠绕草质藤本;根状茎长圆柱形,垂直生长。茎右旋。单叶,茎下部互生,中部以上对生,稀 3 叶轮生,叶卵状三角形至宽卵形或戟形,边缘常 3 裂;叶腋内常有珠芽。雌雄异株。穗状花序。蒴果三棱状扁圆形或三棱状圆形。种子四周有膜质翅。全国大部分地区有分布。生于向阳山坡及灌丛中。根状茎(药材名: 山药)能补脾养胃,生津益肺,补肾涩精。(图 15 - 198)

穿龙薯蓣(穿山龙) *D. nipponica* Makino　全国大部分地区有分布。根状茎(药材名: 穿山龙)能祛风除湿,舒筋通络,活血止痛,止咳平喘。(图 15 - 199)

粉背薯蓣 *D. collettii* Hook. f. var. *hypoglauca* (Palibin) Pei et C. T. Ting(*D. hypoglauca* Palibin)　分布于河南、安徽、浙江、福建、台湾、江西、湖北、湖南、广东及广西等省区。根状茎(药材名: 粉萆薢)能利湿去浊,祛风除痹。

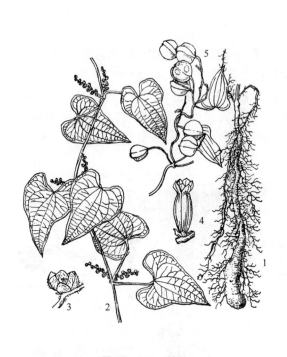

图 15-198 薯蓣
1. 根状茎 2. 雄枝 3. 雄花 4. 雌花 5. 果序

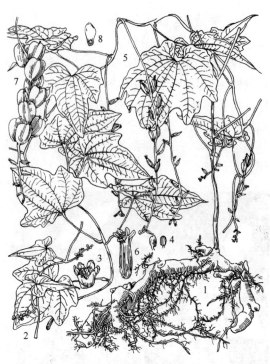

图 15-199 穿龙薯蓣
1. 根状茎 2. 雄枝 3. 雄花 4. 雄蕊
5. 雌枝 6. 雌花 7. 果序 8. 种子

绵萆薢 *D. septemloba* Thunb.，分布于浙江、福建、江西、湖北、湖南、广东及广西等省区。福州薯蓣 *D. futschauensis* Uline ex R. Kunth，分布于浙江、福建、湖南、广东及广西等省区。此两种的根状茎(药材名：绵萆薢)能利湿去浊，祛风除痹。

黄独 *D. bulbifera* L. 分布于华东、西南及广东等省区。块茎(药材名：黄药子)为化痰药，能化痰消瘿，清热解毒，凉血止血。

60. 鸢尾科 Iridaceae

$\male\female * P_{(3+3)} A_3 \overline{G}_{(3:3:\infty)}$

【特征】 常为多年生草本。有根状茎、球茎或鳞茎。叶多基生，少为互生，条形、剑形或为丝状，基部鞘状，互相套叠。花两性，常辐射对称，单生或组成各种花序；花被裂片 6，两轮排列；雄蕊 3；花柱上部常 3 裂，多呈分枝圆柱形或扁平花瓣状，柱头 3～6，子房下位，3 室，中轴胎座，胚珠多数。蒴果，成熟时室背开裂。植物体常具草酸钙柱晶、方晶、簇晶；周木型维管束。本科植物常含苷类、醌类化合物及萘芳香族化合物等活性成分。(图 15-200)

【分布】 本科约有 60 属，800 种；广泛分布于热带、亚热带及温带地区。我国有 11 属，71 种(主要为鸢尾属植物)；已知药用 8 属，39 种；多分布于西南、西北及东北各地。

【药用植物】 番红花 *Crocus sativus* L. 多年生草本。球茎扁圆球形，外有黄褐色的膜质包被。叶基生，条形；叶丛基部包有 4～5 片膜质的鞘状叶。花茎甚短；花红紫色。花被管细长，裂片 6，2 轮排列，上有紫色脉纹；雄蕊 3；花柱橙红色，上部 3 分枝，略扁，顶端楔形，有浅齿。蒴果。原产欧洲南部，国内有栽培。花柱(药材名：西红花)为活血化瘀药，能活血化瘀，凉血解毒，解郁安神。(图 15-201)

图 15 - 200　鸢尾科主要特征(图片：赵志礼)

1. 植株(番红花：具球茎)　2. 花(射干：花被裂片6,两轮;雄蕊3)　3. 花(小花鸢尾：花柱分枝3,花瓣状)　4. 根状茎(小花鸢尾)　5. 花被裂片(小花鸢尾：外轮)　6. 花被裂片(小花鸢尾：内轮)　7. 花被(番红花：花被管细长)　8. 子房横切(射干：中轴胎座)　9. 果实(射干：未成熟)　10. 蒴果(射干：室背开裂)

2	5	8
1 3	7 9
4 6	10

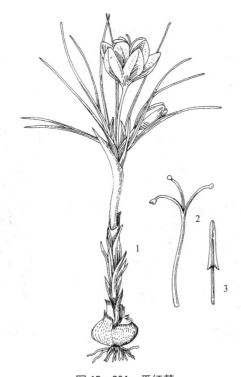

图 15 - 201　番红花

1. 植株　2. 花柱上部与柱头　3. 雄蕊

图 15 - 202　射干

射干 *Belamcanda chinensis* (L.) DC.　多年生草本。具根状茎;须根多数,带黄色。叶互生,嵌迭状排列,剑形,基部鞘状抱茎。花序顶生,叉状分枝;花橙红色,散生紫褐色的斑点;花被裂片6,2轮排列,内轮裂片较外轮裂片略小;雄蕊3;花柱顶端3裂,裂片边缘略向外卷,有细而短的毛。子房下位,3室,胚珠多数。蒴果,成熟时室背开裂,果瓣外翻。全国大部分地区均有分布。生于林缘或山坡草地。根状茎(药材名:射干)为清热解毒药,能清热解毒,消痰,利咽。(图15-202)

鸢尾 *Iris tectorum* Maxim.　多年生草本。根状茎粗壮。叶基生,宽剑形,基部鞘状。花蓝紫色,直径约10 cm;花被裂片6,2轮排列,外轮裂片中脉上有不规则的鸡冠状附属物;花柱分枝3,扁平,淡蓝色,顶端裂片近四方形,有疏齿。子房下位。蒴果,成熟时自上而下3瓣裂。全国大部分地区均有分布。生于阳坡地、林缘及水边湿地。根状茎(药材名:川射干)能清热解毒,祛痰,利咽。

同属植物蝴蝶花 *I. japonica* Thunb.,全国大部分地区均有分布。根状茎入药,能消肿止痛,清热解毒。

61. 姜科　Zingiberaceae

$\male\female \uparrow K_{(3)} C_{(3)} A_1 \overline{G}_{(3:3:\infty),(3;1;\infty)}$

【特征】　多年生草本,常具特殊香味。地下变态茎明显。叶通常2列,羽状平行脉;具叶鞘及叶舌。花序种种;花两性,常两侧对称;花被片6,2轮,外轮萼状,常合生成管,一侧开裂,顶端常3齿裂,内轮花冠状,基部合生,上部3裂,通常位于后方的1枚裂片较两侧的为大;退化雄蕊2或4枚,其中外轮的2枚称侧生退化雄蕊,呈花瓣状,齿状或不存在,内轮的2枚联合成一唇瓣,常十分显著而美丽,极稀无,能育雄蕊1;子房下位,中轴胎座,或侧膜胎座,胚珠常多数。蒴果或浆果状。种子具假种皮。本科植物常含挥发油、二萜类、黄酮类、二芳基庚烷类等成分。(图15-203)

图15-203　姜科主要特征(图片:赵志礼)

1. 植株(姜黄:穗状花序)　2. 花(姜黄:花萼3裂;花冠3裂)　3. 雄蕊(姜黄:花药具距)　4. 唇瓣(姜黄:侧生退化雄蕊花瓣状)　5. 唇瓣(草豆蔻:侧生退化雄蕊钻状)　6. 蒴果(草豆蔻)　7. 果实与种子团(草豆蔻:具假种皮)　8. 雌蕊(姜黄:腺体2;子房下位)　9. 子房横切(姜黄:中轴胎座)

【分布】　本科约有 50 属,1 300 种;主要分布于热带、亚热带地区。我国有 20 属,200 多种;已知药用 15 属,100 余种;分布于东南至西南各地。(表 15－16)

表 15－16　姜科部分属检索表

1. 花葶从根状茎抽出,具长柄,侧生退化雄蕊花瓣状 ……………………………………… 姜黄属 *Curcuma*
1. 花葶从横走的根状茎抽出或从地上茎叶腋抽出,侧生退化雄蕊小或不存在。
　2. 花序顶生,唇瓣 2～3 裂,蒴果不开裂或开裂 …………………………………………… 山姜属 *Alpinia*
　2. 花序单独自根茎发出。
　　3. 侧生退化雄蕊与唇瓣分离,唇瓣不具 3 裂片 ……………………………… 豆蔻属(砂仁属)*Amomum*
　　3. 侧生退化雄蕊与唇瓣联合,唇瓣大而具 3 裂片 ………………………………………… 姜属 *Zingiber*

【药用植物】　姜 *Zingiber officinale* Rosc.　根状茎肥厚,多分枝,有特殊辛辣味。叶片披针形或线状披针形。总花梗长达 25 cm,穗状花序球果状;苞片卵形,顶端有小尖头;花冠黄绿色;唇瓣中裂片长圆状倒卵形,有紫色条纹及淡黄色斑点,侧裂片较小;药隔附属体钻状。我国大部分地区有栽培。根状茎(药材名:干姜)为温里药,能温中散寒,回阳通脉,燥湿消痰;新鲜根状茎(药材名:生姜)为解表药,能解表散寒,温中止呕,化痰止咳。(图 15－204)

图 15－204　姜
1. 花序　2. 枝叶　3. 根状茎

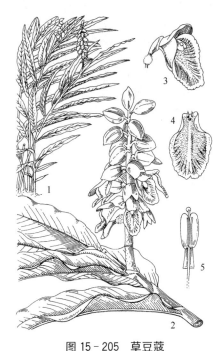

图 15－205　草豆蔻
1. 植株　2. 花枝　3. 花　4. 唇瓣　5. 雄蕊

草豆蔻 *Alpinia katsumadai* Hayata　多年生草本,植株高达 3 m。叶片线状披针形。总状花序顶生;小苞片乳白色,壳状;侧生退化雄蕊小,钻状;唇瓣顶端微 2 裂,具红、黄条纹;子房有毛。蒴果球形。广东、广西及海南等地有分布。近成熟种子团(药材名:草豆蔻)为芳香化湿药,能燥湿健脾,温胃止呕。(图 15－205)

同属植物红豆蔻(大高良姜)*A. galanga* (L.) Willd.,分布于台湾、广东、广西、云南等省区。生于沟谷林下、草丛中。根状茎(药材名:大高良姜)为温里药,能散寒,暖胃,止痛。成熟果实(药材名：红豆蔻)能燥湿散寒,醒脾消食。高良姜 *A. officinarum* Hance,分布于海南、广东、广西等省区。根状茎(药材名：高良姜)为温里药,能温胃散寒,消食止痛。益智 *A. oxyphylla* Miq.,分布于海南、广东、广西等地。成熟果实(药材名：益智)为补阳药,能温脾止泻,摄唾涎、暖肾,固精缩尿。山姜 *A. japonica* (Thunb.) Miq. 和华山姜 *A. chinensis* (Retz.) Rosc.,分布于南方各省区。果实在福建做砂仁用,称建砂仁。

姜黄 *Curcuma longa* L. 根茎橙黄色。不定根末端膨大呈块根。叶片长圆形或椭圆形。花葶由叶鞘内抽出;穗状花序;苞片淡绿色,上部无花的较窄,白色,边缘淡红色;花冠淡黄色;唇瓣倒卵形,淡黄色,中部深黄,药室基部有距。多为栽培。根状茎(药材名：姜黄)为活血化瘀药,能破血行气,通经止痛。(图 15 - 206)

图 15 - 206 姜黄

1. 根状茎　2. 叶及花序　3. 花　4. 雄蕊与花柱

图 15 - 207 砂仁(阳春砂仁)

1. 根状茎及果序　2. 枝叶　3. 花
4. 雄蕊正面及侧面观

广西莪术 *C. kwangsiensis* S. G. Lee et C. F. Liang 分布于广西、云南。块根(药材名：郁金、桂郁金)为活血化瘀药,能行气化瘀,清心解郁,利胆退黄;根状茎(药材名：莪术)为活血化瘀药,能行气破血,消积止痛。

同属植物蓬莪术 *C. aeruginosa* Roxb.、温郁金 *C. wenyujin* Y. H. Chen et C. F. Liang,根状茎入药作莪术,块根入药作郁金,商品药材名分别为绿丝郁金、温郁金。

砂仁(阳春砂仁) *Amomum villosum* Lour. 茎散生。中部叶片长披针形,上部叶片线形。穗状花序;唇瓣圆匙形,具瓣柄;药隔附属体 3 裂;子房被白色柔毛。蒴果椭圆形,成熟时紫红色,干后褐色,表面被柔刺。分布于福建、广东、广西及云南。成熟果实(药材名：砂仁)为芳香化湿药,能化湿开胃,温脾止泻,理气安胎。(图 15 - 207)

同属植物缩砂密(绿壳砂仁) *A. villosum* Lour. var. *xanthioides* (Wall. ex Bak.) T. L. Wu et Senjen,分布于云南。海南砂 *A. longiligulare* T. L. Wu,分布于海南。成熟果实(药材名：砂

仁)功效与阳春砂相同。草果 A. *tsao-ko* Crevost et Lemaire,分布于云南、广西、贵州等省区。成熟果实(药材名：草果)为芳香化湿药,能燥湿温中,除痰截疟。白豆蔻 A. *kravanh* Pierre ex Gagnep.,原产柬埔寨、泰国,我国云南、广东有栽培。成熟果实(药材名：豆蔻)为芳香化湿药,能化湿消痞,行气温中,开胃消食。爪哇白豆蔻 A. *compactum* Soland ex Maton,原产印度尼西亚,我国海南有栽培。成熟果实亦作豆蔻入药,能化湿消痞,行气温中,开胃消食。

62. 兰科　Orchidaceae

$\male\female \uparrow K_3 C_3 A_1 \overline{G}_{(3:1:\infty)}$

【特征】　多为陆生或附生草本。常有根状茎或块茎。茎下部常膨大成鳞茎。总状花序、圆锥花序,稀头状花序或花单生。花两性,常两侧对称;花被片 6,2 轮;萼片 3,离生或合生;花瓣 3,中央 1 枚特化为唇瓣(由于花作 180°扭转,常位于下方),形态变化多样;花柱与雄蕊完全合生成 1 柱状体,特称为合蕊柱(column);蕊柱顶端常具药床和 1 花药,腹面有 1 柱头穴,柱头与花药之间有 1 舌状物,称蕊喙(rostellum);花粉常粘合成团块状,并进一步特化成花粉块;子房下位,常 1 室而具侧膜胎座,胚珠多数;蒴果。种子细小,极多。(图 15-208、图 15-209)

图 15-208　兰科主要特征(图片：赵志礼)

1. 植株(白及：地生植物)　2. 合蕊柱(白及：具狭翅)　3. 花粉团(白及：粒粉质)　4. 花(白及)
5. 唇瓣(石斛)　6. 花药(石斛：花粉团蜡质)　7. 假鳞茎(白及)　8. 唇瓣(白及：3 裂,唇盘上具
　　5 条纵脊状褶片)　9. 子房横切(白及：1 室,侧膜胎座)　10. 蒴果(白及)

1	2	4	8
		5 6	9
3		7	10

　　兰科大多数为虫媒花,其花粉块的精巧结构与传粉机制的多样性,植物与真菌之间的共生关系等,都达到了极高的地步,因此说兰科是被子植物进化最高级,花部结构最为复杂的科之一。植物体常具黏液细胞,并含有草酸钙针晶,周韧型维管束。本科植物常含有生物碱、菲醌类化合物、芪类化合物、香豆素类、挥发油及蒽醌类化合物等活性成分。

　　【分布】　本科约有 700 属,2 万种;多分布于热带、亚热带地区。我国 171 属,1 200 多种;已知药用 76 属,287 种;多分布于云南、台湾及海南等地。(表 15-17)

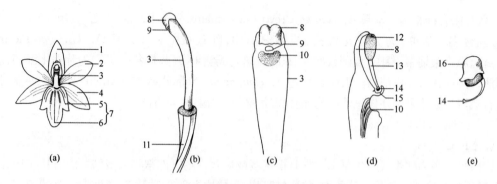

图 15 - 209 兰科植物花部构造及主要器官

(a) 花 (b) 子房及合蕊柱 (c) 合蕊柱 (d) 合蕊柱纵切 (e) 花药

1. 中萼片 2. 花瓣 3. 合蕊柱 4. 侧萼片 5. 侧裂片 6. 中裂片 7. 唇瓣 8. 花药 9. 蕊喙
10. 柱头 11. 子房 12. 花粉团 13. 花粉团柄 14. 粘盘 15. 粘囊 16. 药帽

表 15 - 17 兰科部分属检索表

1. 腐生草本;萼片与花瓣合生成筒 ···	天麻属 Gastrodia
1. 陆生或附生草本;萼片与花瓣分离。	
2. 陆生草本,唇瓣 3 裂,无蕊柱足,花粉团 8 个 ··························	白及属 Bletilla
2. 附生草本,唇瓣不裂,具蕊柱足,花粉团 4 个 ·························	石斛属 Dendrobium

【**药用植物**】 天麻(赤箭)*Gastrodia elata* Bl. 腐生草本。块茎肉质,具较密的节。茎直立,无绿叶,下部被数枚膜质鞘。总状花序;萼片与花瓣合生,顶端 5 裂;唇瓣 3 裂;合蕊柱有短的蕊柱足。蒴果。全国大部分地区均有分布。块茎(药材名:天麻)为平肝熄风药,能熄风止痉,平抑肝阳,祛风通络。(图 15 - 210)

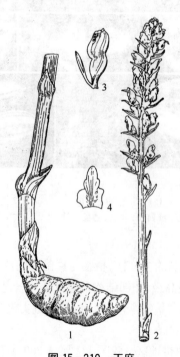

图 15 - 210 天麻

1. 块茎 2. 花序 3. 花 4. 唇瓣

图 15 - 211 石斛

　　石斛(金钗石斛)*Dendrobium nobile* Lindl.　附生草本。茎直立,肉质状肥厚,干后金黄色。叶革质,长圆形,先端不等侧 2 裂。总状花序;萼囊圆锥形;唇瓣宽卵形,基部两侧具紫红色条纹,唇盘中央具 1 个紫红色大斑块;蕊柱足绿色。分布于我国台湾、香港、海南、广西、四川、贵州、湖北、云南及西藏等省区。生于密林老树干或潮湿岩石上。新鲜或干燥茎(药材名: 石斛)为滋阴药,能益胃生津,滋阴清热。(图 15 - 211)

　　同属植物铁皮石斛 *D. officinale* Kimura et Migo (*D. candidum* Wall. ex Lindl.),分布于安徽、浙江、福建、广西、四川、云南等省区。马鞭石斛(流苏石斛)*D. fimbriatum* Hook. (*D. fimbriatum* Hook. var. *oculatum* Hook. F.),分布于广西、贵州、云南等省区。以上两种及其他近似种亦为中药石斛的原植物来源。

　　白及 *Bletilla striata* (Thunb. ex A. Murray) Rchb. f.,分布于陕西、甘肃、江苏、安徽、浙江、江西、湖南、湖北、广东、广西、福建、四川、贵州等省区。生于向阳山坡、疏林下、草丛中。块茎(药材名:白及)为止血药,能收敛止血,消肿生肌。(图 15 - 212)

　　本科常用药用植物还有手参 *Gymnadenia conopsea* (L.) R. Br.,分布于东北、华北、西北及川西北等地。生于山坡林下、草地。块茎能补益气血,生津止渴。石仙桃 *Pholidota chinensis* Lindl.,分布于浙江、福建、广东、海南、广西、云南、贵州、西藏等省区。生于林中或林缘树上、岩壁及岩石上。全草能清热解毒,化痰止咳。羊耳蒜 *Liparis nervosa* (Thunb.) Lindl.,分布于黑龙江、吉林、辽宁、内蒙古、河北、山西、陕西、甘肃、山东、江西、河南、四川、云南、贵州、西藏等省区。生于林下、灌丛中草地荫蔽处。全草能清热解毒,凉血止血。斑叶兰 *Goodyera schlechendaliana* Reichb. f.,分布于长江流域以南各省区。生于林下、林缘草丛及阴湿处。全草能清热解毒,消肿止痛。

图 15 - 212　白及
1. 植株　2. 唇瓣　3. 合蕊柱　4. 合蕊柱顶端的花药、蕊喙与柱头　5. 花粉团　6. 蒴果

附录一 被子植物分类系统简介

数百年来,许多植物工作者为建立一个"自然"的分类系统做出了巨大的努力,提出的分类系统已有数十个。但由于有关植物化石的证据及植物进化的理论不完善,直到现在还没有一个比较完善的分类系统。目前世界上运用比较广泛的仍然是恩格勒系统和哈钦松系统。在各级分类系统的安排上,一般认为克朗奎斯特系统和塔赫他间系统比以前一些分类系统更为合理。其中克朗奎斯特系统更适合教学使用。

一、恩格勒分类系统

恩格勒分类系统是德国植物学家恩格勒(A. Engler)和勃兰特(K. Prantl)在 1897 年出版的《植物自然分科志》(*Die Natürlichen Pflanzenfamilien*)这部巨著中所使用的系统。这部 23 大册的名著,包括整个植物界,分类至属为止,有时亦分至种。其后几经修订,到 1964 年迈启耳(Melchior)修订的第 12 版中,共有 62 目,344 科,其中双子叶植物 48 目,290 科,单子叶植物 14 目,54 科。(图附-1)

恩格勒系统以假花说为理论基础,其排列顺序是:先单子叶植物,后双子叶植物;单子叶植物从香蒲科开始,到兰科为止;双子叶植物从木麻黄科、三白草科开始,到菊科为止;双子叶植物中,由无被花到单被花,由单被花到双被花;双被花中,由离瓣花到合瓣花,而具有管状花冠和钟状花冠的植物被认为是最进化的。

恩格勒系统将柔荑花序类植物作为双子叶植物中最原始的类型,而把木兰科、毛茛科等看作是较进化的类型;认为单子叶植物比双子叶植物原始;将"合瓣花"植物归入一类,认为是进化的一群被子植物。这些观点随着植物形态学、植物解剖学以及古植物学等学科的发展,逐渐不能为许多分类学家所接受。而单子叶植物起源于原始的双子叶植物的观点已为绝大多数植物学家所承认,1964年迈启耳所修订的恩格勒系统中,已接受此观点,把原来放在分类系统前面的单子叶植物,移到双子叶植物后面。"柔荑花序类"经木材解剖学和孢粉学的研究证明应属次生类群。后来还证明"合瓣花类"也是一个人为的复合群,所谓"合瓣花类"是由于在被子植物演化中趋同演化的结果。

恩格勒系统的观点虽然不再为植物学家所接受,然而因为这一系统范围较广,包括了植物界所有植物的纲、目、科、属;而且各国沿用已久,已为许多植物分类工作者所熟悉使用,在目前还没有一个完全合乎自然的植物分类系统的情况下,恩格勒系统还是暂时可以采用的,只是在教学或编写植物志时,做了一些分类次序上的更动或附以必要的说明,本教材的被子植物分类部分就是采用了修改了的恩格勒分类系统。

二、哈钦松分类系统

哈钦松分类系统是英国植物学家哈钦松(J. Hutchinson)于 1926 年和 1934 年在《有花植物科

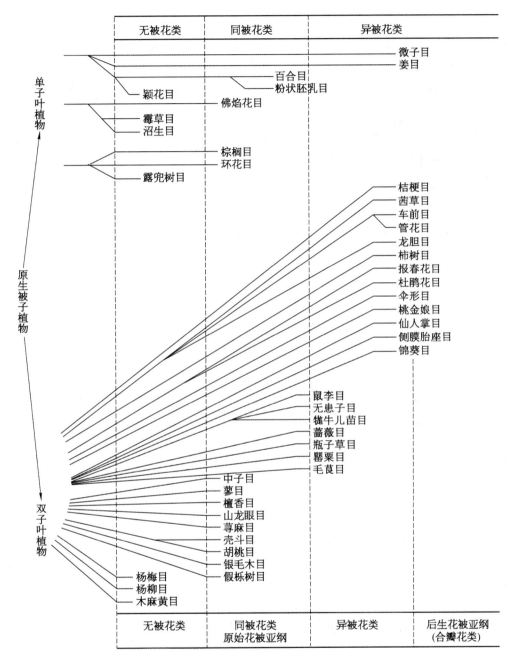

图附-1　恩格勒被子植物系统图

志》Ⅰ、Ⅱ(*The Families of Flowering Plants*)中所建立的分类系统。在1973年修订的第3版中,共有111目,411科;其中双子叶植物82目,342科,单子叶植物29目,69科。(图附-2)

哈钦松系统以真花说为理论基础,认为多心皮的木兰目、毛茛目是被子植物的原始类型,从木兰目演化出一支木本植物,从毛茛目演化出一支草本植物,认为两支是平行发展的;无被花、单被花是后来演化过程中蜕化而成的。其排列顺序是:先双子叶植物,后单子叶植物;双子叶植物从木兰科、八角科开始,到唇形科为止;单子叶植物从花蔺科开始,到禾本科为止。

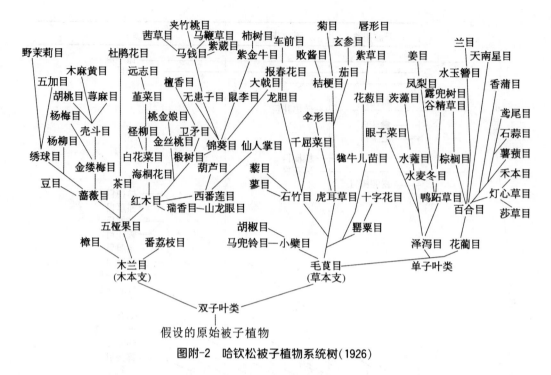

图附-2　哈钦松被子植物系统树(1926)

哈钦松系统过分强调木本和草本两个来源,使亲缘关系很近的一些科也分得远了,如草本的伞形科同木本的山茱萸科和五加科分开,草本的唇形科同木本的马鞭草科分开,等等;按照花被类型把单子叶植物分为萼花区、冠花区和颖花区也有一定的人为性。尽管如此,哈钦松的书仍然是一部很有科学价值的书,如科的描述水平较高,绘图精细准确,有详细的分科检索表,可以使读者定出几乎任何一个植物所属的科,因此有很大的实用价值,我国南方有些省区的标本室和植物志采用哈钦松分类系统。

三、塔赫他间分类系统

塔赫他间分类系统是苏联植物学家塔赫他间(A. Takhtajan)于1954年在《被子植物起源》一书中公布的分类系统。1980年修订版中,共有28超目,92目,410科,其中双子叶植物20超目,71目,333科,单子叶植物8超目,21目,77科。(图附-3)

塔赫他间系统以真花说为理论基础,认为木兰目是最原始的被子植物,单子叶植物由双子叶植物的睡莲目演化而来。首先打破了传统的把双子叶植物纲分成离瓣花亚纲和合瓣花亚纲;其次,在分类等级方面增设了"超目"一级分类单元。

四、克朗奎斯特分类系统

克朗奎斯特分类系统是美国植物学家克朗奎斯特(A. Cronquist)于1968年在其所著《有花植物的分类和演化》一书中发表的分类系统。在1981年修订版中,共83目,383科,其中双子叶植物64目,318科,单子叶植物19目,65科。(图附-4)

克朗奎斯特系统和塔赫他间的分类系统比较接近,在细节上仍有较大差异,另外本系统简化了塔赫他间系统,取消了"超目"一级分类单元。目前,我国的教科书采用这一系统。

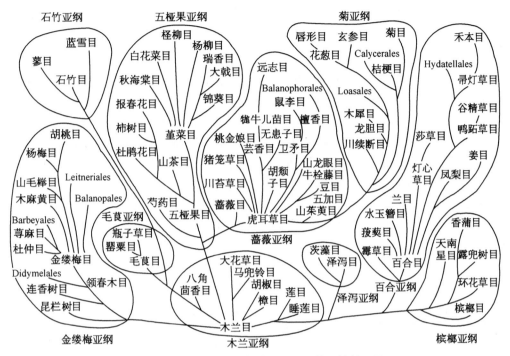

图附-3　塔赫他间有花植物亚纲和目的系统关系图

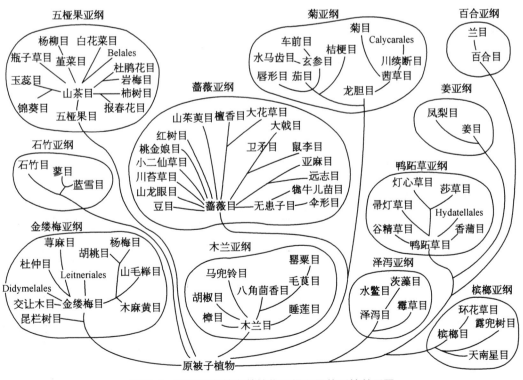

图附-4　克朗奎斯特有花植物亚纲和目的系统关系图

五、吴征镒的被子植物分类系统(即八纲分类系统)

众所周知,系统发育是不能直接观察到的,它发生于过去,只能依靠所有已得到的证据,进行推断而重建。而我们现在所见到的类群,只是在演化长河中各个系统发育线在不断地分歧、发展和灭亡过程中保存下来的类群。Stuessy 认为现存类群之间有着四种亲缘关系(relationship),即分支的(cladistic)、表型的(phenetic)、时间的(chronistic)和 patristic(是指一条系统发育线内性状变异)。我们在研究被子植物分类系统过程中,就是依据这四种亲缘关系来推断分类群之间系统关系,探索它们的共同祖先,推断其系统发育的。其中以时间的 chronistic 关系最难推断,主要是植物的化石极其匮乏,即使被发现,也只能说是植物本身可保存部分和当时当地所提供的化石形成条件的综合反映,是不可能推断这是类群或种的起源时间。

系统发育线(phyletic line)实指谱系传代线(genealogical lineage)或祖裔传代线(line of descents),是每个自然分类群含有多少条系统发育线之意。达尔文的进化论指出:"凡是一个真正的自然分类群,必然是有一个共同祖先,是单源起源的。"吴征镒认为被子植物是一个单源起源类群(group of unitary origin)。现代植物学者大部分认为被子植物起源于种子蕨。吴征镒按照形态—地理方法,在分析了全世界 572 种的系统和地理分布的基础上,推断被子植物起源于晚三叠纪至早侏罗纪的联合古陆(Pangaea),在它尚未完全分离时,前被子植物(Protoangiosperms)已经开始分化,后经历了数千万年的分化、灭亡、再分化的演化过程。在早白垩纪时,已向分离开的各个大陆辐射,此时 8 条谱系传代线已明显出现。吴征镒就此以这 8 条传代线分别命名为 8 个纲。建立了被子植物的八纲分类系统。该系统的特征是:对被子植物的现存分类群,除考虑其他证据外,特别以其分布来推断被子植物的起源时间和起源地以及与其他分类群之间的关系,该系统的突出点是单源起源和多系—多期—多域分类系统。八纲系统将被子植物分为 8 个纲,40 亚纲,202 目,572 科,其中在中国分布的目为 157 个,在中国分布的科为 346 科。即木兰纲(Magnoliopsida)、樟纲(Lauropsida)、胡椒纲(Piperopsida)、石竹纲(Caryophyllopsida)、百合纲(Liliopsida)、毛茛纲(Ranunculopsida)、金缕梅纲(Hamamelidopsida)、蔷薇纲(Rosopsida)。40 亚纲(略)。

六、张宏达有花植物分类系统(2000 年提出)

张宏达有花植物分类系统将有花植物分为 2 个纲,13 个亚纲,87 目(4 个目中国境内无分布),340 科(72 科不在中国境内分布)。即双子叶植物纲(Dicotyledonopsida)和单子叶植物纲(Monocotyledonopsida)。13 个亚纲分别为昆栏树亚纲(Trochodendridae)、金缕梅亚纲(Hamamelididae)、柔荑花序亚纲(Amentifloridae)、多心皮亚纲(Polycarpiidae)、石竹亚纲(Caryophyllidae)、五桠果亚纲(Dilleniidae)、蔷薇亚纲(Rosidae)、合瓣花亚纲(Sympetelidae),以上 8 个亚纲为双子叶植物纲;泽泻亚纲(Alismatidae)、棕榈亚纲(Arecidae)、鸭跖草亚纲(Commelinidae)、百合亚纲(Liliidae)、姜亚纲(Zingiberidae),以上 5 个亚纲为单子叶植物纲(目与科数略)。(图附-5)

张宏达分类系统将全部种子植物(包括种子蕨植物)建立种子植物门,在门下设立 6 个亚门,其中有花植物为一个亚门。该系统在理论上是一个单元多系的进化系统。对于有花植物,张宏达在恩格勒系统基础上提出了有花植物分类系统。该系统的重要观点是:① 有花植物起源于三叠纪。② 有花植物起源于种子蕨,以有花植物的子房及胚珠的结构特征来看,具有异形孢子和孢子叶的种子蕨才是它可能的祖先。③ 孔型和 3 沟的花粉是古老的,单沟花粉从 3 沟花粉演化而来。④ 原

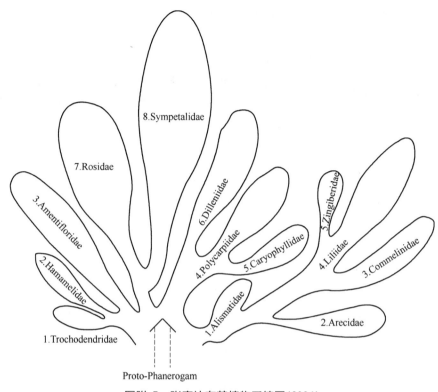

图附-5 张宏达有花植物系统图(2004)

始的有花植物只能从风媒的种子植物脱胎而来。风媒植物和虫媒植物是齐头并进的(共同演化)。⑤ 单花和两性花是次生的,花序和单性花是原生的,双被花的花被能起着保护雌、雄蕊的作用,因而无被花、单被花是原始的。⑥ 柔荑花序类并不限于无被、单被和单性花的类群(如榆科、荨麻科、山毛榉科),在这一类植物同样出现双被花、两性花等特征。⑦ 不认同用百合植物来代表全部单子叶植物,尤其不能代表泽泻目和棕榈目等类植物。

七、APG 系统

APG 系统是被子植物系统发育研究组(Angiosperm Phylogeny Group)以分支分类学和分子系统学为研究方法建立的被子植物新分类系统。1998 年首次提出,之后分别于 2003 年(APG Ⅱ)、2009 年(APG Ⅲ)及 2016 年(APG Ⅳ)相继进行了修订。该系统采用了最新的植物系统学研究资料,尤其参考大量的 DNA 序列分析数据,打破被子植物先分为单子叶植物与双子叶植物两大类的传统思路,除了单列出一些目、科及分类地位尚不确定者外,系统排列主要分为 11 大类:木兰类 Magnoliids、单子叶 Monocots、鸭跖草类 Commelinids、真双子叶 Eudicots、核心真双子叶 Core Eudicots、蔷薇类 Rosids、豆类 Fabids、锦葵类 Malvids、菊类 Asterids、唇形类 Lamiids、桔梗类 Campanulids。大类下分目、科;最新的 APG Ⅳ 系统共确定了 64 个目,416 个科。尽管该系统中仍列出一些位置未确定的类群,但其分类系统框架和对科级范畴的界定已基本成熟。

八、被子植物主要分类系统比较及吴征镒的世界种子植物科、属分布区类型
（表附-1、表附-2、表附-3）

表附-1　被子植物主要分类系统比较

分类系统	超目	目数	科数	双子叶植物纲（木兰纲）		单子叶植物纲（百合纲）	
				最原始	最进化	最原始	最进化
恩格勒系统 （1964年）	无	62	344	木麻黄目 木麻黄科	桔梗目 菊科	沼生目 泽泻科	微子目 兰科
哈钦松系统 （1973年）	无	111	411	木兰目 木兰科（木本） 毛茛目 芍药科（草本）	唇形目 唇形科 马鞭草目 透骨草科	花蔺目 花蔺科	禾本目 禾本科
塔赫他间系统 （1986年）	有	92	461	木兰目 单心木兰科	菊目 菊科	泽泻目 泽泻科	雨久花目 雨久花科
克朗奎斯特系统 （1981年）	无	83	383	木兰目 假八角科	菊目 菊科	泽泻目 花蔺科	兰目 兰科
张宏达系统 （2000年）	无	87	340	昆栏树目 昆栏树科	菊目 菊科	泽泻目 泽泻科	兰目 兰科
APG Ⅳ系统 （2016年）	无	64	416	—			
吴征镒 （1998年）	无	202	572	木兰目 木兰科	唇形目 唇形科	泽泻目 泽泻科	露兜树目 露兜树科

表附-2　世界种子植物科分布区类型

世界种子植物科的分布区类型

世界种子植物共划分为18种分布区类型
1. 广布（世界广布，Widespread＝Cosmopolitan）；
2. 泛热带（热带广布 Pantropic）；
3. 东亚（热带、亚热带）及热带南美间断[Trop. & Subtr. E. Asia & (S.)Trop. Amer. disjuncted]；
4. 旧世界热带（Old World Tropics＝OW Trop.）；
5. 热带亚洲至热带大洋洲（Trop. Asia to Trop. Australasia Oceania）；
6. 热带亚洲至热带非洲（Trop. Asia to Trop. Africa）；
7. 热带亚洲（即热带东南亚至印度-马来，太平洋诸岛）（Trop. Asia＝Trop. SE. Asia＋Indo-Malaya＋Trop. S. & SW. Pacific Isl.）；
8. 北温带（N. Temp.）；
9. 东亚及北美间断（E. Asia & N. Amer. disjuncted）；
10. 旧世界温带（Old World Temp. ＝Temp. Eurasia）；
11. 温带亚洲（Temp. Asia）；
12. 地中海区、西亚至中亚（Medit. ,W. to C. Asia）；
13. 中亚（C. Asia）；
14. 东亚（E. Asia）；
15. 中国特有（Endemic to China）；
16*. 南半球热带以外间断或星散分布（Extratropical S. Hemisphere disjuncted or dispersed）；
17*. 热带非洲-热带美洲间断（Trop. Africa & Trop. America disjuncted）；
18*. 泛南极（Holantarctic）。

注：* 分布区类型中国无分布。

表附-3　世界种子植物属分布区类型
中国种子植物属的分布区类型和变型

分布区类型及其变型属数	属　数
一、1. 世界分布	104
二、泛热带分布及其变型	
2. 泛热带	316
2-1. 热带亚洲、大洋洲和南美洲(墨西哥)间断	17
2-2. 热带亚洲、非洲和南美洲间断	29
三、3. 热带亚洲和热带美洲间断分布	62
四、旧世界热带分布及其变型	
4. 旧世界热带	147
4-1. 热带亚洲、非洲和大洋洲间断	30
五、热带亚洲至热带大洋洲分布及其变型	
5. 热带亚洲至热带大洋洲	147
5-1. 中国(西南)亚热带和新西兰间断	1
六、热带亚洲至热带非洲分布及其变型	
6. 热带亚洲至热带非洲	149
6-1. 华南、西南到印度和热带非洲间断	6
6-2. 热带亚洲和东非间断	9
七、热带亚洲分布及其变型	
7. 热带亚洲(印度-马来西亚)	442
7-1. 爪哇、喜马拉雅和华南、西南星散	30
7-2. 热带印度至华南	43
7-3. 缅甸、泰国至华西南	29
7-4. 越南(或中南半岛)至华南(或西南)	67
八、北温带分布及其变型	
8. 北温带	213
8-1. 环极	10
8-2. 北极-高山	14
8-3. 北极-阿尔泰和北美洲间断	2
8-4. 北温带和南温带(全温带)间断	57
8-5. 欧亚和南美洲温带间断	5
8-6. 地中海区、东亚、新西兰和墨西哥到智利间断	1
九、东亚和北美洲间断分布及其变型	
9. 东亚和北美洲间断	123
9-1. 东亚和墨西哥间断	1
十、旧世界温带分布及其变型	
10. 旧世界温带	114
10-1. 地中海区、西亚和东亚间断	25
10-2. 地中海区和喜马拉雅间断	8
10-3. 欧亚和南非洲(有时也在大洋洲)间断	17
十一、11. 温带亚洲分布	55
十二、地中海区、西亚至中亚分布及其变型	
12. 地中海区、西亚至中亚	152
12-1. 地中海区至中亚和南非洲、大洋洲间断	4
12-2. 地中海区至中亚和墨西哥间断	2
12-3. 地中海区至温带、热带亚洲,大洋洲和南美洲间断	5
12-4. 地中海区至热带非洲和喜马拉雅间断	4
12-5. 地中海区-北非洲,中亚,北美西南部,智利和大洋洲(泛地中海)间断分布	4
十三、中亚分布及其变型	
13. 中亚	69
13-1. 中亚东部(亚洲中部中)	12
13-2. 中亚至喜马拉雅	26
13-3. 西亚至西喜马拉雅和中国西藏	4
13-4. 中亚至喜马拉雅阿尔泰和太平洋北美洲间断	5

续　表

分布区类型及其变型属数	属　数
十四、东亚分布及其变型	
14. 东亚(东喜马拉雅-日本)	73
14-1. 中国-喜马拉雅(SH)	141
14-2. 中国-日本(SJ)	85
十五、中国特有分布	
15. 中国特有	257
合　计	3 116

附录二 被子植物分科检索表

1. 子叶 2,极稀可为 1 个或较多;茎具中央髓部;在多年生的木本植物且有年轮;叶片常
   具网状脉;花常为 5 出或 4 出数。(次 1 项见 337 页) ·············· **双子叶植物纲 Dicotyledoneae**
   2. 花无真正的花冠(花被片逐渐变化,呈覆瓦状排列成 2 至数层的,也可在此检查);
      有或无花萼,有时且可类似花冠。(次 2 项见 315 页)
      3. 花单性,雌雄同株或异株,其中雄花,或雌花和雄花均可成柔荑花序或类似柔荑状
         的花序。(次 3 项见 306 页)
         4. 无花萼,或在雄花中存在。
            5. 雌花以花梗着生于椭圆形膜质苞片的中脉上;心皮 1 ·············· **漆树科 Anacardiaceae**
               (九子不离母属 *Dobinea*)

            5. 雌花情形非如上述;心皮 2 或更多数。
               6. 多为木质藤本;叶为全缘单叶,具掌状脉;果实为浆果 ·············· **胡椒科 Piperaceae**
               6. 乔木或灌木;叶可呈各种型式,但常为羽状脉;果实不为浆果。
                  7. 旱生性植物,有具节的分枝和极退化的叶片,后者在每节上且连合成为
                     具齿的鞘状物 ·············· **木麻黄科 Casuarinaceae**
                     (木麻黄属 *Casuarina*)

                  7. 植物体为其他情形者。
                     8. 果实为具多数种子的蒴果;种子有丝状毛茸 ·············· **杨柳科 Salicaceae**
                     8. 果实为仅具 1 种子的小坚果、核果或核果状的坚果。
                        9. 叶为羽状复叶;雄花有花被 ·············· **胡桃科 Juglandaceae**
                        9. 叶为单叶(有时在杨梅科中可为羽状分裂)。
                           10. 果实为肉质核果;雄花无花被 ·············· **杨梅科 Myricaceae**
                           10. 果实为小坚果;雄花有花被 ·············· **桦木科 Betulaceae**
         4. 有花萼,或在雄花中不存在。
            11. 子房下位。
               12. 叶对生,叶柄基部互相连合 ·············· **金粟兰科 Chloranthaceae**
               12. 叶互生。
                  13. 叶为羽状复叶 ·············· **胡桃科 Juglandaceae**
                  13. 叶为单叶。
                     14. 果实为蒴果 ·············· **金缕梅科 Hamamelidaceae**
                     14. 果实为坚果。
                        15. 坚果封藏于一变大呈叶状的总苞中 ·············· **桦木科 Betulaceae**
                        15. 坚果有一壳斗下托,或封藏在一多刺的果壳中 ·············· **山毛榉科(壳斗科)Fagaceae**
            11. 子房上位。
               16. 植物体中具白色乳汁。(次 16 项见 306 页)
                  17. 子房 1 室;桑椹果 ·············· **桑科 Moraceae**
                  17. 子房 2～3 室;蒴果 ·············· **大戟科 Euphorbiaceae**

16. 植物体中无乳汁,或在大戟科的重阳木属 *Bischofia* 中具红色汁液。
  18. 子房为单心皮所成;雄蕊的花丝在花蕾中向内屈曲 ·················· **荨麻科 Urticaceae**
  18. 子房为 2 枚以上的连合心皮所组成;雄蕊的花丝在花蕾中常直立
      (在大戟科的重阳木属 *Bischofia* 及巴豆属 *Croton* 中则向前屈曲)。
    19. 果实为 3 个(稀可 2～4 个)离果瓣所成的蒴果;雄蕊 10 至多数,
      有时少于 10 ·· **大戟科 Euphorbiaceae**
    19. 果实为其他情形;雄蕊少数至数个(大戟科的黄桐树属 *Endospermum*
      为 6～10),或和花萼裂片同数且对生。
      20. 雌雄同株的乔木或灌木。
        21. 子房 2 室;蒴果 ····································· **金缕梅科 Hamamelidaceae**
        21. 子房 1 室;坚果或核果 ··································· **榆科 Ulmaceae**
      20. 雌雄异株的植物。
        22. 草本或草质藤本;叶为掌状分裂或为掌状复叶 ············ **桑科 Moraceae**
        22. 乔木或灌木;叶全缘,或在重阳木属为 3 小叶所成的复叶 ····· **大戟科 Euphorbiaceae**
3. 花两性或单性,但并不成为柔荑花序。
  23. 子房或子房室内有数个至多数胚珠。(次 23 项见 308 页)
    24. 寄生性草本,无绿色叶片 ······························ **大花草科 Rafflesiaceae**
    24. 非寄生性植物,有正常绿叶,或叶退化而以绿色茎代行叶的功用。
      25. 子房下位或部分下位。(次 25 项见 307 页)
      26. 雌雄同株或异株,在为两性花时,则成肉质穗状花序。
        27. 草本。
          28. 植物体含多量液汁;单叶常不对称 ················· **秋海棠科 Begoniaceae**
                (秋海棠属 *Begonia*)
          28. 植物体不含多量液汁;羽状复叶 ················· **四数木科 Tetramelaceae**
                (野麻属 *Datisca*)
        27. 木本。
          29. 花两性,成肉质穗状花序;叶全缘 ················· **金缕梅科 Hamamelidaceae**
                (假马蹄荷属 *Chunia*)
          29. 花单性,成穗状、总状或头状花序;叶缘有锯齿或具裂片。
            30. 花成穗状或总状花序;子房 1 室 ············· **四数木科 Datiscaceae**
                (四数木属 *Tetrameles*)
            30. 花成头状花序;子房 2 室 ················· **金缕梅科 Hamamelidaceae**
                (枫香树亚科 *Liquidambaroideae*)
      26. 花两性,但不成肉质穗状花序。
        31. 子房 1 室。
          32. 无花被;雄蕊着生在子房上 ················· **三白草科 Saururaceae**
          32. 有花被;雄蕊着生在花被上。
            33. 茎肥厚,绿色,常具棘针;叶常退化;花被片和雄蕊都多数;
              浆果 ··· **仙人掌科 Cactaceae**
            33. 茎不成上述形状;叶正常;花被片和雄蕊皆为五出或四出数,
              或雄蕊数为前者的 2 倍;蒴果 ············· **虎耳草科 Saxifragaceae**
        31. 子房 4 室或更多室。
          34. 乔木;雄蕊为不定数 ························· **海桑科 Sonneratiaceae**
          34. 草本或灌木。
            35. 雄蕊 4 ··· **柳叶菜科 Onagraceae**
                (丁香蓼属 *Ludwigia*)

　　　　35. 雄蕊 6 或 12 ···　马兜铃科 Aristolochiaceae

25. 子房上位。

　36. 雌蕊或子房 2 个,或更多数。

　　37. 草本。

　　　38. 复叶或多少有些分裂,稀可为单叶(仅驴蹄草属 *Caltha*)全缘或
　　　　　具齿裂;心皮多数至少数····························　毛茛科 Ranunculaceae

　　　38. 单叶,叶缘有锯齿;心皮和花萼裂片同数　·················　虎耳草科 Saxifragaceae
　　　　　　　　　　　　　　　　　　　　　　　　　　　　　　　　　(扯根菜属 *Penthorum*)

　　37. 木本。

　　　39. 花的各部为整齐的三出数　···························　木通科 Lardizabalaceae

　　　39. 花为其他情形。

　　　　40. 雄蕊数个至多数连合成单体 ··················　梧桐科 Sterculiaceae
　　　　　　　　　　　　　　　　　　　　　　　　　　　　　　　　(苹婆族 Sterculieae)

　　　　40. 雄蕊多数,离生。

　　　　　41. 花两性;无花被 ····························　昆栏树科 Trochodendraceae
　　　　　　　　　　　　　　　　　　　　　　　　　　　　　　(昆栏树属 *Trochodendron*)

　　　　　41. 花雌雄异株,具 4 个小形萼片 ···········　连香树科 Cercidiphyllaceae
　　　　　　　　　　　　　　　　　　　　　　　　　　　　　　(连香树属 *Cercidiphyllum*)

　36. 雌蕊或子房单独 1 个。

　　42. 雄蕊周位,即着生于萼筒或杯状花托上。

　　　43. 有不育雄蕊,且和 8~12 能育雄蕊互生 ···········　大风子科 Flacourtiaceae
　　　　　　　　　　　　　　　　　　　　　　　　　　　　　　(山羊角树属 *Carrierea*)

　　　43. 无不育雄蕊。

　　　　44. 多汁草本植物;花萼裂片呈覆瓦状排列,成花瓣状,宿存;
　　　　　　蒴果盖裂 ····································　番杏科 Aizoaceae
　　　　　　　　　　　　　　　　　　　　　　　　　　　　　　(海马齿属 *Sesuvium*)

　　　　44. 植物体为其他情形;花萼裂片不成花瓣状。

　　　　　45. 叶为双数羽状复叶,互生;花萼裂片呈覆瓦状排列;
　　　　　　　果实为荚果;常绿乔木 ·················　豆科 Leguminosae
　　　　　　　　　　　　　　　　　　　　　　　　　　　　　(云实亚科 Caesalpinoideae)

　　　　　45. 叶为对生或轮生单叶;花萼裂片呈镊合状排列;非荚果。

　　　　　　46. 雄蕊为不定数;子房 10 室或更多室;果实浆果状　·······　海桑科 Sonneratiaceae

　　　　　　46. 雄蕊 4~12(不超过花萼裂片的 2 倍);子房 1 室至数室;果实蒴果状。

　　　　　　　47. 花杂性或雌雄异株,微小,成穗状花序,再成总状或
　　　　　　　　　圆锥状排列 ·····················　隐翼科 Crypteroniaceae
　　　　　　　　　　　　　　　　　　　　　　　　　　　　　(隐翼属 *Crypteronia*)

　　　　　　　47. 花两性,中型,单生至排列成圆锥花序　·········　千屈菜科 Lythraceae

　　42. 雄蕊下位,即着生于扁平或凸起的花托上。

　　　48. 木本;叶为单叶。

　　　　49. 乔木或灌木;雄蕊常多数,离生;胚珠生于侧膜胎座或
　　　　　　隔膜上 ····································　大风子科 Flacourtiaceae

　　　　49. 木质藤本;雄蕊 4 或 5,基部连合成杯状或环状;胚珠基生
　　　　　　(即位于子房室的基底)·························　苋科 Amaranthaceae

　　　48. 草本或亚灌木。

　　　　50. 植物体沉没水中,常为一具背腹面呈原叶体状的构造,

　　　　　像苔藓 ……………………………………………… 河苔草科 Podostemaceae
　　　50. 植物体非如上述情形。
　　　　51. 子房 3～5 室。
　　　　　52. 食虫植物;叶互生;雌雄异株 ………………………… 猪笼草科 Nepenthaceae
　　　　　　　　　　　　　　　　　　　　　　　　　　　　（猪笼草属 *Nepenthes*）
　　　　　52. 非为食虫植物;叶对生或轮生;花两性 ……………… 番杏科 Aizoaceae
　　　　　　　　　　　　　　　　　　　　　　　　　　　　（粟米草属 *Mollugo*）
　　　　51. 子房 1～2 室。
　　　　　53. 叶为复叶或多少有些分裂 …………………………… 毛茛科 Ranunculaceae
　　　　　53. 叶为单叶。
　　　　　　54. 侧膜胎座。
　　　　　　　55. 花无花被 ………………………………………… 三白草科 Saururaceae
　　　　　　　55. 花具 4 离生萼片 ………………………………… 十字花科 Cruciferae
　　　　　　54. 特立中央胎座。
　　　　　　　56. 花序呈穗状、头状或圆锥状;萼片多少为干膜质 ……… 苋科 Amaranthaceae
　　　　　　　56. 花序呈聚伞状;萼片草质 …………………………… 石竹科 Caryophyllaceae
23. 子房或其子房室内仅有 1 至数个胚珠。
　57. 叶片中常有透明微点。
　　58. 叶为羽状复叶 …………………………………………………… 芸香科 Rutaceae
　　58. 叶为单叶,全缘或有锯齿。
　　　59. 草本植物或有时在金粟兰科为木本植物;花无花被,常成简单或
　　　　　复合的穗状花序,但在胡椒科齐头绒属 *Zippelia* 则成疏松总状花序。
　　　　60. 子房下位,仅 1 室有 1 胚珠;叶对生,叶柄在基部连合 ………… 金粟兰科 Chloranthaceae
　　　　60. 子房上位;叶如为对生时,叶柄也不在基部连合。
　　　　　61. 雌蕊由 3～6 近于离生心皮组成,每心皮各有 2～4 胚珠……… 三白草科 Saururaceae
　　　　　　　　　　　　　　　　　　　　　　　　　　　　（三白草属 *Saururus*）
　　　　　61. 雌蕊由 1～4 合生心皮组成,仅 1 室,有 1 胚珠 ……………… 胡椒科 Piperaceae
　　　　　　　　　　　　　　（齐头绒属 *Zippelia*,豆瓣绿属 *Peperomia*）
　　　59. 乔木或灌木;花具一层花被;花序有各种类型,但不为穗状。
　　　　62. 花萼裂片常 3 片,呈镊合状排列;子房为 1 心皮所成,成熟时肉质,
　　　　　常以 2 瓣裂开;雌雄异株 ……………………………………… 肉豆蔻科 Myristicaceae
　　　　62. 花萼裂片 4～6 片,呈覆瓦状排列;子房为 2～4 合生心皮所成。
　　　　　63. 花两性;果实仅 1 室,蒴果状,2～3 瓣裂开 ……………… 大风子科 Flacourtiaceae
　　　　　　　　　　　　　　　　　　　　　　　　　　（山羊角树属 Carrierea）
　　　　　63. 花单性,雌雄异株;果实 2～4 室,肉质或革质,很晚才裂开 ……… 大戟科 Euphorbiaceae
　　　　　　　　　　　　　　　　　　　　　　　　　　　（白树属 *Suregada*）
　57. 叶片中无透明微点。
　　64. 雄蕊连为单体,至少在雄花中有这现象,花丝互相连合成筒状或成一中柱。
　　　（次 64 项见 309 页）
　　65. 肉质寄生草本植物,具退化呈鳞片状的叶片,无叶绿素 …………… 蛇菰科 Balanophoraceae
　　65. 植物体非为寄生性,有绿叶。
　　　66. 雌雄同株,雄花成球形头状花序,雌花以 2 个同生于 1 个有 2 室而
　　　　　具钩状芒刺的果壳中 ……………………………………………… 菊科 Compositae
　　　　　　　　　　　　　　　　　　　　　　　　　　　　（苍耳属 *Xanthium*）
　　　66. 花两性,如为单性时,雄花及雌花也无上述情形。

67. 草本植物;花两性。
 68. 叶互生 ·· 藜科 Chenopodiaceae
 68. 叶对生。
  69. 花显著,有连合成花萼状的总苞 ············· 紫茉莉科 Nyctaginaceae
  69. 花微小,无上述情形的总苞 ···················· 苋科 Amaranthaceae
67. 乔木或灌木,稀可为草本;花单性或杂性;叶互生。
 70. 萼片呈覆瓦状排列,至少在雄花中如此 ········· 大戟科 Euphorbiaceae
 70. 萼片呈镊合状排列。
  71. 雌雄异株;花萼常具 3 裂片;雌蕊为 1 心皮所成,成熟时肉质,
   且常以 2 瓣裂开 ···························· 肉豆蔻科 Myristicaceae
  71. 花单性或雄花和两性花同株;花萼具 4～5 裂片或裂齿;雌蕊
   为 3～6 近于离生的心皮所成,各心皮于成熟时为革质或木质,
   呈蓇葖果状而不裂开 ···················· 梧桐科 Sterculiaceae
               （苹婆族 Sterculieae）

64. 雄蕊各自分离,有时仅为 1 个,或花丝成为分枝的簇丛(如大戟科的蓖麻属 *Ricinus*)。
72. 每花有雌蕊 2 个至多数,近于或完全离生;或花的界限不明显时,
 则雌蕊多数,成 1 球形头状花序。
 73. 花托下陷,呈杯状或坛状。
  74. 灌木;叶对生;花被片在坛状花托的外侧排列成数层 ········· 蜡梅科 Calycanthaceae
  74. 草本或灌木;叶互生;花被片在杯或坛状花托的边缘排列成 1 轮 ····· 蔷薇科 Rosaceae
 73. 花托扁平或隆起,有时可延长。
  75. 乔木、灌木或木质藤本。
   76. 花有花被 ································· 木兰科 Magnoliaceae
   76. 花无花被。
    77. 落叶灌木或小乔木;叶卵形,具羽状脉和锯齿缘;无托叶;
     花两性或杂性,在叶腋中丛生;翅果无毛,有柄 ········· 昆栏树科 Trochodendraceae
               （领春木属 *Euptelea*）
    77. 落叶乔木;叶广阔,掌状分裂,叶缘有缺刻或大锯齿;有托叶围
     茎成鞘,易脱落;花单性,雌雄同株,分别聚成球形头状花序;
     小坚果,围以长柔毛而无柄 ··············· 悬铃木科 Platanaceae
              （悬铃木属 *Platanus*）
  75. 草本或稀为亚灌木,有时为攀缘性。
   78. 胚珠倒生或直生。
    79. 叶片多少有些分裂或为复叶;无托叶或极微小;有花被(花萼);
     胚珠倒生;花单生或成各种类型的花序 ········· 毛茛科 Ranunculaceae
    79. 叶为全缘单叶;有托叶;无花被;胚珠直生;花成穗形总状
     花序 ································ 三白草科 Saururaceae
   78. 胚珠常弯生;叶为全缘单叶。
    80. 直立草本;叶互生,非肉质 ············· 商陆科 Phytolaccaceae
    80. 平卧草本;叶对生或近轮生,肉质 ········· 番杏科 Aizoaceae
              （针晶粟草属 *Gisekia*）
72. 每花仅有 1 个复合或单雌蕊,心皮有时于成熟后各自分离。
 81. 子房下位或半下位。(次 81 项见 311 页)
  82. 草本。(次 82 项见 310 页)
   83. 水生或小形沼泽植物(次 83 项见 310 页)。

84. 花柱 2 个或更多;叶片(尤其沉没水中的)常成羽状细裂
　　或为复叶 ································· 小二仙草科 Haloragidaceae
84. 花柱 1 个;叶为线形全缘单叶 ················ 杉叶藻科 Hippuridaceae
83. 陆生草本。
　　85. 寄生性肉质草本,无绿叶。
　　　　86. 花单性,雌花常无花被;无珠被及种皮 ········ 蛇菰科 Balanophoraceae
　　　　86. 花杂性,有 1 层花被,两性花有 1 雄蕊;有珠被及种皮 ····· 锁阳科 Cynomoriaceae
　　　　　　　　　　　　　　　　　　　　　　　　　　　　（锁阳属 Cynomorium）
　　85. 非寄生性植物,或于百蕊草属 Thesium 为半寄生性,
　　　　但均有绿叶。
　　　　87. 叶对生,其形宽广而有锯齿缘 ··········· 金粟兰科 Chloranthaceae
　　　　87. 叶互生。
　　　　　　88. 平铺草本(限于我国植物),叶片宽,三角形,多少
　　　　　　　　有些肉质 ································· 番杏科 Aizoaceae
　　　　　　　　　　　　　　　　　　　　　　　　　　（番杏属 Tetragonia）
　　　　　　88. 直立草本,叶片窄而细长 ··············· 檀香科 Santalaceae
　　　　　　　　　　　　　　　　　　　　　　　　　　（百蕊草属 Thesium）
82. 灌木或乔木。
　　89. 子房 3～10 室。
　　　　90. 坚果 1～2 个,同生在一个木质且可裂为 4 瓣的壳斗里 ·········· 壳斗科 Fagaceae
　　　　　　　　　　　　　　　　　　　　　　　　　　（水青冈属 Fagus）
　　　　90. 核果,并不生在壳斗里。
　　　　　　91. 雌雄异株,成顶生的圆锥花序,后者并不为叶状苞片
　　　　　　　　所托 ································· 山茱萸科 Cornaceae
　　　　　　　　　　　　　　　　　　　　　　　　　　（鞘柄木属 Toricellia）
　　　　　　91. 花杂性,形成球形的头状花序,后者为 2～3 白色叶状苞片
　　　　　　　　所托 ································· 珙桐科 Nyssaceae
　　　　　　　　　　　　　　　　　　　　　　　　　　（珙桐属 Davidia）
　　89. 子房 1 或 2 室,或在铁青树科的青皮木属 Schoepfia 中,
　　　　子房的基部可为 3 室。
　　　　92. 花柱 2 个。
　　　　　　93. 蒴果,2 瓣裂开 ··············· 金缕梅科 Hamamelidaceae
　　　　　　93. 果实呈核果状,或为蒴果状的瘦果,不裂开 ········· 鼠李科 Rhamnaceae
　　　　92. 花柱 1 个或无花柱。
　　　　　　94. 叶片下面多少有些具皮屑状或鳞片状的附属物··········· 胡颓子科 Elaeagnaceae
　　　　　　94. 叶片下面无皮屑状或鳞片状的附属物。
　　　　　　　　95. 叶缘有锯齿或圆锯齿,稀可在荨麻科的紫麻属 Oreocnide
　　　　　　　　　　中有全缘者。
　　　　　　　　　　96. 叶对生,具羽状脉;雄花裸露,有雄蕊 1～3 个 ····· 金粟兰科 Chloranthaceae
　　　　　　　　　　96. 叶互生,大都于叶基具三出脉;雄花具花被及雄蕊 4 个
　　　　　　　　　　　　(稀可 3 或 5 个) ················· 荨麻科 Urticaceae
　　　　　　　　95. 叶全缘,互生或对生。
　　　　　　　　　　97. 植物体寄生在乔木的树干或枝条上;果实呈浆
　　　　　　　　　　　　果状·································· 桑寄生科 Loranthaceae
　　　　　　　　　　97. 植物体大都陆生,或有时可为寄生性;果实呈坚果状或核果状;

胚珠 1～5 个。

98. 花多为单性;胚珠垂悬于基底胎座上 ················ **檀香科 Santalaceae**

98. 花两性或单性;胚珠垂悬于子房室的顶端或中央胎座的顶端。

99. 雄蕊 10 个,为花萼裂片的 2 倍数 ············ **使君子科 Combretaceae**
(诃子属 *Terminalia*)

99. 雄蕊 4 或 5 个,和花萼裂片同数且对生 ·········· **铁青树科 Olacaceae**

81. 子房上位,如有花萼时,和它相分离,或在紫茉莉科及胡颓子科中,
当果实成熟时,子房为宿存萼筒所包围。

100. 托叶鞘围抱茎的各节;草本,稀可为灌木 ················ **蓼科 Polygonaceae**

100. 无托叶鞘,在悬铃木科中有托叶鞘但易脱落。

101. 草本,或有时在藜科及紫茉莉科中为亚灌木。(次 101 项见 312 页)

102. 无花被。

103. 花两性或单性;子房 1 室,内仅有 1 个基生胚珠。

104. 叶基生,由 3 小叶而成;穗状花序在一个细长基生
无叶的花梗上 ················ **小檗科 Berberidaceae**
(裸花草属 *Achlys*)

104. 叶茎生,单叶;穗状花序顶生或腋生,但常和叶相对生 ····· **胡椒科 Piperaceae**
(胡椒属 *Piper*)

103. 花单性;子房 3 或 2 室。

105. 水生或微小的沼泽植物,无乳汁;子房 2 室;每室内
含 2 个胚珠 ················ **水马齿科 Callitrichaceae**
(水马齿属 *Callitriche*)

105. 陆生植物;有乳汁;子房 3 室,每室内仅含 1 个胚珠····· **大戟科 Euphorbiaceae**

102. 有花被,当花为单性时,特别是雄花是如此。

106. 花萼呈花瓣状,且呈管状。

107. 花有总苞,有时这总苞类似花萼 ················ **紫茉莉科 Nyctaginaceae**

107. 花无总苞。

108. 胚珠 1 个,在子房的近顶端处 ················ **瑞香科 Thymelaeaceae**

108. 胚珠多数,生在特立中央胎座上 ················ **报春花科 Primulaceae**
(海乳草属 *Glaux*)

106. 花萼非如上述情形。

109. 雄蕊周位,即位于花被上。

110. 叶互生,羽状复叶而有草质的托叶;花无膜质苞片;
瘦果 ················ **蔷薇科 Rosaceae**
(地榆属 *Sanguisorba*)

110. 叶对生,或在蓼科的冰岛蓼属 *Koenigia* 为互生,
单叶无草质托叶;花有膜质苞片。

111. 花被片和雄蕊各为 5 或 4 个,对生;囊果;托叶
膜质 ················ **石竹科 Caryophyllaceae**

111. 花被片和雄蕊各为 3 个,互生;坚果;无托叶 ·········· **蓼科 Polygonaceae**
(冰岛蓼属 *Koenigia*)

109. 雄蕊下位,即位于子房下。

112. 花柱或其分枝为 2 或数个,内侧常为柱头面。(次 112 项见 312 页)

113. 子房常为数个至多数心皮连合而成 ············ **商陆科 Phytolaccaceae**

113. 子房常为 2 或 3(或 5)心皮连合而成。

114. 子房 3 室,稀可 2 或 4 室 ·························· **大戟科 Euphorbiaceae**
114. 子房 1 或 2 室。
    115. 叶为掌状复叶或具掌状脉而有宿存托叶·············· **桑科 Moraceae**
                                             （**大麻亚科 Cannaboideae**）
    115. 叶具羽状脉,或稀可为掌状脉而无托叶,也可在
        藜科中叶退化成鳞片或为肉质而形如圆筒。
        116. 花有草质而带绿色或灰绿色的花被及
            苞片 ·························· **藜科 Chenopodiaceae**
        116. 花有干膜质而常有色泽的花被及
            苞片 ·························· **苋科 Amaranthaceae**
112. 花柱 1 个,常顶端有柱头,也可无花柱。
  117. 花两性。
    118. 雌蕊为单心皮;花萼由 2 膜质且宿存的萼片
        组成;雄蕊 2 个 ·························· **毛茛科 Ranunculaceae**
                              （星叶草属 *Circaeaster*）
    118. 雌蕊由 2 合生心皮而成。
      119. 萼片 2 片;雄蕊多数·························· **罂粟科 Papaveraceae**
                                （博落回属 *Macleaya*）
      119. 萼片 4 片;雄蕊 2 或 4 ·························· **十字花科 Cruciferae**
                                （独行菜属 *Lepidium*）
  117. 花单性。
    120. 沉没于淡水中的水生植物;叶细裂成
        丝状 ·························· **金鱼藻科 Ceratophyllaceae**
                            （金鱼藻属 *Ceratophyllum*）
    120. 陆生植物;叶为其他情形。
      121. 叶含多量水分;托叶连接叶柄的基部;
        雄花的花被 2 片;雄蕊多数 ·········· **假牛繁缕科 Theligonaceae**
                              （假牛繁缕属 *Theligonum*）
      121. 叶不含多量水分;如有托叶时,也不连接叶柄的
        基部;雄花的花被片和雄蕊均各为 4 或 5 个,
        两者相对生 ·························· **荨麻科 Urticaceae**
101. 木本植物或亚灌木。
  122. 耐寒旱性的灌木,或在藜科的梭梭属 *Haloxylon* 为乔木;叶微小,细长或
    呈鳞片状,也可有时(如藜科)为肉质而成圆筒形或半圆筒形。(次 122 项见 313 页)
    123. 雌雄异株或花杂性;花萼为三出数,萼片微呈花瓣状,和雄蕊同数且互生;
      花柱 1,极短,常有 6~9 放射状且有齿裂的柱头;核果;胚体劲直;常绿而
      基部偃卧的灌木;叶互生,无托叶 ·························· **岩高兰科 Empetraceae**
                              （岩高兰属 *Empetrum*）
    123. 花两性或单性,花萼为五出数,稀可三出或四出数,萼片或花萼裂片草质或
      革质,和雄蕊同数且对生,或在藜科中雄蕊由于退化而数较少,甚或 1 个;
      花柱或花柱分枝 2 或 3 个,内侧常为柱头面;胞果或坚果;胚体弯曲如环或
      弯曲成螺旋形。
      124. 花无膜质苞片;雄蕊下位;叶互生或对生;无托叶;枝条常具关节 ·········· **藜科 Chenopodiaceae**
      124. 花有膜质苞片;雄蕊周位;叶对生,基部常互相连合;有膜质托叶;枝条
        不具关节 ·························· **石竹科 Caryophyllaceae**

122. 不是上述的植物;叶片矩圆形或披针形,或宽广至圆形。

　125. 果实及子房均为 2 至数室,或在大风子科中为不完全的 2 至数室。

　　126. 花常为两性。

　　　127. 萼片 4 或 5 片,稀可 3 片,呈覆瓦状排列。

　　　　128. 雄蕊 4 个;4 室的蒴果 ••• 木兰科 Magnoliaceae
　　　　　　　　　　　　　　　　　　　　　　　　　　　　　　　　　　　　（水青树属 Tetracentron）

　　　　128. 雄蕊多数;浆果状的核果 ••• 大风子科 Flacourtiaceae

　　　127. 萼片多 5 片,呈镊合状排列。

　　　　129. 雄蕊为不定数;具刺的蒴果 ••••••••••••••••••••••••••••••••••••••• 杜英科 Elaeocarpaceae
　　　　　　　　　　　　　　　　　　　　　　　　　　　　　　　　　　　　（猴欢喜属 Sloanea）

　　　　129. 雄蕊和萼片同数;核果或坚果。

　　　　　130. 雄蕊和萼片对生,各为 3~6 ••••••••••••••••••••••••••••••••••••• 铁青树科 Olacaceae
　　　　　130. 雄蕊和萼片互生,各为 4 或 5 ••••••••••••••••••••••••••••••••••• 鼠李科 Rhamnaceae

　　126. 花单性(雌雄同株或异株)或杂性。

　　　131. 果实各种;种子无胚乳或有少量胚乳。

　　　　132. 雄蕊常 8 个;果实坚果状或为有翅的蒴果;羽状复叶或单叶 ••••••••••• 无患子科 Sapindaceae
　　　　132. 雄蕊 5 或 4 个,且和萼片互生;核果有 2~4 个小核;单叶 ••••••••••• 鼠李科 Rhamnaceae
　　　　　　　　　　　　　　　　　　　　　　　　　　　　　　　　　　　　（鼠李属 Rhamnus）

　　　131. 果实多呈蒴果状,无翅;种子常有胚乳。

　　　　133. 果实为具 2 室的蒴果,有木质或革质的外种皮及角质的内果皮 ••••••• 金缕梅科 Hamamelidaceae
　　　　133. 果实纵为蒴果时,也不像上述情形。

　　　　　134. 胚珠具腹脊;果实有各种类型,但多为胞间裂开的蒴果 ••••••••••••• 大戟科 Euphorbiaceae
　　　　　134. 胚珠具背脊;果实为胞背裂开的蒴果,或有时呈核果状 ••••••••••••• 黄杨科 Buxaceae

　125. 果实及子房均为 1 或 2 室,稀可在无患子科的荔枝属 Litchi 及韶子属 Nephelium
　　　中为 3 室,或在卫矛科的十齿花属 Dipentodon 及铁青树科的铁青树属 Olax 中,
　　　子房的下部为 3 室,而上部为 1 室。

　　135. 花萼具显著的萼筒,且常呈花瓣状。

　　　136. 叶无毛或下面有柔毛;萼筒整个脱落 ••••••••••••••••••••••••••••••••• 瑞香科 Thymelaeaceae
　　　136. 叶下面具银白色或棕色的鳞片;萼筒或其下部永久宿存,当果实成熟时,
　　　　　变为肉质而紧密包着子房 ••• 胡颓子科 Elaeagnaceae

　　135. 花萼不是像上述情形,或无花被。

　　　137. 花药以 2 或 4 舌瓣裂开 •• 樟科 Lauraceae

　　　137. 花药不以舌瓣裂开。

　　　　138. 叶对生。

　　　　　139. 果实为有双翅或呈圆形的翅果 •••••••••••••••••••••••••••••••••••• 槭树科 Aceraceae
　　　　　139. 果实为有单翅而呈细长形兼矩圆形的翅果 •••••••••••••••••••••••••• 木犀科 Oleaceae

　　　　138. 叶互生。

　　　　　140. 叶为羽状复叶。（次 140 项见 314 页）

　　　　　　141. 叶为二回羽状复叶,或退化仅具叶状柄(特称为叶状叶柄
　　　　　　　　　phyllodia) ••• 豆科 Leguminosae
　　　　　　　　　　　　　　　　　　　　　　　　　　　　　　　　　　　　（金合欢属 Acacia）

　　　　　　141. 叶为一回羽状复叶。

　　　　　　　142. 小叶边缘有锯齿;果实有翅 ••••••••••••••••••••••••••••••••• 马尾树科 Rhoipterleaceae
　　　　　　　　　　　　　　　　　　　　　　　　　　　　　　　　　　　　（马尾树属 Rhoipterlea）

　　　　　　　142. 小叶全缘;果实无翅。

143. 花两性或杂性 ·· 无患子科 Sapindaceae

143. 雌雄异株 ··· 漆树科 Anacardiaceae
（黄连木属 *Pistacia*）

140. 叶为单叶。

144. 花均无花被。

145. 多为木质藤本；叶全缘；花两性或杂性，成紧密的穗状花序 ·········· 胡椒科 Piperaceae
（胡椒属 *Piper*）

145. 乔木；叶缘有锯齿或缺刻；花单性。

146. 叶宽广，具掌状脉或掌状分裂，叶缘具缺刻或大锯齿；有托叶，
围茎成鞘，但易脱落；雌雄同株，雌花和雄花分别成球形的
头状花序；雌蕊为单心皮而成；小坚果为倒圆锥形而有棱角，
无翅也无梗，但围以长柔毛 ································· 悬铃木科 Platanaceae
（悬铃木属 *Platanus*）

146. 叶椭圆形至卵形，具羽状脉及锯齿缘；无托叶；雌雄异株，
雄花聚成疏松有苞片的簇丛，雌花单生于苞片的腋内；雌蕊
为 2 心皮而成；小坚果扁平，具翅且有柄，但无毛 ········· 杜仲科 Eucommiaceae
（杜仲属 *Eucommia*）

144. 常有花萼，尤其在雄花。

147. 植物体内有乳汁 ·· 桑科 Moraceae

147. 植物体内无乳汁。

148. 花柱或其分枝 2 或数个，但在大戟科的核实树属 *Drypetes*
中则柱头几无柄，呈盾状或肾脏形。

149. 雌雄异株或有时为同株；叶全缘或具波状齿。

150. 矮小灌木或亚灌木；果实干燥，包藏于具有长柔毛而
互相连合成双角状的 2 苞片中；胚体弯曲如环·········· 藜科 Chenopodiaceae
（优若藜属 *Eurotia*）

150. 乔木或灌木；果实呈核果状，常为1室含1种子，不包
藏于苞片内；胚体劲直 ······························ 大戟科 Euphorbiaceae

149. 花两性或单性；叶缘多有锯齿或具齿裂，稀可全缘。

151. 雄蕊多数 ·· 大风子科 Flacourtiaceae

151. 雄蕊 10 个或较少。

152. 子房 2 室，每室有 1 个至数个胚珠；果实为木
质果 ·· 金缕梅科 Hamamelidaceae

152. 子房 1 室，仅含 1 胚珠；果实不是木质蒴果 ········· 榆科 Ulmaceae

148. 花柱 1 个，也可有时（如荨麻属）不存，而柱头呈画笔状。

153. 叶缘有锯齿；子房为 1 心皮而成

154. 花两性 ·· 山龙眼科 Proteaceae

154. 雌雄异株或同株。

155. 花生于当年新枝上；雄蕊多数 ···················· 蔷薇科 Rosaceae
（假稠李属 *Maddenia*）

155. 花生于老枝上；雄蕊和萼片同数 ·············· 荨麻科 Urticaceae

153. 叶全缘或边缘有锯齿；子房为 2 个以上连合心皮所成。

156. 果实呈核果状或坚果状，内有 1 种子；无托叶。
（次 156 项见 315 页）

157. 子房具 2 或 2 个胚珠；果实于成熟后由萼筒包围 ······ 铁青树科 Olacaceae

157. 子房仅具 1 个胚珠;果实和花萼相分离,或仅果实
　　　基部由花萼衬托之 ·················· 山柚子科 Opiliaceae

156. 果实呈蒴果状或浆果状,内含数个至 1 个种子。

158. 花下位,雌雄异株,稀可杂性;雄蕊多数;果实呈浆
　　　状;无托叶 ···················· 大风子科 Flacourtiaceae
　　　　　　　　　　　　　　　　　　　　　　（柞木属 *Xylosma*）

158. 花周位,两性;雄蕊 5～12 个;果实呈蒴果状;有托叶,
　　　但易脱落。

159. 花为腋生的簇丛或头状花序;萼片 4～6 片 ····· 大风子科 Flacourtiaceae
　　　　　　　　　　　　　　　　　　　　　　（山羊角树属 *Casearia*）

159. 花为腋生的伞形花序;萼片 10～14 片 ·········· 卫矛科 Celastraceae
　　　　　　　　　　　　　　　　　　　　　　（十齿花属 *Dipentodon*）

2. 花具花萼也具花冠,或有 2 层以上的花被片,有时花冠可为蜜腺叶所代替。

160. 花冠常为离生的花瓣所组成。(次 160 项见 330 页)

161. 成熟雄蕊(或单体雄蕊的花药)多在 10 个以上,通常多数,或其数超过
　　　花瓣的 2 倍。(次 161 项见 320 页)

162. 花萼和 1 个或更多的雌蕊多少有些互相愈合,即子房下位或半下位。
　　　(次 162 页见 316 页)

163. 水生草本植物;子房多室 ·················· 睡莲科 Nymphaeaceae

163. 陆生植物;子房 1 至数室,也可心皮为 1 至数个,或在海桑科中为多室。

164. 植物体具肥厚的肉质茎,多有刺,常无真正叶片 ········· 仙人掌科 Cactaceae

164. 植物体为普通形态,不呈仙人掌状,有真正的叶片。

165. 草本植物或稀可为亚灌木。

166. 花单性。

167. 雌雄同株;花鲜艳,多成腋生聚伞花序;子房 2～4 室 ··········· 秋海棠科 Begoniaceae
　　　　　　　　　　　　　　　　　　　　　　（秋海棠属 *Begonia*）

167. 雌雄异株;花小而不显著,成腋生穗状或总状花序 ·············· 四数木科 Datiscaceae

166. 花常两性。

168. 叶基生或茎生,呈心形,或在阿柏麻属 *Apama* 为长形,
　　　不为肉质;花为三出数 ·················· 马兜铃科 Aristolochiaceae
　　　　　　　　　　　　　　　　　　　　　　（细辛族 *Asareae*）

168. 叶茎生,不呈心形,多少有些肉质,或为圆柱形;花不是三出数。

169. 花萼裂片常为 5,叶状;蒴果 5 室或更多室,在顶端呈放射
　　　状裂开 ·························· 番杏科 Aizoaceae

169. 花萼裂片 2;蒴果 1 室,盖裂 ·········· 马齿苋科 Portulacaceae
　　　　　　　　　　　　　　　　　　　　　　（马齿苋属 *Portulaca*）

165. 乔木或灌木(但在虎耳草料的银梅草属 *Deinanthe* 及草绣球属
　　　Cardiandra 为亚灌木,黄山梅属 *Kirengeshoma* 为多年生高大
　　　草本),有时以气生小根而攀缘。

170. 叶通常对生(虎耳草科的草绣球属 *Cardiandra* 为例外),或在
　　　石榴科的石榴属 *Punica* 中有时可互生。(次 170 项见 316 页)

171. 叶缘常有锯齿或全缘;花序(除山梅花属 *Philadelphus*)常有
　　　不孕的边缘花 ························ 虎耳草科 Saxifragaceae

171. 叶全缘;花序无不孕花。

172. 叶为脱落性;花萼呈朱红色 ·············· 石榴科 Punicaceae

（石榴属 *Punica*）

172. 叶为常绿性;花萼不呈朱红色。

　　173. 叶片中有腺体微点;胚珠常多数 ······················· 桃金娘科 **Myrtaceae**
　　173. 叶片中无微点。

　　　　174. 胚珠在每子房室中为多数 ······················· 海桑科 **Sonneratiaceae**
　　　　174. 胚珠在每子房室中仅 2 个,稀可较多 ·············· 红树科 **Rhizophoraceae**
170. 叶互生。

　　175. 花瓣细长形兼长方形,最后向外翻转 ················· 八角枫科 **Alangiaceae**

（八角枫属 *Alangium*）

　　175. 花瓣不成细长形,或纵为细长形时,也不向外翻转。

　　　　176. 叶无托叶。

　　　　　177. 叶全缘;果实肉质或木质 ···················· 玉蕊科 **Lecythidaceae**

（玉蕊属 *Barringtonia*）

　　　　　177. 叶缘多少有些锯齿或齿裂;果实呈核果状,其形歪斜 ····· 山矾科 **Symplocaceae**

（山矾属 *Symplocos*）

　　　　176. 叶有托叶。

　　　　　178. 花瓣呈旋转状排列;花药隔向上延伸;花萼裂片中 2 个
　　　　　　　或更多个在果实上变大而呈翅状 ············· 龙脑香科 **Dipterocarpaceae**
　　　　　178. 花瓣呈覆瓦状或旋转状排列(如蔷薇科的火棘属 *Pyracantha*);
　　　　　　　花药隔并不向上延伸;花萼裂片也无上述变大情形。

　　　　　　179. 子房 1 室,内具 2~6 侧膜胎座,各有 1 个至多数胚珠;
　　　　　　　　果实为革质蒴果,自顶端以 2~6 片裂开 ············· 大风子科 **Flacourtiaceae**

（天料木属 *Homalium*）

　　　　　　179. 子房 2~5 室,内具中轴胎座,或其心皮在腹面互相分离
　　　　　　　　而具边缘胎座。

　　　　　　　180. 花成伞房、圆锥、伞形或总状等花序,稀可单生;子房
　　　　　　　　　2~5 室,或心皮 2~5 个,下位,每室或每心皮有胚珠
　　　　　　　　　1~2 个,稀可有时为 3~10 个或为多数;果实为肉质
　　　　　　　　　或木质假果;种子无翅 ···················· 蔷薇科 **Rosaceae**

（梨亚科 *Pomoideae*）

　　　　　　　180. 花成头状或肉穗花序;子房 2 室,半下位,每室有
　　　　　　　　　胚珠 2~6 个;果为木质蒴果;种子有或无翅 ····· 金缕梅科 **Hamamelidaceae**

（马蹄荷亚科 *Bucklandioideae*）

162. 花萼和 1 个或更多的雌蕊互相分离,即子房上位。

　181. 花为周位花。(次 181 项见 317 页)

　182. 萼片和花瓣相似,覆瓦状排列成数层,着生于坛状花托的外侧 ····· 蜡梅科 **Calycanthaceae**

（洋蜡梅属 *Calycanthus*）

　182. 萼片和花瓣有分化,在萼筒或花托的边缘排列成 2 层。

　　183. 叶对生或轮生,有时上部者可互生,但均为全缘单叶;花瓣常于
　　　　蕾中呈皱折状。

　　　184. 花瓣无爪,形小,或细长;浆果 ···················· 海桑科 **Sonneratiaceae**
　　　184. 花瓣有细爪,边缘具腐蚀状的波纹或具流苏;蒴果 ·············· 千屈菜科 **Lythraceae**
　　183. 叶互生,单叶或复叶;花瓣不呈皱折状。

　　　185. 花瓣宿存;雄蕊的下部连成一管 ···················· 亚麻科 **Linaceae**

（粘木属 *Ixonanthes*）

　　　185. 花瓣脱落性;雄蕊互相分离。

186. 草本植物,具二出数的花朵;萼片 2 片,早落性;花瓣 4 个 ⋯⋯ **罂粟科 Papaveraceae**
　　　　　　　　　　　　　　　　　　　　　　　　　　　　　（**花菱草属** *Eschscholtzia*）

186. 木本或草本植物,具五出或四出数的花朵。

　187. 花瓣镊合状排列;果实为荚果;叶多为二回羽状复叶,
　　　有时叶片退化,而叶柄发育为叶状柄;心皮 1 个 ⋯⋯⋯⋯⋯ **豆科 Leguminosae**
　　　　　　　　　　　　　　　　　　　　　　　　　　　　（**含羞草亚科** **Mimosoideae**）

　187. 花瓣覆瓦状排列;果实为核果、蓇葖果或瘦果;叶为单叶
　　　或复叶;心皮 1 个至多数 ⋯⋯⋯⋯⋯⋯⋯⋯⋯⋯⋯⋯⋯ **蔷薇科 Rosaceae**

181. 花为下位花,或至少在果实时花托扁平或隆起。

188. 雌蕊少数至多数,互相分离或微有连合。(次 188 项见 318 页)

　189. 水生植物。

　　190. 叶片呈盾状,全缘 ⋯⋯⋯⋯⋯⋯⋯⋯⋯⋯⋯⋯⋯⋯⋯⋯ **睡莲科 Nymphaeaceae**
　　190. 叶片不呈盾状,多少有些分裂或为复叶 ⋯⋯⋯⋯⋯⋯⋯ **毛茛科 Ranunculaceae**

　189. 陆生植物。

　191. 茎为攀缘性。

　　192. 草质藤本。

　　　193. 花显著,为两性花 ⋯⋯⋯⋯⋯⋯⋯⋯⋯⋯⋯⋯⋯⋯ **毛茛科 Ranunculaceae**
　　　193. 花小形,为单性,雌雄异株 ⋯⋯⋯⋯⋯⋯⋯⋯⋯⋯ **防己科 Menispermaceae**

　　192. 木质藤本或为蔓生灌木。

　　　194. 叶对生,复叶由 3 小叶所成,或顶端小叶形成卷须⋯⋯⋯⋯ **毛茛科 Ranunculaceae**
　　　　　　　　　　　　　　　　　　　　　　　　　　　　（**锡兰莲属** *Naravelia*）

　　　194. 叶互生,单叶。

　　　　195. 花两性或杂性;心皮数个,果为蓇葖果⋯⋯⋯⋯⋯⋯ **五桠果科 Dilleniaceae**
　　　　　　　　　　　　　　　　　　　　　　　　　　　（**锡叶藤属** *Tetracera*）

　　　　195. 花单性。

　　　　　196. 心皮多数,结果时聚生成一球状的肉质体或散布于
　　　　　　　极延长的花托上 ⋯⋯⋯⋯⋯⋯⋯⋯⋯⋯⋯⋯⋯⋯ **木兰科 Magnoliaceae**
　　　　　　　　　　　　　　　　　　　　　　　　　（**五味子亚科 Schisandroideae**）

　　　　　196. 心皮 3～6,果为核果或核果状 ⋯⋯⋯⋯⋯⋯ **防己科 Menispermaceae**

　191. 茎直立,不为攀缘性。

　　197. 雄蕊的花丝连成单体 ⋯⋯⋯⋯⋯⋯⋯⋯⋯⋯⋯⋯⋯⋯⋯ **锦葵科 Malvaceae**

　　197. 雄蕊的花丝互相分离。

　　　198. 草本植物,稀可为亚灌木;叶片多少有些分裂或为复叶。

　　　　199. 叶无托叶;种子有胚乳 ⋯⋯⋯⋯⋯⋯⋯⋯⋯⋯⋯ **毛茛科 Ranunculaceae**
　　　　199. 叶多有托叶;种子无胚乳 ⋯⋯⋯⋯⋯⋯⋯⋯⋯⋯ **蔷薇科 Rosaceae**

　　　198. 木本植物;叶片全缘或边缘有锯齿,也稀有分裂者。

　　　　200. 萼片及花瓣均为镊合状排列;胚乳具嚼痕 ⋯⋯⋯⋯⋯ **番荔枝科 Annonaceae**
　　　　200. 萼片及花瓣均为覆瓦状排列;胚乳无嚼痕。

　　　　　201. 萼片及花瓣相同,三出数,排列成 3 层或多层,
　　　　　　　均可脱落 ⋯⋯⋯⋯⋯⋯⋯⋯⋯⋯⋯⋯⋯⋯⋯⋯ **木兰科 Magnoliaceae**

　　　　　201. 萼片及花瓣甚有分化,多为五出数,排列成 2 层,萼片宿存。

　　　　　　202. 心皮 3 个至多数;花柱互相分离;胚珠为不定数⋯⋯ **五桠果科 Dilleniaceae**
　　　　　　202. 心皮 3～10 个;花柱完全合生;胚珠单生 ⋯⋯⋯ **金莲木科 Ochnaceae**
　　　　　　　　　　　　　　　　　　　　　　　　　　　　（**金莲木属** *Ochna*）

188. 雌蕊 1 个,但花柱或柱头为 1 至多数。

203. 叶片中具透明微点。

  204. 叶互生,羽状复叶或退化为仅有 1 顶生小叶 ⋯⋯⋯⋯⋯⋯⋯⋯ **芸香科 Rutaceae**

  204. 叶对生,单叶 ⋯⋯⋯⋯⋯⋯⋯⋯⋯⋯⋯⋯⋯⋯⋯⋯⋯ **藤黄科 Guttiferae**

203. 叶片中无透明微点。

  205. 子房单纯,具 1 子房室。

    206. 乔木或灌木;花瓣呈镊合状排列;果实为荚果 ⋯⋯⋯⋯⋯ **豆科 Leguminosae**

        (含羞草亚科 Mimosoideae)

    206. 草本植物;花瓣呈覆瓦状排列;果实不是荚果。

      207. 花为五出数;蓇葖果 ⋯⋯⋯⋯⋯⋯⋯⋯⋯⋯⋯ **毛茛科 Ranunculaceae**

      207. 花为三出数;浆果 ⋯⋯⋯⋯⋯⋯⋯⋯⋯⋯⋯⋯ **小檗科 Berberidaceae**

  205. 子房为复合性。

    208. 子房 1 室,或在马齿苋科的土人参属 *Talinum* 中子房基部为 3 室。

      209. 特立中央胎座。

        210. 草本;叶互生或对生;子房的基部 3 室,有多数胚珠 ⋯⋯ **马齿苋科 Portulacaceae**

          (土人参属 Talinum)

        210. 灌木;叶对生;子房 1 室,内有成为 3 对的 6 个胚珠 ⋯⋯ **红树科 Rhizophoraceae**

          (秋茄树属 Kandelia)

      209. 侧膜胎座。

        211. 灌木或小乔木(在半日花科中常为亚灌木或草本植物),

          子房柄不存在或极短;果实为蒴果或浆果。

          212. 叶对生;萼片不相等,外面 2 片较小,或有时退化,

            内面 3 片呈旋转状排列 ⋯⋯⋯⋯⋯⋯⋯⋯⋯⋯ **半日花科 Cistaceae**

              (半日花属 Helianthemum)

          212. 叶常互生,萼片相等,呈覆瓦状或镊合状排列。

            213. 植物体内含有色泽的汁液;叶具掌状脉,全缘;萼片 5 片,

              互相分离,基部有腺体;种皮肉质,红色 ⋯⋯⋯⋯⋯⋯ **红木科 Bixaceae**

                (红木属 Bixa)

            213. 植物体内不含有色泽的汁液;叶具羽状脉或掌状脉;

              叶缘有锯齿或全缘;萼片 3~8 片,离生或合生;种皮

              坚硬,干燥 ⋯⋯⋯⋯⋯⋯⋯⋯⋯⋯⋯⋯ **大风子科 Flacourtiaceae**

        211. 草本植物,如为木本植物时,则具有显著的子房柄;果实

          为浆果或核果。

          214. 植物体内含乳汁;萼片 2~3 ⋯⋯⋯⋯⋯⋯⋯⋯ **罂粟科 Papaveraceae**

          214. 植物体内不含乳汁;萼片 4~8。

            215. 叶为单叶或掌状复叶;花瓣完整;长角果 ⋯⋯⋯⋯ **白花菜科 Capparidaceae**

            215. 叶为单叶,或为羽状复叶或分裂;花瓣具缺刻或细裂;

              蒴果仅于顶端裂开 ⋯⋯⋯⋯⋯⋯⋯⋯⋯⋯⋯ **木犀草科 Resedaceae**

    208. 子房 2 室至多室,或为不完全的 2 至多室。

      216. 草本植物,具多少有些呈花瓣状的萼片。(次 216 项见 319 页)

        217. 水生植物;花瓣为多数雄蕊或鳞片状的蜜腺叶所代替 ⋯⋯ **睡莲科 Nymphaeaceae**

          (萍蓬草属 Nuphar)

        217. 陆生植物;花瓣不为蜜腺叶所代替。

          218. 一年生草本植物;叶呈羽状细裂;花两性 ⋯⋯⋯⋯⋯⋯ **毛茛科 Ranunculaceae**

            (黑种草属 Nigella)

          218. 多年生草本植物;叶全缘而呈掌状分裂;雌雄同株 ⋯⋯ **大戟科 Euphorbiaceae**

（麻风树属 *Jatropha*）

216. 木本植物,或陆生草本植物,常不具呈花瓣状的萼片。

 219. 萼片于蕾内呈镊合状排列。

  220. 雄蕊互相分离或连成数束。

   221. 花药 1 室或数室;叶为掌状复叶或单叶,全缘,
    具羽状脉 ······························· **木棉科 Bombacaceae**

   221. 花药 2 室;叶为单叶,叶缘有锯齿或全缘。

    222. 花药以顶端 2 孔裂开 ·············· **杜英科 Elaeocarpaceae**

    222. 花药纵长裂开 ······························ **椴树科 Tiliaceae**

  220. 雄蕊连为单体,至少内层者如此,并且多少有些连成管状。

   223. 花单性;萼片 2 或 3 片 ·············· **大戟科 Euphorbiaceae**
                 （油桐属 *Aleurites*）

   223. 花常两性;萼片多 5 片,稀可较少。

    224. 花药 2 室或更多室。

     225. 无副萼;多有不育雄蕊;花药 2 室;叶为单叶或
      掌状分裂 ····················· **梧桐科 Sterculiaceae**

     225. 有副萼;无不育雄蕊;花药数室;叶为单叶,全缘
      且具羽状脉 ··················· **木棉科 Bombacaceae**
                  （榴莲属 *Durio*）

    224. 花药 1 室。

     226. 花粉粒表面平滑;叶为掌状复叶 ·········· **木棉科 Bombacaceae**
              （木棉属 *Gossampinus*）

     226. 花粉粒表面有刺;叶有各种情形 ·········· **锦葵科 Malvaceae**

 219. 萼片于蕾内呈覆瓦状或旋转状排列,或有时(如大戟科的
  巴豆属 *Croton*)近呈镊合状排列。

  227. 雌雄同株或稀可异株;果实为蒴果,由 2～4 个各自裂
   为 2 片的离果所成 ·············· **大戟科 Euphorbiaceae**

  227. 花常两性,或在猕猴桃科的猕猴桃属 *Actinidia* 中为
   杂性或雌雄异株;果实为其他情形。

   228. 萼片在果实时增大且成翅状;雄蕊具伸长的
    花药隔 ····················· **龙脑香科 Dipterocarpaceae**

   228. 萼片及雄蕊两者不为上述情形。

    229. 雄蕊排列成二层,外层 10 个和花瓣对生,内层 5 个
     和萼片对生 ·················· **蒺藜科 Zygophyllaceae**
               （骆驼蓬属 *Peganum*）

    229. 雄蕊的排列为其他情形。

     230. 食虫的草本植物;叶基生,呈管状,其上再具
      有小叶 ····················· **瓶子草科 Sarraceniaceae**

     230. 不是食虫植物;叶茎生或基生,但不呈管状。

      231. 植物体呈耐寒旱状;叶为全缘单叶。
       （次 231 项见 320 页）

       232. 叶对生或上部者互生;萼片 5 片,互不相等,
        外面 2 片较小或有时退化,内面 3 片较大,
        成旋转状排列,宿存;花瓣早落 ·········· **半日花科 Cistaceae**

       232. 叶互生;萼片 5 片,大小相等;花瓣宿存;

在内侧基部各有 2 舌状物 ······················· **柽柳科 Tamaricaceae**

（琵琶柴属 *Reaumuria*）

231. 植物体不是耐寒旱状；叶常互生；萼片 2～5 片，
彼此相等；呈覆瓦状或稀可呈镊合状排列。

　233. 草本或木本植物；花为四出数，或其萼片多为 2 片且早落。

　　234. 植物体内含乳汁；无或有极短子房柄；种子有丰富
胚乳 ······················· **罂粟科 Papaveraceae**

　　234. 植物体内不含乳汁；有细长的子房柄；
种子无或有少量胚乳 ······················· **白花菜科 Capparidaceae**

　233. 木本植物；花常为五出数，萼片宿存或脱落。

　　235. 果实为具 5 个棱角的蒴果，分成 5 个骨质
各含 1 或 2 种子的心皮后，再各沿其缝线
而 2 瓣裂开 ······················· **蔷薇科 Rosaceae**

（白鹃梅属 *Exochorda*）

　　235. 果实不为蒴果，如为蒴果时则为胞背裂开。

　　　236. 蔓生或攀缘的灌木；雄蕊互相分离；
子房 5 室或更多室；浆果，常可食 ······ **猕猴桃科 Actinidiaceae**

　　　236. 直立乔木或灌木；雄蕊至少在外层者连为单体，
或连成 3～5 束而着生于花瓣的基部；子房 5～3 室。

　　　　237. 花药能转动，以顶端孔裂开；浆果；
胚乳颇丰富 ······················· **猕猴桃科 Actinidiaceae**

（水冬哥属 *Saurauia*）

　　　　237. 花药能或不能转动，常纵长裂开；果实有
各种情形；胚乳通常量微小 ············· **山茶科 Theaceae**

161. 成熟雄蕊 10 个或较少，如多于 10 个时，其数并不超过花瓣的 2 倍。

　238. 成熟雄蕊和花瓣同数，且和它对生。（次 238 项见 321 页）

　　239. 雌蕊 3 个至多数，离生。

　　　240. 直立草本或亚灌木；花两性，五出数 ······················· **蔷薇科 Rosaceae**

（地蔷薇属 *Chamaerhodos*）

　　　240. 木质或草质藤本花单性，常为三出数。

　　　　241. 叶常为单叶；花小型；核果；心皮 3～6 个，呈星状排列，各含
1 胚珠 ······················· **防己科 Menispermaceae**

　　　　241. 叶为掌状复叶或由 3 小叶组成；花中型；浆果；心皮 3 个至多数，
轮状或螺旋状排列，各含 1 个或多数胚珠 ······················· **木通科 Lardizabalaceae**

　　239. 雌蕊 1 个。

　　　242. 子房 2 至数室。（次 242 项见 321 页）

　　　　243. 花萼裂齿不明显或微小；以卷须缠绕他物的灌木或草本植物············· **葡萄科 Vitaceae**

　　　　243. 花萼具 4～5 裂片；乔木、灌木或草本植物，有时虽也可为缠绕性，但无卷须。

　　　　　244. 雄蕊连成单体。

　　　　　　245. 叶为单叶；每子房室内含胚珠 2～6 个(或在可可树亚族
Theobromineae 中为多数) ······················· **梧桐科 Sterculiaceae**

　　　　　　245. 叶为掌状复叶；每子房室内含胚珠多数······················· **木棉科 Bombacaceae**

（吉贝属 *Ceiba*）

　　　　　244. 雄蕊互相分离，或稀可在其下部连成一管。

　　　　　　246. 叶无托叶；萼片各不相等，呈覆瓦状排列；花瓣不相等，在内层的

        2 片常很小 ·· **清风藤科 Sabiaceae**

246. 叶常有托叶;萼片同大,呈镶合状排列;花瓣均大小同形。

  247. 叶为单叶 ·· **鼠李科 Rhamnaceae**

  247. 叶为主 1～3 回羽状复叶 ···················· **葡萄科 Vitaceae**

                                        (火筒树属 Leea)

242. 子房 1 室(在马齿苋科的土人参属 *Talinum* 及铁青树科的铁青树属
    Olax 中则子房的下部多少有些成为 3 室)。

  248. 房下位或半下位。

    249. 叶互生,边缘常有锯齿;蒴果 ·············· **大风子科 Flacourtiaceae**

                                    (天科木属 Homalium)

    249. 叶多对生或轮生,全缘;浆果或核果 ····· **桑寄生科 Loranthaceae**

  248. 子房上位。

    250. 花药以舌瓣裂开 ·························· **小檗科 Berberidaceae**

    250. 花药不以舌瓣裂开。

      251. 缠绕草本;胚珠 1 个;叶肥厚,肉质 ·········· **落葵科 Basellaceae**

                                    (落葵属 Basella)

      251. 直立草本,或有时为木本;胚珠 1 个至多数。

        252. 雄蕊连成单体;胚珠 2 个 ·············· **梧桐科 Sterculiaceae**

                                    (蛇婆子属 Waltheria)

        252. 雄蕊互相分离;胚珠 1 个至多数。

          253. 花瓣 6～9 片;雌蕊单纯 ·············· **小檗科 Berberidaceae**

          253. 花瓣 4～8 片;雌蕊复合。

            254. 常为草本;花萼有 2 个分离萼片。

              255. 花瓣 4 片;侧膜胎座 ·············· **罂粟科 Papaveraceae**

                                (角茴香属 Hypecoum)

              255. 花瓣常 5 片;基底胎座 ·········· **马齿苋科 Portulacaceae**

            254. 乔木或灌木,常蔓生;花萼呈倒圆锥形或杯状。

              256. 通常雌雄同株;花萼裂片 4～5;花瓣呈覆瓦状排列;
                  无不育雄蕊;胚珠有 2 层珠被 ······ **紫金牛科 Myrsinaceae**

                                  (信筒子属 Embelia)

              256. 花两性;花萼于开花时微小,而具不明显的齿裂;
                  花瓣多为镶合状排列;有不育雄蕊(有时代以蜜腺);
                  胚珠无珠被。

                257. 花萼于果时增大;子房的下部为 3 室,上部为 1 室,
                    内含 3 个胚珠 ·············· **铁青树科 Olacaceae**

                                  (铁青树属 Olax)

              257. 花萼于果时不增大;子房 1 室,内仅含 1 个胚珠 ······ **山柚子科 Opiliaceae**

238. 成熟雄蕊和花瓣不同数,如同数时则雄蕊和它互生。

  258. 雌雄异株;雄蕊 8 个,不相同,其中 5 个较长,有伸出花外的花丝,且和花瓣相互生,
    另 3 个则较短而藏于花内;灌木或灌木状草本;互生或对生单叶;心皮单生;雌花
    无花被,无梗,贴生于宽圆形的叶状苞片上 ············ **漆树科 Anacardiaceae**

                                  (九子不离母属 Dobinea)

258. 花两性或单性,纵为雌雄异株时,其雄花中也无上述情形的雄蕊。

  259. 花萼或其筒部和子房多少有些相连合。(次 259 项见 323 页)

  260. 每子房室内含胚珠或种子 2 个至多数。

261. 花药以顶端孔裂开;草本或木本植物;叶对生或轮生,大都于叶片基部具 3～
　　　9 脉 ·· **野牡丹科** Melastomaceae
261. 花药纵长裂开。
　262. 草本或亚灌木;有时为攀缘性。
　　263. 具卷须的攀缘草本;花单性 ·· **葫芦科** Cucurbitaceae
　　263. 无卷须的植物;花常两性。
　　　264. 萼片或花萼裂片 2 片;植物体多少肉质而多水分 ························· **马齿苋科** Portulacaceae
　　　　　　　　　　　　　　　　　　　　　　　　　　　　　　　　　　（**马齿苋属** *Portulaca*）
　　　264. 萼片或花萼裂片 4～5 片;植物体常不为肉质。
　　　　265. 花萼裂片呈覆瓦状或镊合状排列;花柱 2 个或更多;种子具胚乳 ······ **虎耳草科** Saxifragaceae
　　　　265. 花萼裂片呈镊合状排列;花柱 1 个,具 2～4 裂,或为 1 呈头状的柱头;
　　　　　　　种子无胚乳 ··· **柳叶菜科** Onagraceae
　262. 乔木或灌木,有时为攀缘性。
　　266. 叶互生。
　　　267. 花数朵至多数成头状花序;常绿乔木;叶革质,全缘或具浅裂 ········· **金缕梅科** Hamamelidaceae
　　　267. 花成总状或圆锥花序。
　　　　268. 灌木;叶为掌状分裂,基部具 3～5 脉;子房 1 室,有多数胚珠;
　　　　　　　浆果 ··· **虎耳草科** Saxifragaceae
　　　　　　　　　　　　　　　　　　　　　　　　　　　　　　　　　　（**茶藨子属** *Ribes*）
　　　　268. 乔木或灌木;叶缘有锯齿或细锯齿,有时全缘,具羽状脉;子房 3～5 室,
　　　　　　　每室内含 2 至数个胚珠,或在山茉莉属 *Huodendron* 为多数;干燥或
　　　　　　　木质核果,或蒴果,有时具棱角或有翅 ································· **野茉莉科** Styracaceae
　　266. 叶常对生(使君子科的榄李属 *Lumnitzera* 例外,同科的风车子属 *Combretum*
　　　　也可有时为互生,或互生和对生共存于一枝上)。
　　　269. 胚珠多数,除冠盖藤属 *Pileostegia* 自子房室顶端垂悬外,均位于侧膜
　　　　　或中轴胎座上;浆果或蒴果;叶缘有锯齿或为全缘,但均无托叶;种子
　　　　　含胚乳 ··· **虎耳草科** Saxifragaceae
　　　269. 胚珠 2 个至数个,近于自房室顶端垂悬;叶全缘或有圆锯齿;果实多不裂开,
　　　　　内有种子 1 至数个。
　　　　270. 乔木或灌木,常为蔓生,无托叶,不为形成海岸林的组成分子(榄李树
　　　　　　属 *Lumnitzera* 例外);种子无胚乳,落地后始萌芽 ················ **使君子科** Combretaceae
　　　　270. 常绿灌木或小乔木,具托叶;多为形成海岸林的主要组成分子;种子
　　　　　　常有胚乳,在落地前即萌芽(胎生) ······························· **红树科** Rhizophoraceae
260. 每子房室内仅含胚珠或种子 1 个。
　271. 果实裂开为 2 个干燥的离果,并共同悬于一果梗上;花序常为伞形花序(在变
　　　豆菜属 *Sanicula* 及鸭儿芹属 *Crypbtotaenia* 中为不规则的花序,在刺芫荽属
　　　Eryngium 中,则为头状花序) ··· **伞形科** Umbelliferae
　271. 果实不裂开或裂开而不是上述情形的;花序可为各种型式。
　　272. 草本植物。(次 272 项见 323 页)
　　　273. 花柱或柱头 2～4 个;种子具胚乳;果实为小坚果或核果,具棱角或
　　　　　有翅 ··· **小二仙草科** Haloragidaceae
　　　273. 花柱 1 个,具有 1 头状或呈 2 裂的柱头;种子无胚乳。
　　　　274. 陆生草本植物,具对生叶;花为二出数;果实为一具钩状刺毛的坚果 ······ **柳叶菜科** Onagraceae
　　　　　　　　　　　　　　　　　　　　　　　　　　　　　　　　　（**露珠草属** *Circaea*）
　　　　274. 水生草本植物,有聚生而漂浮水面的叶片;花为四出数;果实为具 2～4 刺的坚果

（栽培种果实可无显著的刺）······················· **菱科 Trapaceae**

（菱属 *Trapa*）

272. 木本植物。

　275. 果实干燥或为蒴果状。

　　276. 子房 2 室；花柱 2 个 ·································· **金缕梅科 Hamamelidaceae**

　　276. 子房 1 室；花柱 1 个。

　　　277. 花序伞房状或圆锥状······················· **莲叶桐科 Hernandiaceae**

　　　277. 花序头状 ····································· **珙桐科 Nyssaceae**

（旱莲木属 *Camptotheca*）

　275. 果实核果状或浆果状。

　　278. 叶互生或对生；花瓣呈镊合状排列；花序有各种型式,但稀为伞形或头状,
　　　　有时且可生于叶片上。

　　　279. 花瓣 3～5 片,卵形至披针形；花药短 ············ **山茱萸科 Cornaceae**

　　　279. 花瓣 4～10 片,狭窄形并向外翻转；花药细长 ······ **八角枫科 Alangiaceae**

（八角枫属 *Alangium*）

　　278. 叶互生；花瓣呈覆瓦状或镊合状排列；花序常为伞形或呈头状。

　　　280. 子房 1 室；花柱 1 个；花杂性兼雌雄异株,雌花单生或以少数朵至数朵聚生,
　　　　　雌花多数,腋生为有花梗的簇丛 ··············· **珙桐科 Nyssaceae**

（蓝果树属 *Nyssa*）

　　　280. 子房 2 室或更多室；花柱 2～5 个；如子房为 1 室而具 1 花柱时(例如马蹄参
　　　　　属 *Diplopanax*),则花两性,形成顶生类似穗状的花序 ·········· **五加科 Araliaceae**

259. 花萼和子房相分离。

　281. 叶片中有透明微点。

　　282. 花整齐,稀可两侧对称；果实不为荚果 ·············· **芸香科 Rutaceae**

　　282. 花整齐或不整齐；果实为荚果 ····················· **豆科 Leguminosae**

　281. 叶片中无透明微点。

　　283. 雌蕊 2 个或更多,互相分离或仅有局部的连合；也可子房分离而花柱连合成 1 个。
　　　　(次 283 项见 324 页)

　　　284. 多水分的草本,具肉质的茎及叶 ·················· **景天科 Crassulaceae**

　　　284. 植物体为其他情形。

　　　　285. 花为周位花。

　　　　　286. 花的各部分呈螺旋状排列,萼片逐渐变为花瓣；雄蕊 5 或 6 个；雌蕊
　　　　　　　多数 ······································· **蜡梅科 Calycanthaceae**

（蜡梅属 *Chimonanthus*）

　　　　　286. 花的各部分呈轮状排列,萼片和花瓣甚有分化。

　　　　　　287. 雌蕊 2～4 个,各有多数胚珠；种子有胚乳；无托叶 ······ **虎耳草科 Saxifragaceae**

　　　　　　287. 雌蕊 2 个至多数,各有 1 至数个胚珠；种子无胚乳；有或无托叶 ···· **蔷薇科 Rosaceae**

　　　　285. 花为下位花,或在悬铃木科中微呈周位。

　　　　　288. 草本或亚灌木。(次 288 项见 324 页)

　　　　　　289. 各子房合具 1 共同的花柱或柱头；叶为羽状复叶；花为五出数；花萼
　　　　　　　　宿存；花中有和花瓣互生的腺体；雄蕊 10 个 ·········· **牻牛儿苗科 Geraniaceae**

（熏倒牛属 *Biebersteinia*）

　　　　　289. 各子房的花柱互相分离。

　　　　　　290. 叶常互生或基生,多少有些分裂；花瓣脱落性,较萼片为大,或于天葵属
　　　　　　　Semiaquilegia 稍小于成花瓣状的萼片 ·············· **毛茛科 Ranunculaceae**

290. 叶对生或轮生,为全缘单叶;花瓣宿存性,较萼片小 ┈┈┈┈┈┈┈┈ **马桑科 Coriariaceae**
　　　　　　　　　　　　　　　　　　　　　　　　　　　　　　(马桑属 *Coriaria*)

288. 乔木、灌木或木本的攀缘植物。

　291. 叶为单叶。

　　292. 叶对生或轮生 ┈┈┈┈┈┈┈┈┈┈┈┈┈┈┈┈┈┈┈┈┈┈┈┈┈ **马桑科 Coriariaceae**
　　　　　　　　　　　　　　　　　　　　　　　　　　　　　　(马桑属 *Coriaria*)

　　292. 叶互生。

　　　293. 叶为脱落性,具掌状脉;叶柄基部扩张成帽状以覆盖腋芽 ┈┈┈┈ **悬铃木科 Platanaceae**
　　　　　　　　　　　　　　　　　　　　　　　　　　　　　(悬铃木属 *Platanus*)

　　　293. 叶为常绿性或脱落性,具羽状脉。

　　　　294. 雌蕊 7 个至多数(稀可少至 5 个);直立或缠绕性灌木;花两性
　　　　　　或单性 ┈┈┈┈┈┈┈┈┈┈┈┈┈┈┈┈┈┈┈┈┈┈┈┈┈┈ **木兰科 Magnoliaceae**

　　　　294. 雌蕊 4~6 个;乔木或灌木;花两性。

　　　　　295. 子房 5 或 6 个,以 1 共同的花柱而连合,各子房均可熟为
　　　　　　　核果 ┈┈┈┈┈┈┈┈┈┈┈┈┈┈┈┈┈┈┈┈┈┈┈┈┈ **金莲木科 Ochnaceae**
　　　　　　　　　　　　　　　　　　　　　　　　　　　　(赛金莲木属 *Ouratia*)

　　　　　295. 子房 4~6 个,各具 1 花柱,仅有 1 子房可成熟为核果 ┈┈┈ **漆树科 Anacardiaceae**
　　　　　　　　　　　　　　　　　　　　　　　　　　　　(山澹仔属 *Buchanania*)

　291. 叶为复叶。

　　296. 叶对生 ┈┈┈┈┈┈┈┈┈┈┈┈┈┈┈┈┈┈┈┈┈┈┈┈┈┈┈┈┈ **省沽油科 Staphyleaceae**

　　296. 叶互生。

　　　297. 木质藤本;叶为掌状复叶或三出复叶 ┈┈┈┈┈┈┈┈┈┈┈┈ **木通科 Lardizabalaceae**

　　　297. 乔木或灌木(有时在牛栓藤科中有缠绕性者);叶为羽状复叶。

　　　　298. 果实为 1 含多数种子的浆果,状似猫屎 ┈┈┈┈┈┈┈┈ **木通科 Lardizabalaceae**
　　　　　　　　　　　　　　　　　　　　　　　　　　　　　(猫儿屎属 *Decaisnea*)

　　　　298. 果实为其他情形。

　　　　　299. 果实为蓇葖果 ┈┈┈┈┈┈┈┈┈┈┈┈┈┈┈┈┈┈┈┈ **牛栓藤科 Comnaraceae**

　　　　　299. 果实为离果,或在臭椿属 *Ailanthus* 中为翅果 ┈┈┈┈┈ **苦木科 Simaroubaceae**

283. 雌蕊 1 个,或至少其子房为 1 个。

　300. 雌蕊或子房确是单纯的,仅 1 室。(次 300 项见 325 页)

　　301. 果实为核果或浆果。

　　　302. 花为三出数,稀可二出数;花药以舌瓣裂开 ┈┈┈┈┈┈┈┈┈┈┈ **樟科 Lauraceae**

　　　302. 花为五出或四出数;花药纵长裂开。

　　　　303. 落叶据具刺灌木;雄蕊 10 个,周位,均可发育 ┈┈┈┈┈┈ **蔷薇科 Rosaceae**
　　　　　　　　　　　　　　　　　　　　　　　　　　　　(扁核木属 *Prinsepia*)

　　　　303. 常绿乔木;雄蕊 1~5 个,下位,常仅其中 1 个或 2 个发育 ┈┈┈┈ **漆树科 Anacardiaceae**
　　　　　　　　　　　　　　　　　　　　　　　　　　　　(芒果属 *Mangifera*)

　　301. 果实为蓇葖果或荚果。

　　　304. 果实为荚果 ┈┈┈┈┈┈┈┈┈┈┈┈┈┈┈┈┈┈┈┈┈┈┈┈┈┈ **豆科 Leguminosae**

　　　304. 果实为蓇葖果。

　　　　305. 落叶灌木;叶为单叶;蓇葖果内含 2 至数个种子 ┈┈┈┈┈┈┈ **蔷薇科 Rosaceae**
　　　　　　　　　　　　　　　　　　　　　　　　　　　　(绣线菊亚科 Spiraeoideae)

　　　　305. 常为木质藤本;叶多为单数复叶或具 3 小叶,有时因退化而只有 1 小叶;
　　　　　　蓇葖果内仅含 1 个种子 ┈┈┈┈┈┈┈┈┈┈┈┈┈┈┈┈ **牛栓藤科 Connaraceae**

300. 雌蕊或子房并非单纯者,有 1 个以上的子房室或花柱、柱头,胎座等部分。

306. 子房 1 室或因有 1 假隔膜的发育而成 2 室,有时下部 2~5 室,上部 1 室。
（次 306 项见 326 页）
  307. 花下位,花瓣 4 片,稀可更多。
    308. 萼片 2 片 ·· **罂粟科 Papaveraceae**
    308. 萼片 4~8 片。
      309. 子房柄常细长,呈线状 ·························· **白花菜科 Capparidaceae**
      309. 子房柄极短或不存在。
        310. 子房为 2 个心皮连合组成,常具 2 子房室及 1 假隔膜 ············ **十字花科 Cruciferae**
        310. 子房 3~6 个心皮连合组成,仅 1 子房室。
          311. 叶对生,微小,为耐寒旱性;花为辐射对称;花瓣完整,具瓣爪,
            其内侧有舌状的鳞片附属物 ·························· **瓣鳞花科 Frankeniaceae**
            （瓣鳞花属 *Frankenia*）
          311. 叶互生,显著,非为耐寒旱性;花为两侧对称;花瓣常分裂,
            但其内侧并无鳞片状的附属物 ·················· **木犀草科 Resedaceae**
  307. 花周位或下位,花瓣 3~5 片,稀可 2 片或更多。
    312. 每子房室内仅有胚珠 1 个。
      313. 乔木,或稀为灌木;叶常为羽状复叶。
        314. 叶常为羽状复叶,具托叶及小托叶 ·············· **省沽油科 Staphyleaceae**
        （银鹊树属 *Topiscia*）
        314. 叶为羽状复叶或单叶,无托叶及小托叶 ·············· **漆树科 Anacardiaceae**
      313. 木本或草本;叶为单叶。
        315. 通常均为木本,稀可在樟科的无根藤属 *Cassytha* 则为缠绕性寄生草本;
          叶常互生,无膜质托叶。
          316. 乔木或灌木;无托叶;花为三出或二出数;萼片和花瓣同形,稀可花瓣
            较大;花药以舌瓣裂开;浆果或核果 ············ **樟科 Lauraceae**
          316. 蔓生性的灌木,茎为合轴型,具钩状的分枝;托叶小而早落;花为五出
            数,萼片和花瓣不同形,前者且于结实时增大成翅状;花药纵长裂开;
            坚果 ·· **钩枝藤科 Ancistrocladaceae**
            （钩枝藤属 *Ancistrocladus*）
        315. 草本或亚灌木;叶互生或对生,具膜质托叶 ··············· **蓼科 Polygonaceae**
    312. 每子房室内有胚珠 2 个至多数。
      317. 乔木、灌木或木质藤本。（次 317 项见 326 页）
        318. 花瓣及雄蕊均着生于花萼上 ·················· **千屈菜科 Lythraceae**
        318. 花瓣及雄蕊均着生于花托上(或于西番莲科中雄蕊着生于子房柄上)。
          319. 核果或翅果,仅有 1 种子。
            320. 花萼具显著的 4 或 5 裂片或裂齿,微小而不能长大 ········ **茶茱萸科 Icacinaceae**
            320. 花萼呈截平头或具不明显的萼齿,微小,但能在果实上
              增大 ·· **铁青树科 Olacaceae**
              （铁青树属 *Olax*）
          319. 蒴果或浆果,内有 2 个至多数种子。
            321. 花两侧对称。（次 321 项见 326 页）
              322. 叶为 2~3 回羽状复叶;雄蕊 5 个 ·············· **辣木科 Moringaceae**
              （辣木属 *Moringa*）
              322. 叶为全缘的单叶;雄蕊 8 个 ·················· **远志科 Polygalaceae**
            321. 花辐射对称;叶为单叶或掌状分裂。

323. 花瓣具有直立而常彼此衔接的瓣爪 ················ 海桐花科 Pittosporaceae
　　　　　　　　　　　　　　　　　　　　　　　　　（海桐花属 *Pittosporum*）
323. 花瓣不具细长的瓣爪。
　　324. 植物体为耐寒旱性,有鳞片状或细长形的叶片;花无
　　　　　小苞片 ·· 柽柳科 Tamaricaceae
　　324. 植物体非为耐寒旱性,具有较宽大的叶片。
　　　　325. 花两性。
　　　　　　326. 花萼和花瓣不甚分化,且前者较大 ·········· 大风子科 Flacourtiaceae
　　　　　　　　　　　　　　　　　　　　　　　　　（红子木属 *Erythrospermum*）
　　　　　　326. 花萼和花瓣很有分化,前者很小 ·············· 堇菜科 Violaceae
　　　　　　　　　　　　　　　　　　　　　　　　　（三角车属 *Rinorea*）
　　　　325. 雌雄异株或花杂性。
　　　　　　327. 乔木;花的每一花瓣基部各具位于内方的一鳞片;
　　　　　　　　无子房柄 ·· 大风子科 Flacourtiaceae
　　　　　　　　　　　　　　　　　　　　　　　　　（大风子属 *Hydnocarpus*）
　　　　　　327. 多为具卷须而攀缘的灌木;花常具一为 5 鳞片所成的副
　　　　　　　　冠,各鳞片和萼片相对生;有子房柄 ·············· 西番莲科 Passifloraceae
　　　　　　　　　　　　　　　　　　　　　　　　　（蒴莲属 *Adenia*）
317. 草本或亚灌木。
　　328. 胎座位于子房室的中央或基底。
　　　　329. 花瓣着生于花萼的喉部 ································· 千屈菜科 Lythraceae
　　　　329. 花瓣着生于花托上。
　　　　　330. 萼片 2 片;叶互生,稀可对生 ··················· 马齿苋科 Portulacaceae
　　　　　330. 萼片 5 或 4 片;叶对生 ························· 石竹科 Caryophyllaceae
　　328. 胎座为侧膜胎座。
　　　　331. 食虫植物,具生有腺体刚毛的叶片 ·················· 茅膏菜科 Droseraceae
　　　　331. 非为食虫植物,也无生有腺体毛茸的叶片。
　　　　　　332. 花两侧对称。
　　　　　　　　333. 花有一位于前方的距状物;蒴果 3 瓣裂开 ············· 堇菜科 Violaceae
　　　　　　　　333. 花有一位于后方的大型花盘;蒴果仅于顶端裂开 ······ 木犀草科 Resedaceae
　　　　　　332. 花整齐或近于整齐。
　　　　　　　　334. 植物体为耐寒旱性;花瓣内侧各有 1 舌状的鳞片 ····· 瓣鳞花科 Frankeniaceae
　　　　　　　　　　　　　　　　　　　　　　　　　（瓣鳞花属 *Frankenia*）
　　　　　　　　334. 植物体非为耐寒旱性;花瓣内侧无鳞片的舌状附属物。
　　　　　　　　　335. 花中有副冠及子房柄 ····················· 西番莲科 Passifloraceae
　　　　　　　　　　　　　　　　　　　　　　　　　（西番莲属 *Passiflora*）
　　　　　　　　　335. 花中无副冠及子房柄 ····················· 虎耳草科 Saxifragaceae
306. 子房 2 室或更多室。
　　336. 花瓣形状彼此极不相等。（次 336 项见 327 页）
　　337. 每子房室内有数个至多数胚珠。
　　　　338. 子房 2 室 ··· 虎耳草科 Saxifragaceae
　　　　338. 子房 5 室 ··· 凤仙花科 Balsaminaceae
　　337. 每子房室内仅有 1 个胚珠。
　　　　339. 子房 3 室;雄蕊离生;叶盾状,叶缘具棱角或波纹 ········· 旱金莲科 Tropaeolaceae
　　　　　　　　　　　　　　　　　　　　　　　　　（旱金莲属 *Tropaeolum*）
　　　　339. 子房 2 室(稀可 1 或 3 室);雄蕊连合为一单体;叶不呈盾状,

全缘 ·· **远志科 Polygalaceae**

336. 花瓣形状彼此相等或微有不等,且有时花也可为两侧对称。

340. 雄蕊数和花瓣数既不相等,也不是它的倍数。

341. 叶对生。

342. 雄蕊 4～10 个,常 8 个。

343. 蒴果 ·· **七叶树科 Hippocastanaceae**

343. 翅果 ·· **槭树科 Aceraceae**

342. 雄蕊 2 或 3 个,也稀可 4 或 5 个。

344. 萼片及花瓣均为五出数;雄蕊多为 3 个 ·········· **翅子藤科 Hippocrateaceae**

344. 萼片及花瓣常均为四出数;雄蕊 2 个,稀可 3 个 ·········· **木犀科 Oleaceae**

341. 叶互生。

345. 叶为单叶,多全缘,或在油桐属 *Aleurites* 中可具 3～7 裂片;
花单性 ·· **大戟科 Euphorbiaceae**

345. 叶为单叶或复叶;花两性或杂性。

346. 萼片为镊合状排列;雄蕊连成单体 ·············· **梧桐科 Sterculiaceae**

346. 萼片为覆瓦状排列;雄蕊离生。

347. 子房 4 或 5 室,每子房室内有 8～12 胚珠;种子具翅 ·············· **楝科 Meliaceae**
（香椿属 *Toona*）

347. 子房常 3 室,每子房室内有 1 至数个胚珠;种子无翅。

348. 花小型或中型,下位,萼片互相分离或微有连合·········· **无患子科 Sapindaceae**

348. 花大型,美丽,周位,萼片互相连合成一钟形的
花萼 ·· **钟萼木科 Bretschneideraceae**
（钟萼木属 *Bretschneidera*）

340. 雄蕊数和花瓣数相等,或是它的倍数。

349. 每子房室内有胚珠或种子 3 个至多数。(次 349 项见 328 页)

350. 叶为复叶。

351. 雄蕊连合成为单体 ·· **酢浆草科 Oxalidaceae**

351. 雄蕊彼此相互分离。

352. 叶互生。

353. 叶为 2～3 回的三出叶,或为掌状叶 ·············· **虎耳草科 Saxifragaceae**
（落新妇亚族 Astilbinae）

353. 叶为 1 回羽状复叶 ·· **楝科 Meliaceae**
（香椿属 *Toona*）

352. 叶对生。

354. 叶为双数羽状复叶 ·· **蒺藜科 Zygophyllaceae**

354. 叶为单数羽状复叶 ·· **省沽油科 Staphyleaceae**

350. 叶为单叶。

355. 草本或亚灌木。(次 355 项见 328 页)

356. 花周位;花托多少有些中空。

357. 雄蕊着生于杯状花托的边缘 ·············· **虎耳草科 Saxifragaceae**

357. 雄蕊着生于杯状或管状花萼(或即花托)的内侧 ·········· **千屈菜科 Lythraceae**

356. 花下位;花托常扁平。

358. 叶对生或轮生,常全缘。(次 358 项见 328 页)

359. 水生或沼泽草本,有时(例如田繁缕属 *Bergia*)为亚灌木;
有托叶 ·· **沟繁缕科 Elatinaceae**

359. 陆生草本;无托叶 ……………………………………… 石竹科 Caryophyllaceae
358. 叶互生或基生;稀可对生,边缘有锯齿,或叶退化为无
　　绿色组织的鳞片。
360. 草本或亚灌木;有托叶;萼片呈镊合状排列,脱落性 ……… 椴树科 Tiliaceae
　　　　　　　　　　　　　　　　　　　　　（黄麻属 Corchorus,田麻属 Corchoropsis）
360. 多年生常绿草本,或为死物寄生植物而无绿色组织;
　　　无托叶;萼片呈覆瓦状排列,宿存性 ………………… 鹿蹄草科 Pyrolaceae
355. 木本植物。
361. 花瓣常有彼此衔接或其边缘互相依附的柄状瓣爪……… 海桐花科 Pittosporaceae
　　　　　　　　　　　　　　　　　　　　　　　　（海桐花属 Pittosporum）
361. 花瓣无瓣爪,或仅具互相分离的细长柄状瓣爪。
362. 花托空凹;萼片呈镊合状或覆瓦状排列。
363. 叶互生,边缘有锯齿,常绿性 ………………………… 虎耳草科 Saxifragaceae
　　　　　　　　　　　　　　　　　　　　　　　　　　（鼠刺属 Itea）
363. 叶对生或互生,全缘,脱落性。
364. 子房 2～6 室,仅具 1 花柱;胚珠多数,着生于中轴
　　胎座上 ……………………………………………… 千屈菜科 Lythraceae
364. 子房 2 室,具 2 花柱;胚珠数个,垂悬于中轴胎
　　座上 ………………………………………………… 金缕梅科 Hamamelidaceae
　　　　　　　　　　　　　　　　　　　　　　　　（双花木属 Disanthus）
362. 花托扁平或微凸起;萼片呈覆瓦状或于杜英科中呈
　　镊合状排列。
365. 花为四出数;果实呈浆果状或核果状;花药纵长裂开
　　或顶端舌瓣裂开。
366. 穗状花序腋生于当年新枝上;花瓣先端具齿裂 …… 杜英科 Elaeocarpaceae
　　　　　　　　　　　　　　　　　　　　　　　　（杜英属 Elaeocarpus）
366. 穗状花序腋生于昔年老枝上;花瓣完整 ………… 旌节花科 Stachyuraceae
　　　　　　　　　　　　　　　　　　　　　　　　（旌节花属 Stachyurus）
365. 花为五出数;果实呈蒴果状;花药顶端孔裂。
367. 花粉粒单纯;子房 3 室 ……………………………… 山柳科 Clethraceae
　　　　　　　　　　　　　　　　　　　　　　　　（山柳属 Clethra）
367. 花粉粒复合,成为四合体;子房 5 室………………… 杜鹃花科 Ericaceae
349. 每子房室内有胚珠或种子 1 或 2 个。
368. 草本植物,有时基部呈灌木状。(次 368 项见 329 页)
369. 花单性、杂性,或雌雄异株。
370. 具卷须的藤本;叶为二回三出复叶 ………………… 无患子科 Sapindaceae
　　　　　　　　　　　　　　　　　　　　　　　　（倒地铃属 Cardiospermum）
370. 直立草本或亚灌木;叶为单叶 ……………………… 大戟科 Euphorbiaceae
369. 花两性。
371. 萼片呈镊合状排列;果实有刺 ……………………… 椴树科 Tiliaceae
　　　　　　　　　　　　　　　　　　　　　　　　（刺蒴麻属 Triumfetta）
371. 萼片呈覆瓦状排列;果实无刺。
372. 雄蕊彼此分离;花柱互相连合 ……………………… 牻牛儿苗科 Geraniaceae
372. 雄蕊互相连合;花柱彼此分离 ……………………… 亚麻科 Linaceae
368. 木本植物。

373. 叶肉质,通常仅为 1 对小叶所组成的复叶 ················ **蒺藜科 Zygophyllaceae**
373. 叶为其他情形。
　　374. 叶对生;果实为 1、2 或 3 个翅果所组成。
　　　　375. 花瓣细裂或具齿裂;每果实有 3 个翅果 ············· **金虎尾科 Malpighiaceae**
　　　　375. 花瓣全缘;每果实具 2 个或连合为 1 个的翅果 ··········· **槭树科 Aceraceae**
　　374. 叶互生,如为对生时,则果实不为翅果。
　　　376. 叶为复叶,或稀可为单叶而有具翅的果实。
　　　　　377. 雄蕊连为单体。
　　　　　　378. 萼片及花瓣均为三出数;花药 6 个,花丝生于雄蕊管的
　　　　　　　　口部 ························· **橄榄科 Burseraceae**
　　　　　　378. 萼片及花瓣均为四出至六出数;花药 8~12 个,无花丝,
　　　　　　　　直接着生于雄蕊管的喉部或裂齿之间 ············ **楝科 Meliaceae**
　　　　　377. 雄蕊各自分离。
　　　　　　379. 叶为单叶;果实为一具 3 翅而其内仅有 1 个种子的
　　　　　　　　小坚果 ···················· **卫矛科 Celastraceae**
　　　　　　　　　　　　　　　　　　　　　　　　（雷公藤属 *Tripterygium* ）
　　　　　　379. 叶为复叶;果实无翅。
　　　　　　　380. 花柱 3~5 个;叶常互生,脱落性 ········· **漆树科 Anacardiaceae**
　　　　　　　380. 花柱 1 个;叶互生或对生。
　　　　　　　　381. 叶为羽状复叶,互生,常绿性或脱落性;果实有
　　　　　　　　　　各种类型 ·················· **无患子科 Sapindaceae**
　　　　　　　　381. 叶为掌状复叶,对生,脱落性;果实为
　　　　　　　　　　蒴果 ·············· **七叶树科 Hippocastanaceae**
　　　376. 叶为单叶;果实无翅。
　　　　382. 雄蕊连成单体,或如为 2 轮时,至少其内轮者如此,
　　　　　　有时其花药无花丝(例如大戟科的三宝木属 *Trigonostemon*)。
　　　　　383. 花单性;萼片或花萼裂片 2~6 片,呈镊合状或覆瓦
　　　　　　　状排列 ···················· **大戟科 Euphorbiaceae**
　　　　　383. 花两性;萼片 5 片,呈覆瓦状排列。
　　　　　　384. 果实呈蒴果状;子房 3~5 室,各室均可成熟 ········· **亚麻科 Linaceae**
　　　　　　384. 果实呈核果状;子房 3 室,大都其中的 2 室为不孕性,
　　　　　　　　仅另 1 室可成熟,而有 1 或 2 个胚珠 ········· **古柯科 Erythroxylaceae**
　　　　　　　　　　　　　　　　　　　　　　　　（古柯属 *Erythroxylum* ）
　　　　382. 雄蕊各自分离,有时在毒鼠子科中可和花瓣相连合而形成 1 管状物。
　　　　　385. 果呈蒴果状。
　　　　　　386. 叶对生或互生;花周位 ············· **卫矛科 Celastraceae**
　　　　　　386. 叶互生或稀可对生;花下位。
　　　　　　　387. 叶脱落性或常绿性;花单性或两性;子房 3 室,
　　　　　　　　　稀可 2 或 4 室,有时可多至 15 室(例如算盘子属
　　　　　　　　　Glochidion) ············· **大戟科 Euphorbiaceae**
　　　　　　　387. 叶常绿性;花两性;子房 5 室 ·········· **五列木科 Pentaphylacaceae**
　　　　　　　　　　　　　　　　　　　　　　　　（五列木属 *Pentaphylax* ）
　　　　　385. 果呈核果状,有时木质化,或呈浆果状。
　　　　　　388. 种子无胚乳,胚体肥大而多肉质。(次 388 项见 330 页)
　　　　　　　389. 雄蕊 10 个 ·················· **蒺藜科 Zygophyllaceae**

389. 雄蕊 4 或 5 个。

    390. 叶互生;花瓣 5 片,各 2 裂或成 2 部分 ······ **毒鼠子科 Dichapetalaceae**
        (**毒鼠子属 *Dichapetalum***)

    390. 叶对生;花瓣 4 片,均完整 ················ **刺茉莉科 Salvadoraceae**
        (**刺茉莉属 *Azima***)

388. 种子有胚乳,胚体有时很小。

    391. 植物体为耐寒旱性;花单性,三出或二出数 ····· **岩高兰科 Empetraceae**
        (**岩高兰属 *Empetrum***)

    391. 植物体为普通形状;花两性或单性,五出或四出数。

      392. 花瓣呈镊合状排列。

        393. 雄蕊和花瓣同数 ···················· **茶茱萸科 Icacinaceae**

        393. 雄蕊为花瓣的倍数。

          394. 枝条无刺,而有对生的叶片 ············ **红树科 Rhizophoraceae**
          (**红树族 Gynotrocheae**)

          394. 枝条有刺,而有互生的叶片 ·············· **铁青树科 Olacaceae**
          (**海檀木属 *Ximenia***)

      392. 花瓣呈覆瓦状排列,或在大戟科的小束花属 *Microdesmis* 中为扭转
        兼覆瓦状排列。

        395. 花单性,雌雄异株;花瓣较小于萼片········ **大戟科 Euphorbiaceae**
          (**小盘木属 *Microdesmis***)

        395. 花两性或单性;花瓣常较大于萼片。

          396. 落叶攀缘灌木;雄蕊 10 个;子房 5 室,
           每室内有胚珠 2 个 ··················· **猕猴桃科 Actinidiaceae**
           (**藤山柳属 *Clematoclethra***)

          396. 多为常绿乔木或灌木;雄蕊 4 或 5 个。

           397. 花下位,雌雄异株或杂性;无花盘 ····· **冬青科 Aquifoliaceae**
            (**冬青属 *Ilex***)

           397. 花周位,两性或杂性;有花盘 ············ **卫矛科 Celastraceae**
            (**异卫矛亚科 Cassinioideae**)

160. 花冠为多少有些连合的花瓣所组成。

  398. 成熟雄蕊或单体雄蕊的花药数多于花冠裂片。(次 398 项见 331 页)

    399. 心皮 1 个至数个,互相分离或大致分离。

      400. 叶为单叶或有时可为羽状分裂,对生,肉质 ············ **景天科 Crassulaceae**

      400. 叶为二回羽状复叶,互生,不呈肉质 ················ **豆科 Leguminosae**
        (**含羞草亚科 Mimosoideae**)

    399. 心皮 2 个或更多,连合成一复合性子房。

      401. 雌雄同株或异株,有时为杂性。

        402. 子房 1 室;无分枝而呈棕榈状的小乔木 ·············· **番木瓜科 Caricaceae**
          (**番木瓜属 *Carica***)

        402. 子房 2 室至多室;具分枝的乔木或灌木。

          403. 雄蕊连成单体,或至少内层者如此;蒴果 ······· **大戟科 Euphorbiaceae**
           (**麻风树属 *Jatropha***)

          403. 雄蕊各自分离;浆果 ····················· **柿树科 Ebenaceae**

    401. 花两性。

      404. 花瓣连成一盖状物,或花萼裂片及花瓣均可合成为 1 或 2 层的盖状物。

405. 叶为单叶,具有透明微点 ·· 桃金娘科 Myrtaceae

405. 叶为掌状复叶,无透明微点 ·· 五加科 Araliaceae

（多蕊木属 *Tupidanthus*）

404. 花瓣及花萼裂片均不连成盖状物。

406. 每子房室中有 3 个至多数胚珠。

407. 雄蕊 5～10 个或其数不超过花冠裂片的 2 倍,稀可在野茉莉科的

银钟花属 *Halesia* 其数可达 16 个,而为花冠裂片的 4 倍。

408. 雄蕊各自分离;花药顶端孔裂;花粉粒为四合型 ·················· 杜鹃花科 Ericaceae

408. 雄蕊连成单体或其花丝于基部互相连合;花药纵裂;花粉粒

单生。

409. 叶为复叶;子房上位;花柱 5 个 ·································· 酢浆草科 Oxalidaceae

409. 叶为单叶;子房下位或半下位;花柱 1 个;乔木或灌木,常有

星状毛 ·· 野茉莉科 Styracaceae

407. 雄蕊为不定数。

410. 萼片和花瓣常各为多数,而无显著的区分;子房下位;植物体

肉质,绿色,常具棘针,而其叶退化 ····························· 仙人掌科 Cactaceae

410. 萼片和花瓣常各为 5 片,而有显著的区分;子房上位。

411. 萼片呈镊合状排列;雄蕊连成单体 ···························· 锦葵科 Malvaceae

411. 萼片呈显著的覆瓦状排列。

412. 雄蕊连成 5 束,且每束着生于 1 花瓣的基部;花药顶端孔

裂开;浆果 ··· 猕猴桃科 Actinidiaceae

（水冬哥属 *Saurauia*）

412. 雄蕊的基部连成单体;花药纵长裂开;蒴果 ·············· 山茶科 Theaceae

（紫茎属 *Stewartia*）

406. 每子房室中常仅有 1 或 2 个胚珠。

413. 花萼中的 2 片或更多片于结实时能长大成翅状 ········ 龙脑香科 Dipterocarpaceae

413. 花萼裂片无上述变大的情形。

414. 植物体常有星状毛茸 ·· 野茉莉科 Styracaceae

414. 植物体无星状毛茸。

415. 子房下位或半下位;果实歪斜 ·························· 山矾科 Symplocaceae

（山矾属 *Symplocos*）

415. 子房上位。

416. 雄蕊相互连合为单体;果实成熟时分裂为离果 ·············· 锦葵科 Malvaceae

416. 雄蕊各自分离;果实不是离果。

417. 子房 1 或 2 室;蒴果 ······································ 瑞香科 Thymelaeaceae

（沉香属 *Aquilaria*）

417. 子房 6～8 室;浆果 ··· 山榄科 Sapotaceae

（紫荆木属 *Madhuca*）

398. 成熟雄蕊并不多于花冠裂片或有时因花丝的分裂则可过之。

418. 雄蕊和花冠裂片为同数且对生。（次 418 项见 332 页）

419. 植物体内有乳汁 ··· 山榄科 Sapotaceae

419. 植物体内不含乳汁。

420. 果实内有数个至多数种子。（次 420 项见 332 页）

421. 乔木或灌木;果实呈浆果状或核果状 ···························· 紫金牛科 Myrsinaceae

421. 草本;果实呈蒴果状 ··· 报春花科 Primulaceae

420. 果实内仅有 1 个种子。
 422. 子房下位或半下位。
  423. 乔木或攀缘性灌木;叶互生 ·················· 铁青树科 Olacaceae
  423. 常为半寄生性灌木;叶对生·················· 桑寄生科 Loranthaceae
 422. 子房上位。
  424. 花两性。
   425. 攀缘性草本;萼片 2;果为肉质宿存花萼所包围 ·············· 落葵科 Basellaceae
    (落葵属 *Basella*)
   425. 直立草本或亚灌木,有时为攀缘性;萼片或萼裂片 5;果为蒴果
    或瘦果,不为花萼所包围·············· 蓝雪科 Plumbaginaceae
  424. 花单性,雌雄异株;攀缘性灌木。
   426. 雄蕊连合成单体;雌蕊单纯性 ·············· 防己科 Menispermaceae
    (锡生藤亚族 *Cissampelinae*)
   426. 雄蕊各自分离;雌蕊复合性 ·············· 茶茱萸科 Icacinaceae
    (微花藤属 *Iodes*)

418. 雄蕊和花冠裂片为同数且互生,或雄蕊数较花冠裂片为少。
 427. 子房下位。(次 427 项见 333 页)
  428. 植物体常以卷须而攀缘或蔓生;胚珠及种子皆为水平生长于侧膜胎
   座上 ·················· 葫芦科 Cucurbitaceae
  428. 植物体直立,如为攀缘时也无卷须;胚珠及种子并不为水平生长。
   429. 雄蕊互相连合。
    430. 花整齐或两侧对称,成头状花序,或在苍耳属 *Xanthium* 中,雌花
     序为一仅含 2 花的果壳,其外生有钩状刺毛;子房 1 室,内仅有
     1 个胚珠 ·················· 菊科 Compositae
    430. 花多两侧对称,单生或成总状或伞房花序;子房 2 或 3 室,内有
     多数胚珠。
     431. 花冠裂片呈镊合状排列;雄蕊 5 个,具分离的花丝及连合的
      花药 ·················· 桔梗科 Campanulaceae
      (半边莲亚科 Lobelioideae)
     431. 花冠裂片呈覆瓦状排列;雄蕊 2 个,具连合的花丝及分离的
      花药 ·················· 花柱草科 Stylidiaceae
      (花柱草属 *Stylidium*)
   429. 雄蕊各自分离。
    432. 雄蕊和花冠相分离或近于分离。
     433. 花药顶端孔裂开;花粉粒连合成四合体;灌木或亚灌木·········· 杜鹃花科 Ericaceae
      (乌饭树亚科 Vaccinioideae)
     433. 花药纵长裂开,花粉粒单纯;多为草本。
      434. 花冠整齐;子房 2～5 室,内有多数胚珠 ·············· 桔梗科 Campanulaceae
      434. 花冠不整齐;子房 1～2 室,每子房室内仅有 1 或 2 个
       胚珠 ·················· 草海桐科 Goodeniaceae
    432. 雄蕊着生于花冠上。
     435. 雄蕊 4 或 5 个,和花冠裂片同数。(次 435 项见 333 页)
      436. 叶互生;每子房室内有多数胚珠 ·············· 桔梗科 Campanulaceae
      436. 叶对生或轮生;每子房室内有 1 个至多数胚珠。
       437. 叶轮生,如为对生时,则有托叶存在 ·············· 茜草科 Rubiaceae

437. 叶对生,无托叶或稀可有明显的托叶。
  438. 花序多为聚伞花序 ·················· 忍冬科 Caprifoliaceae
  438. 花序为头状花序 ·················· 川续断科 Dipsacaceae
435. 雄蕊 1~4 个,其数较花冠裂片为少。
 439. 子房 1 室。
  440. 胚珠多数,生于侧膜胎座上 ············ 苦苣苔科 Gesneriaceae
  440. 胚珠 1 个,垂悬于子房的顶端 ············ 川续断科 Dipsacaceae
 439. 子房 2 室或更多室,具中轴胎座。
  441. 子房 2~4 室,所有的子房室均可成熟;水生草本 ······ 胡麻科 Pedaliaceae
    (茶菱属 *Trapella*)
  441. 子房 3 或 4 室,仅其中 1 或 2 室可成熟。
   442. 落叶或常绿的灌木;叶片常全缘或边缘有锯齿 ········ 忍冬科 Caprifoliaceae
   442. 陆生草本;叶片常有很多的分裂 ············ 败酱科 Valerianaceae
427. 子房上位。
 443. 子房深裂为 2~4 部分;花柱或数花柱均自子房裂片之间伸出。
  444. 花冠两侧对称或稀可整齐;叶对生 ·············· 唇形科 Labiatae
  444. 花冠整齐,叶互生。
   445. 花柱 2 个;多年生匍匐性小草本;叶片呈圆肾形 ············ 旋花科 Convolvulaceae
    (马蹄金属 *Dichondra*)
   445. 花柱 1 个 ·················· 紫草科 Boraginaceae
 443. 子房完整或微有分割,或为 2 个分离的心皮所组成;花柱自子房的
  顶端伸出。
  446. 雄蕊的花丝分裂。
   447. 雄蕊 2 个,各分为 3 裂 ·················· 罂粟科 Papaveraceae
    (紫堇亚科 Fumarioideae)
   447. 雄蕊 5 个,各分为 2 裂 ·················· 五福花科 Adoxaceae
    (五福花属 *Adoxa*)
  446. 雄蕊的花丝单纯。
   448. 花冠不整齐,常多少有些呈二唇状。(次 448 项见 334 页)
   449. 成熟雄蕊 5 个。
    450. 雄蕊和花冠离生 ·················· 杜鹃花科 Ericaceae
    450. 雄蕊着生于花冠上 ·················· 紫草科 Boraginaceae
   449. 成熟雄蕊 2 或 4 个,退化雄蕊有时也可存在。
    451. 每子房室内仅含 1 或 2 个胚珠(如为后一情形时,也可在次
     451 项检索之)。
     452. 叶对生或轮生;雄蕊 4 个,稀可 2 个;胚珠直立,稀可垂悬。
      453. 子房 2~4 室,共有 2 个或更多的胚珠 ········ 马鞭草科 Verbenaceae
      453. 子房 1 室,仅含 1 个胚珠 ·········· 透骨草科 Phrymaceae
       (透骨草属 *Phryma*)
     452. 叶互生或基生;雄蕊 2 或 4 个,胚珠垂悬;子房 2 室,每子
      房室内仅有 1 个胚珠 ·················· 玄参科 Scrophulariaceae
    451. 每子房室内有 2 个至多数胚珠。
     454. 子房 1 室具侧膜胎座或中央胎座(有时可因侧膜胎座的深入而为 2 室)。(次
      454 项见 334 页)
     455. 草本或木本植物,不为寄生性,也非食虫性。(次 455 项见 334 页)

456. 多为乔木或木质藤本;叶为单叶或复叶,对生或轮生,
　　　稀可互生,种子有翅,无胚乳 ·················· **紫葳科 Bignoniaceae**

456. 多为草本;叶为单叶,基生或对生;种子无翅,有或无
　　　胚乳 ·························· **苦苣苔科 Gesneriaceae**

455. 草本植物,为寄生性或食虫性。

457. 植物体寄生于其他植物的根部,而无绿叶存在;雄蕊
　　　4 个;侧膜胎座 ······················ **列当科 Orobanchaceae**

457. 植物体为食虫性,有绿叶存在;雄蕊 2 个;特立中央
　　　胎座;多为水生或沼泽植物,且有具距的花冠 ····· **狸藻科 Lentibulariaceae**

454. 子房 2～4 室,具中轴胎座,或于角胡麻科中为子房 1 室
　　　而具侧膜胎座。

458. 植物体常具分泌黏液的腺体毛茸;种子无胚乳或具一薄
　　　层胚乳。

459. 子房最后成为 4 室;蒴果的果皮质薄而不延伸为长喙;
　　　油料植物 ························· **胡麻科 Pedaliaceae**
　　　　　　　　　　　　　　　　　　　（胡麻属 *Sesamum*）

459. 子房 1 室;蒴果的内皮坚硬而呈木质,延伸为钩状长喙;
　　　栽培花卉 ······················· **角胡麻科 Martyniaceae**
　　　　　　　　　　　　　　　　　　　（角胡麻属 *Martynia*）

458. 植物体不具上述的毛茸;子房 2 室。

460. 叶对生;种子无胚乳,位于胎座的钩状突起上 ········ **爵床科 Acanthaceae**

460. 叶互生或对生;种子有胚乳,位于中轴胎座上。

461. 花冠裂片具深缺刻;成熟雄蕊 2 个 ····················· **茄科 Solanaceae**
　　　　　　　　　　　　　　　　　　　（蝴蝶花属 *Schizanthus*）

461. 花冠裂片全缘或仅其先端具一凹陷;成熟雄蕊
　　　2 或 4 个 ················· **玄参科 Scrophulariaceae**

448. 花冠整齐;或近于整齐。

462. 雄蕊数较花冠裂片为少。

463. 子房 2～4 室,每室内仅含 1 或 2 个胚珠。

464. 雄蕊 2 个 ······················ **木犀科 Oleaceae**

464. 雄蕊 4 个。

465. 叶互生,有透明腺体微点存在 ····················· **苦槛蓝科 Myoporaceae**

465. 叶对生,无透明微点 ························· **马鞭草科 Verbenaceae**

463. 子房 1 或 2 室,每室内有数个至多数胚珠。

466. 雄蕊 2 个;每子房室内有 4～10 个胚珠垂悬于室的顶端 ····· **木犀科 Oleaceae**
　　　　　　　　　　　　　　　　　　　（连翘属 *Forsythia*）

466. 雄蕊 4 或 2 个;每子房室内有多数胚珠着生于中轴或侧
　　　膜胎座上。

467. 子房 1 室,内具分歧的侧膜胎座,或因胎座深入而使子
　　　房成 2 室 ························· **苦苣苔科 Gesneriaceae**

467. 子房为完全的 2 室,内具中轴胎座。

468. 花冠于蕾中常折迭;子房 2 心皮的位置偏斜 ················· **茄科 Solanaceae**

468. 花冠于蕾中不折迭,而呈覆瓦状排列;子房的 2 心皮
　　　位于前后方 ············· **玄参科 Scrophulariaceae**

462. 雄蕊和花冠裂片同数。

469. 子房 2 个,或为 1 个而成熟后呈双角状。
　　470. 雄蕊各自分离;花粉粒也彼此分离 ······················· 夹竹桃科 Apocynaceae
　　470. 雄蕊互相连合;花粉粒连成花粉块 ······················· 萝藦科 Asclepiadaceae
469. 子房 1 个,不呈双角状。
　　471. 子房 1 室或因 2 侧膜胎座的深入而成 2 室。
　　　472. 子房为 1 心皮所成。
　　　　473. 花显著,呈漏斗形而簇生;果实为 1 瘦果,有棱或
　　　　　　有翅 ·· 紫茉莉科 Nyctaginaceae
　　　　　　　　　　　　　　　　　　　　　　　　　　　　（紫茉莉属 Mirabilis）
　　　　473. 花小型而形成球形的头状花序;果实为 1 荚果,成熟后
　　　　　　则裂为仅含 1 种子的节荚 ························· 豆科 Leguminosae
　　　　　　　　　　　　　　　　　　　　　　　　　　　　（含羞草属 Mimosa）
　　　472. 子房为 2 个以上连合心皮所成。
　　　　474. 乔木或攀缘性灌木,稀可为一攀缘性草本,而体内具有
　　　　　　乳汁(例如心翼果属 Cardiopteris);果实呈核果状(但
　　　　　　心翼果属则为干燥的翅果),内有 1 个种子 ··········· 茶茱萸科 Icacinaceae
　　　　474. 草本或亚灌木,或于旋花科的麻辣仔藤属 Erycibe 中
　　　　　　为攀缘灌木;果实呈蒴果状(或于麻辣仔藤属中呈浆
　　　　　　果状),内有 2 个或更多的种子。
　　　　　475. 花冠裂片呈覆瓦状排列。
　　　　　　476. 叶茎生,羽状分裂或为羽状复叶(限于我国
　　　　　　　　植物如此）··································· 田基麻科 Hydrophyllaceae
　　　　　　　　　　　　　　　　　　　　　　　　　　（水叶族 Hydrophylleae）
　　　　　　476. 叶基生,单叶,边缘具齿裂 ······················· 苦苣苔科 Gesneriaceae
　　　　　　　　　　　　　　　　　　（苦苣苔属 Conandron,黔苣苔属 Tengia）
　　　　　475. 花冠裂片常呈旋转状或内折的镊合状排列。
　　　　　　477. 攀缘性灌木;果实呈浆果状,内有少数种子 ····· 旋花科 Convolvulaceae
　　　　　　　　　　　　　　　　　　　　　　　　　　　（麻辣仔藤属 Erycibe）
　　　　　　477. 直立陆生或漂浮水面的草本;果实呈蒴果状,
　　　　　　　　内有少数至多数种子 ··························· 龙胆科 Gentianaceae
　471. 子房 2～10 室。
　　478. 无绿叶而为缠绕性的寄生植物 ······························· 旋花科 Convolvulaceae
　　　　　　　　　　　　　　　　　　　　　　　　　（菟丝子亚科 Cuscutoideae）
　　478. 不是上述的无叶寄生植物。
　　　479. 叶常对生,且多在两叶之间具有托叶所成的连接线或
　　　　　附属物 ··· 马钱科 Loganiaceae
　　　479. 叶常互生,或有时基生,如为对生时,其两叶之间也无托叶
　　　　　所成的连系物,有时其叶也可轮生。
　　　　480. 雄蕊和花冠离生或近于离生。
　　　　　481. 灌木或亚灌木;花药顶端孔裂;花粉粒为四合体;
　　　　　　　子房常 5 室 ··· 杜鹃花科 Ericaceae
　　　　　481. 一年或多年生草本,常为缠绕性;花药纵长裂开;
　　　　　　　花粉粒单纯;子房常 3～5 室 ················· 桔梗科 Campanulaceae
　　　　480. 雄蕊着生于花冠的筒部。
　　　　　482. 雄蕊 4 个,稀可在冬青科为 5 个或更多。(次 482 项见 336 页)

483. 无主茎的草本,具由少数至多数花朵所形成的
　　　穗状花序生于一基生花葶上 ················· 车前科 Plantaginaceae
　　　　　　　　　　　　　　　　　　　　　　　（车前属 *Plantago*）

483. 乔木、灌木,或具有主茎的草本。

　484. 叶互生,多常绿 ····················· 冬青科 Aquifoliaceae
　　　　　　　　　　　　　　　　　　　　　　　（冬青属 *Ilex*）

　484. 叶对生或轮生。

　　485. 子房 2 室,每室内有多数胚珠 ········ 玄参科 Scrophulariaceae

　　485. 子房 2 室至多室,每室内有 1 或 2 个
　　　　　胚珠 ··························· 马鞭草科 Verbenaceae

482. 雄蕊常 5 个,稀可更多。

486. 每子房室内仅有 1 或 2 个胚珠。

　487. 子房 2 或 3 室;胚珠自子房室近顶端垂悬;
　　　　木本植物;叶全缘。

　　488. 每花瓣 2 裂或 2 分;花柱 1 个;子房无柄,
　　　　　2 或 3 室,每室内各有 2 个胚珠;核果;
　　　　　有托叶 ····················· 毒鼠子科 Dichapetalaceae
　　　　　　　　　　　　　　　　　　　　　（毒鼠子属 *Dichapetalum*）

　　488. 每花瓣均完整;花柱 2 个;子房具柄,2 室,
　　　　　每室内仅有 1 个胚珠;翅果;无托叶 ····· 茶茱萸科 Icacinaceae

　487. 子房 1～4 室;胚珠在子房室基底或中轴的
　　　　基部直立或上举;无托叶;花柱 1 个,稀可
　　　　2 个,有时在紫草科的破布木属 *Cordia*
　　　　中其先端可成两次的 2 裂。

　　489. 果实为核果;花冠有明显的裂片,并在蕾中
　　　　　呈覆瓦状或旋转状排列;叶全缘或有锯齿;
　　　　　通常均为直立木本或草本,多粗壮或具刺
　　　　　毛 ························· 紫草科 Boraginaceae

　　489. 果实为蒴果;花瓣完整或具裂片;叶全缘
　　　　　或具裂片,但无锯齿缘。

　　　490. 通常为缠绕性,稀可为直立草本,或为半木
　　　　　质的攀缘植物至大型木质藤本(例如盾苞
　　　　　藤属 *Neuropeltis*);萼片多互相分离;花冠
　　　　　常完整而几无裂片,于蕾中呈旋转状排列,
　　　　　也可有时深裂而其裂片成内折的镊合状排
　　　　　列(例如盾苞藤属 *Neuropeltis*) ····· 旋花科 Convolvulaceae

　　　490. 通常均为直立草本;萼片连合成钟形或
　　　　　筒状;花冠有明显的裂片,唯于蕾中也成
　　　　　旋转状排列 ················· 花葱科 Polemoniaceae

486. 每子房室内有多数胚珠,或在花葱科中有时为主至
　　　数个;多无托叶。

491. 高山区生长的耐寒旱性低矮多年生草本或丛生
　　　亚灌木;叶多小型,常绿,紧密排列成覆瓦状或莲
　　　座式;花无花盘;花单生至聚集成几为头状花序;
　　　花冠裂片成覆瓦状排列;子房 3 室;花柱 1 个;柱

头 3 裂;蒴果室背开裂 ·· **岩梅科 Diapensiaceae**

491. 草本或木本,不为耐寒旱性;叶常为大型或中型,
脱落性,疏松排列而各自展开;花多有位于子房下方的花盘。

492. 花冠不于蕾中折迭,其裂片呈旋转状排列,或在
田基麻科中为覆瓦状排列。

493. 叶为单叶,或在花葱属 *Polemonium* 为羽状
分裂或为羽状复叶;子房 3 室(稀可 2 室);
花柱 1 个;柱头 3 裂;蒴果多室背开裂
·· **花葱科 Polemoniaceae**

493. 叶为单叶,且在田基麻属 *Hydrolea* 为全
缘;子房 2 室;花柱 2 个;柱头呈头状;蒴果
室间开裂 ·························· **田基麻科 Hydrophyllaceae**
(田基麻族 **Hydroleeae**)

492. 花冠裂片呈镊合状或覆瓦状排列,或其花冠于蕾中折
迭,且成旋转状排列;花萼常宿存;子房 2 室;或在茄
科中为假 3 室至假 5 室;花柱 1 个;柱头完整或 2 裂。

494. 花冠多于蕾中折迭,其裂片呈覆瓦状排列;或在曼
陀罗属 *Datura* 成旋转状排列,稀可在枸杞属
Lycium 和颠茄属 *Atropa* 等属中,并不于蕾中折
迭,而呈覆瓦状排列,雄蕊的花丝无毛;浆果,或为
纵裂或横裂的蒴果 ·························· **茄科 Solanaceae**

494. 花冠不于蕾中折迭,其裂片呈覆瓦状排列;
雄蕊的花丝具毛茸(尤以后方的 3 个如此)。

495. 室间开裂的蒴果 ·························· **玄参科 Scrophulariaceae**
(毛蕊花属 *Verbascum*)

495. 浆果,有刺灌木 ·························· **茄科 Solanaceae**
(枸杞属 *Lycium*)

1. 子叶 1;茎无中央髓部,也无呈年轮状的生长;叶多具平行叶脉;花为三出数,有时为四出数,
但极少为五出数 ·························· **单子叶植物纲 Monocotyledoneae**

496. 木本植物,或其叶于芽中呈折迭状。

497. 灌木或乔木;叶细长或呈剑状,在芽中不呈折迭状 ·········· **露兜树科 Pandanaceae**

497. 木本或草本;叶甚宽,常为羽状或扇形的分裂,在芽中呈折迭状而有强韧的
平行脉或射出脉。

498. 植物体多甚高大,呈棕榈状,具简单或分枝少的主干;花为圆锥或穗状花序,
托以佛焰状苞片 ·························· **棕榈科 Palmae**

498. 植物体常为无主茎的多年生草本,具常深裂为 2 片的叶片;花为紧密的
穗状花序 ·························· **环花科 Cyclanthaceae**
(巴拿马草属 *Carludovica*)

496. 草本植物或稀可为木质茎,但其叶子芽中从不呈折迭状。

499. 无花被或在眼子菜科中很小。(次 499 项见 339 页)

500. 花包藏于或附托以呈覆瓦状排列的壳状鳞片(特称为颖)中,由多花至 1 花形成
小穗(自形态学观点而言,此小穗实即简单的穗状花序)。(次 500 项见 338 页)

501. 秆多少有些呈三棱形,实心;茎生叶呈三行排列;叶鞘封闭;花药以基底附着
花丝;果实为瘦果或囊果 ·························· **莎草科 Cyperaceae**

501. 秆常以圆筒形;中空;茎生叶呈二行排列;叶鞘封闭;花药以其中附着花丝;

　　　果实通常为颖果 ·· **禾本科 Gramineae**
500. 花虽有时排列为具总苞的头状花序,但并不包藏于呈壳状的鳞片中。
　502. 植物体微小,无真正的叶片,仅具无茎而漂浮水面或沉没水中的叶状体 ····· **浮萍科 Lemnaceae**
　502. 植物体常具茎,也具叶,其叶有时可呈鳞片状。
　　503. 水生植物,具沉没水中或漂浮水面的片叶。
　　　504. 花单性,不排列成穗状花序。
　　　　505. 叶互生;花成球形的头状花序 ··············· **黑三棱科 Sparganiaceae**
　　　　　　　　　　　　　　　　　　　　　　　　　　　　(黑三棱属 Sparganium)

　　　　505. 叶多对生或轮生;花单生,或在叶腋间形成聚伞花序。
　　　　　506. 多年生草本;雌蕊为 1 个或更多而互相分离的心皮所成
　　　　　　　胚珠自子房室顶端垂悬 ················· **眼子菜科 Potamogetonaceae**
　　　　　　　　　　　　　　　　　　　　　　　　　　　　(果藻族 Zannichellieae)

　　　　　506. 一年生草本;雌蕊 1 个,具 2～4 柱头;胚珠直立于子房室的
　　　　　　　基底 ·· **茨藻科 Najadaceae**
　　　　　　　　　　　　　　　　　　　　　　　　　　　　(茨藻属 Najas)

　　　504. 花两性或单性,排列成简单或分歧的穗状花序。
　　　　507. 花排列于 1 扁平穗轴的一侧。
　　　　　508. 海水植物;穗状花序不分歧,但具雌雄同株或异株的单性花;雄蕊 1
　　　　　　　个,具无花丝而为 1 室的花药;雌蕊 1 个,具 2 柱头;胚珠 1 个,垂悬
　　　　　　　于子房室的顶端 ················· **眼子菜科 Potamogetonaceae**
　　　　　　　　　　　　　　　　　　　　　　　　　　　　(大叶藻属 Zostera)

　　　　　508. 淡水植物;穗状花序常分为二歧而具两性花;雄蕊 6 个或更多,具极
　　　　　　　细长的花丝和 2 室的花药;雌蕊为 3～6 个离生心皮所成;胚珠在每
　　　　　　　室内 2 个或更多,基生 ················· **水蕹科 Aponogetonaceae**
　　　　　　　　　　　　　　　　　　　　　　　　　　　　(水蕹属 Aponogeton)

　　　　507. 花排列于穗轴的周围,多为两性花;胚珠常仅 1 个 ········· **眼子菜科 Potamogetonaceae**
　　503. 陆生或沼泽植物,常有位于空气中的叶片。
　　　509. 叶有柄,全缘或有各种形状的分裂,具网状脉;花形成一肉穗花序,
　　　　　后者常有一大型而常具色彩的佛焰苞片 ··················· **天南星科 Araceae**
　　　509. 叶无柄,细长形、剑形,或退化为鳞片状,其叶片常具平行脉。
　　　　510. 花形成紧密的穗状花序,或在帚灯草科为疏松的圆锥花序。
　　　　　511. 陆生或沼泽植物;花序为由位于苞腋间的小穗所组成的疏散
　　　　　　　圆锥花序;雌雄异株;叶多呈鞘状 ··············· **帚灯草科 Restionaceae**
　　　　　　　　　　　　　　　　　　　　　　　　　　　　(薄果草属 Leptocarpus)

　　　　　511. 水生或沼泽植物;花序为紧密的穗状花序。
　　　　　　512. 穗状花序位于一呈二棱形的基生花葶的一侧,而另一侧则延
　　　　　　　　伸为叶状的佛焰苞片;花两性 ··············· **天南星科 Araceae**
　　　　　　　　　　　　　　　　　　　　　　　　　　　　(石菖蒲属 Acorus)

　　　　　　512. 穗状花序位于一圆柱形花梗的顶端,形如蜡烛而无佛焰苞;
　　　　　　　　雌雄同株 ··· **香蒲科 Typhaceae**
　　　　510. 花序有各种型式。
　　　　　513. 花单性,成头状花序。(次 513 项见 339 页)
　　　　　　514. 头状花序单生于基生无叶的花葶顶端;叶狭窄,呈禾草状,
　　　　　　　　有时叶为膜质 ··· **谷精草科 Eriocaulaceae**
　　　　　　　　　　　　　　　　　　　　　　　　　　　　(谷精草属 Eriocaulon)

514. 头状花序散生于具叶的主茎或枝条的上部,雄性者在上,
雌性者在下;叶细长,呈扁棱形,直立或漂浮水面,基部呈
鞘状 ·· 黑三棱科 Sparganiaceae
（黑三棱属 *Sparganium*）

513. 花常两性。

515. 花序呈穗状或头状,包藏于 2 个互生的叶状苞片中;无花
被;叶小,细长形或呈丝状;雄蕊 l 或 2 个;子房上位,1～
3 室,每个房室内仅有 1 个垂悬胚珠 ······· 刺鳞草科 Centrolepidaceae

515. 花序不包藏于叶状的苞片中;有花被。

516. 子房 3～6 个,至少在成熟时互相分离 ············ 水麦冬科 Juncaginaceae
（水麦冬属 *Triglochin*）

516. 子房 1 个,由 3 心皮连合所组成 ···················· 灯心草科 Juncaceae

499. 有花被,常显著,且呈花瓣状。

517. 雌蕊 3 个至多数,互相分离。

518. 死物寄生性植物,具呈鳞片状而无绿色叶片。

519. 花两性,具 2 层花被片;心皮 3 个,各有多数胚珠 ·············· 百合科 Liliaceae
（无叶莲属 *Petrosavia*）

519. 花单性或稀可杂性,具一层花被片;心皮数个,各仅有 1 个胚珠 ·········· 霉草科 Triuridaceae
（喜阴草属 *Sciaphila*）

518. 不是死物寄生性植物,常为水生或沼泽植物,具有发育正常的绿叶。

520. 花被裂片彼此相同;叶细长,基部具鞘 ············ 水麦冬科 Juncaginaceae
（芝菜属 *Scheuchzeria*）

520. 花被裂片分化为萼片和花瓣 2 轮。

521. 叶(限于我国植物)呈细长形,直立;花单生或成伞形花序;蓇葖果 ············ 花蔺科 Butomaceae
（花蔺属 *Butomus*）

521. 叶呈细长兼披针形至卵圆形,常为箭镞状而具长柄;花常轮生,成总状或圆锥
花序;瘦果 ·· 泽泻科 Alismataceae

517. 雌蕊 1 个,复合性或于百合科的岩菖蒲属 *Tofieldia* 中其心皮近于分离。

522. 子房上位,或花被和子房相分离。（次 522 项见 340 页）

523. 花两侧对称;雄蕊 1 个,位于前方,即着生于远轴的 1 个花被片的基部 ·········· 田葱科 Philydraceae
（田葱属 *Philydrum*）

523. 花辐射对轴,稀可两侧对称;雄蕊 3 个或更多。

524. 花被分化为花萼和花冠 2 轮,后者于百合科的重楼族中,有时为细长形或线形
的花瓣所组成,稀可缺如。

525. 花形成紧密而具鳞片的头状花序;雄蕊 3 个;子房 1 室 ······················ 黄眼草科 Xyridaceae
（黄眼草属 *Xyris*）

525. 花不形成头状花序;雄蕊数在 3 个以上。

526. 叶互生,基部具鞘,平行脉;花为腋生或顶生的聚伞花序;雄蕊 6 个,或
因退化而数较少 ·· 鸭跖草科 Commelinaceae

526. 叶以 3 个或更多个生于茎的顶端而成一轮,网状脉而于基部具 3～5 脉;
花单独顶生;雄蕊 6 个、8 个或 10 个 ················ 百合科 Liliaceae
（重楼族 Parideae）

524. 花被裂片彼此相同或近于相同,或于百合科的白丝草属 *Chinographis* 中则极不相同,
又在同科的油点草属 *Tricyrtis* 中其外层 3 个花被裂片的基部呈囊状。

527. 花小型,花被裂片绿色或棕色。（次 527 项见 340 页）

528. 花位于一穗形总状花序上;蒴果自一宿存的中轴上裂为 3～6 瓣,每果
瓣内仅有 1 个种子 ·· **水麦冬科 Juncaginaceae**
（水麦冬属 *Triglochin*）

528. 花位于各种型式的花序上;蒴果室背开裂为 3 瓣,内有多数至 3 个种子
·· **灯心草科 Juncaceae**

527. 花大型或中型,或有时为小型,花被裂片多少有些具鲜明的色彩。

529. 叶(限于我国植物)的顶端变为卷须,并有闭合的叶鞘;胚珠在每室内
仅为 1 个;花排列为顶生的圆锥花序 ··················· **须叶藤科 Flagellariaceae**
（须叶藤属 *FLagellaria*）

529. 叶的顶端不变为卷须;胚珠在每子房室内为多数,稀可仅为 1 个或 2 个。

530. 直立或漂浮的水生植物;雄蕊 6 个,彼此不相同,或有时有不育者 ······ **雨久花科 Pontederiaceae**

530. 陆生植物;雄蕊 6 个,4 个或 2 个,彼此相同。

531. 花为四出数,叶(限于我国植物)对生或轮生,具有显著纵脉及密生的
横脉 ··· **百部科 Stemonaceae**
（百部属 *Stemona*）

531. 花为三出或四出数;叶常基生或互生 ······················· **百合科 Liliaceae**

522. 子房下位,或花被多少有些和子房相愈合。

532. 花两侧对称或为不对称形。

533. 花被片均成花瓣状;雄蕊和花柱多少有些互相连合 ··················· **兰科 Orchidaceae**

533. 花被片并不是均成花瓣状,其外层者形如萼片;雄蕊和花柱相分离。

534. 后方的 1 个雄蕊常为不育性,其余 5 个则均发育而具有花药。

535. 叶和苞片排列成螺旋状;花常因退化而为单性;浆果;花管呈管状,其一侧不久
即裂开 ·· **芭蕉科 Musaceae**
（芭蕉属 *Musa*）

535. 叶和苞片排列成 2 行;花两性,蒴果。

536. 萼片互相分离或至多可和花冠相连合;居中的 1 花瓣并不成为唇瓣 ····· **芭蕉科 Musaceae**
（鹤望兰属 *Strelitzia*）

536. 萼片互相连合成管状;居中(位于远轴方向)的 1 花瓣为大型而成唇瓣 ····· **芭蕉科 Musaceae**
（兰花蕉属 *Orchidantha*）

534. 后方的 1 个雄蕊发育而具有花药。其余 5 个 NrJ 退化,或变形为花瓣状。

537. 花药 2 室;萼片互相连合为一萼筒,有时呈佛焰苞状 ··················· **姜科 Zingiberaceae**

537. 花药 1 室;萼片互相分离或至多彼此相衔接。

538. 子房 3 室,每子房室内有多数胚珠位于中轴胎座上;各不育雄蕊呈花瓣状,
互相于基部简短连合 ···································· **美人蕉科 Cannaceae**
（美人蕉属 *Canna*）

538. 子房 3 室或因退化而成 1 室,每子房室内仅含 1 个基生胚珠;各不育雄蕊
也呈花瓣状,唯多少有些互相连合 ···················· **竹芋科 Marantaceae**

532. 花常辐射对称,也即花整齐或近于整齐。

539. 水生草本,植物体部分或全部沉没水中 ····················· **水鳖科 Hydrocharitaceae**

539. 陆生草本。

540. 植物体为攀缘性;叶片宽广,具网状脉(还有数主脉)和叶柄 ·············· **薯蓣科 Dioscoreaceae**

540. 植物体不为攀缘性;叶具平行脉。

541. 雄蕊 3 个。(次 541 项见 341 页)

542. 叶 2 行排列,两侧扁平而无背腹面之分,由下向上重叠跨覆;雄蕊和花被的
外层裂片相对生 ··· **鸢尾科 Iridaceae**

542. 叶不为 2 行排列;茎生叶呈鳞片状;雄蕊和花被的内层裂片相

　　对生 ·· **水玉簪科 Burmanniaceae**

541. 雄蕊 6 个。

543. 果实为浆果或蒴果,而花被残留物多少和它相合生,或果实为一聚

　　花果;花被的内层裂片各于其基部有 2 舌状物;叶呈带形,边缘有刺

　　齿或全缘 ································ **凤梨科 Bromeliaceae**

543. 果实为蒴果或浆果,仅为 1 花所成;花被裂片无附属物。

544. 子房 l 室,内有多数胚珠位于侧膜胎座上;花序为伞形,具长丝状的

　　总苞片 ······································ **蒟蒻薯科 Taccaceae**

544. 子房 3 室,内有多数至少数胚珠位于中轴胎座上。

545. 子房部分下位 ································ **百合科 Liliaceae**

　　　(**肺筋草属** *Aletris* ,**沿阶草属** *Ophiopogon* ,**球子草属** *Peliosanthes*)

545. 子房完全下位 ································ **石蒜科 Amaryllidaceae**

附录三 | 药用植物名称索引

一、药用植物中文名索引（以笔画为序）

二、药用植物拉丁学名索引